鑄造學

張晉昌　編著

全華圖書股份有限公司

序 言

　　您我天天都得依賴鑄造產品過日子，猜猜看會是什麼？水龍頭、瓦斯爐心等皆是，這些零件只能用鑄造方法來生產嗎？如何鑄造呢？本書先從鑄造史及各國鑄造年產量分析來認識鑄造，然後系統化介紹鑄造工程，閱讀本書可循序瞭解鑄造與居家生活乃至國家經濟的密切關係。

　　鑄造技術雖已有數千年歷史，但歷久彌新，且隨近年來高科技業的發展，鑄造科技與產品都能同步升級，生產高品質、高經濟價值的鑄件是鑄造業的共同目標。舉凡自動控溫水龍頭、鈦合金高爾夫球頭、人工關節等醫療器材、鎂合金手機、電腦零組件、超合金單晶飛機渦輪葉片等，均是鑄造業的《獨門生意》。

　　本書全一冊，共分 10 章，主要依生產流程編排，含鑄造材料、模型及鑄件設計、流路系統設計、砂模及砂心製造、金屬熔鑄及鑄件性質、精密鑄造等十餘種特殊鑄造法、鑄件後處理與檢測，最後強調鑄造工廠管理與現代化。鑄模製造及金屬熔鑄是鑄造的兩大主要工作，其中砂模佔鑄模的絕大部分，近年來環保意識抬頭，為減少震動造模引起的高分貝噪音，5-6 節特別介紹七類新型高低壓快速自動化造模法，著重德國研發採衝氣、真空吸氣或擠壓方式來製造砂模。第 7 章則介紹各種鑄件合金的熔化原理、熔化爐操作程序、各種測溫法、澆鑄法；影響鑄鐵熔化之爐前控制法，包括碳當量、光譜分析、冷硬試驗、流動性試驗等。另詳列各種鑄件合金的種類、成份、性質與用途之國家標準作為參考。

　　全球化趨勢是近年來的熱門議題，為配合國際標準組織(ISO)的規範，中華民國國家標準(CNS)在鑄造材料及產品的規範大都已修正，本書資料根據 CNS 最新版本，搭配 JIS, DIN 及 AFS, ASTM 等日歐美的規範，如：鑄件符號 FC250(舊符號 GC25)表示灰口鑄鐵件，抗拉強度 $250N/mm^2$(MPa)以上。而金相組織之波來體(pearlite)等中文專業名詞，亦均改用新標準名詞。

　　本書適合作為大學、科大及機械、機電、材料等相關工程科系所之鑄造學、鑄造工程、工廠實習等課程之專業教材；且可作為高職鑄造科師生、鑄造廠專業員工及對鑄造有興趣人士的專業參考資料。為了加強讀者熟悉鑄造概念，本書附有近千幅圖表資料，以彌補多數讀者較少機會接觸鑄造現場之不足，且較易盡快瞭解鑄造的理論與實務。

　　筆者從事鑄造教學工作三、四十年的歷練，在台灣及德國多家鑄造廠、漢翔航空公司介壽二廠的現場工作學習經驗，對於本書的撰寫均有莫大助益，然因個人才疏學淺，疏漏之處在所難免，尚祈學界、業界等鑄造先進多所指正。

張晉昌　　於 台北　深坑

東南科技大學　機械系

編輯部序

　　「系統編輯」是我們的編輯方針，我們所提供給您的，絕不只是一本書，而是關於這門學問的所有知識，它們由淺入深，循序漸進。

　　本書全一冊，共分 10 章，主要依生產流程編排，含鑄造材料、模型及鑄件設計、流路系統設計、砂模及砂心製造、金屬熔鑄及鑄件性質、精密鑄造等十餘種特殊鑄造法、鑄件後處理與檢測，最後強調鑄造工廠管理與現代化。

　　全球化趨勢是近年來的熱門議題，為配合國際標準組織(ISO)的規範，中華民國國家標準(CNS)在鑄造材料及產品的規範大都已修正，本書資料根據 CNS 最新版本，搭配 JIS, DIN 及 AFS, ASTM 等日歐美的規範，均採用新標準名詞。為了加強讀者熟悉鑄造概念，本書附有近千幅圖表資料，以彌補多數讀者較少機會接觸鑄造現場之不足，且較易儘快瞭解鑄造的理論與實務。

　　同時，為了使您能有系統且循序漸進研習相關方面的叢書，我們列出各有關圖書的閱讀順序，以減少您研習此門學問的摸索時間，並能對這門學問有完整的知識。若您在這方面有任何問題，歡迎來函連繫，我們將竭誠為您服務。

相關叢書介紹

書號：05581077
書名：塑膠模具設計學－理論、實務、製圖、設計(第八版)(附3D 動畫光碟)
編著：張永彥
16K/720 頁/650 元

書號：0522802
書名：微機械加工概論(第三版)
編著：楊錫杭、黃廷合
16K/352 頁/400 元

書號：0552302
書名：模具學(修訂二版)
編著：施議訓、邱士哲
16K/600 頁/580 元

書號：0076603
書名：銲接實習(第四版)
編著：李隆盛
16K/ 472 頁/450 元

書號：05872
書名：模具工程(第二版)
英譯：邱傳聖
16K/784 頁/750 元

書號：0075901
書名：板金實習(第二版)
編著：林寬文
20K/184 頁/220 元

書號：05984
書名：塑膠扣具手冊
英譯：葉智鎰
20K/400 頁/480 元

書號：0211606
書名：實用機工學－知識單(第七版)
編著：蔡德藏
16K/536 頁/500 元

書號：0559502
書名：非傳統加工(第三版)
編著：許坤明
20K/336 頁/330 元

書號：0282706
書名：工廠實習－機工實習(第七版)
編著：蔡德藏
16K/432 頁/460 元

書號：0548002
書名：機械製造(修訂二版)
編著：簡文通
16K/464 頁/470 元

書號：0605702
書名：精密鑄造學(第三版)
編著：林宗献
16K/608 頁/600 元

書號：0564701
書名：機械製造(第二版)
編著：孟繼洛、傅兆章、許源泉
　　　黃聖芳、李炳寅
16K /592 頁/500 元

◎上列書價若有變動，請以
最新定價為準。

CHWA TECHNOLOGY

目　錄

第 5 章　砂模製造

第 6 章　砂心製造

第 7 章　鑄件金屬的熔化及性質

第 8 章　特殊鑄造法

第 9 章　鑄件的清理與檢測

第 10 章 鑄造工廠管理與現代化

CHAPTER

1

鑄造概論

1-1 鑄造的發展史

1-1.1 中國的鑄造史

　　中國具有五千年的歷史文化，自新石器時代的晚期，就已進入銅、石並用時代，根據考古學家的發掘，在河北唐山等地出土的早期銅器，有鍛打成形的、也有熔鑄成形的，這說明了鑄造技術在中國的歷史淵源流長。在古代文獻中，有不少關於昆吾(夏的一族，居住於今河南濮陽境北)製陶、鑄銅的記載，以及夏禹鑄九鼎的傳說，故一般認為中國在夏代以前(西元前 2183 年以前)，確實已能鑄造銅器了。

　　商代在盤庚遷殷(西元前 1384 年)以後，以安陽小屯殷墟為標誌，青銅冶鑄技術達到了鼎盛時期，這時期所遺留下來精美絕倫的青銅器，如展示在台北外雙溪故宮博物院的鐘、鼎、尊、爵之類，既是重要的歷史文物，亦是冶鑄智慧和技能的結晶，它們的學術、藝術價值和技術水準是舉世公認的。如圖 1-1 所示。

　　中國鐵器時代約在周代(西元前 1122 年以後)才開始。到了戰國時代有自趙遷蜀的卓氏等，以鑄鐵致富；而在河北滄州出土的五代鑄鐵大獅(高六米、長五米半)，約在西元一千年以前(宋真宗以前)鑄成；當陽的北宋鐵塔等，都是世界聞名的巨大鑄鐵件，據考證也都有一千年以上的歷史。

(a) 祖乙尊　　　　　(b) 子父辛爵　　　　　(c) 紋方鼎

圖 1-1　商周時代的青銅器鑄件

　　晉曹毗所撰《咏冶賦》一書中的著名詩句"冶石為器，千爐齊設"，真實地描繪了中國古代冶鑄生產的情景。另據明末宋應星氏所著《天工開物》一書，記述了兩種澆鑄大鑄件的方法，其一是用多個行爐相繼傾注；另一是用多個熔爐槽注，如圖 1-2 所示。文中並述及疊模法(stacked mold)、熔模鑄造即所謂的脫蠟鑄造(lost-wax casting)及用筋骨加強鑄模等應用措施，這在古代手工業生產的技術條件下，可說是一種巧妙且需熟練技術及良好組織的偉大成就。

圖 1-2　《天工開物》書中描繪古代鑄造大型器物(鑄千斤鐘與仙佛像)構想圖

1-1.2　外國的鑄造簡史

同為人類文化發祥地之一的埃及，在赫希屯(Hethitern)出土約為西元前 3000 年時期的銅製武器及家用器具等，據考證，當時古埃及人確已能用脫蠟鑄造法來製作他們所需的日用品或藝術品了；而在同一地區亦發現約西元 500 年左右的鐵製武器。古埃及的鑄造活動情形如圖 1-3(a)所示，而圖 1-3(b)係為在巴比倫出土的早期青銅器鑄件，距今約有四千年的歷史，且甚為精密。

歐洲鑄造技術的發展，較早期的代表係在德國魯爾(Lure)地區發現的西元前 1000 年左右的銅器製品；而在西元元年，在義大利的羅馬已製成非常精美的青銅器；直到西元 1200 年左右才有鑄鐵件在中歐出現。

美國的鑄造工業，發軔於 1642 年新英格蘭州的 Saugus 鐵工廠，當時鑄成生鐵炊鍋，自此以後，美國從事金屬鑄件用具的工業逐漸發達，至今鑄件年產量穩居世界第二位，僅次於中國大陸。

(a) 西元前 2350 年，古埃及的黃金熔化作業構想圖 (摘自：慕尼黑 德意志博物館)

(b) 在巴比倫寺廟區出土的人頭青銅器精密鑄件，大小為 36×20×30 cm (西元前 2000 年以前)

圖 1-3　外國早期的鑄造活動與成果

1-1.3　近代鑄造史的演進

近年來，鑄造技術的發展更是突飛猛進，除了各種特殊鑄造方法的發明並應用於實際生產外，各種新型鑄造材料的改良，使得鑄件更臻於完美。其中如果以鑄件材質來分析的話，近代鑄造史的演進如下：

西元 1700 年起，開始生產可鍛鑄鐵(malleable iron)。

西元 1850 年起，鑄鋼件(steel castings)問世。

西元 1900 年起，鋁合金鑄件(aluminum alloy castings)開發成功。

西元 1948 年起，球狀石墨鑄鐵(ductile cast iron)研究成功。

從以上的史實中，可知中國在鑄造技術方面曾有過輝煌的成就，目前所謂的鑄模(mould 或 mold)在古代即稱為范(音範)，模範、陶冶等就是沿用了鑄造業的用語，古代所用的鑄模如圖 1-4 所示。

且在西元前 2000 年前，人類已知採用石頭鑄模當作永久模鑄造各種飾物。如圖 1-5 所示，石頭鑄模共有 13 個戒指模穴，且有明顯的澆口杯、主澆道、進模口及三個合模用銷孔，模邊更有通氣孔。

　　而今日鑄造工業佔有舉足輕重的地位，我們實應努力在這方面繼續發揚光大，早日奠定金屬工業的重要基礎，不能讓歐、美、日等工業國家專美於前。

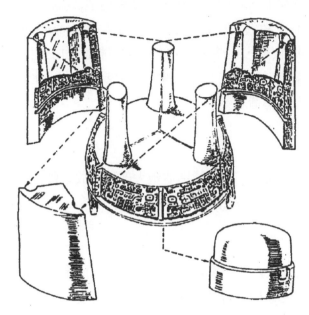

圖 1-4　中國古代鑄鼎用之塊范(即鑄模)拆模與組模構想　圖 1-5　西元前 2000 年已知用石頭鑄模
　　　　圖(摘自：中央研究院，古器物研究專刊)　　　　　　　　　從事鑄造，模高約 13 公分(摘
　　　　　　　　　　　　　　　　　　　　　　　　　　　　　　　　自：瑞士蘇黎士博物館)

　　有關各種特殊砂模、特殊鑄造方法等，近數十年來新技術的鑄造發展史，將於下列各章節中介紹。

1-2　鑄造的定義及優缺點

1-2.1　何謂鑄造

　　鑄造就是將熔融的金屬液體鑄入預先做好的鑄模內，待金屬液凝固後取出，除去澆冒口等，即獲得所需的鑄件(castings)，如圖 1-6 所示。此一成形的過程稱為鑄造術或簡稱為鑄造(foundry)，而 foundry 亦指生產鑄件的鑄造廠而言；但是若指鑄件生產過程之動作或方法的話，則鑄造的英文亦可為 casting，如壓鑄法為 die casting，離心鑄造法為 centrifugal casting 等。

　　鑄造的基本原理雖然很簡單，但是鑄造的內容與範圍卻是非常的複雜與廣泛，單就以鑄模種類來區分的話，就有各種不同的砂模(sand mold)、殼模(shell mold)、石膏模(plaster mold)、永久模(permanent mold)、壓鑄模(die)等；若以鑄件材質來區分的話，有鑄鐵、鑄鋼、鋁合金、銅合金、鎂合金；另外還有各種不同的鑄造方法，如砂模鑄造法(sand mold casting)、精密鑄造法(precision casting)、真空鑄造法(v-casting)、連續鑄造法(continuous casting)及離心鑄造法、壓鑄法等，真是不勝枚舉，這些都是本書中即將探討的主題之一部份。使用不同的鑄造材料，或採用不同的鑄造方法，主要係根據客戶所要求的鑄件性質、精密度而定，然後據以選擇一種最經濟的方式鑄造之。

1-2.2　砂模鑄造的基本步驟

　　雖然鑄造的範圍很廣，但是如果以生產量而言，砂模鑄造佔絕大部份，故以砂模鑄造的生產方式為例，說明鑄造方法的五個基本步驟(如圖 1-6 所示)。

1. 模型製作(patternmaking)

　　首先根據工作圖製作一組模型，模型尺寸較鑄件所需尺寸稍微放大，以備金屬液的凝固收縮及加工裕量等，且應考慮起模斜度以便造模；如果鑄件中空的話，必要時得製作砂心盒來做砂心，因此模型不但是實心的，且應增加凸出的砂心頭(core print)，以便在砂模中形成砂心座來承托砂心，如此在澆鑄時才可鑄成中空的鑄件。

2. 砂心製作(coremaking)

　　砂心和砂模是分開製作的，由於砂模佔地較廣，一般於砂模製作完成後，應盡快澆鑄，以免浪費空間，故砂心最好先做好存放(若分別由兩個部門製作的話，砂心部份亦應提前完成製作)，以備即時安置砂心、合模、澆鑄；且砂心沒有砂箱保護，應注意它的強度，以免存放或安置時破損，另外，澆鑄時砂心被高溫的金屬液長期罩住，故應特別考慮它的耐火性及通氣性。

3. 造模(molding)

　　造模就是指砂模的製作，一般砂模分成上模與下模兩層，亦有多層砂模者。造模時，除了應將模型安放在兩層砂模間之適當位置外，應特別注意澆冒口等流路系統(gating system)之開設，當模型起出後，必要時應修模、安置砂心，然後合模，準備澆鑄。砂模製造法詳述於第五章。

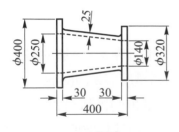

(a) 工作圖

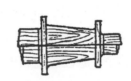

(b) 製作模型及砂心盒 (如 (c) 圖)

(c) 製作砂心

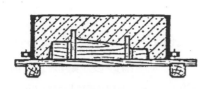

(d) 製作下砂模

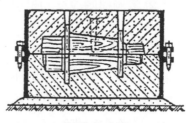

(e) 製作上砂模

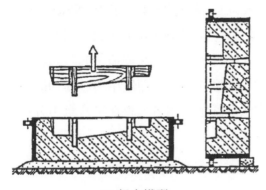

(f) 起出模型

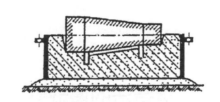

(g) 安置砂心、合模

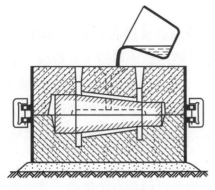

(h) 澆鑄

(i) 鑄件粗胚

圖 1-6　砂模鑄造之主要步驟

4. 熔化(melting)和澆鑄(pouring)

為了能即時澆鑄，一般在砂模製作時，熔化部門的工作人員應同時進行金屬的熔化作業。金屬的熔化係按材料種類的不同，選用適當的熔化爐，如鑄鐵用熔鐵爐(cupola)、鑄鋼用電弧爐(arc furnace)等。熔化作業除了應注意配料的計算外，溫度的控制、除渣、除氣及爐前試驗等都是不可鬆懈的，金屬熔化完成後，必要時做好接種或球化處理，即可以進行澆鑄工作，澆鑄過程應注意的是速度的控制、高度的調整及流量的控制等。

5. 清砂(cleaning)

鑄件澆鑄完成後，必須要拆箱、清砂，以便將黏附在鑄件表面的鑄砂除去，使鑄件表面光潔。清砂的方法很多，可用敲擊、噴砂、珠擊或酸洗等方式。清砂後，鑄件上多餘的金屬，如澆冒口、飛邊等應予以切除，如果鑄件上有不礙功能的缺失，可以銲補或其他方法予以修補，清砂完成即可出貨或進一步的處理，如機械加工、熱處理或必要的檢測(test)等。

以上所述只是普通鑄造法的幾個基本過程，除了這五個步驟外，還有很多細節工作也很重要，如鑄砂處理、鑄砂試驗、鑄件檢測等；另外，某些特殊鑄造法的步驟與前述亦有不同，如離心鑄造法可不必製作砂心；壓鑄法不必製作砂模，而使用與砂模功能一樣的金屬模具(die)，以便壓鑄用。這些比較特殊的方法與詳細的內容，將在第八章中分別予以較詳盡之說明。

1-2.3 鑄造法的優缺點

1. 優點

鑄造是數十種金屬加工方法中的一種，但是依產量而言排名前茅，在機械產品中工作母機約有 90% 的重量是鑄造品；在日常生活用品中應用於水龍頭、瓦斯爐、炊具、手工具、馬達罩、消防栓、道路上的人孔蓋、水溝蓋等；汽車、輪船的心臟～引擎、推進器；飛機、電廠的渦輪葉片等都是鑄造的產品，可見鑄造對於一個國家的經濟活動是多麼的重要，然而金屬加工的方法那麼多，為什麼鑄造成果特別豐碩呢？因為它具有其他加工方法難以取代的下列優點：

(1) 任何複雜形狀的鑄件：不管是內部或外形均可以鑄造方法生產，其他鑄造方法如機械加工、鍛造、銲接等都有其限制。

(2) 製造過程簡單：一個鑄件只需一次澆鑄，且為一整體的鑄件；而其他製造方法需經多次加工才可獲得，且由很多零件配合而成。

(3) 可以大量生產：同一個模型可以生產數萬件相同的鑄件，一個砂模有時可以同時澆鑄數十件產品，脫蠟鑄造一次可以鑄得數百件小零件，且可用自動化設備來從事生產。

(4) 可鑄造大而且重的金屬成品：如重 200 噸以上的發電機或船用引擎，如果用其他方法，不但難以製造而且沒用經濟價值。

(5) 可獲得良好的機械性質：如切削性、耐震、方向性等。

(6) 由於冶金學的性質，某些金屬成品只能用鑄造法獲得。如方向性凝固(directional solidification，簡稱 D.S.)或單晶(single crystal，簡稱 S.C.)的渦輪葉片之鑄造。

(7) 經濟上的效益：鑄砂便宜且再生率高，是最經濟的一種金屬鑄造材料，故而便宜的鑄件在銷售上甚具競爭力。

2. 缺點

　　雖然鑄造的優點很多，但是不可諱言的，它仍然存有一些缺點，加上人力成本的提高、自動化機械的使用，故而歐美工業國家的鑄造工廠數量及鑄造勞動人口逐漸減少，鑄造的缺點如下：

(1) 工作環境較差：熔化、澆鑄及清箱作業必須在高溫環境下進行，且易產生煙塵；另外，砂處理、造模時也會產生噪音、灰塵，且工作人員所接觸的都是砂、金屬及石墨塗料等，因此常有"黑手"之不雅俗稱。其中有關煙塵方面可以吸塵設備排除、低噪音機械之應用都可以改善工作環境。

(2) 工作較吃力：造模、合模、搬運砂模、熔化加料、澆鑄、清砂、搬運鑄件等都是較粗重的工作，因此愈來愈多的年輕人吃不了苦，往往工作沒幾年就想轉行，這實在是鑄造廠的一大隱憂。這其中大部份的工作都可以機械來代勞，如使用吊車、起重機、自動造模機或機器人(robot)等。

(3) 鑄件品質較難穩定控制：鑄造是在金屬熔融狀態下進行，因此渣質、氣孔、縮孔容易夾在鑄件內部，且金屬成分會隨著溫度高低及時間而改變，想得到優良鑄件，得有嚴密的品管措施。

(4) 鑄件表面較粗糙、尺寸精密度較差：這是一般人對鑄造成品的直覺反應，因為最便宜、數量最多且大型的砂模鑄件常應用於工作母機的本體及其他不需精密尺寸的器具上，事實上鑄造法亦可製作精密且表面光亮的產品，如壓鑄法可達千分之一的公差，脫蠟鑄造法常用於生產武器的零件等。

1-3 鑄造與工業的關係

1-3.1 鑄造在工業上的地位

工業生產是國家經濟活動的主體,而機械工業又是整體工業的重心,在機械製造的過程中,由於鑄造方法的特性,凡是不能用其他方法製出的機件,都可用鑄造法來生產,如工作母機、原動機、飛機、船艦、車輛等交通運輸工具、以及各種固定裝備用的基座、箱匣、管節和其他複雜形狀的零件等,都可採用鑄件;另外,由於近年來鑄造材料的改良及各種鑄造方法的改進或新發明,使得鑄件強度大大地提高,需要承受高度載荷的機件,即所謂高應力(highly stressed)機件,如掛勾、曲軸等,也都有採用鑄造方法來生產者;航空發動機所需的超合金(superalloy)渦輪葉片等,亦可以脫蠟精密鑄造法利用真空鑄造來生產;其他如一般家庭和辦公用具、裝飾品、紀念品、藝術品等,也有大量使用鑄件的趨勢;甚至電子器材,如電阻器零件或通訊器材零件等,也都可以鑄造法生產。今日世界物質文明的進展、生活水準的提高,幾乎任何一方面都和鑄造發生關聯,鑄造業確是一種基本工業,是「機械工業之母」,在工業界佔有極重要的地位。圖 1-7 為鑄造產品之部份應用實例。

(a) 汽車變速箱　　　　　(b) 化油器　　　　　(c) 汽車引擎用之汽缸體

圖 1-7　鑄造成品實例之一

(d) 曲軸

(e) 氣渦輪機零件

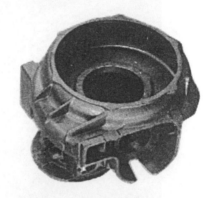

(f) 幫浦本體

(g) 管閥

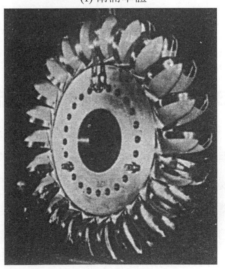

(h) 渦輪及葉片(15噸不銹鋼，直徑3.5m)

圖 1-7　鑄造成品實例之二(續)

(i) 截至目前全世界最重的 "球墨鑄鐵" 成品～衝床機器本體
(重量 162 噸，高 11.3 m，寬 3.8 m，厚3 m)

圖 1-7　鑄造成品實例之三(續)

1-3.2　主要國家鑄造工業概況

　　鑄造的原理雖然很簡單，但是鑄造工業的範圍卻很廣泛，生產不同材質的鑄造工廠所使用的生產方式可能就不一樣，因此在介紹鑄造內涵之前，先瞭解一下鑄造工業的概況是必要的。知道鑄造工業的生產概況，可作為研習本科目的重要參考依據。鑄造工業一般依其鑄件材質可分為鑄鐵工業、鑄鋼工業及非鐵金屬鑄造業三大類；而鑄鐵工業又可細分為灰口鑄鐵業、球墨鑄鐵業、可鍛鑄鐵業等；鑄鋼工業也可細分為普通鑄鋼業、合金鋼鑄造業；非鐵金屬鑄造業主要有鑄銅業、鑄鋁業、鑄鎂業及鋁鋅壓鑄業等。表 1-1 係台灣及世界各主要國家的鑄造工廠家數及比率之生產概況，表 1-2 係台灣及世界各主要國家鑄件年產量比較表。由表 1-2 可知，除工作母機等需求耐震且價廉的灰口鑄鐵外，各國大都著重在生產高品質、高技術層次及高經濟價值的球墨鑄鐵、鑄鋁及近年來用於手機、筆電等通訊、電腦業的鑄鎂等輕合金鑄件。

表 1-1　台灣及世界各主要國家的鑄造工業生產概況

單位：家數(%)

國家＼材質	鑄鐵工廠	鑄鋼工廠	非鐵金屬鑄造業	合計
台灣*	478 (56.37)	40 (4.72)	330 (38.92)	848 (100)
中國	18,000 (60.00)	5,500 (18.33)	6,500 (21.67)	30,000 (100)
韓國	508 (58.19)	142 (16.27)	223 (25.54)	873 (100)
日本	458 (26.91)	75 (4.41)	1,169 (68.68)	1,702 (100)
德國	201 (33.50)	53 (8.83)	346 (57.67)	600 (100)
美國	564 (25.99)	239 (11.01)	1,367 (63.00)	2,170 (100)

註：*2007 年數據，其他各國為 2008 年數據。

資料參考 AFS：Modern Casting, Dec. 2009。

表 1-2　台灣及世界各主要國家的鑄件年產量比較表

單位：仟噸(%)

材質＼國家	灰口鑄鐵	球墨鑄鐵	鑄鋼	鑄銅	鑄鋁	鑄鎂	鑄鋅	合計*
台灣	780.2 (52.47)	211.1 (14.20)	77.9 (5.24)	35.6 (2.39)	309.5 (20.81)	5.8 (0.39)	64.0 (4.30)	1,487.0 (100)
中國	16,400.0 (48.96)	8,200.0 (24.48)	4,600.0 (13.73)	600.0 (1.79)	3,000.0** (8.96)	n/a	n/a	33,500.0 (100)
韓國	1,010.5 (48.91)	595.7 (28.83)	152.0 (7.36)	24.1 (1.17)	232.5 (11.25)	n/a	10.8*** (0.52)	2,065.9 (100)
日本	2,753.5 (48.70)	1,995.3 (35.29)	298.7 (5.28)	98.8 (1.75)	414.0 (7.32)	9.3 (0.16)	30.2 (0.53)	5,653.8 (100)
德國	2,677.7 (46.30)	1,846.8 (31.93)	220.1 (3.81)	94.6 (1.64)	802.2 (13.87)	31.5 (0.54)	67.9 (1.17)	5,783.7 (100)
美國	3,502.6 (32.48)	3,597.9 (33.36)	1,172.1 (10.87)	274.9 (2.55)	1,740.0 (16.14)	109.8 (1.02)	274.0 (2.54)	10,783.8 (100)
全世界	42,958.5 (45.97)	23,841.4 (25.51)	10,538.4 (11.28)	1,808.6 (1.94)	10,932.4 (11.70)	268.7 (0.29)	664.1 (0.71)	93,449.3 (100)

註：

(1) 此表為 2008 年各主要國家之鑄件年產量，資料參考 Modern Casting, Dec. 2009.

(2) *各國合計產量包括可鍛鑄鐵及其他非鐵合金鑄件，**含鑄鎂，***含鑄鎂及其他非鐵合金。

(3) *全世界鑄件合計產量係指提供數據的 35 個主要國家之產量。

　　近十年來台灣鑄造業雖然也受到傳統產業外移，西進到中國、越南等東南亞各國的影響，但在鑄造業界加強研發及朝向生產高附加價值鑄件產品的努力結果，台灣每年的鑄件產量大都能維持在一百五十萬公噸(加減一成)左右的水準，鑄件產值則大都維持正成長，台灣鑄件年產量世界排名亦都能維持在第十至十二名之間。

　　且根據美國鑄造學會(AFS)針對世界三十餘個主要國家的鑄件年產量普查統計資料顯示，不管公元 2001 年美國深受 911 恐怖事件的影響，不論各國或全球經濟景氣如何，1999 年至 2008 年的全球鑄件年產總量每年大都能穩定成長，其中 2004 年成長將近一成，達 8.42%，如表 1-3 所示。

　　總計，十年內全世界主要國家的鑄件總產量成長近 50%，由年產六仟餘萬公噸，於 2006 年正式突破九仟萬公噸，2007 年甚至達到將近九仟五百萬公噸，可見鑄造業不但不是夕陽工業，而係一個穩定成長的行業。

表 1-3　近十年來世界主要國家鑄件總產量及年成長率統計表

單位：仟噸(%)

年度	1999	2000	2001	2002	2003	2004	2005	2006	2007	2008
國家數	35	34	35	35	35	36	36	36	36	35
鑄件總產量	64,881	64,750	68,311	70,209	73,555	79,745	85,741	91,368	94,919	93,449
年成長率	2.46	-0.20	5.50	2.78	4.77	8.42	7.52	6.56	3.89	-1.55

資料整理自 AFS：Modern Casting, Dec., 2000～Dec., 2009。

1-4　鑄造廠的工作內容

1-4.1　鑄造工作流程

　　普通鑄造廠所採用的鑄模是砂模(sand mold)，主要是因為砂模的經濟性、再生性、可塑性等非常優越，且使用砂模可生產任何材質的鑄件，故砂模鑄造法佔有全體鑄造業七成以上的比率，今欲瞭解一般鑄造廠的工作內容，應先認識一下普通砂模鑄造的工作程序。圖 1-8 係鑄造工作的標準流程圖。

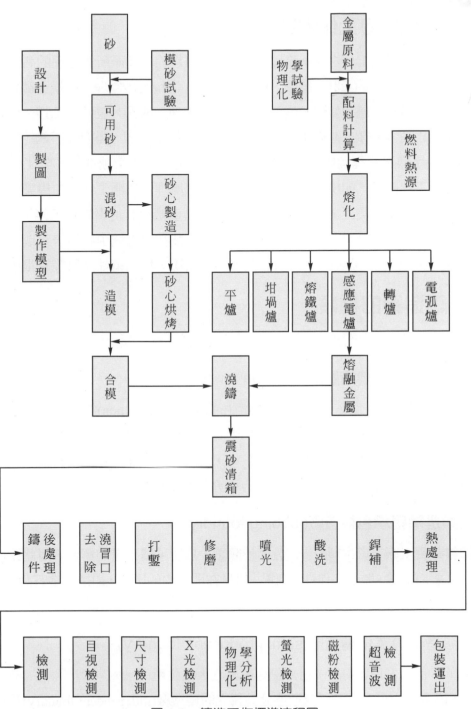

圖 1-8　鑄造工作標準流程圖

1-4.2 鑄造廠的工作內容

圖 1-8 所示的鑄造工作之標準流程，也是一所理想的鑄造廠所應處理的各項鑄造工作內容表，其中包括產品的設計、繪圖、模型的製作、選料、砂處理、造模、製作砂心、合模、配料計算、熔化、爐前檢驗、澆鑄、清砂、熱處理、檢測、包裝等工作。但是一般鑄造工廠往往因為資本有限、設備不足、人力問題或工作量有限、需要性不夠等因素，其生產工作的內容比標準流程圖中所列的少很多。當然也因為工業越進步，分工越細密的原因，很多鑄造工作內容，如模型製作、砂心製作、熱處理、檢測工作等由專業生產或衛星工廠來負責。現在在歐美工業先進國家，甚至有些鑄造廠沒有從事熔化工作，他們從遠在一、二十公里外的熔化專業工廠購買金屬熔液，然後裝在保溫爐中利用卡車或火車運回工廠澆鑄(必要時得再做升溫處理)，這對於改善工作環境、提高鑄件品質等有很大的幫助。

1-4.3 鑄造廠的種類

一般鑄造廠依其工作性質和組織結構等可加以區分為三類：

1. 第一類是專業化鑄造廠(profession foundry)：

它是高度機械化的工廠，必須採取大量生產(mass production)的方式來降低成本，這一類鑄造工廠的工作在長時期內較少變化，生產鑄件種類少數量多，因此廠內設備和配置都可整齊劃一，可安裝省工省時的自動化設備，在技術上可集中精力，精益求精，鑄件價格亦可降低，增加商業競爭之機會，管理方面亦較易操縱。

2. 第二類是零星承包鑄造廠(jobbing foundry)：

亦即雜訂貨工廠，資本額較少、設備較簡單，只能承鑄少量的鑄件，因此鑄件種類常因顧主的需要而改變，雖然工作性質雜亂，但是在開發中的國家，卻是非常有設立的必要，以應付各業的需求。

3. 第三類是半專業化鑄造廠(semi-production foundry)：

它的產品有部份是雜訂貨，而部份是專業化大量生產者。

另外，鑄造廠也可以依其經營型態分為獨立的鑄造廠(independent foundry)及兼業的鑄造廠(captive foundry)兩類，兼業的鑄造廠大都屬於製造廠整體的一部份，它所生產的鑄件主要是用在其母公司的產品上，如大同公司、東元電機公司等，都設有規模龐大的鑄造廠；而獨立的鑄造廠是一個獨立自主的公司，可因顧客的需要生產各種不同的鑄件，如光裕鑄造公司、奇鈺精密鑄造公司等。國內佔鑄造業絕大多數的中小型鑄造廠，大多是屬於獨立的鑄造廠。

1-5　鑄造廠的主要設備

　　鑄造廠的設備隨工廠的規模、鑄件生產量及所採用的鑄造方法等的不同，彼此亦有很大的差異。最小型的鑄造廠，只要廠房一間、鑄砂一堆、坩堝爐或小型化鐵爐一座，以及若干砂箱和造模工具等，由三、五位技工就可開始生產鑄件。至於現代化大型鑄造廠，在建廠以前，對於鑄件材質種類、大小、數量，廠內應有的配備，以及將來的擴充等問題，都需有詳細的規劃，其中關於工廠內外物料輸送的問題，應特別加以注意，因為鑄造廠需要輸入大量的金屬鑄錠(ingot)、燃料、鑄砂材料等，且產品都是大而重的鑄件，其輸出及遞送的方法等，如果規劃不慎，就會違反經濟原則，因此設廠地點需近交通幹道，或自設道路聯絡，廠房一端輸入材料，經過廠內各部門的生產線，最後鑄件從廠房另一端運出。

　　而在大型鑄造廠內，鑄砂及砂模的輸送也是一項重要的問題，大部份廠家利用斜槽(chute)將各類鑄砂原料從貨車上卸入砂倉儲存，需要時才透過控制開關，利用砂倉輸出斜槽送往混砂機，從事鑄砂處理作業，也有使用運砂小車或箕式升運機(bucket elevator)運砂到混砂機者，混練好的鑄砂利用帶式輸送機(belt conveyor)或運砂小車，送往造模或砂心製作部門。砂模製成後，大型砂模就在造模處附近合模澆鑄，小型砂模利用滾輪輸送機(roller conveyor)等輸送到澆鑄區從事澆鑄作業。鑄件清砂後，舊砂大都利用設在地下的帶式輸送機運送到集中處理場所，以備再生使用，燒結砂塊及多餘的舊砂集中運出丟棄。如圖 1-9 係各種不同類型的砂模搬運方式及設備，其他各部門所需設備圖片及其功能詳見以後各有關章節。

　　鑄造廠內除物料運送設備需注意外，安全和衛生設備也很重要。如模型製作部門，在各型木工機器上應設有集塵設備，以免木屑飛揚，甚至被吸入人體；造模部門應有良好的通風及照明裝置；熔化澆鑄部門，工作人員應穿戴安全服飾，如頭盔、護目鏡、耐火衣、手套、綁腿等以防灼傷及意外；鑄件清理部門，由於震砂會產生砂塵煙灰，打磨金屬會產生金屬屑末，故亦應有適當的集塵裝置，以保持環境清潔，當然工作人員亦應配戴安全眼鏡、口罩等，以維護健康身體；一所設備完善的鑄造廠，更需設有沐浴室及更衣間，好讓工作人員換穿工作服或下班時洗淨身體使用。

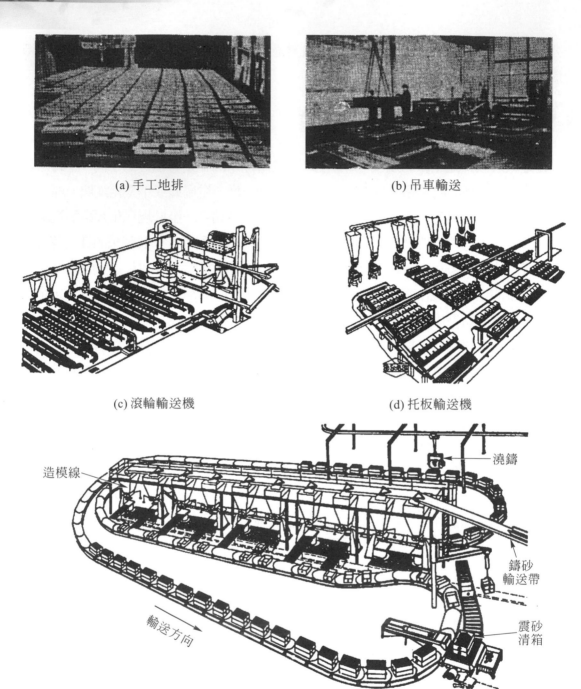

(a) 手工地排

(b) 吊車輸送

(c) 滾輪輸送機

(d) 托板輸送機

造模線

澆鑄

鑄砂
輸送帶

震砂
清箱

輸送方向

(e) 自動輸送機

圖 1-9　砂模搬運方式及設備

一所理想而完整的砂模鑄造廠可能擁有下列各項主要設備(不包括小型手工具)：

1. 模型製作部門

(1) 帶鋸機(band saw)。

(2) 平鉋機(planer)。

(3) 手壓鉋機(jointer)。

(4) 圓盤鋸機(arbor saw)。

(5) 砂光機(sander)，含有砂盤及砂帶。

(6) 軸式砂光機(spindle sander)。

(7) 木工車床(wood lathe)。

(8) 鑽孔機(drilling machine)。

(9) 砂輪機(grinder)。

(10) 軸式鉋花機(spindle shaper)。

(11) 木模用虎鉗(pattern making vise)。

(12) 平板(surface plate)及度量工具(measuring instruments)。

(13) 集塵設備(dust collecting plant)等。

2. 砂模及砂心製作部門

(1) 混砂機(sand mixer)和附屬設備。

(2) 空氣壓縮機(air compressor)。

(3) 各型造模機(molding machines)，如擠壓、震動、翻轉、頂模等式。

(4) 砂心吹製機(core blowing machine)。

(5) 篩砂機(sand blender)。

(6) 滾輪輸送設備(roller conveyor)。

(7) 起重機或吊車(crane)。

(8) 烘烤爐(baking oven)。

(9) 各種砂箱(flasks)等。

3. 熔化澆鑄部門

(1) 坩堝爐(crucible furnace)。

(2) 熔鐵爐(cupola)。

  (3) 電弧爐(electric arc furnace)。

  (4) 感應電爐(induction furnace)，有高、中、低週波三種類型。

  (5) 反射爐(air furnace or reverberatory furnace)。

  (6) 平爐(open hearth furnace)。

  (7) 轉爐(converter)。

  (8) 加料設備(charging equipment)。

  (9) 各型澆桶(ladles)。

  (10)各型測高溫計(pyrometers)。

  (11)碳當量測定器(CE meter)等。

4. 鑄件清理部門

  (1) 砂模震動清砂機(shake-out machine)。

  (2) 各式切割機(cutting machines)。

  (3) 各式砂輪機(grinding machines)。

  (4) 拋光布輪機(buffing machine)。

  (5) 各型噴洗機(shot blast)。

  (6) 沖水設備(hydraulic cleaning equipment)。

  (7) 銲補設備(welding equipment)。

  (8) 酸洗槽(pickling tanks)。

  (9) 各種熱處理設備(heat treatment equipment)。

  (10)各種起重輸送設備等。

5. 檢測部門

  (1) 各種鑄砂試驗儀器(molding sand testers)。

  (2) 各種硬度計(hardness testers)。

  (3) 萬能強度試驗機(universal testing machine)。

  (4) 金相檢查設備(metallographic equipment)。

  (5) 光譜分析設備(spectroscopic analysis equipment)。

  (6) X 射線、γ 射線等檢測設備(X-ray, γ-ray test equipment)。

  (7) 各種非破壞性檢測設備(non-destructive test equipment)。

  (8) 各式天平(balances)等。

　　以上所列各項主要設備，並非每一所大型鑄造廠均必須添置，如熔化部門，大部份工廠只依生產鑄件材質，設置一兩種熔化爐而已；而模型及檢驗部門的設備及儀器，亦端視鑄造廠的規模、需要程度及資金多寡而選購即可。

　　自從產業革命以後，鑄造生產工作亦逐漸採用機器設備，以提高生產力及減少勞力的消耗，近年來由於科技的發達，自動化機械設備亦加入了鑄造生產行列，更大大地提高了工作效率，凡是大量生產的工作都值得採用電腦自動化生產線來作業，或許不久的將來，無人化工廠亦可應用於鑄件的生產工作，那麼到時候就不擔心越來越多年輕人不願從事鑄造工作了。從圖 1-10 可看出早期使用簡單機械設備從事鑄件生產工作時，仍需要大批的人力，而圖 1-11 係自動化鑄造設備佈置情形。

圖 1-10　早期鑄造廠的設備規模－西元 1890 年德國 Sued-Chemie 公司的鑄造廠

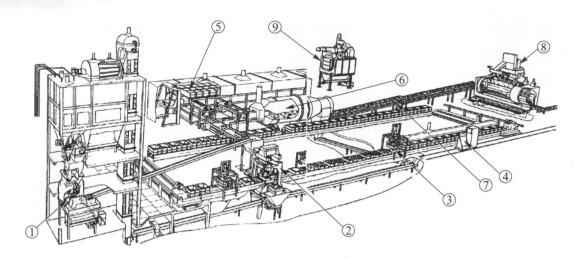

① 自動砂處理設備　④ 自動澆鑄設備　⑦ 震動輸送機
② 自動造模機械　　⑤ 退火設備(必要時)　⑧ 鑄件噴洗機
③ 自動合模設備　　⑥ 搖震冷卻清砂設備　⑨ 集塵設備

圖 1-11　現代自動化鑄造廠設備佈置情形

討論題

1. 何謂鑄造？試以砂模為例說明鑄造的基本步驟。

2. 鑄造法有何優缺點？

3. 試述鑄造工業的生產概況。

4. 鑄造工作的標準流程為何？

5. 試以鑄件材質為例，說明近代鑄造史的演進情形。

6. 試述 foundry 與 casting 兩字之意義，並指出其異同點。

7. 何謂 mold、pattern 及 die？試加以比較其含義。

8. 一家完整且具規模的鑄造廠至少應設立哪些部門？

9. 試擬規劃一家中型鑄造專業工廠所應購置的機器設備有哪些(以普通砂模生產灰鑄鐵零件為例，月產量 150 噸)？

10. 全自動造模生產線上應包括哪些主要設備？

11. 中國的鑄造發展史為何？

12. 鑄造工廠依工作性質及組織結構而言，可分為哪幾類？試加以區分說明之。

主要鑄造材料

2-1 鑄砂(foundry or molding sands)

2-1.1 鑄砂的種類

鑄砂(foundry sands)廣義而言，泛指鑄造廠需要使用的所有不同砂料，如新砂(含天然砂及矽砂等基砂)、舊砂(含再生砂及廢棄砂料)、造模用砂、分模砂(parting sand)、噴光砂、熔爐用砂等。狹義的鑄砂是專指造模用砂而言，故一般英文名稱爲 molding sand，通常譯爲模砂；在鑄造課程裡，常有砂模(sand mold)及模砂(molding sand)等名詞，如果不仔細分辨其英文，一般讀者常爲兩個順序顛倒的中文字而混淆不清，讀者應特別注意。本書所謂鑄砂主要係指鑄造廠用量最廣的的模砂、新砂及回收舊砂等。

大部份的鑄件是採用砂模鑄造的，普通砂模一噸鑄鐵件約需 4～5 噸鑄砂。鑄砂與金屬重量之比，視鑄件大小、材質、形狀及造模方法而異，其變化範圍從 10：1 到 0.75：1 都有，因此鑄造工廠裡，鑄砂的使用量相當多，且使用過的舊砂大部份可反覆使用，故一般將鑄造廠稱爲翻砂工廠。今日科技進步，欲得到精美的鑄件，利用儀器嚴格控制鑄砂的性質，實是刻不容緩的工作。

1. 依砂模型態分類

鑄砂依砂模的不同型態而言，可分爲濕模砂(green sand)、乾模砂(dry sand)、砂心砂(core sand)、水泥砂(cement-bonded sand)、殼模砂(shell-molding sand)等多種。任何種類的鑄砂，都是由基砂(base sand)與其他添加劑(additives)混合而成，本節所述偏重在普通砂模用的濕模砂，其他鑄砂的特性在以後各有關章節中再予詳述。

2. 依鑄砂來源分類

(1) 天然砂(natural molding sand)：指天然形成之各種可用的鑄砂，一般冠以產地名，如觀音山砂、福隆砂、後龍砂等。天然砂所含的黏土、灰分等雜質較多，粒度分佈較廣、耐火度及通氣性較差，只適合於非鐵金屬鑄造用，但若爲提高鑄件品質，應盡量少用。

(2) 合成砂(synthetic molding sand)：係以洗選過之矽砂與黏土系黏結劑及其他添加劑混合而成。可依所要求的鑄砂性質及條件，任意調配適當成分的合成砂，是優良的鑄砂材料。

(3) 半合成砂(semi-compounded molding sand)：即以天然的山砂、海砂和矽砂添加黏土系黏結劑，及其他添加劑混合而成，其性質介於前二者之間。

(4) 特殊鑄砂(special molding sand)：係以矽砂等基砂與人造黏結劑(如樹脂、水玻璃等)，及各種特殊添加劑混合而成者。適用於各種特殊砂模，如自硬性砂模、CO_2 砂模、殼模等，是爲改進砂模的性質、提高工作效率及鑄件品質等目的而調製者。

2-1.2 鑄砂的特性(special properties of molding sands)

鑄砂的主要用途是製造砂模，而砂模的優劣影響鑄件品質至鉅，因此，爲了獲得無瑕疵的鑄件及便於造模，鑄砂應具備下列特性：

1. 強度(strength)

鑄砂係由毫無黏性的基砂與黏結劑等調製而成，混練後，必須具有相當的強度，亦即黏結性或可塑性，以利於造模，並可避免砂模在翻轉、搬運或澆鑄高溫高壓的金屬液時破損，故強度是鑄砂應具備的最基本特性之一，其中應包括下列三種強度：

(1) 濕砂強度(green strength)：造模作業都是在濕砂狀態下進行，因此，鑄砂需具有相當的濕砂強度，以便於造模時翻轉、起模、搬運。

(2) 乾砂強度(dry strength)：當高溫金屬液澆入鑄模時，砂模內壁的鑄砂受高熱影響，鑄砂中的水份迅速變成水蒸氣等瓦斯氣體(gas)而消失，形成表面乾砂模。因此，鑄砂需具備相當的乾砂強度，以抵抗金屬液的沖蝕及壓力。

(3) 高溫強度(hot strength)：在水分被蒸發後，鑄砂在 100℃ 以上必須具備相當的高溫強度，以防止因熔融金屬的靜壓力而導致砂模膨脹，或因高溫液態金屬流動而產生沖蝕或熱裂。

2. 通氣性(permeability)

砂模內含有水分且模穴內亦爲潮濕狀態，澆鑄時砂模受熱，會產生大量的水氣及其他氣體，因此，砂模必須具有適當的通氣性，以便氣體逸出模外，否則鑄件將會產生氣孔瑕疵。

3. 耐火性(refractoriness)

鑄造係將高溫熔融金屬液澆入鑄模內形成鑄件，如鐵系合金，其澆鑄溫度通常在 1300〜1650℃ 的高溫下進行，因此鑄砂需具有較高的耐火性。至於鋁合金，澆鑄溫度較低，約爲 670〜740℃，則鑄砂的耐火度可不必要求太高。

4. 流動性(flowability)

鑄砂混合調配妥當後，應具備良好的流動性，以便於造模作業。

5. 崩散性(collapsibility)

鑄砂受熱後，水分消失，會變成堅硬的砂塊，鑄砂本身應具備相當的崩散性，於鑄件凝固收縮後，使鑄模破裂而易於清砂。如濕砂模崩散性較 CO_2 砂模為佳。

6. 熱穩定性(thermal stability)

鑄模受熱後，其內壁會立即膨脹，若鑄砂的熱穩定性不佳，則模穴容易破裂、變形、鑄件易產生結疤等現象。

7. 可回收性(is reusable)

鑄造工作因鑄砂的可反覆使用，使其甚具經濟性，故在調配選用不同的鑄砂時，應考慮其回收性，且鑄砂的再生應簡便，以免增加成本，如 CO_2 砂、自硬性砂，回收性較濕模砂差，且需使用砂回收設備，費用較高。

以上所列為鑄砂應具備的主要特性，其中前三項，即強度、通氣性、耐火性為各種鑄砂的共同特性，其餘性質則視鑄造條件不同再行斟酌。例如殼模法，雖然殼模砂回收不易，但因鑄件精密度高、表面光潔，仍然為汽車零件業等樂於採用。再則，鑄砂除了應具備上述的特性外，理想的鑄砂，尚應具有容易混練、易於控制，可使鑄件表面光潔等性質。

2-1.3 鑄砂的成分(ingredients)

鑄砂能具有上列各種特性，主要因鑄砂係由基砂加黏結劑再調合各種不同的添加劑混練而成。例如濕模砂，係由主要成分為二氧化矽(SiO_2)的矽砂及火山黏土(bentonite)與水混練而成，這三種組成分子使濕砂模具有相當的強度、通氣性及耐火性，如果再混合其他添加劑，則能使鑄砂的某些特性更形加強。

1. 基砂(base sand)－矽砂(silica sand)

砂(sand)通常係指粒度(fineness)在 10 目到 250 目之間的粒狀物。10 目(10–mesh)係指網篩(sieve)上每吋長度內有 10 個等分，因此，在網篩上每一平方吋的面積內共有 10×10=100 個篩孔(meshes)。60 目粒度的砂，理論上係指能通過 60 目的網篩，而不能通過更細一點的網篩之砂，實際上砂粒分佈在 60 目網篩前後某一範圍內，詳見鑄砂粒度試驗。

鑄造業常用的基本砂料有：矽砂(silica sand)或稱石英砂(quartz sand)、鋯砂(zircon sand)、鉻砂(chromite sand)及橄欖石砂(olivine sand)等四種。其中的矽砂係最常用、最普遍也是最經濟的基砂，一般鑄造廠中所稱的砂即指矽砂而言，本文所述鑄砂亦係以矽砂為基砂，而後三種基砂耐火性較佳，但是產地有限、產量較少、價格較高，一般常用於精密鑄造中的脫蠟鑄造業。表 2-1 係四種基砂的主要特性比較，其中有關熔點、熱膨脹及化學成分，可從對照表中得知一二。

表 2-1　鑄造用基砂之特性

性質＼基砂名稱		矽砂(石英砂)	橄欖石砂	鉻砂	鋯砂	
代表性產地		美國	美國	非洲	美國	澳洲
比重		2.65～2.67	3.27～3.37	4.3～4.5	4.6～4.7	
顏色		白	綠	黑	白	
硬度(Mohs scale)		6.0～6.5	6.5～7.0	5.5	7.5	
熱膨脹(in/in)		0.018	0.0083	0.0045	0.0037	
高溫反應		酸性	鹼性	鹼性或中性	微酸	
熔點(℃)		1710	1875	2093	2538	
化學成分(%)	SiO$_2$	99.82	41.20	1.34	33.50	33.01
	MgO	0.03	49.40	8.75	—	—
	Cr$_2$O$_3$	—	—	45.80	—	—
	ZrO$_2$	—	—	—	65.00	66.50
	Al$_2$O$_3$	0.05	1.80	21.34	1.00	—
	Fe$_2$O$_3$	0.02	7.10	19.50	0.03	0.02
	CaO	0.01	0.20	0.94	—	—
	TiO$_2$	0.01	—	0.03	0.19	0.14

資料摘自 Clyde A. Sanders: Foundry Sand Practice, 6th edition.

矽砂係鑄模最常用，使用量也最多的基砂，因為它具有下列五項主要優點：
(1) 自然界中分布最廣、產量最豐。
(2) 易於採掘、價格低廉。
(3) 硬度高、不易粉碎。
(4) 有各種不同的顆粒形態、粒度及分佈。

(5) 有良好的耐火度及熱穩定性。

鑄模所用的矽砂大部份含有 50～95%SiO₂ 成分，純度最高的矽砂，SiO_2 含量可高達 99.8%，但一般僅用於電子零件中的矽晶體、映像管或水晶玻璃等高經濟價值行業。表 2-2 及 2-3 係國產精選鑄造用矽砂的化學成分及種類。鑄造用精選矽砂由砂礦採掘的原砂，經水洗、分級、磨洗、酸洗、再分級等五道程序，經乾燥後再依 CNS(中華民國國家標準) 篩選分類而得，係為高級的鑄造原料砂。

基砂中含有過多的氧化鐵、鹼金屬氧化物(如 MgO)及石灰(CaO)等，將會嚴重降低砂的熔點，影響鑄模耐火性，故天然砂不適合於高溫的鐵金屬鑄造使用。

表 2-2　國產精選鑄造用矽砂化學成分

成分	SiO_2	Al_2O_3	Fe_2O_3	MgO	CaO	燒失物
重量(%)	97.3	1.7	0.4	0.2	0.3	0.1

資料來源：晶晶矽砂材料有限公司

表 2-3　國產精選鑄造用矽砂種類及其粒度分佈規格表

單位：%

編號	AFS 粒度指數	ASTM 篩號										
		16	20	30	40	50	70	100	140	200	270	底盤
2	18－24	0.6	18.08	60.99	18.08	1.75	0.25	0.1				
2.5	25－32		2.6	21.9	45.6	26.1	2.7	0.7	0.2			
3	33－40			4.85	34.91	45.11	11.3	3.05	0.73	0.1		
4	48－58				2.41	32.13	46.8	13.58	4.02	1.07	0.1	
5	60－70				1.45	13.73	37.61	30.17	13.45	3.05	0.49	0.05
6	75－90					2.34	13.84	37.31	30.62	12.11	2.87	0.91
9	110－130					1.4	5.94	14.65	40.35	27.8	7.04	2.82

註：(1) AFS 為美國鑄造學會(American Foundryman's Society)的簡稱。
　　(2) ASTM 係美國材料試驗協會(American Society for Testing and Materials)的簡稱。
資料來源：金晶矽砂股份有限公司，產地在苗栗、新竹地區。

砂粒的形狀會影響鑄砂的性質。如圖 2-1 所示，一般砂粒形狀可分為圓形、圓角形、多角形及複合形砂粒等四種，圓形砂粒其顆粒間的接觸面積最小，所餘留空隙最大，因此通氣性能較為良好，耐火性較佳；而多角形砂粒則相反，通氣性不良，且稜角耐火性亦較差；而複合形砂粒是由小顆粒結合在一起，不易因篩動而分散，但在高溫下可能散開，性質較差。

　　砂的平均粒度大小及粒度分布亦會影響鑄砂性能。粒度愈大(即篩目號數愈小)者，耐火性愈佳、通氣性愈好，但需用較多的黏結劑，且砂模的強度較小，鑄件表面較粗糙，砂粒細小者則相反；而同樣號數之矽砂，其粒度分佈範圍不可太大或太小，通常以主體砂(殘留砂 10%以上)分佈在四個篩網(俗稱四峯砂，詳見粒度試驗)者為佳，以免影響鑄砂的特性。

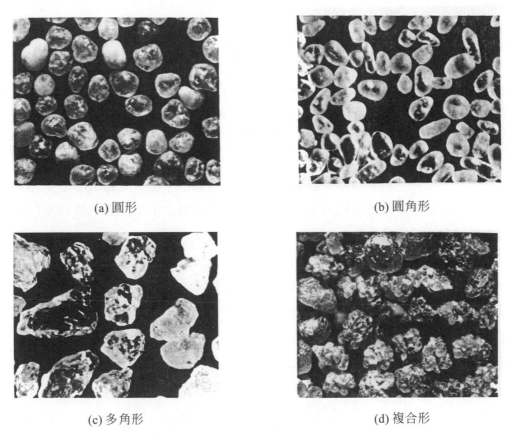

(a) 圓形　　　　　　　　　　　　　　　(b) 圓角形

(c) 多角形　　　　　　　　　　　　　　(d) 複合形

圖 2-1　砂粒形狀(資料來源：Clyde A. Sanders)

2. 黏結劑(binder)－黏土(clay)

　　經過洗選的矽砂是沒有黏結性的，必須調配適量的黏土與水分，才能具有相當的黏性，以便於造模。黏土是鑄砂材料中用得最多、最普遍的黏結劑。特殊砂模使用其他不同的材料當作黏結劑，如 CO_2 砂模用水玻璃、殼模用熱硬性樹脂……等，這些特殊的黏結材料，將在 5-8 節「特殊砂模」中再予詳述，本節專門探討普通砂模使用的黏土。

鑄砂中黏土含量可用的範圍很廣，從 2%到 50%都可以，但是一般鑄砂常用的配合比，大多在 3%～12%之間。天然砂中有些砂與黏土的比例還算正常，故亦可作爲鑄砂使用。

我國古代利用土范鑄造青銅器鑄品，鑄模中黏土的含量即相當高，能鑄成那麼精美的成品，在當時的環境及技術條件下，確是不同凡響。

一般而言，黏土含量愈高，砂模強度愈大，但砂粒四周的空隙愈容易被堵塞，大大降低其透氣性；且黏土爲粉末狀，耐火性亦會因其含量之增多而降低。黏土含量如果太少，則砂模的強度不夠，造模不易。

黏土種類很多，鑄造用的黏土依其使用量多寡之順序有下列機種：

(1) 美國西方和南方火山黏土(bentonites)。

(2) 耐火黏土(fire clays)，如高嶺土(kaolinites)。

(3) 特殊黏土，如白雲母石黏土(illite clay)等。

3. 水分(water)

以黏土爲黏結劑的普通鑄砂，必須加水混練，其黏土才能發揮黏結作用，使鑄砂具有可塑性及強度。鑄砂中的水分約爲 1.5～8%，水分添加量之多少依黏土種類及含量而定，只有當水分被黏土吸收後，才能使鑄砂具有強度，而且水對於砂而言具有潤滑作用，促使鑄砂具有可塑性，以利造模；再則，鑄砂中水分含量增加時，其黏結性亦隨著增加，但是當水分增加到某一程度(約爲 12%)時，黏結性反而會降低，就如泥巴變成泥水一般，而水分含量在約 6%以內時，對於鑄砂的透氣性影響不大，但超過 7%時，透氣性隨水分增加而降低。如圖 2-2 所示。

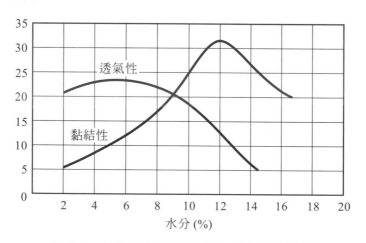

圖 2-2　鑄砂含水量與透氣性、黏結性之關係

4. 特殊添加劑(special additives)

普通鑄砂只要矽砂加黏土再調合適當水分即可用來造模,但是如果加入其他材料,可以改善鑄砂的性質,尤其為了便於鑄造較高溫的鐵金屬鑄件。這些為了改善鑄砂性能而加入的材料,稱之為添加劑,其添加量視需要而定,鑄砂常用的添加劑有下列數種,視鑄砂所欲改善之性質,選擇其中一種或二種以上添加之。

(1) 糖蜜(molasses)與糊精(dextrin):糖蜜是一種未精煉的液態蔗糖,含有 60~70%的固態糖,加入鑄砂中可增強砂模的邊角強度及乾燥強度;糊精為澱粉質黏結劑,其功用與糖蜜相似。

(2) 煤粉(sea coal):煤粉是軟煤經過研磨而成的,主要添加於鑄鐵系的砂模,其主要目的是為改善鑄鐵件的表面光度及使清砂容易。煤粉通常被磨成像砂的顆粒一般大小,其添加量約為 2~8%。

(3) 石墨粉(graphite):天然或合成的石墨粉常添加於鑄砂內,以改善造模性與鑄件表面光度,其添加量約為 0.2~2%。石墨粉俗稱為黑鉛粉。

(4) 瀝青(pitch 或 asphalt):瀝青(pitch)係為煉焦的副產品,是把軟煤在 600°F或高於此溫度下經分餾而得;而 asphalt 是分餾石油所得的一種副產品。鑄砂中添加任何一種瀝青,都可以改善其熱強度或增加鐵系鑄件的表面光度,亦可增進砂模的崩散性。其添加量可達 3%。

(5) 穀粉(ccreals):穀粉在鑄砂中亦有黏結的功能,一般常用的穀粉有細的玉米粉或玉米澱粉,鑄砂中添加穀粉可增加濕模及乾模強度,並可改善鑄砂的崩散性。穀粉的添加量約為 2%。

(6) 木粉(wood flour):木屑粉或其他具有纖維的材料,如玉米穗軸粉、穀物的殼、碳質纖維等,只要添加 0.5~2%的含量在鑄砂中,即可改善砂模的熱膨脹性、鑄砂的通氣性及崩散性。

(7) 燃料油(fuel oil):有時於鑄砂中加入少量的燃料油,可改善其流動性及造模性,其適當的添加量為 0.01~0.1%。

(8) 氧化鐵(iron oxide):加入少量細的氧化鐵粉末,可使鑄砂增加熱強度。

鑄砂添加劑除了以上所述較常用的八種外,還有許多可用者,如稻草灰等,添加與否完全視鑄模的需要而定。

鑄砂組成的成分,視鑄件的材質、鑄件的大小、斷面的厚度及砂模的種類(濕模或乾模)、面砂或背砂、外模砂或砂心砂等的不同而有不同的配方,生產用的鑄砂配方是無法逐一列表評述的，表 2-4 係就鋼鐵鑄造用乾模砂的配合成分舉例供作參考。

表 2-4　乾模砂配合成分參考範例

鑄砂種類	砂料	黏土黏結劑	其他添加劑	備註
鑄鋼 (普通面砂)	矽砂 AFS No.40～60	7%美國西方 火山黏土	14%矽砂粉， 適量糖漿	添加水分及足夠的糊精 與糖蜜，315℃烘乾
鑄鋼 (一般用)	50%新矽砂 AFS No.40～60， 50%回收系統砂	7～8%耐火泥， 1～2%美國西方 火山黏土	2～3%矽砂粉	添加水分，340℃烘乾
鑄鋼 (空氣乾燥)	使用新砂或 回收矽砂， AFS No.40～60	3.5%美國西方 火山黏土	5%矽砂粉， 1.25%穀粉	添加 3.5～4.5%水分， 空氣乾燥
灰口鑄鐵 (一般用)	40%新矽砂 AFS No.50～60， 60%舊矽砂	3～6%美國西方 火山黏土	1～2%瀝青粉， 1～1.5%穀粉	添加 4～5%水分，濕模強度為 0.56～0.7kg/cm²，90～120 通氣 度；175～230℃烘乾

2-1.4　鑄砂試驗(testing of molding sands)

砂模的好壞會影響鑄件的成敗，而鑄砂的品質直接影響砂模的優劣，因此，穩定鑄砂性質是非常重要的日常工作，控制鑄砂性能最客觀的方式，是採用各種標準試驗儀器，每天或定時從事鑄砂試驗，然後據以分析、調整鑄砂成分或用量，以獲得最理想的造模材料，以及完美的鑄件。

常用的鑄砂試驗種類有下列六種：

(1) 鑄砂水分(moisture)試驗。

(2) 鑄砂強度(strength)試驗。

(3) 鑄砂透氣性(permeability)試驗。

(4) 鑄砂含黏土量(clay content)試驗。

(5) 鑄砂粒度(grain fineness)試驗。

(6) 鑄砂硬度(hardness)試驗。

另外，有關鑄砂的燒結點(sinter point)、造模性(moldability)、耐用性(durability)及金屬穿透(metal penetration)等性質，必要時亦可使用特殊的儀器加以試驗。

茲將常用鑄砂試驗方法、目的、機具材料、試驗步驟及注意事項說明如下：

1. 試樣準備(sample preparation)

　　所有的鑄砂試驗，都要先選取鑄砂樣本(sand sample)，即所謂取樣，取樣不客觀，則試驗結果亦不可靠，因此，取樣應謹慎，以使試驗結果能代表全部鑄砂之性能。除了取樣外，有關強度及透氣性的試驗，還得先做好鑄砂試片(sand specimen)，因為鑄砂強度、透氣性等性質決定於捶搗的程度，故標準試片的製作必須小心控制，以能代表鑄砂實際的性質。

(一) 鑄砂取樣

　　鑄砂試驗用樣本的選取有兩種途徑：一為新調配的鑄砂，另一為已經在造模使用的鑄砂。

- (1) 新調配的鑄砂：為適應新的訂單或改變原有鑄砂的成分，可先在實驗室調配新的處方。按鑄模所需要的性質，調製適當的成分，但應以類似工作現場配砂處理的方式(人力或機械)來混練，適當的混練時間為 2～5 分鐘。時間長短依混砂量及混砂機種類而定，混練後的鑄砂應保存在密閉的容器內，以避免水分蒸發，影響鑄砂性質。

- (2) 已在造模現場使用的鑄砂：為便於鑄砂調配及作為將來鑄件瑕疵分析診斷的參考，正在造模線上的鑄砂應每天或定期取樣試驗並作記錄。此類鑄砂使用量多，而且分佈在造模區每一角落，故選樣應客觀，此類鑄砂樣本的選取又可分為：

  - ① 手工造模用砂：應從砂堆表面下方約 20 公分處選取，且應在同一堆鑄砂的不同位置各取用一些，混合後用 8 目(AFS NO.8)砂篩篩過，以去除鐵屑雜物，然後將不同類的鑄砂個別裝填在密閉容器內，以備試驗使用。

  - ② 機械造模用砂：應在砂處理機與造模機間的輸送帶上或運砂車內取樣，且應多取幾處，最好在每天固定時間(如早上九點，一般在開工後 1 小時)混練出來的鑄砂內酌量取用混合，放在密閉容器內，作為試驗用。

(二) 鑄砂試片(sand specimen)之製作

- (1) 目的：製作鑄砂試片，以作為鑄砂強度及透氣性試驗之用。

- (2) 機具及材料：試片打樣器(sand rammer)一台，試片筒三支、試片座、試片推桿各一個，如圖 2-3 所示，各種濕態鑄砂樣本。

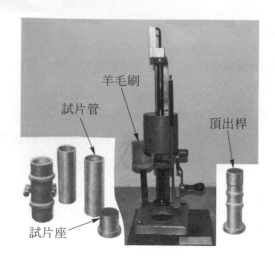

(a) 試片打樣器及其附件

(b) 抬高錘桿,將試片管安置孔座上

圖 2-3　鑄砂試片打樣器及其操作

(3) 製作步驟:

① 先將試片座裝於試片筒一端,然後從另一端填入適量的濕砂。

② 將試片筒裝於打樣器(搗砂機)之台上。

③ 手搖凸輪把手,利用活動錘(6.5±0.1kg)打擊錘桿(打擊力 8.5±0.12kg),搗實試片,連續三次,使錘桿頂端剛好在打樣器上方的三線刻度內,則試片高度即為 50±1mm(或 2″)。

④ 取出試片筒,移去試片座,將試片連同試片筒進行透氣性試驗。

⑤ 若要進行鑄砂強度試驗,則應利用推桿,將試片從試片筒中推出,取試片進行各種強度試驗。

(4) 注意事項:

① 裝填鑄砂於試片筒時,不可擠壓。

② 錘擊三次後,若試片高度不在 50±1mm 範圍內,應廢棄重做,並酌量增減鑄砂填加量。

③ 廢棄或試驗過之鑄砂,應裝於另外之筒中,並於試驗完畢時,送回各該類砂堆。

④ 任何鑄砂試驗,每一次試驗結束,應將試驗過之鑄砂"徹底"清除廢棄;並將機具擦拭乾淨回復原狀,才可進行下一次試驗。

2. 鑄砂水分(moisture)試驗

(1) 目的:測定鑄砂中的含水量,以作為配砂、造模及鑄件瑕疵分析之參考。

(2) 機具及材料:水分測定器(moisture tester)一台,如圖 2-4 所示,天秤一台、砂盤兩個、刷子一支、溫度計(200℃)一支、特殊夾子一支及各種鑄砂樣本。

溫度調整鈕

溫度計

特殊夾子

乾毛刷

砂盤

圖 2-4　鑄砂水分測定器及附件

(3) 試驗步驟:

① 秤取 50gm 之鑄砂置於試驗砂盤內,並使其散佈均勻。

② 將砂盤置入測定器下方彈簧夾具內,打開右側開關,並將正上方之溫度調整鈕轉至適當位置加熱,觀察溫度計。

③ 當溫度升至 220°F(約 105～110℃)時,維持烘烤 15 分鐘(採用送風快速乾燥器時,實際只需 3～5 分鐘)後,將溫度調整鈕轉至"0"位置送風。

④ 用特殊夾子取出砂盤,重新秤取砂重。

⑤ 減輕之重量乘以 2,即為含水量之百分率。如剩下之砂重為 47.12gm,則知含水量為(50-47.12)× 2 = 5.76 (%)。

⑥ 同一種鑄砂應試驗三次,求其平均值,以代表其實際含水量。

(4) 注意事項：

    ① 溫度調整鈕有 0、1/4、1/2、1 四種刻度，0 代表只送風不加熱，1/4～1 代表加熱溫度由低到高。

    ② 試驗前應先將溫度計裝入測定器旁固定孔中，以便控制溫度，全部試驗完畢後，應拆下收好，以免遭受無意之破壞。

    ③ 取出砂盤時，應使用特殊夾子，以免高溫之砂盤燙傷手指。

    ④ 砂樣烘烤應完全乾燥才可，若取出時發現並未完全乾燥，應再次放入烘烤，以求得正確數據。

3. 鑄砂強度(strength)試驗

(1) 目的：分析鑄砂的濕態抗壓強度(green compression)、抗剪強度(green shear)，乾態抗壓(dry compression)、抗剪強度(dry shear)，砂心抗拉強度(core tensile)及堅韌性(tenacity)等，以作為配砂、造模及鑄件瑕疵分析之參考。

(2) 機具及材料：鑄砂萬能強度試驗機(universal sand strength machine)一台及其附件，如圖 2-5 所示，各種鑄砂試片。

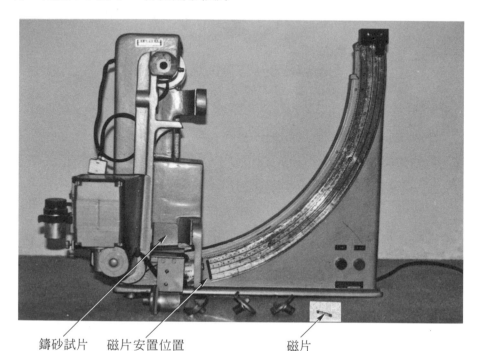

鑄砂試片　　磁片安置位置　　　　　磁片

圖 2-5　鑄砂萬能強度試驗機(電動式)

(3) 試驗步驟：

①　安放試驗機於實驗桌上，調整水平，並置放磁鐵片於標尺(scale)上。

②　用打樣器製作鑄砂試片。

③　選取適當的試片座及壓縮頭(抗壓或抗剪用)，並安置在試驗機上。

④　用左手取試片，按放在試驗機的試片座及壓縮頭上。

⑤　啓動馬達(或手搖)，使試片之頂面增加荷重(load)，並使壓力沿試片之軸線方向進行，其增加率爲 30gm/秒，直至試片破壞爲止。

⑥　記錄破壞時之標尺讀數(磁鐵片之下方刻度)。

⑦　清除破壞之砂料，並按前述 6 個步驟連續試驗三次，取其平均數，若某次試驗結果誤差在平均值 10%以上時，該次試驗應廢棄，重新再做一次。

(4) 注意事項：

①　標尺附有濕砂模抗壓、抗剪強度及乾砂模抗壓、抗剪強度四種刻度，試驗時應記錄適當之標尺讀數。

②　乾砂模強度試驗之試片應在 105～110℃溫度下烘乾 2 小時，然後徐冷至室溫才可取來做試驗。

③　乾砂心抗拉試驗(core tensile strength)時，應製作特殊試片(∞型)，乾燥後裝於抗拉附件上，如圖 2-6 所示，操作步驟與上述相同，但應讀取“乾砂抗剪強度”值再乘以 4 倍，換算得砂心抗拉強度值。

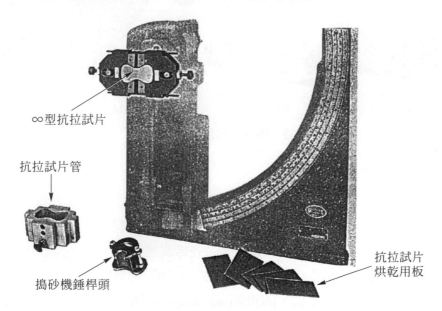

∞型抗拉試片

抗拉試片管

搗砂機錘桿頭

抗拉試片烘乾用板

圖 2-6　乾砂心抗拉試驗

④ 堅韌性試驗(tenacity test)時，製作一般圓柱形試片，烘乾後，在特殊鋸座上鋸取一凹槽，而將壓縮試片座安放在推臂上，堅韌性試驗頭裝置在擺臂上，然後將試片安放在試片座，照上述步驟進行試驗，讀取 "濕砂抗壓強度" 值，再乘以 2 倍，換算得堅韌強度。

4. 鑄砂透氣性(permeability)試驗

(1) 目的：測定鑄砂的透氣度，以作為配砂、造模及鑄件瑕疵分析之參考。

(2) 機具及材料：透氣性試驗機一台，如圖 2-7 所示，直徑 1.5mm 及 0.5mm 之大小孔板(orifice)各一個，試片筒及各種鑄砂樣本。

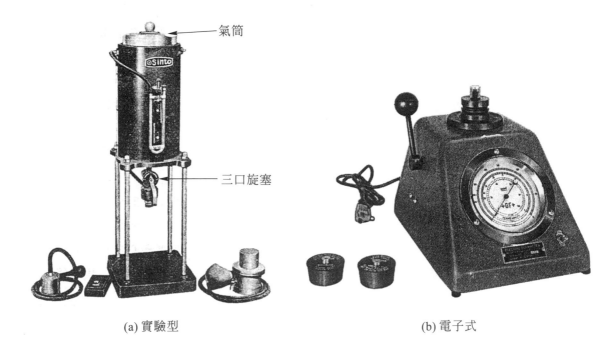

氣筒

三口旋塞

(a) 實驗型　　　　　　　　　　　　(b) 電子式

圖 2-7　鑄砂透氣性試驗機

(3) 試驗步驟：(以實驗型為例)

① 將試驗機之三口旋塞置於關(close)的位置。

② 在水槽中放入足夠的水，使氣筒浮於 "X" 刻度位置。

③ 將搗實好的試片連同試片筒緊緊地裝在橡皮塞上。

④ 次將三口旋塞打開(open)，使氣筒下降至 "0" 的刻度。

⑤ 再將三口旋塞轉至中間，即測量(measure)的位置。

⑥ 用馬錶計時，當氣筒從 0 刻度降至 2000cc 刻度時所需時間 t (分)。

⑦　氣筒下降時，空氣通過試片筒中之砂試片，同時 U 形管中水柱受壓力，形成高度差，當液面穩定時，記錄 U 形管中的壓力差(p)。

(4) 鑄砂透氣度計算：

鑄砂透氣度的意義是指"在一定壓力($1gm/cm^2$)下，每分鐘通過面積 $1cm^2 \times 1cm$ 高之鑄砂試片的空氣體積量(cm^3)"而言。故透氣度計算公式：

$P = (V \times h)/(p \times A \times t)$

式中，P 為鑄砂透氣度(可以 cc/min 單位表示)。

　　　V 代表空氣量為 2000cc，即 2000ml 或 2000 cm^3。

　　　h 為試片高度 50mm，即 5cm。

　　　p 為 U 形管中空氣壓力差(gm/cm^2)。

　　　A 為試片斷面積，約為 19.635 cm^2(試片直徑為 5cm)。

　　　t 為時間(分)。

上項公式可轉換為

$P = (2000 \times 5)/(p \times 19.635 \times t) = (509.294)/(p \times t)$

(5) 快速測定法：

快速法測定鑄砂透氣度不像上述測定法那麼麻煩，而可以從壓力讀數直接查表(如表 2-5)獲得透氣度之多寡，迅速又方便，常為工作現場之需要而實施。

新型電子式透氣性試驗機(electric permmeter)，如圖 2-7(b)所示，以電動馬達送出固定的風量，通過大或小孔板後，透過試片筒中之砂試片，則風壓之大小即代表透氣度之多寡，由指針之指示，即可直接讀出鑄砂之透氣度，更可省下查表的工時，方便又準確。

快速法原理是：在一定壓力下，水柱可達 10cm 高。故使空氣經由一孔徑通過砂試片，若砂試片完全不通氣，則孔徑所排洩壓力將昇至最大值，即水柱高 10cm；若砂試片完全通氣的話，則孔徑所排洩壓力即為大氣壓力，壓力計顯示為 0 即沒有壓力差。因此，鑄砂的通氣度可依孔徑所排洩的壓力大小來表示，試驗時只要讀出壓力差，即可由壓力與通氣度之關係表，如表 2-5 所示，查出鑄砂透氣度的值。

表 2-5 用快速測定法測定透氣度的換算表

壓力 (g/cm²)	透氣度 小孔徑 (0.5mm)	大孔徑 (1.5mm)	壓力 (g/cm²)	透氣度 小孔徑 (0.5mm)	大孔徑 (1.5mm)	壓力 (g/cm²)	透氣度 小孔徑 (0.5mm)	大孔徑 (1.5mm)	壓力 (g/cm²)	透氣度 小孔徑 (0.5mm)	大孔徑 (1.5mm)
0.1	—	—	2.6	36	326	5.1	14.3	134	7.6	6.3	61
0.2	—	—	2.7	34	313	5.2	13.8	128	7.7	6.0	58
0.3	—	—	2.8	33	300	5.3	13.4	126	7.8	5.8	56
0.4	—	2450	2.9	31	287	5.4	13.0	122	7.9	5.6	54
0.5	—	2000	3.0	30	275	5.5	12.6	119	8.0	5.3	52
0.6	—	1620	3.1	29	264	5.6	12.2	115	8.1	5.1	50
0.7	—	1350	3.2	28	253	5.7	11.8	112	8.2	4.9	48
0.8	—	1200	3.3	27	243	5.8	11.4	108	8.3	4.7	46
0.9	—	1060	3.4	25.8	235	5.9	11.0	105	8.4	4.4	44
1.0	—	950	3.5	24.2	226	6.0	10.7	102	8.5	4.2	42
1.1	—	850	3.6	23.4	219	6.1	10.3	99	8.6	4.0	40
1.2	—	780	3.7	22.7	212	6.2	10.0	96	8.7	3.7	38
1.3	—	710	3.8	21.8	205	6.3	9.7	93	8.8	3.5	36
1.4	—	650	3.9	21.0	198	6.4	9.4	90	8.9	3.3	—
1.5	—	610	4.0	20.0	193	6.5	9.0	88	9.0	3.1	—
1.6	—	550	4.1	19.5	185	6.6	8.8	85	9.1	2.9	—
1.7	—	525	4.2	19.0	178	6.7	8.5	82	9.2	2.6	—
1.8	—	492	4.3	18.4	173	6.8	8.2	80	9.3	2.4	—
1.9	—	467	4.4	17.8	167	6.9	7.9	77	9.4	2.2	—
2.0	49	440	4.5	17.3	163	7.0	7.7	75	9.5	1.9	—
2.1	47	417	4.6	16.7	156	7.1	7.5	73	9.6	1.7	—
2.2	44	398	4.7	16.2	151	7.2	7.2	70	9.7	1.4	—
2.3	42	376	4.8	15.7	146	7.3	7.0	67	9.8	1.1	—
2.4	40	358	4.9	15.2	142	7.4	6.7	65	9.9		
2.5	38	341	5.0	14.7	138	7.5	6.5	63	10.0		

註：一般鑄鋼用鑄砂透氣度約為 100～300，而鑄鐵用鑄砂則為 75～150。

其操作方法是：將直徑 0.5mm 或 1.5mm 之孔板裝於試驗機上之通氣口中，裝上附試片之試片筒，當氣筒從 0 刻度降至 2000cc 刻度過程中，記錄 U 形管中所示之壓力差(在壓力固定不變時記錄)，則由表 2-5 可查知該鑄砂試片之透氣度。電子式只要打開電源，由盤面指針即可直接讀出。

(6) 注意事項：

① 透氣性試驗機應保持水平，以利試驗工作進行。

② 直徑 0.5mm 之孔板用於透氣性較差者(49 cc / min 以下)，1.5mm 之孔板用於透氣性較佳者(36 cc / min 以上)。

③ 孔板應保持清潔，有阻塞現象時可用木質針條清除，避免使用金屬針，以防擴大孔徑，影響準確性。

④ 試驗完畢應放掉水槽中的水，並擦拭乾淨水槽及氣筒內部，以免生銹堵塞孔道。

5. 鑄砂黏土含量(clay content)試驗

(1) 目的：分析鑄砂中所含黏土(一般指直徑在 20μm 以下的微粒粉末)的百分比，即測定 AFS 黏土含量值，以作為選砂(尤其是天然砂)、配砂及鑄件瑕疵分析的參考。

(2) 機具及材料：電動洗砂機(sand washer)一台，如圖 2-8 所示，洗砂瓶四只，瓶蓋八個、虹吸管一支、天秤一座、焦磷酸化四鈉($Na_4P_2O_7$)，蒸餾水，各種乾態鑄砂樣本。

(3) 試驗步驟：

① 將濕砂樣本烘乾，量取 50gm 乾砂，置於洗砂瓶內。

② 加入 25cc 的 1.5% $Na_4P_2O_7$ 水溶液及 475cc 蒸餾水。

③ 將四只洗砂瓶置於洗砂機旋轉架上(若只裝兩瓶時，應裝於對角線位置，使之平衡)。

④ 啟動馬達，旋轉 5～10 分鐘後，加水到 150mm 之刻度，並以玻璃棒攪拌均勻，然後靜置 10 分鐘。

⑤ 以虹吸管將洗砂瓶內之水吸出，再加水到 150mm 之刻度，並使其沉澱 5～10 分鐘。

⑥ 重複上述步驟數次，直到水清為止。

⑦ 洗清之鑄砂烘乾，並秤其重量。

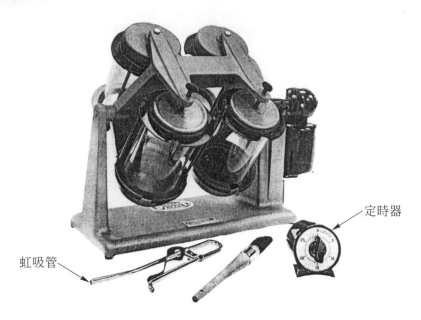

定時器

虹吸管

圖 2-8　電動洗砂機

⑧　失去之重量乘以 2，即為 AFS 黏土含量百分率。如洗清後之乾砂重為 46.75gm，則知鑄砂中 AFS 黏土含量為(50 – 46.75)× 2 = 6.5(%)。

(4) 注意事項：

①　鑄砂樣本必須在 105～110℃溫度下烘烤大約 5 分鐘，直到完全乾燥才可以用來做試驗。

②　以前採用之洗砂藥劑為 1～3%的苛性鈉(NaOH)水溶液，AFS 鑄砂試驗手冊建議改用 1.5%的 $Na_4P_2O_7$，以免產生膠凝(gelling)現象。

③　洗砂瓶裝於旋轉架時，必須裝牢，以免發生危險。

④　使用虹吸管時，應先將管內充滿水，才能將濁水吸出。

⑤　黏附在瓶口及瓶蓋上的砂不可用手或其他器具去清理，以免矽砂散失而影響準確性(可用水小心沖洗搜集在瓶內，集中處理)。

6. 鑄砂粒度(grain fineness)試驗

(1) 目的：測定鑄砂的粒度，即 AFS 粒度指數，以瞭解砂粒粗細分佈的情形，供作選用鑄砂及鑄件表面瑕疵分析的參考。

(2) 機具及材料：電動迴轉搖震篩砂機一台，標準篩 No. 6、12、20、30、40、50、70、100、140、200、270 等共 11 個為一組，並加一底盤及蓋子，如圖 2-9 所示(不同廠牌或不同時出廠之篩砂機，標準篩使用的號數可能不一樣，但並不影響結果)，天秤一台，各種乾矽砂樣本。

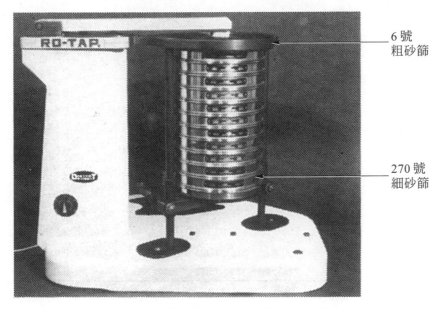

6 號
粗砂篩

270 號
細砂篩

圖 2-9 鑄砂粒度分析用電動篩砂機

(3) 試驗步驟：

① 清理篩網，並按篩孔大小，由下往上依次疊放在篩砂機上。先放底盤，再放篩孔最小者(即篩號數最大者)，按順序整齊向上擺置。表 2-6 係標準篩篩孔大小之情形。

② 秤取 50gm 不含黏土之乾燥矽砂，並將其倒入篩砂機最上面之篩網。亦可取樣 100gm 進行試驗，則每一篩網上殘留砂重即為其百分比。

③ 加上蓋子，扣緊篩網固定螺絲，將錘桿向前扳回置放在蓋子上，起動馬達，使其搖震 15 分鐘。

④ 移去錘桿，鬆開固定螺絲，依次由上而下取出砂篩，將篩網內之砂粒倒在白紙上，秤其重量至小數第二位，扣除紙重後逐一記錄之。

表 2-6　標準篩篩孔規格

美國標準篩 ASTM 號數	泰勒(Tyler) 篩網(目/吋)	篩孔大小		篩網銅絲直徑 (mm)
		(mm)	(μm)	
6	6	3.35	3350	1.23
8	8	2.36	2360	1.00
12	10	1.70	1700	0.810
16	14	1.18	1180	0.650
20	20	0.850	850	0.510
30	28	0.600	600	0.390
40	35	0.425	425	0.290
50	48	0.300	300	0.215
70	65	0.212	212	0.152
100	100	0.150	150	0.110
140	150	0.106	106	0.076
200	200	0.075	75	0.053
270	270	0.053	53	0.037

註：標準篩之號數、篩孔及篩網大小各國標準不一，本表僅供參考。
資料來源：AFS：Mold and Core Test Handbook, 1978.

(4) 鑄砂粒度(AFS No.)計算：

① 將每一層篩網上的乾砂重量乘以 2，得到殘留砂的百分比，然後乘上前一層篩網的號碼(或規定的乘數)。

② 將所得乘積加起來除以殘留砂百分比的總合(亦即 100)，所得的商即為 AFS 粒度指數(AFS grain fineness number)，如表 2-7 計算範例所示。

③ 鑄砂粒度通常依 AFS 標準計算，鑄鐵用粒度要求在 50～100，而鑄鋼為 50～70。粒度會影響砂模透氣度、耐火度及鑄件表面光度：粒度愈大者，透氣性愈佳、耐火度愈好，但鑄件表面愈粗糙。

④ 鑄砂粒度選用時，除應注意 AFS No.外，亦應注意粒度分佈情形。當殘留砂 10%以上的篩網只有兩個時，稱為二峯砂(2-screen sand)，依次有二至五峯砂等各種分佈，鑄造用砂最好選用四峯砂，因其具有良好的充填比，砂模性質較佳。表 2-7 所示的砂即屬於四峯砂。

表 2-7　鑄砂粒度計算範例

ASTM 篩號數	50g 的砂試樣殘留於篩上		乘數	乘積
	(gm)	(%)		
6	—	—	3	—
12	—	—	5	—
20	—	—	10	—
30	—	—	20	—
40	0.7	1.4	30	42.0
50	7.7	15.4	40	616.0
70	17.85	35.7	50	1785.0
100	14.2	28.4	70	1988.0
140	7.4	14.8	100	1480.0
200	1.65	3.3	140	462.0
270	—	—	200	—
底盤	0.5	1.0	300	300.0
合計	50.0	100.0	—	6673.0

AFS 粒度指數=乘積總和/殘留百分比的總和 ＝ 6673/100 ＝ 66.73

(5) 注意事項：

① 砂篩疊放必須按粗細或號數大小順序，切不可顛倒或擺錯，以免前功盡棄或影響準確性。

② 將篩網內的砂取出時應特別小心，不可失落砂粒影響結果；亦不能用金屬刷清除篩孔內殘留的砂粒，如此將損傷網線。

③ 若欲集中秤取各砂篩內的砂粒重量時，記得應在紙上編號以免記錄錯誤或混淆不清。

7. 砂模硬度(mold hardness)試驗

(1) 目的：測定砂模的硬度值，以作為造模、配砂及鑄件瑕疵分析的參考。

(2) 機具及材料：濕砂模及乾砂模硬度計各一個，如圖 2-10、圖 2-11 所示，各種乾、濕砂模。

(a) "B型"硬度計及底部壓痕球

(b) "C型"硬度計及圓錐測頭

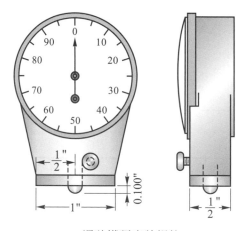

(c) 濕砂模硬度計規格

(d) 濕砂模模面硬度測試情形

圖 2-10　濕砂模硬度計

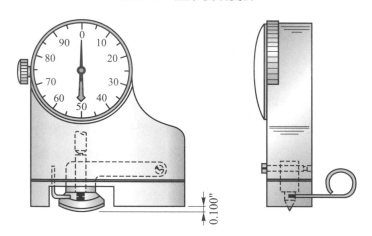

圖 2-11　乾砂模硬度計

(3) 原理：利用凹痕型(indentation type)硬度計試驗，將具有彈簧的鋼球或刮刀壓入砂模表面，若無凹痕發生，則硬度值為 100，是為極硬；若鋼珠或刮刀完全陷入砂模內，則硬度值為 0，表示砂模極軟。硬度計盤面共分 100 小格，而凸出之球半徑或刮刀深為 0.100″，即砂模面每陷入 0.001″，硬度值為 1，如圖 2-10 所示。一般機械造模的砂模硬度值為 80～95；手工造模則以 45～75 較為理想。

(4) 試驗步驟：

(一) 濕砂模：

① 先將硬度計指針歸零(必要時旋轉透明蓋或按下按鈕)。

② 如圖 2-10(d)所示，用右手(或左手)虎口握住硬度計，大拇指按下按鈕，然後將硬度計之鋼球端壓入砂模表面，直到硬度計底部平面與砂模平面平齊為止，拇指放開按鈕(指針固定不動)後，才移開硬度計。

③ 記錄硬度值後，於同一砂模表面不同三處測定之，以求取平均值。

④ 砂模硬度之參考數據如表 2-8 所示。

(二) 乾砂模：一般有三種測定法，任選其一試驗。參考值亦如表 2-8 所示。

① 刮痕法(scratching method)：右手握硬度計，壓入砂模後移動一段距離約 75mm，記錄最大及最小硬度值，求取平均數。一般以"S"來表示。如 20S：係刮痕法測得之乾砂模硬度值，代表極軟，70S 代表硬。

② 隨機取樣法(indenting m.)：右手握硬度計，於適當位置壓入砂模後，用右手食指頂住控制柄，記錄硬度值。通常以"I"來表示。如 90I 係指隨機取樣法所測定之乾砂模硬度值，代表極硬。

③ 轉動法(rotary m.)：加裝一小槓桿(side lever)於刀尖上，當硬度計壓入砂模後轉動刀尖 90°，記錄其硬度值。以"R"表示之。如 40R 即轉動法所測定之硬度值。

(5) 注意事項：

① 濕砂模硬度計使用後應將指針歸零(按下按鈕)，以免彈簧長久受壓，產生彈性疲勞。

② 試驗時，除非必要，否則禁止在模穴內或太靠近模穴、砂箱邊緣測試，以保護砂模及求得客觀數據。

③ 試驗完畢後，應將硬度計上所黏附之鑄砂清除乾淨，以延長使用壽命。

表 2-8　乾、濕砂模硬度參考值

等級	硬度指數	相當標準荷重	
		濕砂模	乾砂模
極軟	0	105g	1.10kg
	10	118g	1.19kg
	20	131g	1.28kg
軟	30	144g	1.37kg
	40	157g	1.46kg
中	50	171g	1.55kg
	60	184g	1.64kg
硬	70	197g	1.73kg
	80	210g	1.82kg
極硬	90	223g	1.91kg
	100	237g	2.00kg

2-1.5　鑄砂控制原則

　　為了獲得最佳的鑄造成品,對於鑄造廠內使用量最多,反覆使用頻率最高的鑄砂,應特別小心加以控制,以下是一些基本的原則:

(1) 按照鑄砂的用途及性質,調配適當的鑄砂成分及數量,如鑄鐵、鑄鋼或鑄銅用,參考表 2-9;另外應注意是面砂(facing sand)或背砂(backing sand)。

(2) 所有材料均應過磅或測量準確,才可加入混練。且應用標準單位測量,如重量用公斤或磅,體積用立方公尺或立方呎。

(3) 每天應「定時」取樣作鑄砂試驗並詳實記錄之,以備鑄件瑕疵分析追蹤參考;且應「隨時」檢查鑄砂使用情況,以防萬一。

(4) 取樣應確實、客觀、可靠(詳見試樣準備),必要時應用 8 目網篩再度篩過,以去除雜質或硬塊。

(5) 鑄砂試驗應謹慎從事,特別注意:不準確的試驗比不作試驗更糟。

(6) 鑄砂含水量與天候(如晴、雨天)、季節(如夏、冬天)、使用時間(如上午爲低溫舊砂,下午爲高溫之回收砂)等有密切關係,添加量應有所區別。

(7) 應根據試驗結果及鑄件檢查報告，並參考鑄砂特性，詳加研究改進調整鑄砂成分或數量，及控制好混練時間之長短，確實達到鑄砂控制的目的。

表 2-9　各種鑄件用鑄砂性質表

鑄件合金	水分(%)	透氣度	濕態壓縮強度 (KPa)	黏土分 (%)	鑄砂粒度 (AFS No.)
鋁鑄件	6.5〜8.5	7〜13	45.5〜52.5	12〜18	225〜160
黃銅及青銅鑄件	6.0〜8.0	13〜20	49〜56	12〜14	150〜140
灰口鑄鐵(輕薄鑄件)	6.5〜8.5	10〜15	42〜52.5	10〜12	200〜180
灰口鑄鐵(機械造模)	6.0〜7.5	18〜25	43.4〜52.5	12〜14	120〜87
灰口鑄鐵(中型鑄件，濕模砂)	5.5〜7.0	40〜60	52.5〜56	11〜14	86〜70
灰口鑄鐵(中型鑄件，合成砂)	4.0〜6.0	50〜80	52.5〜59.5	4〜10	75〜55
灰口鑄鐵(重型鑄件)	4.0〜6.5	80〜120	35〜52.5	8〜13	61〜50
可鍛鑄鐵(輕型鑄件)	6.0〜8.0	20〜30	45.5〜52.5	8〜13	120〜92
可鍛鑄鐵(重型鑄件)	5.5〜7.5	40〜60	45.5〜52.5	8〜13	85〜70
鑄鋼(濕模，輕型鑄件)	2.0〜4.0	125〜200	45.5〜52.5	4〜10	56〜45
鑄鋼(濕模，重型鑄件)	2.0〜4.0	130〜300	45.5〜52.5	4〜10	62〜38
鑄鋼(乾模鑄件)	4.0〜6.0	100〜200	45.5〜52.5	6〜12	60〜45

2-2　金屬

　　鑄件都是金屬材料熔融後澆鑄而成的，因此，在鑄造廠裡，金屬材料的使用量並不亞於鑄砂，況且鑄砂可以回收反覆使用，而金屬熔融後，除了報廢品及澆冒口等回爐料之外，絕大部份製成鑄件售出，故在鑄造材料的採購方面，金屬部份所佔的比例可想而知。本節主要目的是介紹鑄造廠可能採用的各種金屬原料類別、來源及成分等；至於各種鑄造金屬合金的熔化及其物理性質等，將在第七章再作詳細的說明。

　　鑄件的材質一般可分為鐵屬合金(ferro-alloys)及非鐵屬合金(non-ferro-alloys)兩大類。鐵合金又可分為鑄鐵及鑄鋼等各種合金，其主要原料都是生鐵(pig iron)，即高爐(blast furnace)的產品；非鐵合金又分為輕合金(light alloys)和重合金(heavy alloys)，其中輕合金主要包括鋁合金及鎂合金，而重合金主要為銅合金及鋅、錫、鉛等低熔點合金。

任何鑄件用金屬原料都包含有新鑄錠(ingot)、回爐料(remelt)、廢料(scrap)及配料用合金元素等四類：

(1) 新鑄錠：新鑄錠係指由各種礦砂原料經冶煉而得之成品，包括高爐之產品－生鐵鑄錠、各種純金屬鑄錠、及將它們配置成的合金鑄錠等，其主要原料如表 2-10 所示。

(2) 回爐料：回爐料係指鑄件清箱後，除優良成品外之剩餘金屬材料，如澆冒口、報廢品等，其成分大致已定，因此重行回爐熔化前，應做適當選擇。

(3) 廢料：廢料係指報廢的舊機器、舊船解體之零件等，選購時應特別謹慎，其化學成分最好有明確的根據，否則應先作進料檢驗，分類使用。

(4) 配料用合金元素：配料用合金係指為改善鑄件的物性或降低熔點，使易於熔化等目的而填加，如鋼鐵用的矽鐵、錳鐵，鋁合金用的鋁矽、鋁銅合金等。

表 2-10　鑄造用金屬及其礦砂原料

金屬	主要礦砂原料
生鐵	赤鐵礦(Fe_2O_3)：紅礦，70%鐵。磁鐵礦(Fe_3O_4)：黑礦，72.4%鐵。菱鐵礦($FeCO_3$)：棕礦，48.3%鐵。褐鐵礦〔$Fe_2O_3x(H_2O)$〕：棕礦，60～65%鐵。
鋁	鋁礬土礦(水鋁氧 $Al_2O_3 \cdot 3H_2O$ 及水鋁石 $Al_2O_3 \cdot H_2O$ 之混合物)。冰晶石(Na_3AlF_6)。
銅	黃銅礦($CuFeS_2$)；輝銅礦(Cu_2S)；赤銅礦(Cu_2O)。
鎂	菱鎂礦($Mg \cdot CO_3$)；氯化鎂($MgCl_2$)；白雲石($CaCO_3 \cdot MgCO_3$)；海水。
錫	錫石(SnO_2)
鋅	閃鋅礦(ZnS)
鉛	方鉛礦(PbS)

2-2.1　鐵金屬(ferrous metals)材料

1. 生鐵(pig iron)及其製造

生鐵又名銑鐵，是將鐵礦砂加入高爐還原而得，含碳量 2～7.5%，是所有鐵製產品的主要原料。

用於生產生鐵的主要鐵礦砂有赤鐵礦(Fe_2O_3)、磁鐵礦(Fe_3O_4)等，如表 2-10 所示。鐵礦砂內含有鐵的氧化物及其他雜質，如果含鐵量太低時，鋼鐵的冶煉成本高，通常含鐵量在 40%以上的鐵礦砂才值得開採。

工業用的鐵和鋼都是由鐵礦砂冶煉成生鐵後再精煉而成的，其中除了鐵元素外，還含有其他元素，主要的元素有碳(C)、矽(Si)、錳(Mn)、磷(P)、硫(S)等，這些元素中，碳的含量對鐵和鋼具有顯著的影響，所以，通常以含碳量作為分類鐵和鋼的基本因素，一般含碳量 0.02～2%的鐵碳合金叫做鋼(steel)，含碳量 2%以上的叫做鑄鐵(cast iron)，含碳量 0.02%以下的叫做鐵或純鐵(pure iron)。實際上所使用的鋼，其含碳量多在 1.5%以下，而鑄鐵的含碳量多為 2.5～4%之間。

煉製生鐵的基本原理，是設法將鐵礦砂中氧化鐵的氧還原除去，使成為游離狀態的金屬鐵。煉製生鐵的主要設備是高爐(blast furnace)。

高爐煉鐵，簡單地說，就是將鐵礦砂加入高爐，利用爐內高熱的焦炭及其發生的 CO 氣體作為還原劑，在各種濃度、壓力與溫度下，與氧化鐵進行還原反應，最後生成熔融的生鐵液，澆鑄成鑄錠或直接倒入氧氣爐精煉成鋼。

高爐又稱為鼓風爐，如圖 2-12 所示，一般高度為 15～30m，直徑為 6～9m，形狀近於圓錐形。外面用鐵板銲合，內壁用耐火磚砌成，高爐可分為爐頂(top)、爐胸(shaft)、爐腹(bosh)及爐床(hearth)四部份，高爐的大小係以一天(24 小時)的生鐵產量來表示，小的只有 100 噸左右，大的有 2000～3000 噸。我國中鋼公司一號高爐從公元 1977 年 6 月點火使用，直到 1984 年 10 月熄火修爐，連續開爐七年三個月，總共出銑突破一千萬公噸，創下世界各國同型高爐的最高產量。

高爐的操作，是將鐵礦砂、焦炭、石灰石等原料過磅後，以輸送吊車直接送到爐頂加料斗，順次自動分層由爐頂通過鐘型爐蓋加入高爐中，此時由鼓風機(blower)送來之冷風通過熱風爐(hot stove)被加熱而成熱風，立刻由爐下部各風口吹入爐中，而與下降至爐腹之焦炭發生燃燒作用，生成大量之還原性一氧化碳(CO)氣體及熱，此高溫之還原性氣體上升而與下降之鐵礦砂發生還原反應，由爐頂加料線以下反應漸次加強，至爐腹之熔化帶(melting zone)裝入料大部份熔化，生成鐵熔液(molten iron)滴流聚集在爐床內。

提煉一噸生鐵所需的原料是鐵礦砂 1.5～2 噸，焦炭 0.5～1 噸，石灰石 0.3～0.7 噸，此外，通常還加入少量的錳礦石，熱風需要量為 3000～4000 m^3。

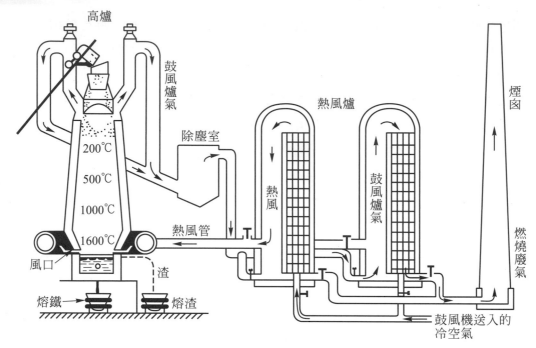

圖 2-12　高爐煉鐵作業

　　高爐煉鐵是吹以熱風來提高效率，且熱風是利用高爐本身所排出的高溫可燃氣體(鼓風爐氣)，引入熱風爐中將鼓風機送入的冷空氣加熱而得，可以節省能源及成本。每座高爐通常有四個熱風爐，按次序輪流交換使用，使高爐能夠繼續不斷的獲得熱風。

　　熱風爐由燃燒室和蓄熱室所構成，製造熱風前，首先把高爐所排出的鼓風爐氣送入熱風爐的燃燒室內，使它燃燒，由燃燒所生成的高溫氣體經過蓄熱室後，從煙囪排出，此時蓄熱室內的耐火磚格子因吸收燃燒氣體的熱量而昇高溫度，如圖 2-12 右邊的熱風爐正利用鼓風爐氣在加熱耐火磚。當熱風爐被充分加熱後，停送鼓風爐氣，中斷燃燒，而把鼓風機送入之冷空氣從蓄熱室下方送入蓄熱室內，此時，空氣從高溫的耐火磚格子吸收熱量，溫度可昇高到 500～1000℃，然後把此熱風送入高爐內使用，如圖 2-12 左邊的熱風爐，正在加熱冷空氣使成熱風引入高爐。

　　當適量的冷空氣通過熱風爐後，爐溫會降低，無法再繼續預熱空氣，此時，其他的熱風爐溫度已昇高，只要控制閥門，即可由其他熱風爐來加熱空氣，而引入鼓風爐氣到已降溫的熱風爐中繼續預熱，以備使用，如此連續不斷日夜不停的交換使用，普通高爐大約可連續作業 6～8 年。

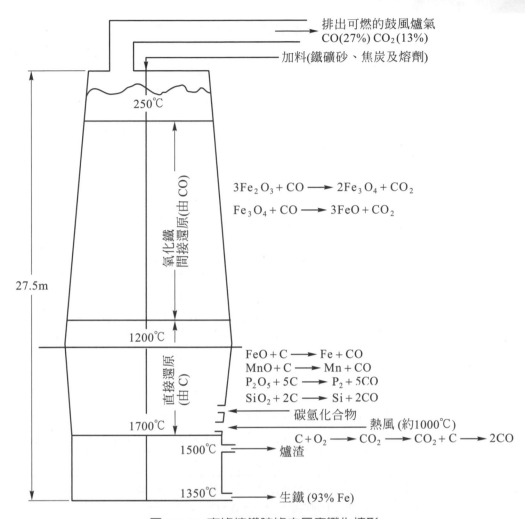

圖 2-13　高爐煉鐵時爐內反應變化情形

　　圖 2-13 顯示高爐內之反應變化情形，當熱風把焦炭燃燒，使爐腹部份的溫度昇高到 1500℃左右，因為溫度高，容易產生多量的 CO，而 CO 氣體會向上流動，與從爐頂加入之鐵礦砂中的氧化鐵產生還原反應，如下列的反應式，使氧化鐵還原為鐵，亦即所謂的生鐵(pig iron)。

$3Fe_2O_3 + CO \rightarrow 2Fe_3O_4 + CO_2$

$Fe_3O_4 + CO \rightarrow 3FeO + CO_2$

$FeO + CO \rightarrow Fe + CO_2$

$FeO + C \rightarrow Fe + CO$

表 2-11 及表 2-12 係中華民國國家標準(CNS)鑄鐵用及煉鋼用生鐵的化學成分。

表 2-11　CNS 鑄鐵用生鐵化學成分表

單位：%

種類			C	Si	Mn	P	S	Cu
1 種	1 號	A	3.4 以上	1.40～1.80	0.30～0.90	0.30 以下	0.050 以下	—
		B	3.4 以上	1.81～2.20	0.30～0.90	0.30 以下	0.050 以下	—
		C	3.3 以上	2.21～2.60	0.30～0.90	0.30 以下	0.050 以下	—
		D	3.3 以上	2.61～3.50	0.30～0.90	0.30 以下	0.050 以下	—
	2 號		3.3 以上	1.40～3.50	0.30～1.00	0.45 以下	0.080 以下	—
2 種	1 號	A	3.5 以上	1.00～2.00	0.40 以下	0.10 以下	0.040 以下	0.030 以下
		B	3.0 以上	2.01～3.00	0.50～1.10	0.10 以下	0.040 以下	0.030 以下
		C	3.0 以上	3.01～4.00	0.50～1.10	0.13 以下	0.040 以下	0.030 以下
		D	2.7 以上	4.01～5.00	0.50～1.30	0.13 以下	0.040 以下	0.030 以下
		E	2.5 以上	5.01～6.00	0.50～1.30	0.15 以下	0.040 以下	0.030 以下
	2 號		2.5 以上	1.00～6.00	1.35 以下	0.16 以下	0.045 以下	0.035 以下
3 種	1 號	A	3.4 以上	1.00 以下	0.40 以下	0.10 以下	0.040 以下	0.030 以下
		B	3.4 以上	1.01～1.40	0.40 以下	0.10 以下	0.040 以下	0.030 以下
		C	3.4 以上	1.41～1.80	0.40 以下	0.10 以下	0.040 以下	0.030 以下
		D	3.4 以上	1.81～3.50	0.40 以下	0.10 以下	0.040 以下	0.030 以下
	2 號		3.4 以上	3.50 以下	0.50 以下	0.15 以下	0.045 以下	0.035 以下

註：(1) 第 1 種用於灰口鑄鐵件，第 2 種用於展性鑄鐵件，第 3 種用於球墨鑄鐵件之生產。
　　(2) 每一種之 1 號生鐵均依 Si 含量之不同再區分為 A、B、C、D、E 等四或五類生鐵。
資料摘自：CNS 2065-1。

表 2-12　CNS 煉鋼用生鐵化學成分表

單位：%

種類			C	Si	Mn	P	S	Cu
1 種	1 號		3.5 以上	1.20 以下	0.40 以上	0.30 以下	0.05 以下	—
	2 號		3.5 以上	1.40 以下	0.40 以上	0.50 以下	0.07 以下	—
3 種	1 號	A	3.5 以上	0.50 以下	0.40 以下	0.35 以下	0.05 以下	0.02 以下
		B	3.5 以上	0.50 以下	0.41 以上	0.35 以下	0.05 以下	0.02 以下

註：第 1 種為一般用於煉鋼之生鐵；第 3 種為以鐵礦砂為原料，使用電弧爐所製造之生鐵。
資料摘自：CNS 2065。

　　高爐煉鐵的同時，鐵礦砂中所含的主要雜質－二氧化矽(SiO_2)、焦炭中殘留的灰分等，與由石灰石($CaCO_3$)熔劑在爐中分解出的氧化鈣(CaO)相互作用，化合成熔點較低、比重較輕的爐渣(slag)而浮於爐床中鐵液之上面，爐渣的成分約為(SiO_2)/3，(CaO)/3 及(Al_2O_3)/3 與少量的 MgO、MnO 等。當爐床內的鐵液與爐渣量積存到相當量後，即由出口鐵及出渣口分別排出，鐵液流入特製盛桶(ladle)，運往煉鋼廠作煉鋼用原料，或將鐵液運到鑄銑機(casting machine)，鑄入鐵模(鑄錠模)內，以冷水噴灑冷卻，鑄成塊狀生鐵，即所謂鑄錠(ingot)，以供鑄造工廠使用。

2. 廢料(scrap)

　　鑄造廠所用的鑄鐵原料內，除生鐵新鑄錠外，廢料常占很大的份量，因此，對於廢料的成分，必須明瞭才能控制所製鑄件的成分及品質；而在鑄鋼廠內，原料幾乎都是廢鐵、廢鋼材料，更應注意選用廢料。表 2-13 是一般廢鐵料之化學成分參考值，詳細成分如有

表 2-13　一般廢鐵料之化學成分參考值

單位：%

分類	C	Si	Mn	P	S
機器鐵(Machinery)	3.5	2.0	0.55	0.8	0.1
鐵路機件(Railroad)	3.3	2.0	0.60	0.7	0.1
農機(Agricultural)	3.5	2.25	0.60	1.0	0.09
輕型鑄件(Light)	3.6	2.3	0.50	1.2	0.09
可鍛鑄鐵(Malleable)	2.0	0.75	0.30	0.15	0.15
軟鋼(Mild Stell)	0.25	0.20	0.40	0.05	0.05

原始資料可作根據最好，如果無從查考，則應先取樣作光譜分析或化學分析，確定成分後，才選用較為可靠。

3. 鐵金屬配料用合金

　　這類合金大都用來調配鋼鐵成分，或作為接種劑(inoculants)使用，以改善鑄鐵或鑄鋼的機械性質，有些也可當作去氧劑(deoxidizer)或其他用途，它們的形狀可能是鑄塊、碎塊、甚至顆粒或粉末狀，它們大都是電爐產品。鑄造廠常用的鐵金屬配料用合金有矽鐵、錳鐵、矽錳鐵、磷鐵等多種。

矽鐵(ferro-silicon)：矽鐵的成分有多種，我國國家標準矽鐵分成四級，如表 2-14 所示。含矽量從 20%到 93%都有，這類高矽合金是利用鐵礦(或廢鋼)、矽砂和炭質在電爐內製成。含矽 50%的矽鐵，其熔點約為 2170°F(1188°C)。

表 2-14　CNS 矽鐵之化學成分

種類		符號	化學成分(%)			
			Si	C	P	S
矽鐵	1 號	FSi1	88～93	0.2 以下	0.05 以下	0.02 以下
	2 號	FSi2	75～80	0.2 以下	0.05 以下	0.02 以下
	3 號	FSi3	40～45	0.2 以下	0.05 以下	0.02 以下
	6 號	FSi6	14～20	1.3 以下	0.05 以下	0.06 以下

資料摘自：CNS 2148

(1) 錳鐵(ferro-manganese)及矽錳鐵：高碳錳鐵標準成分是錳(Mn)78～82%、鐵(Fe)15～19%、碳(C)6～8%、矽(Si)1.0%(最多)、磷(P)0.25%(最多)，熔點為 2280～2325°F(1249～1274°C)，它們亦是電爐製品。表 2-15 係我國國家標準錳鐵及矽錳鐵之化學成分表。

(2) 磷鐵(ferro-phosphorus)：鑄造廠調質用的磷鐵，其含磷(P)量一般在 20～25%之間，表 2-16 係我國國家標準磷鐵之成分。

表 2-15　CNS 錳鐵之化學成分

種類		符號	化學成分(%)				
			Mn	C	Si	P	S
高碳錳鐵	0 號	FMnH0	78～82	7.5 以下	1.2 以下	0.40 以下	0.02 以下
	1 號	FMnH1	73～78	7.3 以下	1.2 以下	0.40 以下	0.02 以下
中碳錳鐵	0 號	FMnM0	80～85	1.5 以下	1.5 以下	0.40 以下	0.02 以下
	2 號	FMnM2	75～80	2.0 以下	2.0 以下	0.40 以下	0.02 以下
低碳錳鐵	0 號	FMnL0	80～85	1.0 以下	1.5 以下	0.35 以下	0.02 以下
	1 號	FMnL1	75～80	1.0 以下	1.5 以下	0.40 以下	0.02 以下

資料摘自：CNS 2150

表 2-16　CNS 磷鐵之化學成分

種類		符號	化學成分(%)
			P
磷鐵	1 號	FP1	20～28

資料摘自：CNS 2520

2-2.2　非鐵金屬(non-ferrous metals)材料

1. 輕金屬(light metal)

金屬的比重恆大於 1，通常比重在 1～4 之間者稱為輕金屬，如鋁、鎂等；而比重大於 4 者稱為重金屬，如銅、鋅等。

鑄造廠所用的鋁合金和鎂合金原料，大多是新合金鑄錠、重熔鑄錠或是廢料，自行用純金屬配料的很少。

(1) 鋁合金的原料及其煉製法：

鋁(aluminium, Al)的特點是重量輕，比重約為 2.7，導熱度、導電度及耐蝕性良好，且富於延展性，純鋁的熔點為 660℃。

煉鋁的主要礦物是鋁礬土礦(bauxite, $Al_2O_3 \cdot H_2O$)，煉鋁前，先由鋁礬土礦精製出鋁氧(alumina, Al_2O_3)或稱礬土，然後把 5～10%的礬土(Al_2O_3)放進熔融的冰晶石(cryolite, Na_3AlF_6)中熔解，而在 950℃ 左右的溫度下電解時，鋁(Al)會以熔融狀態析出在電解槽的底部(陰極)，這時可獲得純度 99.5～99.8% 的鋁。

生產 1 磅(0.45 公斤)鋁需要 2 磅(0.9 公斤)礬土(約得自 4 磅的鋁礬土礦)、0.6 磅碳、少量冰晶石和其他材料，且需大約 8 仟瓦-小時電力。

鋁金屬中含有由原料或電解用碳板所混入的各種不純物，這些不純物的量和種類，對鋁的性質有很大的影響。例如鈉(Na)含量較多時，質變脆；又由原料礦石所留下來的 Mn、Cr、Ti 等元素過量時會降低導電度。

鋁的特點是輕，但是強度較低，所以需在鋁中添加特殊元素，作成優良的鋁合金，以符合現代工業的需求，如表 2-17 所示。

(2) 鎂合金的原料及其煉製法：

鎂(magnesium, Mg)的特點是重量很輕，比重 1.74，比鋁還輕，但容易氧化，常溫加工較困難，但在 350～450℃ 時便容易加工，鎂的熔點為 650℃。

煉鎂的主要礦物是菱鎂礦(magnesite, $MgCO_3$)和白雲石(dolomite, $CaCO_2 \cdot MgCO_3$)，海水、鹽湖及鹽井內的氯化鎂($MgCl_2$)亦可用來提煉鎂金屬。海水中含有約百萬分之一千三百份的鎂，用石灰乳來處理，石灰係用貝殼在 $2400°F(1320°C)$的窯內燒成。當石灰和海水作用時，氫氧化鎂沉入槽底，成為稀泥狀抽出，約含鎂 12%，加鹽酸使成氯化鎂($MgCl_2$)，氯化物蒸發，除去水份，再經過濾和乾燥後，氯化鎂有 68%濃度。此時，氯化鎂已變成粒狀，轉入電解槽中，以石墨電極為陽極，槽身為陰極，用 6 萬安培直流電，使氯化鎂分解，鎂金屬浮於頂端，操作溫度約為 $1300°F(700°C)$。如此，海水中的鎂，大約有 90%可收回。工業上很少使用純鎂，通常製成合金後，作為鑄造或鍛造用的材料。表 2-18 係美國 Dow 化學公司所產鑄造用鎂合金的化學成分和機械性質。鎂合金是鎂中加入 Al、Mn、Zn 等元素，以改良其機械性質或耐蝕性，較鋁合金輕，抗拉強度可達 $150\sim230$ MPa，常用為飛機、汽車、光學、機械等零件。

2. 重金屬(heavy metal)－銅合金的原料及其煉製法

鑄造廠常用的重金屬有銅及低熔點的鋅、錫、鉛等，大都利用金屬原料自行配製，如果採用重熔鑄錠或廢料，應注意材料的成分控制。本節僅討論使用較多的銅合金之原料及其煉製法，至於低熔點合金則於第七章 7-7 節中再予詳加介紹。

銅(copper, Cu)的特色是導電度及導熱度高，因此，在工業上的用途很廣，純銅的熔點為 $1083°C$，比重是 $8.96(20°C)$。

煉銅的主要礦物有黃銅礦($CuFeS_2$)、輝銅礦(Cu_2S)及赤銅礦(Cu_2O)等。煉製過程分為兩個階段，第一階段是把銅礦擊碎後與焦炭作適當配合，並加入石灰石及矽料作為助熔劑，在鼓風爐內熔煉，空氣由風嘴直接送入爐內，使焦炭燃燒。當溫度昇高到 $1250°C$左右時，礦石熔化，變成 Cu_2S 與 FeS 的混合物，叫做鋶(matte)，鋶含有 $20\sim40$%的銅，它就相當於煉鐵所得的生鐵；鋶再倒入轉爐中，當空氣吹入時 FeS 會氧化，鐵分(較輕)形成爐渣，而 Cu_2S 中的硫亦被氧化，剩下熔融的銅，這就是所謂的粗銅(blister copper)，亦稱為泡狀銅，這種作業相當於煉鋼，粗銅中含有 $98\sim99.5$%的銅，其他為不純物。

第二階段是把粗銅用電解法加以精煉，以粗銅板為陽極，純銅板為陰極，置於酸性硫酸銅溶液中加以電解。這時陰極純銅板上會逐漸附著陽極粗銅板上分離的純銅，而粗銅中的不純物則沉澱在槽底，陰極的純銅板用反射爐熔化後鑄成銅錠，以作為機械加工使用。

表 2-17　CNS 鑄件用鋁及鋁合金錠之編號及化學成分

合金編號	製品	化學成分(%)(餘額為 Al)										其他元素	
		Si	Fe	Cu	Mn	Mg	Cr	Ni	Zn	Sn	Ti	各項	總量
201.2	S	0.10	0.10	4.0-5.2	0.2-.5	0.2-0.55	—	—	—	—	0.15-.35	0.05	0.10
242.1	S.P	0.70	0.80	3.5-4.5	0.35	1.3-1.8	0.25	1.7-2.3	0.35	—	0.25	0.05	0.15
A242.1	S	0.60	0.60	3.7-4.5	0.10	1.3-1.7	0.15-.25	1.8-2.3	0.10	—	0.07-0.2	0.05	0.15
308.2	P	5.0-6.0	0.80	4.0-5.0	0.30	0.10	—	—	0.50	—	0.20	—	0.50
355.1	S.P	4.5-5.5	0.5	1.0-1.5	0.5	0.45-0.6	0.25	—	0.35	—	0.25	0.05	0.15
C355.2	S.P	4.5-5.5	0.13	1.0-1.5	0.05	0.5-0.6	—	—	0.05	—	0.2	0.05	0.15
356.1	S.P	6.5-7.5	0.5	0.25	0.35	0.25-.45	—	—	0.35	—	0.25	0.15	0.15
356.2	S.P	6.5-7.5	0.13-.25	3.1	0.05	0.3-0.45	—	—	0.05	—	0.2	0.05	0.15
A356.2	S.P	6.5-7.5	0.12	0.1	0.05	0.3-0.45	—	—	0.05	—	0.2	0.05	0.15
357.1	P	6.5-7.5	0.12	0.05	0.03	0.45-0.6	—	—	0.05	—	0.2	0.05	0.15
A357.2	P	6.5-7.5	0.12	0.10	0.05	0.45-0.7	—	—	0.05	—	0.04-0.2	0.03	0.10
443.1	S.P	4.5-6.0	0.60	0.60	0.50	0.05	0.25	—	0.50	—	0.25	—	0.35
A443.2	P	6.5-7.5	0.12	0.05	0.05	0.05	—	—	0.05	—	0.20	0.05	0.15
520.2	S	0.15	0.20	0.20	0.10	9.6-10.6	—	—	0.10	—	0.20	0.05	0.15
707.1	S.P	0.20	0.60	0.20	0.4-.6	1.9-2.4	0.2-0.4	—	4.0-4.5	—	0.25	0.05	0.15
771.2	S	0.10	0.10	0.10	0.10	0.85-1.0	0.06-0.2	—	6.5-7.5	—	0.1-0.2	0.05	0.15
851.1	S.P	2.0-3.0	0.50	0.7-1.3	0.10	0.10	—	0.3-0.7	—	5.5-7	0.20	—	0.30
360.2	壓鑄用鑄錠	9-10	0.7-1.1	0.10	0.10	0.45-0.6	—	0.10	0.10	0.10	—	—	0.20
A360.1		9-10	1.00	0.60	0.35	0.45-0.6	—	0.30	0.40	0.15	—	—	0.25
A360.2		9-10	0.60	0.10	0.05	0.45-0.6	—	—	0.05	—	—	0.05	0.15
380.2		7.5-9.5	0.7-1.1	3.0-4.0	0.10	0.10	—	0.10	0.10	0.10	—	—	0.20
A380.1		7.5-9.5	1.00	3.0-4.0	0.50	0.10	—	0.50	2.00	0.35	—	—	0.50
390.2		16-18	0.6-1.0	4.0-5.0	0.10	0.5-0.65	—	—	0.10	—	0.20	0.10	0.20
B390.1		16-18	1.0	4.0-5.0	0.50	0.5-0.65	—	0.10	1.40	—	0.20	0.10	0.20
A413.1		11-13	1.0	1.0	0.35	0.10	—	0.50	0.40	0.15	—	—	0.25
C443.2		4.5-6.0	0.7-1.1	0.10	0.10	0.05	—	—	0.10	—	—	0.05	0.15
518.2		0.25	0.70	0.10	0.10	7.6-8.5	—	0.05	—	0.05	—	—	0.10

註：S 為砂模鑄錠、P 為永久模鑄錠。

資料整理自：CNS 12000

銅的導電度、導熱度雖然良好，但是材質軟。因此，常添加其他元素，改進它的機械性質及耐蝕性等，以作為電器、機械等零件使用。例如黃銅與青銅，係在銅中分別加入鋅(Zn)與錫(Sn)和其他元素。如表 2-19 及表 2-20 所示。

表 2-18　鑄造用鎂合金之化學成分及機械性質

Dow 化學公司品名		化學成分(%)				抗拉強度 (MPa)	降伏強度 (0.2%)(MPa)	疲勞限度 (5×10^8 次) (MPa)	使用狀態
		Al	Zn	Mn	Mg				
鑄造用	G	10	—	0.1	餘額	155	84	70	砂模
	H	6	3	0.2	餘額	204	98	77	砂模
	C	9	2	0.1	餘額	176	98	84	砂模
	R	9	0.7	0.2	餘額	232	155	98	壓鑄

表 2-19　CNS 鑄造用高拉力黃銅錠之成分

種類	符號	化學成分　(%)								
		Cu	Zn	Mn	Fe	Al	Sn	Ni	Pb	Si
第 1 種	HBsCIn1	55～60	餘量	0.1～1.5	0.5～1.5	0.5～1.5	1.0 以下	1.0 以下	0.4 以下	0.1 以下
第 2 種	HBsCIn2	55～60	餘量	0.1～3.5	0.5～2.0	0.5～2.0	1.0 以下	1.0 以下	0.4 以下	0.1 以下
第 3 種	HBsCIn3	60～65	餘量	2.5～5.0	2.0～4.0	3.0～5.0	0.5 以下	0.5 以下	0.2 以下	0.1 以下
第 4 種	HBsCIn4	60～65	餘量	2.5～5.0	2.0～4.0	5.0～7.5	0.2 以下	0.5 以下	0.2 以下	0.1 以下

資料摘自：CNS 4082

表 2-20　CNS 鑄造用青銅錠之主要成分

種類	符號	色別	化學成分(%)					Cu+Sn+Zn -Pb-Ni	Cu+Sn +Zn+Ni
			Cu	Sn	Zn	Pb	Ni		
第 1 種	BCIn1	黃	79.0～83.0	2～4	8～12	3～7	0.8 以下	99.0 以上	—
第 2 種	BCIn2	紅	86.0～90.0	7～9	3～5	1.0 以下	0.8 以下	—	99.5 以上
第 3 種	BCIn3	白	86.5～89.5	9～11	1～3	1.0 以下	0.8 以下	—	99.5 以上
第 6 種	BCIn6	藍	83.0～87.0	4～6	4～6	4～6	0.8 以下	99.0 以上	—
第 7 種	BCIn7	綠	86.0～90.0	5～7	3～5	1～3	0.8 以下	99.5 以上	—

註：每一種青銅錠內另含有少量或微量之 Fe、P、Sb、Al、Si、其成分詳見原標準。

資料整理自：CNS 4080

2-3 燃料(fuel)

　　燃料係指在空氣的存在下燃燒(氧化)，能經濟利用其所發生之熱量的材料而言。包括煤炭、石油及天然氣等由多年前的動植物變化所形成者，稱爲化石燃料，與核子燃料有別。鑄造廠內最通用的燃料是焦炭(coke)，又稱爲煤焦，其次是燃料油(fuel oil)及瓦斯(gas)，此外，木柴、木炭、無煙煤、有煙煤等亦有使用。

　　電力(electric power)雖然不是燃料，但是電能可轉變爲熱能，與燃料具有相同功能，且效率高於燃料，又因在金屬原料中不必加入含有雜質的燃料，鑄件品質容易控制，故在現代化工業的高品質要求下，鑄造廠內使用電爐熔化者與日俱增，如電弧爐、高低週波感應電爐等，都需要使用大量的電力。另外，鼓風機、電熱器、電烘爐等亦都需用電，故在購置和使用電爐等設備前，應注意當地的電壓和頻率，目前台灣地區的頻率是 50/60 赫茲(Hz)，而電壓爲 220 伏特，及 110 伏特。有關電爐等的熔化操作，將於第七章中再予詳述。

2-3.1 焦炭(coke)

　　在一般鑄造廠內，焦炭主要用於普通熔鐵爐(cupola)，地坑式坩堝爐(crucible furnace)亦多以焦炭爲燃料。因此，焦炭與鑄砂、金屬原料一樣，同樣是鑄造業的主要材料。

1. 焦炭的製造

　　焦炭是以黏結炭爲主要原料，在 1000℃左右乾餾(carbonization)成以碳爲主要成分的多孔質燃料。鑄造用焦炭通常係配加強黏結炭 30～40%，弱黏結炭 20～30%、無煙煤、石油焦炭等不活性物 20～30%製造而成。

　　傳統的煉焦爐一般分成蜂巢式(beehive type)與副產品式(byproduct coke ovens)兩種。兩種焦煉爐的目的都在使煤內揮發物成分受熱逸出，但在副產品式爐內，由乾餾所生的煤氣和揮發物質，如焦油(tar)、氨(ammonia)及各種輕質油液(light oils)都被收集利用；而在蜂巢式爐，這些全部從爐頂散入空氣中。

　　蜂巢式爐構造簡單，一般作半球形，所需熱量是從一部份煤本身所生氣體揮發物燃燒而得；副產品式爐主體是一排互相隔開的槽形爐室，每爐室兩側各有一燃燒室，燃燒氣體即是從煤乾餾得來的一部份，由於爐室兩側都在加熱，產焦較快，約需 15～30 小時，所產焦炭亦稱爲室爐焦炭。蜂巢式爐產焦較慢，約需 48～96 小時，加熱時間較長，所得焦炭質地較爲硬密，但在爐內時應及早注意，勿使焦炭本身發生燃燒。鑄造用焦炭應較爲硬密耐壓，但是較長的加熱需消耗較多的煤氣，將影響焦炭價格。

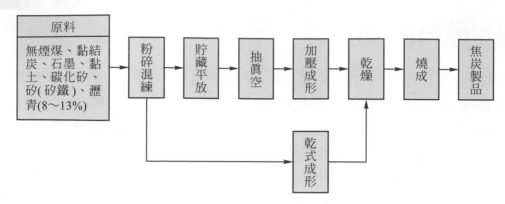

圖 2-14　成形焦炭製造流程

　　近年來有一種成形焦炭應用於鑄造業，其製法與傳統焦炭完全不一樣，係在無煙煤或石油焦炭中加黏結炭，或在粉狀焦炭中加黏結炭後，加以粉碎、混合，以瀝青為黏結劑，加壓成形後，以特種乾餾爐將之乾餾而得，其製程如圖 2-14 所示。由於所製焦炭粒度、形狀一定，很受鑄造業的重視採用。

2. 焦炭的成分

　　焦炭的成分對於化鐵爐的熔化效率及鑄件品質影響至鉅，因此，各國對於焦炭的成分多有所規定。美國材料試驗協會(ASTM)對於鑄造用焦炭成分的規定如下：

水分................最多 3%

揮發物..............最多 2%

固定炭分...........最少 86%

灰分................最多 12%

硫分................最多 1%

　　我國 CNS 標準焦炭成分如表 2-21 所示，表 2-22 為歐洲各國鑄造用焦炭的品質。

　　在潮濕天氣下，焦炭可能吸收很多水分，因此，除了買進時應注意乾燥程度外，宜儲存在有蓋棚內；焦炭粒度愈大，曝露的表面積愈小，所吸收的水分亦可愈少，故應選購粒度大且均勻的焦炭。

　　灰分對燃燒既無幫助，且使焦炭在燃燒中可能發生黏結，化鐵爐內所需熔劑重量隨著灰分而增加，因此，灰分愈低愈好。硫分會增加鑄鐵的硬脆性，鑄鐵內的含硫量大多從煉鐵和熔化時所使用的焦炭內吸收而來，硫分多時亦應增加熔劑使用量，故含硫量愈低愈好。

　　焦炭中的固定炭是供給熱量的主要成分，因此，其含量愈高愈好。而揮發物多即表示煉焦工作不徹底。因此，在選購焦炭時，應注意固定炭分愈多，其他元素含量愈少愈好。

表 2-21　CNS 鑄造用焦炭規格

種類		符號	乾基化學成分(%)			耐墜強度(%) (50mm 以上)
			灰分	揮發分	硫分	
第一類	甲種	FA1	8.0 以下	2.0 以下	0.80 以下	90.1 以上
	乙種	FA2	8.1 至 10.0	2.0 以下	0.80 以下	90.1 以上
	丙種	FA3	10.1 至 12.0	2.0 以下	0.90 以下	90.1 以上
第二類	甲種	FB1	8.0 以下	2.0 以下	0.80 以下	85.1 至 90
	乙種	FB2	8.1 至 10.0	2.0 以下	0.80 以下	85.1 至 90
	丙種	FB3	10.1 至 12.0	2.0 以下	0.90 以下	85.1 至 90

註：鑄焦粒度分爲特大塊(100mm 以上)、大塊(75～100mm)、中塊(50～75mm)、小塊(25～50mm)等四種。除
　　另有協議外，粒度含有率應爲 85%以上。

資料摘自：CNS 1008

表 2-22　歐洲各國鑄造用焦炭品質

國別	種類	灰分(%)	硫分(%)	粒度(mm)
德國	普通鑄件用	< 9.5	< 1.1	> 80
	特殊鑄件用	< 9.0	< 1.0	>100
英國	代表性鑄件用	6.6	0.65	—
法國	鑄造用	≦9.5	< 0.9	> 90

3. 焦炭的物理性質

(1) 細孔組織(cell structure)：

與無煙煤相比，焦炭的一項顯著優點是具有均勻密佈的細孔組織，優良焦炭的這些氣孔，愈細愈均勻愈好，但孔壁需厚，使焦炭密緻而不疏鬆，不過份易於燃燒，或易與二氧化碳(CO_2)反應生成一氧化碳(CO)，減低焦炭所生熱量，這代表所謂的反應度(reactivity)。亦即如果爐頂 CO_2 氣體多的話，代表焦炭完全燃燒，焦鐵比降低，這表示熔化帶的 CO_2 也很多，熔液易受氧化之害；反之，CO 過多時，會因焦炭不完全燃燒而增大焦鐵比，降低熔化速度。

(2) 粒度

在化鐵爐作業時，粒度有很大的影響，焦炭粒度的大小導致爐內氣體組成及溫度變化如圖 2-15 所示。

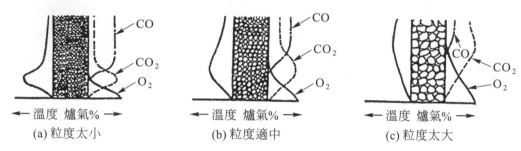

← 溫度 爐氣% →	← 溫度 爐氣% →	← 溫度 爐氣% →
(a) 粒度太小	(b) 粒度適中	(c) 粒度太大

圖 2-15　焦炭粒度對燃燒反應之影響

由圖 2-15(a)可知，當粒度太小時，堆積過密、表面積增大，氣體通路複雜而堵塞，因與氣體充分接觸的關係，氧氣消失的位置降低。且因爐的下部集中進行下列的反應，爐溫上昇很多。

$$C \ + \ (1/2)\,O_2 \rightarrow CO$$
$$CO \ + \ (1/2)\,O_2 \rightarrow CO_2$$

接著活潑進行 $CO_2+C\rightarrow 2CO$ 的吸熱反應，所以溫度急降，高溫帶的範圍很窄。故鐵水出爐溫度不上昇，焦炭也不完全燃燒，消耗量增加。且因堆積過密，需增加鼓風壓力。

反之，粒度太大時，燃燒反應不集中，燃燒率上昇，溫度範圍擴大，爐床熔液溫度低，出爐溫度也昇不高，且爐內的氣氛成為氧化性，鑄件品質劣化。

故焦炭的粒度最好為爐徑的 1/9～1/6，而美國的爐徑通常都較大，一般認為粒度為爐徑的 1/12～1/10 最適當。

(3) 強度

焦炭在裝卸搬運和倒入化鐵爐使用時，需有足夠的強度來承受壓力和衝擊，使不易破碎。而在化鐵爐底部，焦炭已燒到熾熱程度，還需承受上部各層鐵料及焦炭的重量，維持熔化區域(melting zone)的穩定，這種高溫耐壓及耐衝擊的強度更是需要。ASTM 規定焦炭強度試驗方法，是將不通過 2 吋方篩孔的焦炭 50 磅，重複四次墜落在一厚鋼板上，每次墜落高度是 6 呎，將結果所得碎散焦炭再次用 2 吋方孔篩篩過，留在篩上的重量乘以 2，即為其重量的百分比，代表焦炭的強度。

另外，有關焦炭的硬度、密度、形狀、熱傳導率等物理性質，對於焦炭的使用效率等亦都有直接的關係，在選購與使用前最好能掌握其進一步的資料。

2-3.2　燃料油及瓦斯

鑄造廠常用的燃料，除固體的焦炭外，液體的燃料油(fuel oil)及氣體的瓦斯(gas)亦是主要的燃料。燃料油與各種瓦斯在鑄造廠內用途相似，大都用於坩堝爐、平爐、反射爐等，或是各種大小烘乾爐，作為熔化或烘乾砂模使用。

1. 燃料油(fuel oil)

燃料油通常為重油，但也有比重油輕的油應用於坩堝爐等，當燃料油使用的，如柴油等。

重油是石油分餾中所得較重的部份，一般仍較水略輕，比重較高時，每單位體積的熱值(heating value)亦較高。通常依比重大小將重油分成 A、B、C 三類銷售，A 重油的比重為 0.850～0.915，B 重油比重為 0.910～0.930，C 重油比重為 0.930～1.000。

重油與其他燃料比較，有下列優點：

(1) 燃燒操作比焦炭容易，但少容量的燃燒不便使用。

(2) 發熱量較穩定，約為每公斤 1 萬仟卡路里。

(3) 貯藏、搬運、計量比其他燃料方便。

(4) 燃燒效率高。可減少過剩空氣，故可減少排氣損失熱，幾無灰分，沒有燃渣損失的熱；不完全燃燒的損失少，火焰的放射率大於氣體燃料，傳熱效率大。

閃火點是重油的主要性質之一，對金屬熔化前的點火將是重要的考慮因素。所謂閃火點，乃是將重油加熱，同時持續不斷的以火焰接近油料，使油料引火的溫度，稱為閃火點。故閃火點乃油料附近的蒸氣濃度恰好達到蒸氣爆炸的下限時之溫度，將重油加熱到閃火點以上，接近火焰時，不只會閃火，還會持續燃燒的溫度，稱為燃燒點。

閃火點高的重油，引火的危險性較少，但過高時不易點火，此時，若將重油加熱到閃火點附近，則容易著火，故在多天天氣寒冷時，重油應預熱才便於使用。一般比重大的重油閃火點亦較高，A、B 重油閃火點在 60℃以上，C 重油閃火點在 70℃以上。

2. 瓦斯(gas)

瓦斯是一種高效率的氣體燃料，因此，近年來不但工業界大量使用它，家家戶戶也都用它來煮飯炒菜；但是我們也常看到瓦斯爆炸傷人的報導，因為它具有下列優缺點：

(1) 優點

　① 只要些微的過剩空氣，即可完全燃燒。

　② 可依加熱對象自由調節，亦即容易均勻加熱、集中加熱、調節氣氛。

　③ 無灰分或煤煙，很乾淨清潔，可保持良好工作環境。

　④ 雖價格較焦炭及重油高，但比電費便宜，在高效率條件下，仍然很有利。

　⑤ 點火及停火簡單。

(2) 缺點

　① 不易貯藏。

　② 燃料費高。

　③ 容易洩漏、爆炸，較具危險性。

瓦斯的種類主要有由煤炭乾餾所得的煤炭瓦斯、煤炭或焦炭瓦斯化形成的發生爐瓦斯、石油瓦斯化形成的石油瓦斯、天然瓦斯、都市瓦斯等。它們的主要成分為甲烷，即碳化氫(CH_4)、氫(H_2)、一氧化碳(CO)等可燃物與二氧化碳(CO_2)、氮(N_2)、氧(O_2)等不燃物。

2-3.3　其他燃料

鑄造廠內所使用的燃料，除了焦炭、燃料油及瓦斯外，木柴及木炭等也常被使用。木柴燃著溫度低，火焰長，可用於普通熔鐵爐、坩堝爐及烘乾爐等，作為生火燃料使用。木炭可用以烘乾濕砂模，覆蓋在澆桶(ladle)內鐵水上面，保持鐵水溫度；在熔化銅合金時，覆蓋銅液表面，避免吸收氣體；它也可用來生火。木炭含雜質很少，雖可用於煉鐵及熔鐵，但一般來源不豐，且較易鬆碎，不便採用。

2-4　耐火材料(refractories)

鑄造是將熔融的金屬液體澆鑄入鑄模內形成鑄件，因此，凡是與高溫金屬液接觸的材料，都必須是耐火材料(refractory materials)，如各種熔化爐的爐襯(furnace lining)、各型澆桶內襯(ladle lining)、鑄模材料－鑄砂等。鑄砂需具有良好的耐火性，已於本章 2-1.2 節中討論過，本節主要介紹前兩項所需用的耐火磚(refractory brick)、耐火泥(refractory mortar)及石墨坩堝(graphite crucible)等。

良好的耐火材料應具備有下列各項性能：

(1) 能承受高溫，且不至於軟化。

(2) 能承受溫度的變化，亦不至於剝落(spalling)。

(3) 在重載荷下仍能承受高溫。

(4) 在高熱時，仍具有充分的機械強度，且容積變化小。

(5) 能承受金屬液的作用，尤其應能受熔渣(slags)、熔劑(fluxes)及各種氣體的作用。

(6) 對於摩擦、刮擦等具有良好的抵抗性。

鑄造廠所用的耐火材料，大都係指成形的耐火磚及粉粒狀的耐火泥而言。用耐火泥製成的爐襯稱為整體爐襯；用耐火磚砌築時，黏合各磚所用的耐火材料應和磚本身相類似。磚的形狀和尺寸須正確，磚縫須填得愈薄愈緊愈好，因侵蝕作用大都從磚縫開始。

根據各種耐火材料的化學性質，可將它們分成酸性(acid)、中性(neutral)及鹼性(basic)三類。氧化矽(silica, SiO_2)、矽砂石(ganister)等屬於酸性；鉻鐵礦(chromite, $FeO \cdot Cr_2O_3$)、碳化矽及碳等屬於中性；氧化鋁(alumina, Al_2O_3)、白雲石(dolomite, $CaCO_3 \cdot MgCO_3$)、氧化鎂(magnesia, MgO)等屬於鹼性。應注意的是，酸性爐襯不宜接觸鹼性熔渣；鹼性爐襯不宜接觸酸性熔渣，以免相互發生反應，使爐襯受損。

2-4.1 耐火磚(refractory brick)

1. 酸性耐火磚

酸性耐火磚主要為氧化矽類，如矽石磚、半矽石磚、蠟石磚及黏土質磚等；另外，高鋁質磚係為 Al_2O_3 含量 50%以上的矽酸礬土系耐火材料，亦為酸性耐火磚之一種。其中使用較廣泛的為矽石磚及黏土質磚。

(1) 矽石磚

矽石磚為最古老的耐火材料，首先由英國的 Young 採用 Wales 地方的 Dinas 矽石為原料製成，當時即以黏土及石灰為黏結材料，直到戰後 1955 年左右，才漸被鹼性耐火材料取代，但矽石磚具有下列特質，仍具重要性：

① 在熔融溫度附近仍保有強度，且不會收縮。

② 對氧化鐵、石灰等助熔劑有很大的高溫抵抗性。

③ 在 600℃以下的溫度變化伴有異狀膨脹，不耐衝擊；但 600℃以上，1600℃以下的溫度範圍內，熱膨脹率小，耐破損性高，對荷重也很安定。

矽石磚係以矽酸為主成分的耐火物，矽酸通常有三種結晶體，即石英(quartz)、白矽石(cristobalite)、鱗石英(tridymite)；天然矽石的大部份為石英，加熱而引起結晶轉移，石英在 870℃ 以下，鱗石英在 870℃～1470℃，白矽石在 1470℃ 以上為安定相。三種結晶形態各有低溫型及高溫型，它們相互間的轉移稱為高低型轉移，都是可逆，且轉移迅速。

矽石磚的原料係以氧化矽為主的矽岩礦物，純度愈高耐火度愈大，各國的矽石磚之化學成分與耐火度之關係均不大相同，如表 2-23 所示。

(2) 黏土質磚

黏土質磚係以耐火黏土(refractory clay)為主原料，以將它燒成燒磨土(chamotte)為骨材，加適量的可塑性結合黏土成形，燒成黏土質磚，又稱為燒磨土磚(chamotte brick)。

比起其他耐火磚的顯著變遷消長，黏土質磚有較安定的市場，其使用量佔全部耐火磚的 65～70%，近來有漸減的傾向。

表 2-23　各國矽石磚之化學成分及其耐火度

國別	化學成分(%)							耐火度 (SK)
	SiO_2	Al_2O_3	Fe_2O_3	MnO	CaO	MgO	其他	
英國	97.94	0.61	0.94	0.18	0.02	0.13	0.44	34^+
日本	98.02	0.72	0.52	0.06	0.01	0.20	0.16	35^-
中國	96.90	1.48	0.32	微量	0.26	0.27	0.65	35^-
德國	97.80	1.80	0.40	─	0.10	微量	─	35
美國	99.17	0.45	0.06	─	0.02	0.02	0.28	36^-

耐火黏土以高嶺土族礦物為主成分，其化學成分如表 2-24 所示。

表 2-24　黏土質耐火磚化學成分及用途

含量　用途　成分	澆桶	反射爐	熱風爐	加熱爐	焦炭爐	加熱爐	加熱爐	加熱爐
SiO_2	60.0	62.8	58.0	57.5	60.4	56.3	52.2	52.8
Al_2O_3	32.0	33.0	33.6	33.9	34.8	38.8	42.4	43.7
耐火度(SK)	29	30	31	32	33	34	35	36

2. 中性耐火磚

(1) 鉻磚

以鉻鐵礦(chromites, FeO・Cr$_2$O$_3$)為主體的鉻磚，在成分上屬於中性耐火物，與黏土質磚、矽石磚同樣，早就用為煉鋼爐襯材料。

鉻磚不易被酸性、鹼性熔渣侵蝕，以天然原料為主體，可直接使用，成本低；但是，荷重軟化溫度低，易破損。在製造上，原料的選擇、不純物的去除也不容易，易因燒成而收縮變形，使用上受限。主要在配合鎂氧而改良上述缺點的氧化鎂、鉻系磚，且主要著眼於以氧化鉻為主的尖晶石(鉻鐵礦的構成物)之特異性質，今後若進一步開發其用途，並且改良耐火物本身，鉻鐵礦今後用為耐火物原料的重要性必更高。

鉻磚是以鉻鐵礦燒成，一般在 1350℃～1450℃即可充分燒結，因化學性質為中性，可阻止酸性及鹼性耐火磚接觸的高溫反應，也不受酸性、鹼性熔渣的侵蝕，鉻磚的化學成分及性質如表 2-25 所示。

表 2-25 鉻磚的化學成分及性質

國別	化學成分(%)						比重	軟化點
	SiO$_2$	Al$_2$O$_3$	Fe$_2$O$_3$	CaO	MgO	Cr$_2$O$_3$		
英國	8.5	11.1	21.4	微量	19.0	39.8	3.99	(荷重 3.5kg/cm^2) 1350℃
日本	7.6	24.5	14.2	0.2	22.4	30.8	3.79	(荷重 2kg/cm^2) 1450℃

(2) 碳磚

碳有煤炭、瀝青等乾餾成的焦炭；石油不完全燃燒所得的碳黑之類的無定形碳；結晶質的天然石墨及人造石墨等。碳在化學上為中性，對於酸性、鹼性熔渣之侵蝕抵抗性大、熱傳導率大、耐破損性優良、高溫的機械強度高，為極優良的耐火物；但在高溫時易被氧、二氧化碳、水蒸汽等氧化，用途受限，但在不受氧化的條件下，乃為極重要的爐材，可用於高爐爐底、出鐵口、電爐爐床、熔鐵爐內襯等。

碳磚依結合方式，可分為兩大類：

A. 以瀝青、焦油為黏結材料的碳結合式耐火磚。

B. 以耐火黏土為黏結材料燒結而成的黏土結合式碳磚。

A 類碳磚主要原料為無定形碳、結晶質石墨；B 類碳磚常用 10～30%的天然石墨。

與黏土質磚相比較，碳質磚的特色如下：

① 氣孔率均勻、通氣率小，可抵抗外來成分侵入。

② 荷重軟化溫度高。

③ 不易與熔渣及鹼性材料產生反應。

④ 熱傳導率高，冷卻效果大。

⑤ 高溫強度與耐摩擦性良好。

3. 鹼性耐火磚

(1) 氧化鎂磚

氧化鎂耐火物的性質主要取決於所採用的氧化鎂燒結物(magnesia clinker)，氧化鎂燒結物是用天然礦石的菱鎂礦(magnesite, $MgCO_3$)、水滑石(brucite, $Mg(OH)_2$)，或人工製品的海水氧化鎂($Mg(OH)_2$)燒成。水滑石與海水氧化鎂都是氫氧化鎂，為同一礦物。菱鎂礦加熱時，在 600～800℃ 放出 CO_2，於 700℃附近生成方鎂石(periclase, MgO)，愈高溫愈產生結晶化而燒結；氫氧化鎂在 400～500℃ 放出 H_2O。氧化鎂燒結物的成分以氧化鎂(MgO)為主，其他副成分有 Fe_2O_3、Al_2O_3、SiO_2 與 CaO，表 2-26 係各種氧化鎂磚的化學成分及主要性質。

氧化鎂磚的製造可分為燒成與不燒成兩種，但原料的選定、粒度、成形方法均相同。而不燒成磚係用苦汁(氯化鎂)或硫酸鎂為化學黏結材料。

(2) 鉻－氧化鎂磚

鉻磚、氧化鎂磚各有特色，但都因高溫容積安定性、熱衝擊抵抗性等本質缺陷，不能充分發揮特性，因而發展出鉻－氧化鎂系磚。特別是第二次世界大戰後，隨著製鋼條件的苛刻化，更促進材料的改良，其中於 1952～1955 年不燒成的鉻－氧化鎂系磚問世、1963 年以後高溫燒成的直接結合磚(direct bonded brick)誕生，前者使平爐頂部的全鹼性化為可能，改善平爐的生產性；後者改善氧化鎂－鉻系磚的本質缺陷－變質所致的構造性剝落現象(peeling)。

不燒成鉻－氧化鎂系磚常用高壓(700～1000kg/cm²)成形，不依賴燒結效果，即可獲得緻密組織及強度。一般鉻礦使用粗粒，氧化鎂以微粒構成結合部份，為了獲得常溫強度，通常使用氯化鎂(苦汁)、硫酸鎂、硫酸等作為結合材料。

鉻－氧化鎂磚的特性如下：

① 對鹼性熔渣的抵抗性很大。

② 高溫的收縮率小。

③ 荷重軟化溫度高。

④ 耐破損性高。

表 2-26　各種氧化鎂磚的化學成分及性質

種類		化學成分(%)					氣孔率%	荷重軟化點°C	1250°C強度 kg/cm²
		MgO	CaO	SiO₂	Fe₂O₃	Al₂O₃			
不燒成品	No.1	89.86	1.62	5.64	1.39	1.30	12.9	1506	－
燒成品	No.2	91.23	1.22	4.59	1.44	1.36	17.2	1553	114
	No.3	92.52	2.38	0.74	3.99	0.31	11.4	1650	322
	No.4	95.88	0.73	2.50	0.29	0.53	18.6	1513	85
	No.5	96.70	0.70	1.92	0.22	0.29	18.6	1620	78
高溫燒成品	No.6	98.41	0.98	0.22	0.08	0.08	16.0	>1650	210
	No.7	97.56	1.23	0.55	0.35	0.28	16.0	>1650	305
電融燒成品	No.8	98.37	0.91	0.51	0.20	0.15	18.7	>1650	143
燒成焦油含浸品	No.9	97.49	1.25	0.63	0.42	0.25	2.5	>1650	260

(3) 白雲石磚

白雲石磚最初用於 1878 年柏思麥轉爐的內襯，以解決煉鋼時的脫磷問題。由於白雲石礦物分佈廣泛，因此，白雲石稱為類似氧化鎂的廉價鹼性爐材，用於鹼性煉鋼爐。

近年來，隨著轉爐煉鋼法的發達，白雲石燒結物的製造、製磚及使用方法逐年進步，現在，白雲石磚已成為不可或缺的轉爐用磚。

白雲石自我燒成時，所含的游離 CaO 會吸收大氣中的濕氣，因而膨脹、崩壞，呈現潮解的消化現象(slaking)，故使用時須防止此一現象的發生，目前嘗試的方法有二：

① 添加含有矽酸鹽的成分，將 CaO 矽酸鹽化，消除引起消化現象的成分－安定化白雲石燒結物。

② 提高燒成效果或塗布塗裝劑，雖有 CaO 存在，卻不易引起消化現象－準安定化白雲石燒結物。用於焦油結合磚，或特別注意水分、濕氣的燒成磚。

白雲石磚的主要原料為白雲石燒結物，其主要化學成分為 MgO、CaO 與其他不純物，依原料及燒結工程的有無，一般白雲石磚可分成三類，如表 2-27 所示。

表 2-27　白雲石磚的種類與組成

種類	主要原料	燒成工程	結合劑
安定白雲石磚	安定白雲石燒結物	燒成	硫酸鎂、氯化鎂或水
燒成白雲石磚	準安定白雲石燒結物	燒成	硫酸鎂、氯化鎂或水
焦油白雲石磚	準安定白雲石燒結物	不燒成	焦油

(4) 普通耐火磚(fire brick)

普通耐火磚所用的原料，是硬質和軟質耐火泥的混合物，並添加生熟耐火泥(raw and calcined fire clays)，使用手工或機械製成磚坯，經初步乾燥後，再放入窯內烘燒，烘燒溫度約從 2100～2400°F(1149～1316℃)。

普通耐火磚傳熱性不高，因此，也有絕熱作用，化學性質幾乎純屬中性，且價格不高，故用途很廣。此種耐火磚氧化鋁成分較高，耐熱性也較好，氧化鐵成分會降低耐火磚的耐火度，有害於性能，如氧化鐵和一氧化碳常接觸，會使火磚垮碎。質硬而組織緊密的火磚較質軟而組織鬆弛的，更能承受刮擦與侵蝕，但有時易生剝落。

耐火磚應堆存在乾暖蓋棚內，以免受潮，以致無法維持最優性能。英美耐火磚標準尺寸為 $9 \times 4\frac{1}{2} \times 2\frac{1}{2}$ 吋，每塊重量約 7～8 磅(3.1～3.6 公斤)，我國標準是 230 × 115 × 65 公厘，和英美制約略相同。另外也有較厚、較薄和各種特殊形狀的耐火磚，例如，熔鐵爐使用的弧形磚等。

2-4.2　耐火泥(refractory mortar)

　　耐火泥主要用於砌耐火磚時當作接縫材使用,必須與耐火磚成為一體構造才能發揮耐火磚的功能,耐火泥不良時,優良的耐火磚亦不能達成預定的效果,故耐火泥也是不可忽視的爐材。

　　耐火泥的使用條件依所用熔爐而異,一般應具備的性質如下:

(1)　具有必要的耐火度。

(2)　化學組成應與耐火磚為同一材質。

(3)　乾燥、燒結所引起的膨脹、收縮小。

(4)　接著力強。

(5)　作業性良好。

　　耐火泥一般依硬化性可分為兩類:1.熱硬性(heat-setting)耐火泥。2.氣硬性(air-setting)耐火泥。

　　熱硬性耐火泥在乾燥時接著性不大好,在爐內燒成後才燒結而接著。通常,高溫用耐火泥常用耐火黏土為黏結劑,在 800～1000℃的溫度範圍內燒結。而低溫用耐火泥應用化學黏結劑。

　　氣硬性耐火泥是在室溫乾燥時硬化接著的耐火泥,其黏結劑為耐火黏土加矽酸鈉(水玻璃)等化學結合材料,最近可塑性耐火物、磷酸鹽結合材料也被應用於氣硬性耐火泥。氣硬性耐火泥的品質如表 2-28 所示。

表 2-28　氣硬性耐火泥的成分與性質

材質	耐火度 (SK)	化學成分(%)		粒度(%)		加熱後接著強度(kg/cm^2)			主要用途
		Al_2O_3	SiO_2	>0.3mm	<0.07mm	105℃	1000℃	1300℃	
高氧化鋁質	36	74.2	19.1	<1.0	>65	>30	>60	>80	熔礦爐、熱風爐等高氧化鋁質磚接縫用
	36	66.3	27.4	<1.0	>65	>15	>30	>50	
黏土質	31	36.9	56.6	<1.0	>60	>40	>60	>80	鍋爐、加熱爐及一般窯爐磚接縫用
	32	43.4	47.0	<1.0	>60	>15	>30	>50	
鉻－氧化鎂質	>38	Cr_2O_3 35.5	MgO 24.0	<3.0	>50	>5	>10	>30	鉻－氧化鎂質磚接縫用
碳化矽質	27	SiC+C 20	—	<5.0	>60	3	—	>15	定盤、套筒、出鋼導筒接縫用
斷熱質	32	34.5	60.2	<5.0	>60	>5	>10	—	耐火斷熱磚接縫用

2-4.3 石墨坩堝(graphite crucible)

石墨坩堝主要用於非鐵金屬的熔化使用，一般依其黏結材料的不同，可分成兩類：一為以黏土質為黏結劑的稱為黏土坩堝；另一為以瀝青、焦油為黏結劑的稱為碳結合坩堝。

1. 黏土坩堝(clay crucible)

黏土坩堝的骨材係以石墨為主，配加適量的酸性耐火材料、碳化矽，再加黏土作為黏結劑，充分混練熟成後，成形、燒成製品。

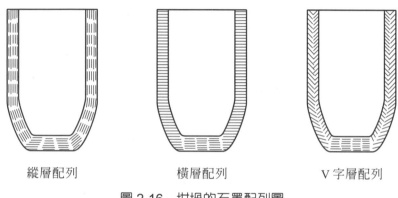

縱層配列　　　　　橫層配列　　　　　V 字層配列

圖 2-16　坩堝的石墨配列圖

由於石墨有異方性，ab 面的結合很強固，c 軸方向的結合卻非常脆弱，且結合強固的 ab 面熱傳導率非常良好，但其垂直軸方向(c 軸)的熱傳導率很差，因而石墨坩堝的石墨配列方式會影響坩堝本身的性質，一般石墨的配列有三種方式，如圖 2-16 所示。

2. 碳結合坩堝

這是較晚開發完成的，其主要原料為石墨、碳化矽，黏結材料為焦油、瀝青。製程簡單，製造期間短。其製造過程為：

原料配合→混練→成形→一次燒成→上釉→二次燒成→坩堝製品。

碳結合坩堝對熱衝擊有很強的抵抗性，將之加熱到 1200～1500℃，在各溫度的氣體發生量如圖 2-17 所示。到 1300℃已發生不少氫氣(H_2)，可能來自黏結劑中的未分解物，但超過此溫度以上，幾乎不發生 H_2；而氮氣(N_2)來自黏結劑中的未分解物及原料的一部份，在 1500℃已發生不少，1500℃以上時，氣體發生量曲線幾乎成水平，可視同已不再

發生 N_2 氣；但黏結劑中不含 CO，CO 氣體是原料等的不純物－金屬氧化物被碳還原而發生者，故在相當高溫仍有 CO 氣體發生。

2-4.4　耐火材料高溫特性

1. 耐火度(refractoriness, SK)

耐火度表示耐火物引起軟化變形的加熱程度，此乃表示耐火物品質的特性之一。各種耐火材料商品沒有真正熔點，只在受到充分熱量後，在某溫度範圍內逐漸軟化。普通耐火泥的軟化溫度範圍較廣，而矽磚等耐火磚則較小。耐火磚爐襯內壁雖已達到軟化溫度，但愈近外壁溫度愈低，因此，整塊耐火磚仍有足夠的強度。

量取耐火材料之耐火度的方法，是採用標準 Seger 錐(熔錐)來作比較，它們亦都是用耐火材料製成，各種不同成分標準熔錐各有一定的耐火度及指定號碼。測定前先將待試耐火材料粉碎，但不要過度粉碎，使其能完全通過標準網篩 297μ(約為 48 目)，然後混合不影響耐火度的有機質黏劑，用成形金屬模製成固定形狀的試驗錐，試驗錐與標準錐形狀尺寸完全一樣，如圖 2-18 所示，然後將試驗錐與幾個不同號數的標準錐同時放在加熱爐中承台上，以所定速度加熱時，試驗錐上端軟化彎曲接觸承台時，以與其變形狀態相近似的標準錐號數標示其耐火度。

耐火材料的耐火度是以 Seger Keger 的第一字母 SK 號數表示，號數愈大者，耐火度愈佳，亦即軟化溫度愈高。表 2-29 係耐火材料標準錐號數與耐火度(軟化溫度)的對照值。

各種耐火磚的耐火度，其相當的標準錐號數約略如表 2-30 所示。

表 2-29　耐火度(SK)號數與軟化溫度

SK 號數	軟化 溫度	SK 號數	軟化 溫度	SK 號數	軟化 溫度	SK 號數	軟化 溫度
15	1435℃	26	1580℃	32	1710℃	38	1850℃
16	1460℃	27	1610℃	33	1730℃	39	1880℃
17	1480℃	28	1630℃	34	1750℃	40	1920℃
18	1500℃	29	1650℃	35	1770℃	41	1960℃
19	1520℃	30	1670℃	36	1790℃	42	2000℃
20	1530℃	31	1690℃	37	1825℃		

表 2-30　各種耐火磚的耐火度號數

普通火磚		高鋁火磚		矽磚	SK 31～32
高級	SK 33～34	80% Al_2O_3	SK 39	鎂磚	SK 38 以上
中級	SK 28～31	60% Al_2O_3	SK 36～37	鉻磚	SK 38 以上

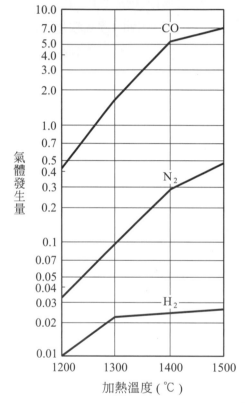

圖 2-17　碳結合坩堝加熱溫度與氣體發生量之關係

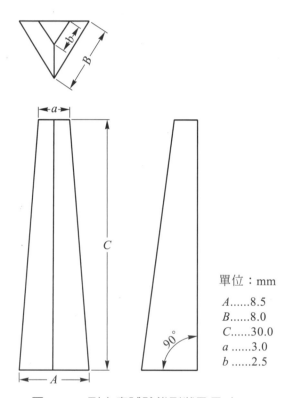

圖 2-18　耐火度試驗錐形狀及尺寸

單位：mm
A......8.5
B......8.0
C......30.0
a 3.0
b 2.5

2. 熱膨脹(thermal expansion)

　　在各種耐火磚的燒製過程中，由於結晶組織變化等原因，磚坯尺寸與成品尺寸並不相同，且這種永久性體積變化，常不能在烘燒期中全部完成，而在實際使用時，耐火磚常因受熱產生暫時性熱膨脹，當溫度降低後，這種暫時性膨脹也就消失，但實際使用時，加熱溫度很高，也還可能產生若干永久性體積變化。各種耐火磚高溫熱膨脹量如圖 2-19 及表 2-31 所示。

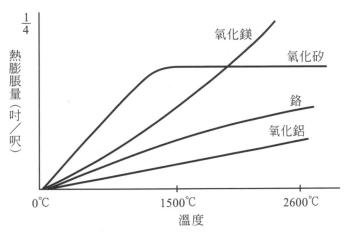

圖 2-19　各種耐火材料熱膨脹量與溫度之關係

表 2-31　各種耐火磚熱膨脹量參考值

耐火磚類別		普通火磚	高鋁火磚 60～80 Al_2O_3	矽磚	鎂磚	鉻磚
熱膨脹量	(吋/呎)	1/16～3/32	3/32～1/8	1/8～3/16	1/4	5/32
	(公厘/公尺)	5.2～7.8	7.8～10.4	10.4～15.6	20.8	13.0

3. 剝落(spalling)

　　耐火磚在實際使用中可能碎斷或開裂，產生新表面，直接和爐內高熱氣體或熔液、熔渣接觸，這就是所謂剝落。它又可分為熱性剝落、機械性剝落及組織性剝落三種。

　　熱性剝落是由於溫度急速變化，使耐火磚急速漲縮而發生，熱膨脹愈小，熱膨脹率愈均勻，就愈能抵抗熱性剝落。高級普通耐火磚最能抵抗熱性剝落，而在 600℃以下，矽石磚對溫度變化頗為敏感，如能經常維持在這溫度以上，就不易發生熱性剝落。鎂磚、鉻磚對於熱性剝落的抵抗，亦不如普通火磚和高鋁火磚良好。

　　機械性剝落係由於鑿除熔渣和燒結物不夠謹慎，熱膨脹產生的夾擠(pinching)現象或其他原因而發生，這些機械性作用使得耐火磚較熱部份受到更大應力，以致剝落。如果絕熱性良好，耐火磚較熱和較冷部分溫度相差較小，就可減少因夾擠所生的剝落。

組織性剝落是由於火磚較熱部份受熱、吸收熔渣及熔劑等，在組織上發生變化，使同一火磚各部份產生不同性能，例如由於脹縮率不同，對於急熱急冷反應不同等，都可能發生剝落。

4. 傳熱性(thermal conductivity)

組織緊密的耐火磚有良好的傳熱性，但蓄熱量也較高；疏鬆多孔的較輕耐火磚有良好絕熱性(heat insulation)，這是因為空氣是不良傳熱物質，而多孔組織內卻含有多量空氣之故。絕熱的耐火材料是用在爐襯外圍，減少爐內熱量的散失，這類材料較易受熔渣侵蝕，也較不耐刮擦，因此不宜作為爐襯內壁。低級普通耐火磚常作為絕熱用；亦有使用具有多孔組織的矽藻石(diatomite)製成粒狀填充材料和絕熱磚；更有將耐火泥和炭質材料混合製磚，炭質經烘燒除去後，也可形成多孔組織，作為絕熱材料使用。

1. 廣義的鑄砂材料包括那些？

2. 依來源的不同，鑄砂可分為那幾類？

3. 鑄砂應具備的特性有那些？

4. 鑄造用的基砂有那四種？其熔點及主要化學成分為何？

5. 鑄砂的主要成分及含量為何？

6. 鑄砂的特殊添加劑有那些？其功用為何？

7. 鑄砂試驗的種類有那些？

8. 如何從事鑄砂的水分試驗？

9. 試述濕模砂的抗壓強度及乾模砂的抗剪強度試驗。

10. 鑄砂粒度試驗的步驟為何？

11. 鑄砂控制的原則為何？

12. 試述鑄造常用的金屬種類及其主要礦砂原料。

13. 如何利用高爐煉鐵？

14. 熔化金屬用的熱源種類有那些？

15. 試述焦炭的成分及其主要的物理性質。

16. 耐火材料應具備的主要性能有那些？

17. 試述耐火材料的種類。

18. 何謂 SK？SK32 與 SK36 所代表的意義為何？

19. 何謂 mesh？8 目與 12 目有何區別？

20. 何謂 AFS、CNS 與 JIS？

21. 何謂三峯砂(3-screen sand)？何謂 AFS NO.60？

22. 鑄造廠選用基砂時，粒度的要求為何？

3

CHAPTER

鑄造用模型

3-1 模型的種類

3-1.1 模型的基本型態

根據鑄造的基本原理：將熔融的金屬鑄入預先做好的鑄模內，……。可知欲生產鑄件，應先製作鑄模(mold)，而鑄模之製作，絕大部份需要模型(pattern)，亦即利用可塑性材料(如鑄砂等)覆蓋模型四周，然後想辦法將模型除去，使其形成模穴(mold cavity)，以便將金屬液鑄入，凝固後形成與模型一樣外型的鑄件。因此模型的好壞，影響鑄件品質至鉅，一個模型的尺寸精確，表面光滑，結構設計良好。同樣的，才有可能獲得精美的鑄件；反之，不管鑄模做得多麼漂亮，鑄件亦無法發揮其應有的功能。

如上所述，鑄模對鑄造而言是充分且必要的條件，亦即沒有鑄模即無從鑄造；但是模型只是製作鑄模的先決條件，並非絕對必要的，如壓鑄法等，只需要中空具有模穴的鑄模－金屬模具(die)，而不使用模型。在此，應對金屬模(metal pattern)與 die 有一明確的區別，才不致於對鑄造資料中各種模子混淆不清。因此，如果根據造模或鑄造方式的不同來分類的話，原則上可將模型分為三大類：

1. 第一類：鑄模需分開的造模方式所使用的模型

此類是將模型安置於砂箱中，造模後將鑄模(例如砂模)分開，取出模型，形成中空的模穴，大部份的鑄造作業都是採用此種方法。此類模型可多次使用，而鑄模最少由兩半部份所組成，疊模法甚至有多達十幾層砂模者。

如表 3-1 所示，此類模型又可分為常溫用與加熱用兩種形態，使用的模型有木模(wood pattern)、金屬模(metal pattern)、環氧樹脂模(epoxy resin pattern)、石膏模(plaster pattern)等。

2. 第二類：鑄模不分開的造模方式所使用的模型

此類模型於鑄模製作完成後無法完整取出，但為了形成模穴，只好將鑄模加熱或直接澆鑄，或將氣球模放氣，損毀模型，使其熔融成為液體、氣體、或縮小體積，而從鑄模的澆口冒口流出或取出。此類鑄模是一整體而不可分割的，一個鑄模亦僅能使用一次，部份模型材料(如蠟、水銀等)可再回收使用，而保利龍材料則消失得無影無蹤，氣球打氣後可再使用。

如表 3-1 所示，此類模型可分為流出式模型、消失模型及伸縮模型三種型態，前者有蠟模(wax pattern)、凍汞模(frozen mercury pattern)、塑膠模(plastic pattern)等；消失模型為

表 3-1　依造模或鑄造方法所作的模型基本型態分類

類別	依造模方法分類	模型的基本型態	使用模型種類(依材料分類)	適用的造模或鑄造法	
第一類	鑄模需要分開的造模方式所使用的模型	常溫用模型	木模、金屬模、環氧樹脂模、石膏模等	濕砂模法	使用天然砂或以黏土為黏結劑調配的鑄砂造模,未烘乾即進行澆鑄的方法。
				乾砂模法	將濕砂模表面或全部烘乾硬化後才澆鑄的方法。
				油砂模法	以亞麻仁油為黏結劑,造模後將鑄模加熱到約 200℃使其硬化的造模法,常用於砂心。
				CO_2 法	以矽酸鈉為黏結劑調砂,造模後通入 CO_2 氣體使其硬化的造模法。
				自硬性造模法	以調配呋喃樹脂及硬化劑的鑄砂或水泥砂造模,使其在室溫自然硬化的造模法。
				蕭氏鑄造法	將耐火粉末調配矽酸乙脂的泥漿注入模型四周,膠化後拔出模型,將鑄模急速加熱到約 1000℃使其硬化的造模法。
		加熱用模型	金屬模(附加熱裝置)	殼模法	將調配好酚醛樹脂等熱硬性黏結劑的鑄砂吹入預熱到 200～250℃的金屬模面使其硬化的造模法。
第二類	鑄模不需分開的造模法所使用的模型	流出式模型	蠟模、塑膠模、凍汞模等	包模鑄造法	將調配耐火粉末與矽酸乙脂的泥漿黏附在蠟模表面後再淋砂並重複數次,或灌漿以增強鑄模,加熱脫蠟且烘乾燒結後澆鑄的方法。
		消失式模型	保麗龍模型	全模法	以保麗龍模型造模後直接澆鑄,熔液取代保麗龍燒失後的模穴,形成鑄件的方法(此法需有完善的吸煙塵除毒排氣裝置)。
		伸縮式模型	橡皮氣球模型	氣球鑄模法	以充填氣體的氣球模型造模後,釋放氣體縮小模型後取出,形成鑄模的造模法(此法不常使用)
第三類	不需模型而直接在鑄模開設模穴			壓鑄法	將熔液加壓並強制鑄入金屬鑄模內的鑄造法。
				金屬模重力鑄造法	與一般砂模鑄造法相似,不對金屬熔液加壓,直接在金屬鑄模上方澆鑄的方法。
				低壓鑄造法	對密閉爐中的熔液加壓,擠入置於上方的金屬模或石墨模內的鑄造法。
				離心鑄造法	將熔液鑄入高速旋轉的鑄模內,利用離心力形成中空鑄件或加壓成形的鑄造法。
				連續鑄造法	將熔液透過餵槽連續鑄入下方或側面的水冷金屬模具內,連續鑄出相同斷面之鑄件的方法。
				半永久模鑄造法	不需每次澆鑄後就破壞鑄模,藉燒磨土模、石墨模、碳化矽模等燒成磚模,鑄後稍加修補即可再次使用,同一鑄模可使用數次。

發泡聚苯乙烯模，亦即保利龍模(polystyrene pattern)；而伸縮模型可用橡皮氣球，只適合玩具、藝術品等。

3. 第三類：在鑄模上開設所需形狀的模穴，而不需模型者

前面兩類模型所製作的鑄模都只能使用一次而已，亦即每一次澆鑄後，均需敲毀鑄模才能取出鑄件，影響生產效率。

第三類是使用永久或半永久性的鑄模，如金屬模(metal mold 通稱 die)、石墨模(graphite mold)、燒磨土模(chamotte mold)等，因為鑄模本身的強度、耐熱性良好，故每一次澆鑄後打開模具取出鑄件時，不會破壞鑄模或只需稍加修補，而鑄模可長期使用，適於大量生產。

事實上此類鑄模的製作，有時亦需先製作與鑄件尺寸形狀一致的模型，作為工作母機(如靠模刻模機)的樣模，便於製作金屬鑄模(die)。

此類鑄模分別發展成獨立的鑄造法，如表 3-1 所示的壓鑄法、離心鑄造法、重力鑄造法(gravity casting)、低壓鑄造法(low-pressure permanent-mold casting)等。

由表 3-1 及以上說明可知，本章所要介紹的模型概念，主要是指第一類而言，亦即利用模型來製作砂模後，模型可取出再用，這也是一般鑄造廠最主要的生產方式。模型的製作，主要是配合鑄件的需要，如果鑄件內部中空或有不規則的凹穴，則製作砂模時，必須使用砂心盒(core box)，製成砂心，然後安置或懸吊在砂模內，阻止金屬液填滿模穴，以形成鑄件的內部形狀，因此，砂心盒實際上也是整套模型的一部份，除了特別需要補充的地方外，詳細請參閱本書第六章「砂心製造」部份。

3-1.2 模型的種類

如上節所述，模型可說是鑄造的根基，尤其是第一類模型，每一次造模後，鑄模都需分開才能起模，而模型需多次使用，如果模型製作不當，將會嚴重地影響鑄造的生產性和品質，甚至增加鑄造工作的麻煩，浪費工作時間，如此勢必直接影響生產成本，故在製作模型前，最好與鑄造有關人員商討，因為一件工作物可同時製成不同式樣的模型，例如採用整體模或中板模，不只造模時間有很大的差異，造模方式也大不相同，當然亦會影響鑄件的品質。又如飛輪之類的鑄件，製作整體模或刮板模，其模型費用相差數倍，影響生產成本，但若產量多時，刮板模將影響生產速率，這些條件在製作模型前都應仔細考量。

模型根據其結構形式可分為四大類：1.整體模型類(solid pattern)；2.模型板類(pattern plate)；3.刮板模型類(sweeping or strickle pattern)；4.骨架模型類(skeleton pattern)。茲分別說明並詳細分類如下：

1. 整體模型類(solid pattern)

　　如圖 3-1 至圖 3-8 所示之模型，為了便於造模起見，將模型分割、組合或附鬆件等，模型的外型除了砂心頭及澆冒口部份外，即為鑄件的外形，此類模型可再細分為八種：

(1) 完整模型(complete pattern)：亦稱為單體模型(one-piece pattern)即所謂實物模，如圖 3-1 所示。一般機器的手輪(handle)、軸承座等，因為構造簡單，可製成模型與鑄件外形完全一致的樣式，甚至可以機器上的實物來充當模型使用。模型為一整體，故通稱為整體模。

(a) 模型－軸承座、手輪及翼形螺帽　　　　　(b) 鑄件－軸承座、手輪及翼形螺帽

圖 3-1　完整模型(單體模型、整體模)及其鑄件

(2) 分割模型(split pattern)：又稱為對合模型(parted pattern)，一般稱為分型模，如圖 3-2 所示。當物體具有曲線，且左右或上下對稱時，為了便於造模起見，將模型從中心線處分割為二，等於兩個單體模合為一組模型，製作模型費用增加，但是造砂模時，分模面在水平位置，省時省力。

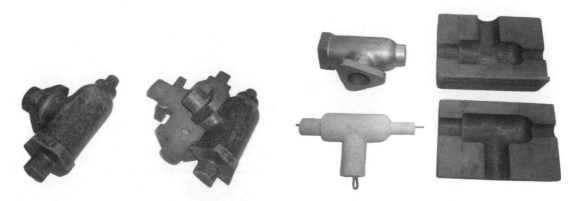

(a) 模型－三通管(右圖為兩半模型分開)　　　　(b) 鑄件(左上)及砂心盒、砂心(左下)

圖 3-2　分割模型(對合模型、分型模)及其鑄件

(3) 組合模型(composite pattern)：如圖 3-3 所示。當鑄件外形複雜，無法從鑄模中起出模型；或模型體積龐大，很難從水泥模或自硬性鑄模中起出，而且容易破壞鑄

模時，可將模型分割製作，組合為一體，起模時按圖上數字 1,2,3……順序從中心部位依序拔出各部份模型。

(4) 鬆件模型(loose pattern)：當鑄件上有鳩尾槽或凸耳時，無法從鑄模中起出模型，因此必須將該部份作成鬆動件，先起出主體模型，再拔鬆件部份，如圖 3-4 所示，其右圖顯示反斜度部份已製成鬆動件。

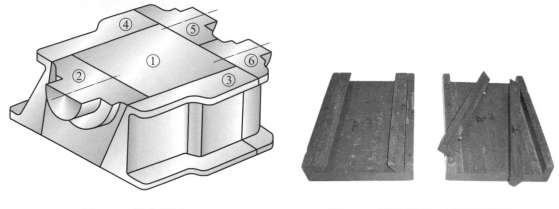

圖 3-3　組合模型　　　　　　　　圖 3-4　鬆件模型－鳩尾槽模型

(5) 附澆口系模型(gated pattern)：如圖 3-5 所示，將模型及澆口、澆道、進模口、甚至冒口等製作成一整體者，如此可便於造模工人製作鑄模，且因為澆冒口都已經過設計並固定在模型上，不會有人為因素影響鑄件成敗的情形發生，一般此類模型都固定有數個單體模，一次可生產數件，提高生產效率，但是模型不易保管存放，一般工廠並不常用。

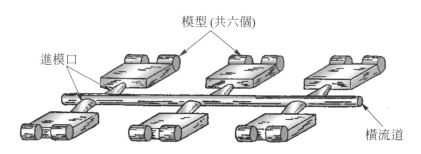

模型 (共六個)

進模口

橫流道

圖 3-5　附澆口系模型

(6) 嵌合模型(follow board pattern)：如圖 3-6 所示，當鑄件有曲線邊緣，如手輪(handle)等，如果作成單體模，製作砂模時，每次都得開挖分模面，浪費時間；若作成分型模則模型強度較差又昂貴，此時可利用嵌模板(follow board)，將模型嵌入到分模面位置，製作好下砂模後，才將嵌模板拔除，單體模留在下砂模，分模面由嵌板形成，不必再開挖即可製作上砂模，省時省力。

 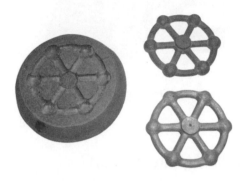

(a) 嵌模板上安置手輪模型　　　　　　　　(b) 嵌模板(左)及手輪模型與鑄件(右下)

圖 3-6　嵌合模型(嵌模板)及其鑄件

(7) 分部模型(section pattern)：如圖 3-7 所示，模型只有完整模型的六分之一或八分之一，一般用於大型齒輪的製作，模型費用只有整體模的六分之一或八分之一，但得配合旋刮板模使用，且造模較費時間。通常稱爲部份模，但應與圖 3-8 有所區別。

(a) 齒輪之分部模型(左)及旋刮板模　　　　　　　(b) 齒輪鑄件

圖 3-7　分部模型及其鑄件

(8) 部份模型(department pattern)：如圖 3-8 所示，模型只有整體模的一半，如此可節省一半模型費用，適用於上下對稱的鑄件，上下砂模個別製作，但是合模中心線及記號應準確，否則鑄造容易失敗，一般並不常用。

(a) U 槽聯結桿之部份模型(半模)　　　　　(b) 部份模型及砂心盒(U 槽成形用)

圖 3-8　部份模型

2. 模型板類(pattern plate)

　　為了減少手工造模時流路大小及位置開設不當等人為誤失及提高生產效率，近年來，鑄造廠大都將模型固定在造模板(molding board)上，同時附上澆冒口等流路系統，做成模型板(pattern plate)，以提高生產力及產品品質。模型板依其結構形式又可分為三種：

(1) 單面模型板(single-sided pattern plate)：如圖 3-9 所示，當模型一面為平頂且可單方向起模者，可將平頂面固定在模板上，以便造模。

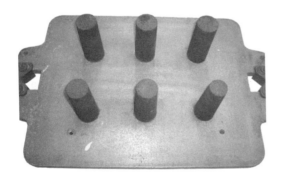 

(a) 試棒用單面模型板　　　　　　　　　(b) 流動性試驗用單面模型板

圖 3-9　單面模型板

(2) 中板(match plate)：即雙面模型板，如圖 3-10 所示，將分型模上下兩半分別固定在模板上下兩面，附上流路系統即成中板，適於單一機械造模使用。不管製造下砂模或上砂模時，中板永遠須置放於上下砂箱的中間，故翻轉砂模或砂箱時，須特別注意夾緊上下砂箱，以免造模失敗。

(a) 中板模型正面(製造上砂模用)

(b) 中板模型反面(製造下砂模用)

(c) 中板模型(下)與鑄件(上)

圖 3-10　中板模型與鑄件－鑄造紡織機梭子

(3) 對合模型板(split plate)：亦稱為分割模型板，如圖 3-11 所示，將分型模上下兩部份分別固定在兩塊模板上，屬於上模部份附上澆口、冒口及橫流道等模型；屬於

圖 3-11　對合模型板

下模部份附上進模口模型。適於兩台機械同時造模使用,自動化造模機亦常用此
類模型板,以減少翻轉次數,提高工作效率。

3. 刮板模型類(sweeping or strickle pattern)

凡是橫截面形狀簡單工作物,且屬於中大型者,均可採用刮板模型來製作砂模,如此
可節省許多模型製作時間及材料,模型只為整體的一小部份,當然模型費用亦因而便宜許
多,但砂模製作較費時間,無法大量生產。此類模型又可依其砂模製作方式分成三種:

(1) 旋刮板模型(sweeping pattern):如圖 3-12 所示,製作砂模時模型繞垂直中心軸 360°
轉動,故又可稱為轉刮板模型,一般俗稱車板模。模型可分別製成上模用及下模
用兩車板,如 3-12 圖下所示;亦可只製成一個車板,下方造下模,上方造上模,
如圖 3-12 右上圖所示。齒輪或皮帶輪等圓形鑄件用之旋刮板模型如圖 3-7(a)所
示,旋刮板模型之造模法詳見 5-3.6 節。

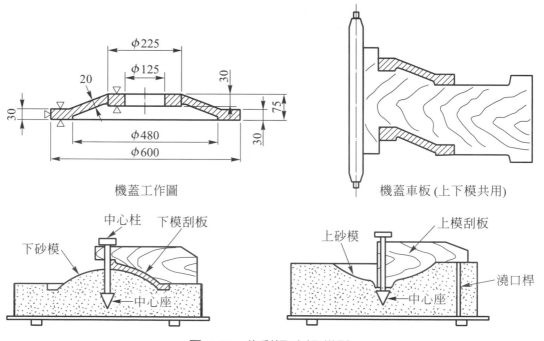

機蓋工作圖　　　　　　　　　機蓋車板 (上下模共用)

圖 3-12　旋刮板(車板)模型

(2) 平刮板模型(strickle pattern):圖 3-13(a)所示係為彎管之刮板模,製作砂模時,型
框平置,刮板沿型框內孔邊緣移動,刮除不必要的鑄砂。因此,凡橫斷面形狀尺
寸一致的鑄件,如直管、彎管、S 形管或機座等,如圖 3-13(b),都可採用平刮板
模型。平刮板與搖刮板均需型框,又稱為型框模。

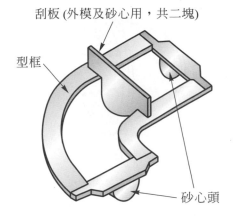

刮板 (外模及砂心用，共二塊)

型框

砂心頭

(a) 彎管之刮板模型及型框示意圖

(b) 方形機座之刮板模型及型框實物

圖 3-13　平刮板模型

(3) 搖刮板模型(sweeping template pattern)：如圖 3-14。搖刮板模型亦需要有型框，以固定中心軸，製作砂模時型框平置，刮板繞中心軸擺動，故又稱為擺板。但擺動弧度只有 180°，且中心軸係在水平面，而車板轉動 360°，且中心軸在垂直面，因此凡是橫斷面為不同直徑的圓形，即外形為曲線，長度較長者均可採用擺板造模。

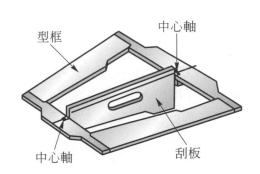

型框

中心軸

中心軸　刮板

(a) 擺板模型及型框示意圖

(b) 雙喇叭管接頭之擺板(上)及型框實物

圖 3-14　搖刮板(擺板)模型

4. 骨架模型類(skeleton pattern)

此類模型主要是用於製作巨大而截面有變化的少量鑄件，無法使用刮板造模時，可採用骨架模型來造模。如圖 3-15 所示為渦輪機蝸形外殼的一部份，模型是利用木條依鑄件輪廓製成一骨架，木條厚度即為鑄件厚度，製作砂模時，應先將骨架模內填砂然後用刮尺順著骨架外形刮出砂製的模型，然後據以製作外模，並用刮板依骨架內形刮製砂心。如此，不但可以節省製作模型的材料、時間及費用，並可減輕模型重量。

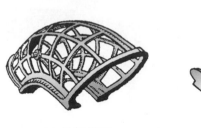
(a) 骨架模型

(b) 刮板
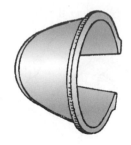
(c) 鑄件

圖 3-15　渦輪機外殼骨架模型

3-2　模型用材料

如上節所述，模型用材料有木材、金屬、樹脂等，材料的選用因鑄模的造模方法而異，如大量生產而尺寸精度高的模型，或殼模法的模型都需要金屬模型，但普通鑄造法則以木材作成的模型佔絕大多數，故一般模型工廠都以木材為主要材料。今按模型常用的材料順序分別說明如次：

3-2.1　木材

1. 模型用木材的優缺點

選用木材製作模型的主要優點是木模比金屬模便宜、工期短、重量輕、便於造模及搬運處理；而木材最主要的缺點是容易彎曲變形、易破裂、強度較差、壽命較短等。

2. 模型用木材種類

木模用木材種類很多，各國大多因地域不同，選用適當的木材來製作模型。原則上，木模用木材以收縮性少、紋理平直、加工容易、組織細密、纖維強韌、變形歪曲度小及價格便宜為準，一般常用的木材有：

(1) 桃花心木：收縮性最小、木質韌而堅、容易加工、變形度甚微、紋理平直具有光澤，唯價昂，僅用於複雜貴重木模。

(2) 檜木：台灣之特產，屬名貴木材之一，為東南亞針葉樹木材中最佳者，黃白色有芳香與光澤，紋理平直、輕軟適中、易加工、變形少，是木模主要材料。

(3) 柏木：華南、台灣等地出產，木質韌而略帶脆性，易加工、不易變形、有光澤、耐久性高、價廉，是木模的較好材料，唯稍有木節是唯一缺點。

(4) 松木：紋理平直、纖維組織稍粗且質稀，比柏木稍嫌柔軟，容易加工、乾燥後不易變形，價廉是其最大優點，普通木模均採用之。

其他如胡桃、白楊、楓木、赤楊、山榆、槐木等均較桃花心木稍遜，然紋理平直緊密，加工尚稱容易，頗適用於製作模型。

3-2.2　金屬

1. 金屬模型的優點

使用金屬製作模型，最主要的目的是大量生產，因為它具有下列優點：

(1) 沒有木模的變形現象，尺寸精確、品質穩定。

(2) 磨耗少，使用壽命長，可長期使用。

(3) 耐高溫，可加熱後使用，適於殼模法，木材則不行。

(4) 金屬比木材強度大，不易破損，適於大量生產。

2. 金屬模型的缺點

(1) 因為加工不易，製作費用高。

(2) 製作期間長。

(3) 重量重，不便於造模作業。

3. 金屬模型的種類

一般依使用目的選用不同材質的金屬，常用的模型用金屬材料有下列四種：

(1) 鋁合金：適用於以砂模從事大量生產的工作。

(2) 銅合金：除用於砂模鑄造外，也可用於殼模鑄造，及當金屬模附屬零件用。

(3) 鑄鐵：大都用於殼模鑄造法，亦可用於砂模鑄造。

(4) 鋼：主要當作金屬模附屬零件使用，如銷或保護板等。

3-2.3　合成樹脂

由於工業的發達，尤其屬於化學工業產品的合成樹脂，在積極研究改良後，對於鑄造業的幫助很大，其中有鑄模方面，可用作為殼模法、自硬性鑄模法等的黏結劑，而在模型方面亦有相當突出的貢獻，具有很高的利用價值，目前主要有下列兩種，將來可望更擴大其使用範圍。

1. 環氧樹脂

屬於第一類之環氧樹脂模型有下列多項特色：

(1) 不會收縮變形、性質穩定，比木材優越。

(2) 製作費用比金屬模便宜，製作容易，可正確複製出原型，不需機械加工及修整。

(3) 製作期間比金屬模短，可縮短鑄造部門交貨期。

(4) 比金屬模輕，容易處理。

(5) 耐長期保存，使用壽命介於木模與金屬模之間。

(6) 耐水、耐化學藥品性良好。

(7) 與金屬的接著性良好。

此類合成樹脂正好可以彌補木模及金屬模的缺點，因此，大部份中板模(match plate)由鋁製改用樹脂製，很多安裝在模板(pattern plate)上的模型也利用樹脂模取代金屬模，也用於砂心盒(core box)。自硬性鑄模法等在造模中發生熱量或氣體，不適用木模時，也可用樹脂模型。

2. 聚苯乙烯樹脂

此種樹脂是屬於第二類之全模法(full-mold)用消失模型材料，發泡聚苯乙烯是在苯與乙烯合成反應作成的聚苯乙烯中配加發泡劑、添加劑，先製成苯乙烯粒，將之成形發泡，亦即俗稱的保利龍(polystyrene)。由於其熔點低，沸點為 146℃，因此製成模型後，包覆在鑄模材料中不必起模，可直接將高溫金屬液體鑄入鑄模中，保利龍模遇到高溫金屬後立刻熔解氧化而消失，原有在鑄模中的空間隨即為金屬液取代，凝固後即成所需形狀的鑄件。

由於保利龍材料加工容易，因此可以切割黏合方式製作模型，但是每一個模型只能製作一個鑄件，且模型製作時表面光度較差，鑄件精密度易受影響；在大量生產方面，可將樹脂材料藉噴射法注入金屬模具中直接發泡成形，而應用包模鑄造法生產鑄件，由於保利龍模硬度較蠟為高，且在室溫下安定性較蠟為優，直接發泡成形精密度亦高，因此在精密鑄造的大量生產方面亦頗具潛力。

3-2.4 其他模型材料

除了上述三種主要的模型材料外，常用的模型材料尚有蠟、冷凍水銀、石膏、黏土……等，甚至氣球吹氣後亦可當模型使用，厚紙片亦可製作模型，只要能成形的材料，就可當作模型材料使用，當然水結冰後亦可製作模型，但是當其溶化時可能會破壞鑄模。因此，有關模型材料的選用，應先考慮各種因素，如造模方法、生產量、精密度、價格等，然後再據以選擇一種最經濟、最合理的材料來製作模型。

3-3 模型製作原則

鑄造用的模型，雖然是為了便於製作鑄模，但是最終的目的是翻鑄成有用的鑄件，而鑄件的材料都是金屬，且鑄造過程中，金屬必須經過熔融凝固的階段。因此，在製作模型前，我們應該瞭解金屬熱脹冷縮的特性，否則，鑄成的鑄件其尺寸可能與工作圖有很大的出入。另外，製作模型前，也應考慮鑄件的加工部位、起模方向及製作程序、木模塗色等項重要原則，以便於施工。

3-3.1 模型裕度(pattern allowance)

裕度即加放的尺寸。模型的製作，由於各種相關因素的影響，其製作的尺寸與工作圖上的尺寸有所不同，模型製作者事先應有周詳的考慮，將各種裕度一併計算在內。模型裕度主要有下列五種：

1. 收縮裕度(shringkage allowance)

一般金屬均有熱脹冷縮的通性，金屬熔液在模穴內冷卻凝固後，尺寸必會縮小，若模型製作時，不加放收縮量，則經收縮後的鑄件其尺寸必較原圖樣為小，故模型製作前最先應考慮加放的是收縮裕度。

收縮裕度的大小依金屬的種類而異，且與鑄件的大小有關，一般尺寸愈大者加放量愈大；另外也與砂模的結構有關，有砂心者其加放量較同樣外形實心鑄件為小。表 3-2 係美國鑄造學會(American Foundrymen's Society，簡稱 AFS)建議的收縮裕度參考值，對於複雜而貴重的鑄件，其加放量最好由鑄造及模型等技術人員討論決定。

模型製作人員一般使用鑄造尺(shrink rule, contraction rule)來製作模型，以避免繁雜的計算。鑄造尺俗稱縮水尺，其規格有 8/1000、9/1000、10/1000、12/1000、13/1000、14/1000、15/1000、16/1000、20/1000、25/1000 等多種，普通鑄件依材質不同選用不同規格鑄造尺，一般情況是：

(1) 鑄鐵用 10/1000。

(2) 鋁鎂合金等輕金屬用 13/1000。

表 3-2　模型製作時的收縮裕度參考值

鑄件材質	模型尺寸(吋)		收縮率(加放率)	
	無砂心	有砂心	吋/呎	公厘/公尺
灰口鑄鐵	24 以下	24 以下	1/8	10.4/1000
	25～48	25～36	1/10	8.3/1000
	48 以上	36 以上	1/12	7/1000
鑄鋼	24 以下	18 以下	1/4	20.8/1000
	25～72	19～48	3/16	15.6/1000
	72 以上	49～66	5/32	13/1000
		66 以上	1/8	10.4/1000
鋁合金	48 以下	24 以下	5/32	13/1000
	49～72		9/64	11.7/1000
	72 以上		1/8	10.4/1000
		25～48	9/64～1/8	11.7～10.4/1000
		48 以上	1/8～1/16	10.4～5.2/1000
鎂合金	48 以下		11/64	14.3/1000
	48 以上	24 以下	5/32	13/1000
		24 以上	5/32～1/8	13～10.4/1000
黃銅			3/16	15.6/1000
青銅			1/8～1/4	10.4～20.8/1000
可鍛鑄鐵*	鑄件截面厚度(吋)			
	1/16		11/64	14.3/1000
	1/8		5/32	13/1000
	1/4		9/64	11.7/1000
	1/2		7/64	9.1/1000
	3/4		5/64	6.5/1000
	1		1/32	2.6/1000

註：*可鍛鑄鐵收縮率內已計入退火(annealing)中之膨脹，亦即白鑄鐵收縮率較表內為高。

(3) 青銅、黃銅等重金屬用 15/1000。

(4) 鑄鋼用 20/1000。

鑄造尺係已加入收縮裕度的特殊尺,尺上所標示的尺寸比普通尺要長。例如,10/1000 鑄造尺上的 10cm,實際上應為 10＋10×10/1000＝10.1cm,因此,在鑄造尺上的刻度亦成比例地較普通尺為長。甚至模型尺寸檢查用的游標卡尺或其他量具,亦應與鑄造尺一樣加入裕度,再細分其刻劃,以便於模型檢查與校正。

如果使用「金屬模型」造模,應該特別注意,因為模型的製作程序一般是先做木模當作主模型(master pattern),第一次翻鑄成金屬成品後,加工做成金屬模;然後依此金屬模製作砂模,第二次澆鑄成金屬鑄件,其中經過兩次金屬凝固收縮,因此,必須使用雙重收縮裕度(double contraction)。例如使用鋁質模型生產小型鑄鐵件時,原木質主模型的總收縮加放應為(13/1000)＋(10/1000)＝23/1000,即應選擇 23/1000 的鑄造尺來製作木模。其他材料的模型,如樹脂模等亦應考慮雙重收縮的影響,以免前功盡棄。

2. 加工裕度(finish allowance)

大部份鑄件為了尺寸精確、表面光滑美觀或是工件的配合,從砂模中取出清砂後,必須按工作圖上規定實施機械加工。因此,在製作模型時,須在這些應加工的表面上,加放一些尺寸,方可避免加工後尺寸太小之弊。這種將模型尺寸放大,以備機械加工切削用的裕度,即稱為加工裕度,其加放量之多少主要依下列各項因素而定。

(1) 鑄件材質:金屬種類不同,加放量亦異。

(2) 機件形狀和尺寸:尺寸愈大加放量愈多,但不成比例。

(3) 鑄造方法:普通砂模鑄造加工裕度較大,壓鑄或其他特殊鑄造則較小。

(4) 加工方法:車、鉋、銑、研磨等不同加工方法加放裕度亦有別。

表 3-3 係 AFS 提供的傳統砂模鑄件之機械加工裕度參考值,不同金屬切削的難易程度各不相同,有些金屬鑄件表面有一層硬皮,第一刀須切得較深,將這層硬皮完全切掉,這樣才能保護刀口,然後才做精細加工,這種鑄件加工裕度應較多。另有些金屬,硬得只能磨光,因此加工裕度不可太多。又如鑄件表面狹長,或是表面廣而不厚,則清砂後可能發生少許彎曲變形,此種情況應多留加工量。

在可能範圍內,鑄件需加工的重要表面,應安置在砂模下部(朝下),因為金屬液內的渣質一般較金屬為輕,澆鑄入砂模內會向上浮起,故鑄件下面較少有弊病發生;如果加工部位在砂模內只能朝上時,就應多留加工裕度。在砂心周圍,即鑄件空心部位的內壁上,

由於砂心安置可能略有誤差，所加放尺寸應較外部表面略多。機械造模較手工造模精確度
高，加工裕度可較少。

表 3-3　模型製作時的加工裕度參考值

鑄件材質	模型尺寸		內孔縮小		外尺寸加大	
	吋(in)	公分(cm)	吋(in)	公厘(mm)	吋(in)	公厘(mm)
鑄鐵	12 以下	30 以下	1/8	3.2	3/32	2.4
	13～24	33～61	3/16	4.8	1/8	3.2
	25～42	64～107	1/4	6.4	3/16	4.8
	43～60	109～152	5/16	7.9	1/4	6.4
	61～80	155～203	3/8	9.5	5/16	7.9
	81～120	205～305	7/16	11.1	3/8	9.5
	121 以上	305 以上	特別規定		特別規定	
鑄鋼	12 以下	30 以下	3/16	4.8	1/8	3.2
	13～24	33～61	1/4	6.4	3/16	4.8
	25～42	64～107	5/16	7.9	5/16	7.9
	43～60	109～152	3/8	9.5	3/8	9.5
	61～80	155～203	1/2	12.7	7/16	11.1
	81～120	205～305	5/8	15.9	1/2	12.7
	121 以上	305 以上	特別規定		特別規定	
可鍛鑄鐵	6 以下	15 以下	1/16	1.6	1/16	1.6
	6～9	13～23	3/32	2.4	1/16	1.6
	9～12	20～30	3/32	2.4	3/32	2.4
	12～24	31～61	5/32	4.0	1/8	3.2
	25～35	64～89	3/16	4.8	3/16	4.8
	36 以上	91 以上	特別規定		特別規定	
黃銅 青銅 鋁合金	12 以下	30 以下	3/32	2.4	1/16	1.6
	13～24	33～61	3/16	4.8	1/8	3.2
	25～35	64～89	3/16	4.8	5/32	4.0
	36 以上	91 以上	特別規定		特別規定	

　　一般小形鑄件的加工裕度為每呎 1/8 吋，或是在加工部位加放 3～5 公厘，大形鑄件加放量較多，詳細可參考 3-3 所示，如果採用金屬模型時，和收縮加放一樣，在製作主模型時，有些表面亦需使用雙重加工裕度。

3. 起模斜度(draft taper)

　　起模斜度是為了便於將模型從砂模中起出，而在模型垂直面增加的斜度，如果模型沒有斜度或斜度不夠，則因模型垂直面與砂模模壁間的摩擦力之關係，不但不易起模，甚至會破壞模穴表面。

　　起模斜度的大小與模型材料、砂模製法、鑄件形狀及大小等都有關係。金屬模型比木質模型所需斜度小，機械造模所需斜度比手工造模少，內孔斜度宜較外形斜度大，小型鑄件起模斜度可較多。手工造模的起模斜度一般為外形每呎 1/8～1/4 吋(約為 1～2cm/m)，內孔為每呎 3/4 吋(約為 6cm/m)。斜度太大會影響鑄件尺寸的精確度，如果設計鑄件時已備有充分的斜度最為理想。詳細的起模斜度可參考德國工業標準(DIN)所提供的參考值，如圖 3-16 所示，根據 DIN 規定，砂心頭的斜度在其高度 70mm 以下時採用 5°，70mm 以上時採用 3°以便於起模及安置砂心。

4. 變形裕度(distortion allowance)

　　有些大型平板或馬蹄形(U 形)鑄件等，如果使用原來的平直形或照圖樣模型，則翻鑄成的鑄件往往會收縮變形，在這種情況下，模型可先行製成反變形的形狀，在扭曲變形的相反方向作適當的變形量予以矯正之。如 U 形鑄件，冷卻凝固時常會向外成倒八字張開變形，製作模型時應稍向內傾斜，或預先在模型內側加放若干尺寸，作為矯正用。

5. 振動裕度(shake allowance)

　　模型從砂模中起出前，需作前後左右及上下之輕敲振動，使其與模壁鬆脫，便於起模。經此敲擊後模穴必會增大，為了不影響鑄件的正確尺寸起見，應該將模型尺寸稍微縮小，作為矯正。故在各種裕度中，只有振動裕度為負值，且振動裕度與機械造模或手工造模有關，手工造模受人為因素影響較大。一般製作模型時並不特別加放此項裕度，而將它與收縮裕度合併考慮，據以決定一合理的收縮加放量。

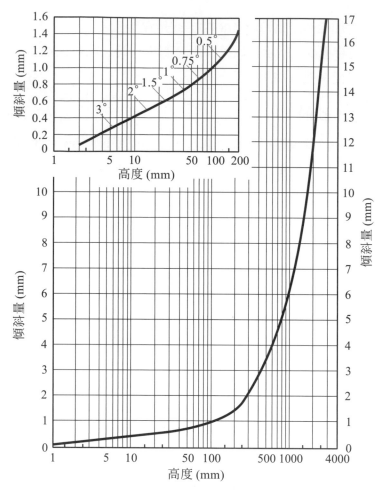

圖 3-16　模型之起模斜度參考值(DIN 1511)

3-3.2　模型製作的基本程序

茲以製作 V 形鑄鐵塊為例，說明製作模型的基本程序如下：

(1) 按成品詳圖之尺寸，如圖 3-17(a)所示。用鑄造尺(鑄鐵材料選用 10/1000)在木板上繪出其三視圖。

(2) 按詳圖中之加工符號標示，在三視圖上繪出適當的加工裕度，兩側之凹槽尺寸太小不便鑄造，待機械加工時切削之。

(3) 加放起模裕度，完成木模工作圖。如圖 3-17(b)所示。

(4) 按照木模工作圖施工，製作模型，並把所有內外角修成圓角，一般鑄件外圓角為 R3mm，內圓角為 R5mm，大型鑄件弧度應更大。

(5) 於木模表面塗上三層洋乾漆，並以補土(putty)修補劃線痕及不平處，並加以打磨。

(6) 在模型表面不同部位，塗上不同標準顏色之油漆，以顯示各部位的性質，並避免鑄造人員誤用。

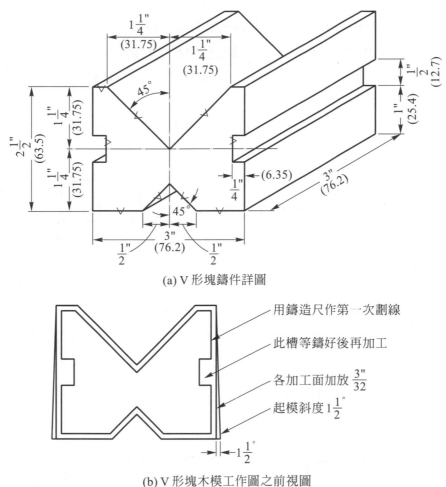

(a) V 形塊鑄件詳圖

用鑄造尺作第一次劃線

此槽等鑄好後再加工

各加工面加放 $\frac{3"}{32}$

起模斜度 $1\frac{1}{2}°$

$1\frac{1}{2}°$

(b) V 形塊木模工作圖之前視圖

圖 3-17　製作 V 形塊模型的工程圖

3-3.3　模型的功能

　　模型的主要目的是用於造模。但是為了便於造模，及欲鑄造一件理想精美的鑄件時，模型除了提供製作模穴的目的外，必須還得具有下列幾項功能：

1. 形成流路系統

　　澆冒口的位置、大小影響鑄件的成敗至鉅，故一般均將設計好的澆冒口系統附於模型上，如圖 3-5 及圖 3-9～圖 3-11 所示的附澆口系模型及各類模型板，則起模時自然形成澆冒口(即流路系統)，可減少人為的誤失，提高生產量及產品品質。

2. 建立分模面

　　大多數的鑄件形狀複雜，外形具有曲線，如果模型製作不當，則會影響造模速度，甚至鑄件品質。同一件東西，其分模面的安排及模型製作的結構可能有很多種，如圖 3-18 所示，圖中箭頭表示起模方向，X－X 表示分模面位置。故一個優秀的模型製作者，在下料前即應仔細考慮，尋求一個最理想的分模面位置，以便於鑄造工作。一般鑄造廠所使用的各類模板、分型模及嵌板模，都可很順利的在砂模上建立分模面。

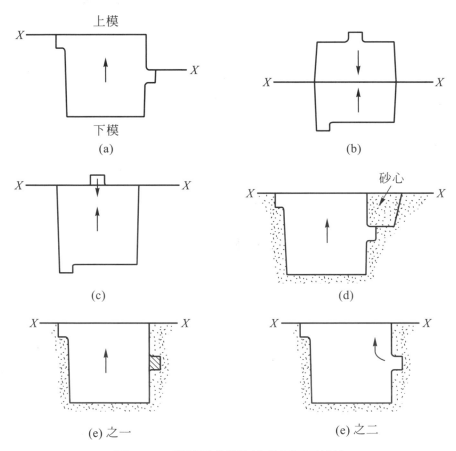

圖 3-18　模型及分模面之各種不同結構

3. 以砂心頭(core print)來形成中空鑄件

　　當鑄件中空部份需要利用砂心來成形時，模型上得附有適當的砂心頭，以便在模穴內造成適當的砂心座，使砂心能正確地固定在鑄模內。

4. 建立定位點

一個鑄件常由數塊活動木材合為一組模型(如組合模)，一組良好的模型應建立起精確的定位點，以便於鑄造甚至將來的加工配合，尤其分型模、組合模、模型板等，鑄件的精密度即根源於模型的定位銷或定位面。

5. 降低源自模型所導致的鑄造缺陷

欲獲得優良的鑄件，首先需要有適當的結構、清潔及表面光滑的模型。模型若粗糙、有凹痕表面、或切削過度、嵌鑲不牢及一般不良狀況，均會導致粗糙或其他不良的鑄件缺陷。

6. 提供砂心定位，便於造模

必要時可在未造模前，先將砂心安置在模型上，使其成為模型的一部份，起模後砂心即被鑄砂包圍起來，穩固地包在模穴中。

7. 增進造模的經濟效益

模型的結構必須能使鑄件儘可能的降低成本，因此，我們應考慮到一個鑄模可安排的鑄件數量、適合造模機的模型板之適當尺寸、造模的方法及其他因素，以製作一組最適當的模型。

3-3.4　木模塗色

1. 木模塗色之優點

(1) 保護木模、延長其使用壽命：木模經常埋在鑄砂中造模，容易吸收鑄砂中的水分，以致變形或腐蝕，如果在乾燥的木模表面塗上油漆，則可以防止水分、濕氣的滲透，增長木模可用的期限及次數。

(2) 顯示模型各部位的功能，便於鑄造人員生產應用：模型上不同的顏色各有其含意，鑄造人員根據顏色的不同，可以瞭解何處需加工，何處是砂心等，以免發生錯誤。

(3) 便於起模：因塗色後模型表面光滑，減少與砂模模壁間的摩擦力，起模時較易取出。

(4) 增加鑄件表面光度。

2. 木模塗色之標準

木模各部位塗色之規定，各國均有不同，其標準如表 3-4 所示，我國一般都採用美國規格，即不加工部份塗透明快乾漆，加工部份塗紅色。

表 3-4　各國木模塗色標準

塗色部位	英國 NBS 規格	美國 AFS 規格	德國 DIN 規格
鑄肌 不加工部位	黑色	透明快乾漆	灰口鑄鐵～紅色，球墨鑄鐵～紫色， 可鍛鑄鐵～灰色，鑄鋼～藍色， 輕金屬～綠色，重金屬～黃色
加工部位	紅色	紅色	加黃點或紅點
砂心頭、砂心座	黃色	黑色	黑色
鬆件及其座	橙色底 加紅條紋	銀色	邊框加黑線
加強筋或擋塊 (stop-offs)	橙色底 加黑條紋	綠色	加黑條紋並加註

3-4　鑄件設計

大多數的鑄造成品，在設計時即會影響到鑄造的成敗與優劣。因此，鑄件設計與鑄造技術兩方面的相互配合，是非常重要的，設計鑄件人員，對於金屬特性和鑄造工作必須熟悉，鑄造廠人員對於鑄件設計，必要時也應提出改良意見，相互瞭解和設計的修正，可以使鑄造工作順利進行，並減少費用、降低成本，這是鑄造廠在模型製作前，即需顧慮到的重點。

3-4.1　金屬凝固的特性

鑄件設計人員在設計前，應熟悉影響鑄件品質的幾項金屬特性，尤其是金屬的凝固、晶粒的生長及收縮等三要素，茲分別說明如下：

1. 凝固(solidification)

金屬液在鑄模內凝固的快慢，與鑄件厚度、鑄件表面積及金屬從液體全部凝結為固體所需經過的溫度變化等因素有關，一般而言，鑄件愈薄凝固愈快。

通常金屬液是由模壁逐漸向中心凝固，這種現象就是所謂的漸進性凝固(progressive solidification)。而在設計鑄件或安排澆冒口時，希望能控制金屬液體凝固的進行，使鑄件的每一部份，在整個凝固收縮過程中，都能夠從適當的補充通道(feed channel)，獲得金屬液的補充，這就是所謂的方向性凝固(directional solidification)。如圖 3-19 所示。

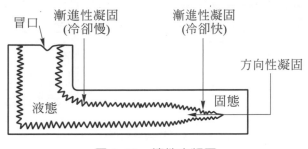

圖 3-19　鑄件之凝固

2. 晶粒生長(grain growth)

金屬液凝固過程中，逐漸形成晶粒組織(grain structure)。靠近鑄模模壁的金屬，因受過冷(super cooled)的影響，而呈微細的等軸晶(equiaxed grains)凝固。在第一層固態金屬形成的瞬間，會放出熔融潛熱(latent heat of fusion)，且未凝固的金屬液亦迅速地失去過冷度，因而阻止再次的核生成(nucleaction)，使得某些已經成形的晶粒繼續成長，且受結晶學方向(crystallographic direction)及熱流方向的影響，晶粒朝著鑄件中心方向成長，而其他方向的結晶粒則被擠出，形成粗大的柱狀晶(columnar grain)，如圖 3-20 所示。純金屬的柱狀晶一直延伸到鑄件中心，而合金柱狀晶的長成可能受內部等軸晶成長的阻礙，形成等軸晶與柱狀晶各半的組織。

3. 收縮(contraction)

金屬液在鑄模內凝固的過程中，除了晶粒的生長外，由於金屬熱脹冷縮的特性，鑄件不斷地在收縮，其中包括從液態到固態的收縮，以及從凝固溫度到大氣溫度的收縮，這些除了靠模型的收縮裕度來補償鑄件尺寸外，亦可以冒口(riser)來補救，使其產生方向性凝固，但是最重要的是在鑄件設計時，如果厚度不均勻或形狀複雜等，都可能阻礙金屬液的補充，而形成收縮孔(shrinkage cavity)，甚至在鑄件內可能產生嚴重的收縮應力(contraction stresses)，而形成裂痕(hot tear or crack)等鑄疵(defect)。圖 3-21 顯示金屬凝固收縮的情形。

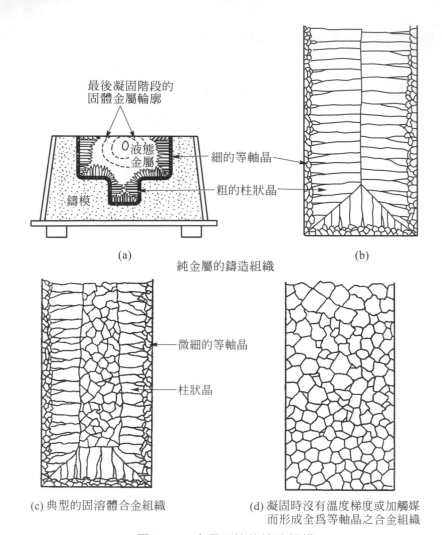

(a)　純金屬的鑄造組織　　(b)

(c) 典型的固溶體合金組織　　(d) 凝固時沒有溫度梯度或加觸媒
　　　　　　　　　　　　　　　　而形成全為等軸晶之合金組織

圖 3-20　金屬可能的鑄造組織

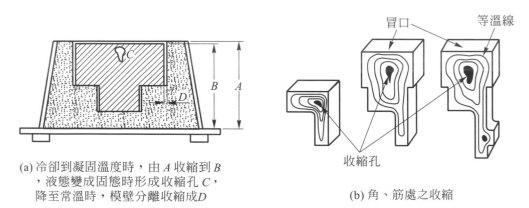

(a) 冷卻到凝固溫度時，由 A 收縮到 B
　　，液態變成固態時形成收縮孔 C，
　　降至常溫時，模壁分離收縮成 D

(b) 角、筋處之收縮

圖 3-21　鑄件收縮構想圖

3-4.2　鑄件設計原則

設計鑄件時，除了應合乎金屬凝固的特性之外，還要考慮很多因素，如鑄造方法、機械強度、成本等，以尋求一個最佳性能、最高成品率及最低成本的理想鑄件。實際上，想設計一個理想的鑄件，所要考慮的因素非常廣泛與複雜，以下僅提供幾個鑄件設計的基本原則：

1. 避免直角等不良形狀，以防鑄件變形或產生裂痕

如圖 3-22 所示，由於金屬凝固時，柱狀組織係由鑄件表面垂直向內生長，因此在直角部位，常會因熱點(hot spot)而於凝固過程中形成脆弱面，甚至於可能會產生裂痕。因此，鑄件設計時，應將直角改為適當的圓角，以矯正這些形狀效應(shape effects)。

2. 減少鑄件上構件接合處之熱點

鑄件於轉角接合處或厚薄交接處，由於鑄模內的鑄砂形如孤島，周圍被高溫金屬液包圍的面積很廣，因此這些薄砂層很快速地受熱，以致於無法將熱量從鑄件上引出，而有使凝固延遲的現象，成為一個熱點，容易在完全凝固後形成一收縮孔。因此，必須將這些脆弱的尖角接合處改良為圓角，以消除熱點現象之發生，如圖 3-23 所示。

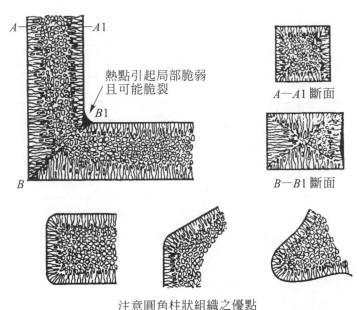

注意圓角柱狀組織之優點

圖 3-22　金屬柱狀組織之方向

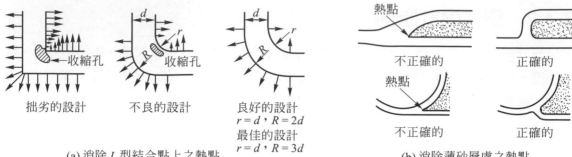

(a) 消除 L 型結合點上之熱點

良好的設計
$r = d$，$R = 2d$
最佳的設計
$r = d$，$R = 3d$

(b) 消除薄砂層處之熱點

斷面形狀	不良的	良好的	較常用的
L 型	缺陷	冷鐵	A'' 最小半徑 $\frac{1}{2}''$　最大半徑 $1''$ B''　$A>B$
V 型	缺陷	冷鐵	最小半徑 $1''$ A''　$A>B$ B''
Y 型	缺陷	心型孔	大的半徑
T 型	缺陷	心型孔	B'' 最小半徑 $\frac{1}{2}''$ 最大半徑 $1''$
X 型	缺陷	心型孔	最小值 $2T''$ T'' 最小半徑 $\frac{1}{2}''$ 最大半徑 $1''$

(c) 各種斷面形狀之改良

圖 3-23　鑄件轉角接合處之設計

3. 減少斷面聚合的數目

　　過多的斷面聚合，會形成熱點效應，降低冷凝速度，延長凝固時間，容易形成收縮孔、脆弱面或扭曲的現象，故應予改良設計，如圖 3-24 所示。

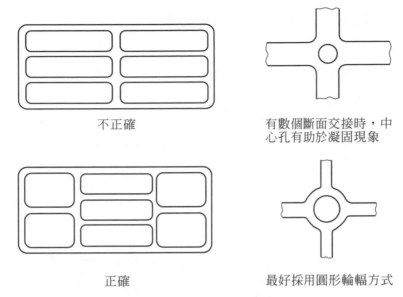

不正確

有數個斷面交接時，中心孔有助於凝固現象

正確

最好採用圓形輪輻方式

圖 3-24　鑄件斷面聚合之設計

4.　斷面應避免突然的變化

鑄件斷面厚薄不同時，就會形成熱點，而產生各種瑕疵。因此，當無法避免不同厚度的斷面時，應以圓角或楔形方式加以改良，如圖 3-25 所示，鑄成後再以機械加工的方式修整。

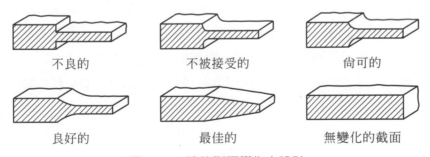

不良的　　　　　　　不被接受的　　　　　　尚可的

良好的　　　　　　　最佳的　　　　　　　無變化的截面

圖 3-25　鑄件斷面變化之設計

5.　鑄件內部斷面的尺寸比例需正確，斷面厚度應均勻

當鑄件內部擺設很多複雜的砂心時，鑄件內壁的熱量不易散失，冷卻速率會比外部遲緩，亦會引起強度的不一致，故較佳的設計是使砂心之總斷面積為鑄件斷面積之十分之九，且斷面之各尺寸力求均勻，如圖 3-26 所示。均勻厚度的斷面，可避免大斷面的金屬液補充小斷面而造成內部的縮孔。

6. 鑄件較大平面處應設計肋骨，以增加強度

如圖 3-27 所示，在平板鑄件上設計肋骨，可使鑄件在增加少許重量的情況下，大大增加鑄件的強度及剛性，並可防止變形。但肋骨的設計，應避免複雜形狀，以便於造模為原則，且應避免熱點的發生，以防產生脆弱面。

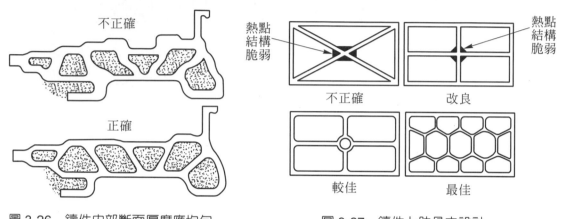

圖 3-26　鑄件內部斷面厚度應均勻　　　　圖 3-27　鑄件上肋骨之設計

3-4.3　鑄件設計的黃金定律

茲列舉世界性的美國米漢鈉金屬公司(Meehanite Metal CO.)所提議的鑄件設計之黃金定律(golden rules for engineered casting)，作為鑄件設計人員在設計前及設計時的參考：

(1) 在您繪成最後設計圖樣之前，最好和鑄造工程人員諮商一下。

(2) 盡您最大的可能把所有各部份的厚度繪得更為平均化，避免鑄件斷面厚度的過份變化。

(3) 盡量減少使用交接斷面，並且在交接部份使用適當的圓弧。

(4) 設計時盡量使各斷面厚度逐漸的增加，以確保金屬凝固後的堅實程度。

(5) 不要把加強肋和支腳等交接點集中，沒有必要時不使用太多的補墊和凸緣。

(6) 盡量避免繁雜的砂心，鑄件內壁部份的肉厚最好應比主體部份要薄些。

(7) 請考慮到砂心清砂口和排氣的路線。

(8) 不要把公差定得太過於嚴格。

(9) 盡量把鑄件設計得簡單些，採用鑄造上損壞率最少的設計。

(10) 鑄件強度之選用應考慮材料的質量效果，表 3-5 可供設計工程師選用米漢鈉金屬及鑄件厚度之參考。

表 3-5　米漢納一般工程用鑄鐵件的材質及其厚度與強度之相關值

材質種類	材料編號	抗拉強度 MPa(N/mm²)	相當 CNS 我國規格	相當 JIS 日本規格	抗拉強度 MPa(N/mm²)	
					厚度範圍 <50 mm	厚度範圍 50～200 mm
S 型球墨鑄鐵	SH700	700	FCD700	FCD700-2	700	600～520
	SP600	600	FCD600	FCD600-3	600	520～450
	SFP500	500	FCD500	FCD500-7	500	450～430
	SF400	400	FCD400	FCD400-15	400	380～360
	SFF350	350	FCD350	FCD350-22	350	340～320
材質種類	材料編號	抗拉強度 MPa(N/mm²)	相當 CNS 我國規格	相當 JIS 日本規格	厚度範圍 (mm)	抗拉強度 MPa(N/mm²)
G 型灰口鑄鐵	GM400	400	－	－	15～300	390～255
	GA350	350	FC350	FC350	10～300	340～225
	GB300	300	FC300	FC300	10～300	290～190
	GC275	275	－	－	－	－
	GD250	250	FC250	FC250	5～80	275～200
	GE200	200	FC200	FC200	2.5～40	240～170
	GF150	150	FC150	FC150	2.5～40	210～120

註：(1) 為保持鑄件良好加工性，鑄件之最小厚度，應大於上表所列之最小厚度。

　　(2) 為確保鑄件組織之緻密，鑄件厚度不宜超過上表所列之最大厚度。

資料整理自 Meehanite Metal Co.網站

討論題

1. 模型的基本型態有那三類？試分別舉例說明之。

2. 依結構型式而言，模型可分為那四類？

3. 整體模型包括那幾種？

4. 何謂中板(match plate)？

5. 刮板模型可分成那幾種？試比較其異同點。

6. 可用以製造模型的材料有那些？

7. 環氧樹脂模型有何特色？

8. 模型裕度的種類有那些？

9. 依鑄件材質的不同，製作模型時應選用何種鑄造尺？

10. 試舉一例說明木模製作的程序。

11. 模型的主要功能為何？

12. 木模塗色的優點為何？

13. 試述各國的木模塗色標準。

14. 何謂方向性凝固與漸進性凝固？

15. 試述鑄件設計的基本原則。

16. 金屬凝固收縮的過程為何？

17. 何謂鑄件設計的黃金定律？

18. 採用金屬製作模型的優缺點有那些？

4

流路系統

4-1 流路系統各部名稱及功用

　　鑄模內除了模穴外，還需具有完整的流路系統，才可將金屬液順利地鑄入模穴，也才可形成完美無缺的鑄件。因為流路系統大大地影響鑄造成果，故現代化的鑄造廠，為了避免造模工人個別開設流路系統等人為因素造成失敗率的增加，常將流路系統視為全套模型的重要部份，而將其製作成模型板(如 3-1.2 節所述)，以提高鑄件品質及生產力。

　　流路系統(gating system)亦稱為澆冒口系統，因其包括澆口系統與冒口系統兩大部份。一般而言，從金屬液澆鑄進入模穴的部份，亦即模穴之前的流路，稱為澆口系統，如澆池、澆口杯、豎澆道、橫流道、進模口等；而模穴以後的流路，包括冒口、溢放口、通氣孔等，稱為冒口系統，如圖 4-1 所示。一般而言，通氣孔並沒有排泄金屬液的功能。流路系統亦有以澆口系統為統稱者，在鑄造生產界常慣於沿用日文的鑄造方案。

　　圖 4-1 係鑄件及附屬的澆冒口系統，假設鑄件沒有澆口系統，金屬液直接鑄入鑄模，則會發生澆鑄困難、金屬液進模不均勻、沖毀鑄模、夾渣、夾砂及夾氣等瑕疵，故澆口系統係為達到克服上述各項缺點而開設。再則，如果鑄件沒有冒口系統，則金屬液凝固收縮及鑄模脹大所需之金屬液將無從補充，鑄模內的氣體將無法排出，低溫且雜質多的金屬液無法排泄，金屬液是否充滿模穴不得而知，因此，鑄件常產生縮孔、脹模、飛邊、夾渣、夾氣、滯流(misrun)等瑕疵，冒口系統的開設將可補救這些缺點。

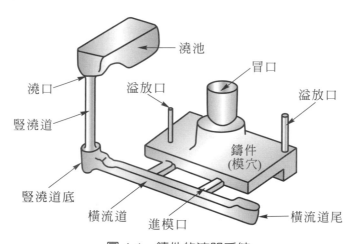

圖 4-1　鑄件的流路系統

茲將流路系統各部分名稱及其功用略述如下：

1. 澆池(pouring basin)

　　係為便於澆鑄金屬液、隔離雜質及達到整流效果而開設，一般常於上模的豎澆道上方另加一砂箱作為澆池用，故亦可稱為澆口箱。現代化鑄造廠，常利用砂心吹製機，製作大量澆池砂心模，以便於澆鑄時配合鑄模使用。手工製造砂模時，常將豎澆道頂端挖成倒立圓錐狀，以便於澆鑄，此時則稱為澆口杯(pouring cup)。

2. 豎澆道(sprue, down sprue, down gate)

　　又稱為下澆道，俗稱澆口，其主要功用是輸送金屬液。其形狀一般採用圓柱形，但是最好上方直徑較下方為大，以使其隨時充滿金屬液，避免夾入氣體，並可達到調節澆鑄壓力及控制澆鑄速度的目的。

3. 豎澆道底(sprue base)

　　其位置介於豎澆道與橫流道之交界，金屬液由垂直下降轉變為水平流動，豎澆道底的設計，可減少亂流的情形發生，其形狀一般為半圓球形，直徑與豎澆道相同，且應低於橫流道底部，才可達到預期的效果。若為達到預防沖砂的功用，可預先製成防沖砂心，安置使用。

4. 橫流道(runner, cross gate)

橫流道位於模穴四周，金屬液至此即將進入模穴，故其應具有下列各項功能：
(1) 輸送及分配金屬液。
(2) 隔離金屬液中所夾帶的渣質。
(3) 排除金屬液在豎澆道內捲入的氣體。
(4) 減少金屬液的亂流。
(5) 減緩金屬液的流速。

5. 橫流道尾(runner extension)

　　係指最後一道進模口以後的橫流道，亦即橫流道的延伸部份，其主要功用是為排除低溫的金屬液及浮渣，以便讓高溫且質純的金屬液進入模穴。

6. 進模口(gate, ingate)

　　又稱為鑄口，是金屬液進入模穴的小通道，進模口的設計應能使金屬液安靜、穩定、迅速且均勻地充滿模穴。

7. 冒口(riser, feeder head)

冒口一般設置在鑄件斷面較厚的部位，其主要功用是補充金屬液體的凝固收縮，以免鑄件產生縮孔。另外，冒口還有很多功能，如排渣、排氣、排泄金屬液等，詳見本章 4-4 節。

8. 溢放口(flow off, run off)

又稱為排泄孔或升鐵口，一般開設於較薄且表面積較廣大的鑄件，尤其沒有設計冒口的鑄模，其位置常設於離澆口最遠的地方，或在鑄件最突出的部位，其大小較豎澆道直徑為小，但較通氣孔為大。其主要功用為排泄氣體，以便金屬液往前流動，避免因鑄模排氣不良，造成滯流的現象；另外，它也可以排泄低溫的金屬液及渣質，使鑄件具有較佳的品質，但沒有補充金屬液的功能。典型的溢放口設計如圖 4-2 所示。

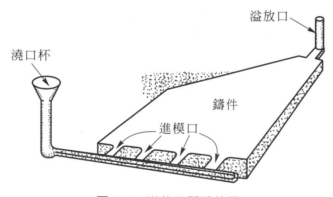

圖 4-2　溢放口開設位置

9. 通氣孔(vent, vent hole)

通氣孔是鑄模製作時應考慮的重要因素之一，它的主要功用是排除模穴或金屬液內的氣體，並沒有排泄或補充金屬液的能力，一般而言，通氣孔並不列入流路系統。

4-2　流路系統的設計原則

綜合上述流路系統各部份的功用，吾人可知，欲達到高生產率及優良品質的鑄件，必須具有一組理想的澆冒口系統，才可獲得滿意的效果。而理想的流路系統至少須把握下列五項設計原則：

(1) 能使金屬液迅速且穩定的充滿模穴：金屬液流動緩慢可能產生滯流現象，若產生亂流則容易捲入氣體及渣質。

(2) 能具有除渣的功能：金屬原料中有非金屬的雜質，熔化過程中，金屬液可能熔入雜質，再則，金屬液氧化亦會形成熔渣(slag)，因此，除了澆鑄前應有除渣作業外，鑄模內的流路系統亦應有良好的除渣功能，才可確保鑄件的品質。

(3) 應具有除氣的功能：金屬液熔融時容易熔入氣體，且熔融溫度愈高，溶入氣體的量亦愈多；再則，鑄模的模穴及中空的流路系統中，充滿氣體；而砂模內的水份遇高溫即氣化，有機物質燃燒亦會產生氣體；故澆鑄時，鑄模所產生的氣體量相當可觀，因此，除了盡量減少氣體的來源外，流路系統必須能兼具除氣的任務，才可避免鑄件的氣孔瑕疵，如圖 4-3 所示。

(4) 不可以有沖砂的現象發生：流路系統位置或形狀等若設計不當，可能會產生沖砂現象，如此，不但鑄件形狀改變，散砂亦可能包夾在鑄件中，形成夾砂鑄疵。

(5) 必須具有補充金屬液的功用：金屬都具有熱脹冷縮的通性，金屬液在模穴內凝固時會收縮，若流路系統無法補足其收縮量，則鑄件會產生縮孔。

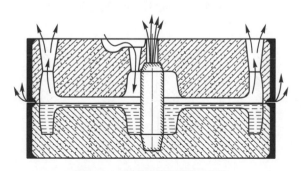

圖 4-3　流路系統除氣功能

4-3　澆口系統的類型與設計

4-3.1　澆口系統的種類

鑄件的澆口系統係為便於將金屬液鑄入模穴，而期望獲得理想的鑄件，卻沒有一定的澆口系統模式。因此，同一鑄件交由不同的技術人員，亦可能設計出不同的澆口系統。理想的澆口系統，是希望能以最經濟、最便捷的方式，鑄造出最佳品質的鑄件。

　　一般而言，澆口系統可以進模口的位置(gating position)分成三類：即頂澆進模系統(top gating)、底澆進模系統(bottom gating)與側澆進模系統(side gating)。如圖 4-4 所示。

　　然而，上述三類澆口系統中，頂澆方式又可分為多種不同類型，如敞開澆鑄式(open pour)、邊進模口式(edge gate)及雨淋式(pencil gate)等，參考圖 4-5。底澆方式也可分成喇叭形進模口與反喇叭形進模口等兩大類，如圖 4-6 所示。側澆方式更可分成無數種類，各種不同類型的澆口系統，主要係為了配合鑄件的形狀、大小、材質與重要部位的不同，以便尋求一組最理想的設計。

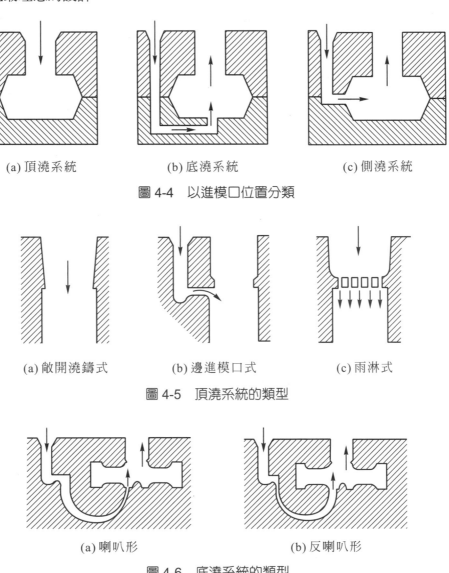

(a) 頂澆系統　　　　　　(b) 底澆系統　　　　　　(c) 側澆系統

圖 4-4　以進模口位置分類

(a) 敞開澆鑄式　　　　　(b) 邊進模口式　　　　　(c) 雨淋式

圖 4-5　頂澆系統的類型

(a) 喇叭形　　　　　　　　(b) 反喇叭形

圖 4-6　底澆系統的類型

茲綜合上述各種不同類型，將鑄造業常用的幾種澆口系統歸納如圖 4-7 所示。

澆口系統分類	中文	英文
	單支進模口	single gate
	直接進模口	direct gate slot gate
	枝形進模口 指形進模口	branch gate finger gate
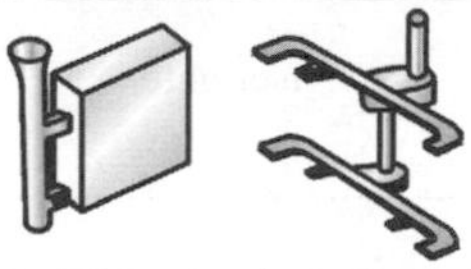	分級進模口	step gate
	刀形進模口 楔形進模口	knife gate wedge gate
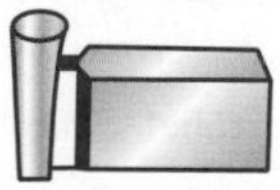	扁形進模口 片形進模口	flat gate slit gate
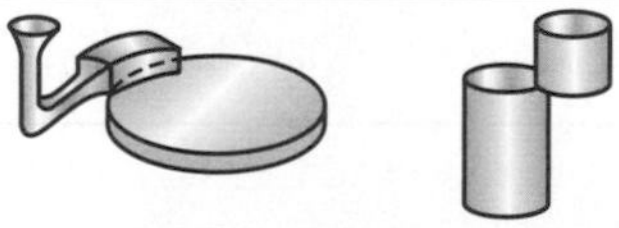	疊邊進模口	lap gate kiss gate
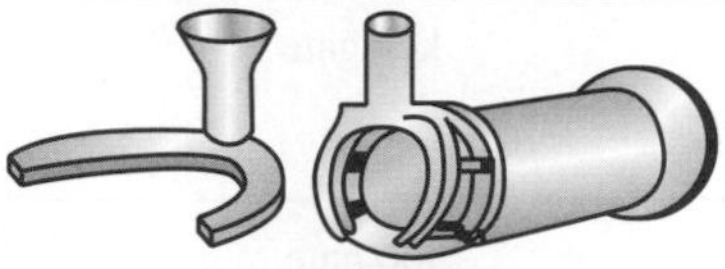	馬蹄形進模口	horse-shoe gate
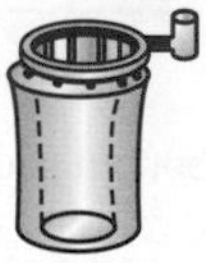	雨淋式進模口	shower gate pencil gate pop gate

圖 4-7　澆口系統的種類

澆口系統分類	中文	英文
	輪形進模口 環形進模口	wheel gate ring gate
	喇叭形進模口	horn gate
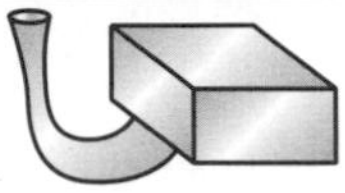	反喇叭形進模口	reverse horn gate
	撒克管形進模口	saxophone gate
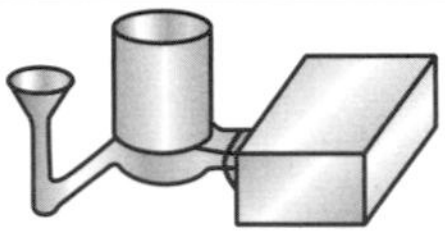	冒口進模口	riser gate
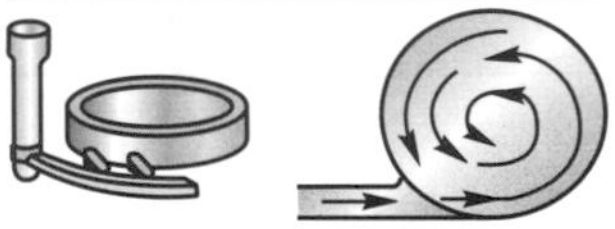	迴旋進模口	whirl gate
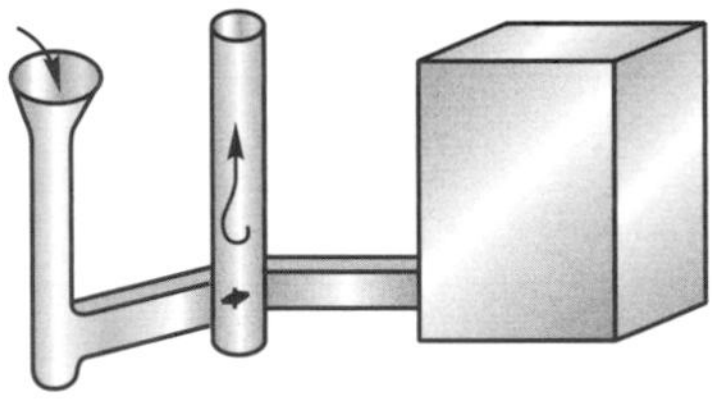	緩衝澆口	relief sprue
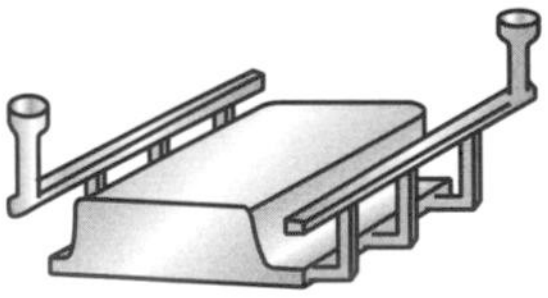	鍵形進模口	key gate
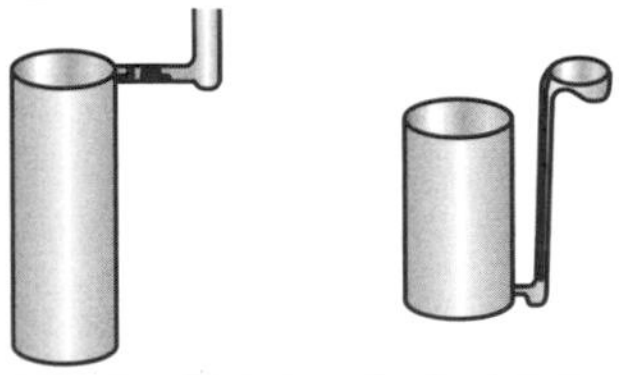	頂澆進模口（左）	top gate
	底澆進模口（右）	bottom gate

圖 4-7　澆口系統的種類(續)

註：資料摘自教育部公佈之"鑄造學名詞"附錄。

4-3.2 澆口系統的設計—澆口比

澆口系統各部位斷面大小，明顯地影響進模口之金屬液流動量及流動情況，澆口系統各部位總斷面積的比值，叫做澆口比(gating ratio)，亦即

澆口比＝豎澆道斷面積(As)：橫流道總斷面積(Ar)：進模口總斷面積(Ag)

＝As：Ar：Ag

澆口比大小的決定，常因鑄件材質、澆口系統類型、設計者所欲達到的目的等因素的不同而有差異。表 4-1 為各學者所推薦的澆口比，其範圍分佈很廣，且更有其他不同的澆口比正陸續的被建議採用及試用中。

雖然澆口比的型態很多，但一般而言，可歸納為兩類：

1. 增壓澆口系(pressurized gating system)

當進模口總斷面積小於豎澆道時屬之。此種設計有下列特徵：

(1) 澆鑄中可充滿豎澆道，減少夾渣鑄疵。

(2) 各進模口流量均勻。

(3) 造模容易。

(4) 澆口系統之重量少，成品率高。

(5) 流動速度快，故吸氣、夾渣機會大。

(6) 流速快，沖砂之危險大。

2. 減壓澆口系(depressurized gating system)

當進模口總斷面積大於豎澆道時屬之。此種設計有下列特徵：

(1) 橫流道及進模口之流速慢，吸氣、夾渣、沖砂現象減少。

(2) 各進模口之流量較難平均。

(3) 造模較困難。

(4) 成品率較低，增加營業成本。

通常採用的澆口比為 As：Ar：Ag＝1：0.9：0.8，亦即 10：9：8，若要求金屬液流動穩定、安靜，則可採用 1：4：2 之澆口比。

表 4-1　各種澆口比參考值

鑄件材質	澆口比	研究推薦者	備註
灰口鑄鐵	1：0.75：0.5 (4：3：2)	Doliwa, Frede, Lehmann, Nipper & Lips, Miekowski	— —
	1：0.96：0.9	—	薄板狀鑄件
	1：1：1	Ruddle	—
	1：K：1	Trenckle	1≦K≦2
	1：1.2：0.9	Osann, Pasckke	—
	3.6：4：2	Lehmann	—
	1.2：1.1：1	Bauer	—
	1：4：2	GIRI	豎澆道阻流
	1：3：2	GIRI	橫澆道阻流
可鍛鑄鐵	1：0.5：2.45	Hess	厚鑄件
	1：0.67：1.67	—	薄鑄件
球狀石墨鑄鐵	1：2：0.75	INCO	增壓式
	10：9：8	—	乾砂模
	1：2：2	—	殼模，垂直澆鑄
鑄鋼	1：0.81：0.625	Hess	—
	1：2：2	Johnson et al	減壓式
	1：2：1	—	增壓式
鋁合金	1：2：4	Richins & Wetmore	—
	1：2：1	Johnson et al	增壓式
	1：4：4	—	單支豎澆道
	1：6：6	—	雙支豎澆道
黃銅	1：2：1	Johnson et al	—
	1：2.88：4.80	Robertson & Hardy	雙支豎澆道
鎂合金	1：2：2～1：4：4	Cristelle	—

4-3.3 澆口陶管的應用

澆口陶管是由耐火黏土材料，經擠壓成型自然陰乾後，再經 1200℃ 之高溫焙燒磁化而成。如圖 4-8 所示。利用陶管連結而成的澆口系統，可降低金屬液流速，避免澆道系統受高溫金屬液沖蝕，導致浮砂被帶入鑄模內而產生砂孔鑄疵，亦可防止澆道內產生亂流，夾帶氧化物、浮渣進入模內所造成之鑄疵，亦即使用澆口陶管於澆口流路系統，可生產較高品質之鑄件。

現市面上已有多家專業陶瓷廠家，提供各種型式及規格的陶管可供選用。在設計澆道方案時，亦可按生產鑄件之大小需求，向陶瓷磚管專業生產廠家訂做所需型式及規格之澆口陶管。

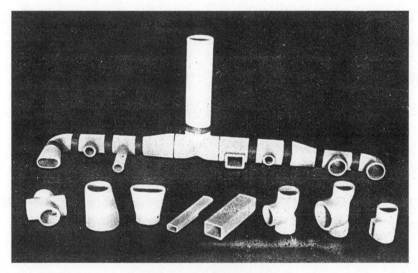

圖 4-8　澆口陶管的應用

4-3.4 澆鑄速度與流路系統之關係

流路系統的設計，除了應根據鑄件大小、輕重、厚薄及材質等因素外，亦應考慮澆鑄速度快慢的需求，以便能在規定時間內澆鑄完成。而澆鑄速度快慢的選定，除了與流路系統有關外，還需考慮很多因素，茲分別列舉如下。

1. 流路系統

(1) 排氣容易之鑄模，澆速可快；反之應慢，以防脹模。

(2) 採用底澆法時，澆速應快；頂澆法應慢，以防沖砂。

2. 鑄件材質：

　　流動性較差之材質，其澆鑄速度應較快，例如 FC350(灰口鑄鐵件抗拉強度約為 350N/mm²)之流動性為 FC250 的 80%，其澆速應快 10%；FC200 之流動性為 FC250 之 120%，其澆速應慢 10%。

3. 品質要求：

　　澆鑄速度快時，鑄件之溫度分佈均勻，品質亦均勻，故鑄件之品質要求高時，應採用快速澆鑄。

4. 熔液溫度：

　　熔液溫度較低時，其澆鑄速度應快，反之應慢。例如鐵水溫度每提高 50℃，澆速應慢 15%，每降低 50℃，應快 15%。

5. 鑄件厚度：

　　薄鑄件之澆速應快，以免發生滯流(misrun)瑕疵；厚鑄件應慢速澆鑄，以加強方向性凝固。

6. 鑄砂性質：

　　黏土含量高、高溫變形大之鑄砂，容易發生剝砂現象，澆鑄速度應快；熱衝擊性優良之鑄砂，如鋯砂、橄欖石砂等，其澆速可慢。

7. 砂心形狀：

　　砂心複雜時，澆速應慢，俾有充分的排氣時間。

　　茲以灰口鑄鐵件 FC250 為例，列舉中小型鑄件之澆鑄速度與澆鑄重量、鑄件厚度之關係，如圖 4-9 及圖 4-10 所示，可作現場生產及實作之參考。而大型鑄件之澆鑄速度，可參照中型鑄件之厚度與重量相對增加澆鑄時間。

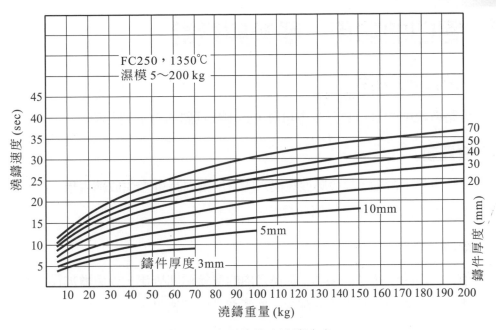

圖 4-9　小型鑄件之澆鑄速度

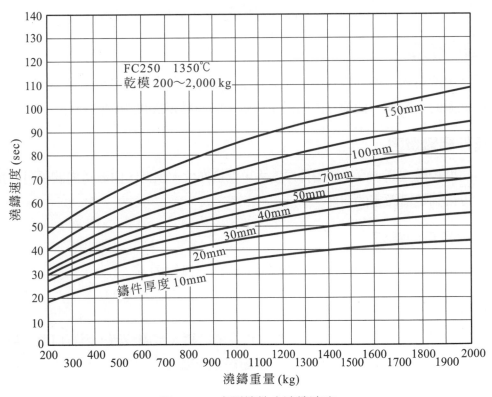

圖 4-10　中型鑄件之澆鑄速度

4-4 冒口的功用、種類與設計

4-4.1 冒口的功用

鑄件流路系統中的冒口具有多重功用，其中較具體的有下列七項

1. 補充金屬液

金屬大都會熱脹冷縮，故金屬液在模穴內冷卻凝固時會產生收縮現象，冒口正可補足收縮時所需的金屬液，以免產生縮孔鑄疵。

2. 排泄氣體

冒口可將澆鑄時所產生的氣體，及模穴內的空氣順利排出，以免增加模穴內的壓力，並可避免因此而產生脹模及飛邊的現象，影響鑄件的精密度。

3. 排除熔渣

熔渣比重較輕，因此，澆鑄時不潔的渣質可懸浮在最高的冒口處，使鑄件的品質均勻。

4. 排泄低溫金屬

高溫金屬液鑄入常溫的模穴中，降溫迅速，故流得愈遠愈高者溫度愈低，冒口正可容納此類較低溫的金屬液，使模穴內的溫差一致，因而獲得硬度平均的鑄件。

5. 使鑄件組織緻密

冒口高度較模穴高，直徑較鑄件厚度大，重量亦大。因此，由於重力關係可對鑄件加大壓力，以得到組織緻密的鑄件。

6. 可觀察是否已鑄滿

澆鑄時可從明冒口獲知模穴內的金屬液是否已充滿模內。

7. 可代替澆口

澆鑄最後階段，當進模口已凝固，無法再從澆口鑄入金屬液時，因冒口溫度最高，最慢凝固，故鑄件凝固收縮時，可再從冒口澆鑄補充金屬液。

4-4.2　冒口的種類

1.　依冒口位置分類

冒口以其開設位置可分為頂冒口(top riser)、側冒口(side riser)及澆道冒口(gate-through riser)三種。

(1) 頂冒口(top riser)：開設於鑄件最厚、最高的位置，以金屬重量及大氣壓力加壓補足鑄件之凝固收縮，如圖 4-11 所示。

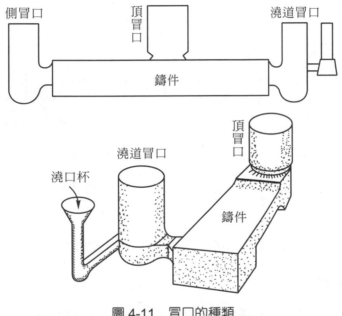

圖 4-11　冒口的種類

(2) 側冒口(side riser)：開設於鑄件的外圍四周，以便於排泄渣質及低溫金屬液，因其體積容量大，亦有補充金屬液之效果。

(3) 澆道冒口(gate-through riser)：開設於豎澆道與模穴之間，澆鑄時金屬液先經澆道冒口，再流入模穴，熔渣較易隔除，故冒口溫度最高、效果最佳、鑄件品質最好。

2.　依冒口外觀型式分類

如果以外觀型式而言，冒口可分為明冒口(open riser)與暗冒口(blind riser)兩類：

(1) 明冒口(open riser)：冒口的型態為開啟式，亦即貫穿上模。從上模頂端可看到冒口的位置、形狀者，此種冒口排氣功能較佳，並可查看鑄滿與否，甚至可從冒口補充澆鑄。

(2) 暗冒口(blind riser)：顧名思義，此種冒口外觀看不到，亦有稱之為盲冒口者，當鑄件需要補給量少、補給距離較短時，採用暗冒口設計即可達成目標。一般暗冒口為澆道冒口的一種。

由於暗冒口四周為鑄模材料，因此澆鑄時周圍最先凝固，使得內部熔融的金屬液與大氣隔絕，而冒口的補充金屬液之功能，除了靠金屬本身重量外，亦靠大氣壓力的作用。因此，為防止暗冒口頂端的凝固，常於冒口頂端做成砂尖或安置通氣砂心(permeable core)，使砂尖或通氣砂心之周圍產生熱點，防止表面迅速凝結，俾使大氣壓力不至於受阻，以便加強補給效果，如圖 4-12 所示。

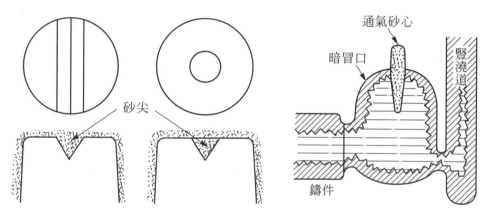

圖 4-12　暗冒口頂端砂尖、砂心設計

3. 依冒口材料分類

另外，為了增加冒口補充金屬液的功能，常採用保溫或發熱材料，製成保溫冒口或發熱冒口，以增長冒口內金屬保持液態的時間，使冒口中的金屬液維持最後凝固，而達冒口的最主要目的。

(1) 保溫冒口(insulated riser)是使用保溫材料(如石棉、石墨粉等)當作冒口材料，圍繞冒口四周用以絕熱，根據現場使用報告，採用保溫冒口時，液態保持時間可比一般乾燥模增長 60%。

(2) 發熱冒口(exothermic riser)是於冒口周圍使用發熱套，澆滿金屬液後，冒口頂亦可使用發熱劑保溫。其目的是使冒口內的熱分佈較佳，保持金屬液在熔融狀態，同時可減少冒口體積，使冒口與鑄件接觸發生熱點的範圍較小，並可節省冒口去除的工時。

　　發熱劑及發熱套之材料是碳質化合物，或其他經過特別設計的混合物，各廠牌均有不同，使用時應按其說明，注意發熱套應適當地穿插通氣孔，且不可以使發熱套直接觸及鑄件，應以砂心片分隔之，以避免針孔發生。

　　冒口使用發熱材料的方式一般有三類：1.冒口頂填加發熱劑；2.冒口周圍使用發熱套；3.發熱套與發熱劑同時併用；如圖 4-13 所示。採用第 3 類可使冒口內金屬保持液態的時間延長 2～5 倍。

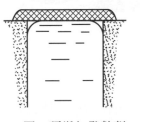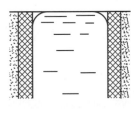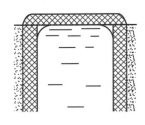

(a) 冒口頂填加發熱劑　　　　(b) 冒口周圍使用發熱套　　　　(c) 發熱套與發熱劑同時併用

圖 4-13　發熱冒口應用的類型

4-4.3　冒口的設計原則

　　為達到冒口所需具備的功用，設計冒口時，應特別注意其形狀及大小：

1. 冒口的形狀

　　冒口的形狀應選擇最慢凝固者，當冒口的體積相同，所需金屬重量相等的情況下，表面積最小者冷卻最慢，故球形冒口冷卻凝固時間最長，圓柱形次之，方柱形再次之，平板形冒口最快冷卻。根據實驗，當凝固時間相同時，球形冒口所需金屬重量為圓柱形的 66%，方柱形則為圓柱形的 1.31 倍，平板形更重。故依形狀而言，球形冒口效率最佳，亦最經濟，圓柱形次之，平板形最差。

　　由於球形冒口造模不易，因此，大部份鑄模都採用圓柱形冒口。但由於球形冒口的效率最好，故近年來採用球形冒口者逐漸增多。球形冒口為暗冒口的一種，實用的球形冒口係以保利龍材料製成，如圖 4-14 所示。球形冒口有各種規格尺寸，以適合鑄件大小需要，選用球形冒口時，其直徑應比圓柱形冒口大 10mm，冒口頂的排氣孔應避免被砂粒堵塞，影響保利龍燃燒氣體的排泄。

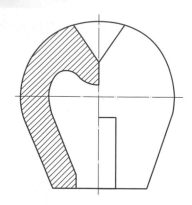

圖 4-14　球形冒口及發熱冒口

2. 冒口直徑

　　冒口直徑必須大於鑄件厚度(待補給區最大內切圓直徑)，才可使冒口凝固比鑄件慢，而使鑄件獲得收縮補充之功用。頂冒口及側冒口之冒口直徑(圓柱形冒口)與鑄件厚度之關係如圖 4-15 所示。高強度鑄鐵所需冒口直徑比低強度鑄鐵為小，澆道冒口及保溫或發熱冒口亦較小。冒口直徑太小時，雖然增加高度仍無濟於事，但直徑太大，則鑄件之晶粒粗化，析出不純物，並會降低成品率。

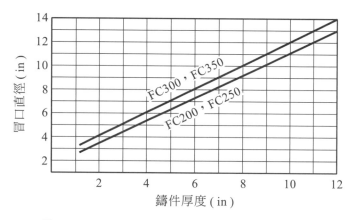

圖 4-15　鑄鐵件之冒口直徑與鑄件厚度之關係

3. 冒口高度

　　冒口的大小除了直徑外，高度亦是很重要的因素之一，高度與直徑配合得當，才可發揮冒口的最大功用。若圓柱形冒口直徑為 D，高度為 H，則採用

　　頂冒口與側冒口時，H＝2D

　　澆道冒口時，H＝1.5D

　　發熱冒口時，H＝D

4. 冒口頸(riser neck)

冒口頸是冒口與鑄件接觸的地方，冒口頸的形狀及大小影響其輸送補給金屬液的能力。頸部太小將阻礙輸補；太大時反而容易引起收縮孔，且冒口去除困難，故冒口頸的形狀尺寸極為重要。圖 4-16 是頂冒口及側冒口或澆道冒口所採用的頸部設計，T 為鑄件厚度。

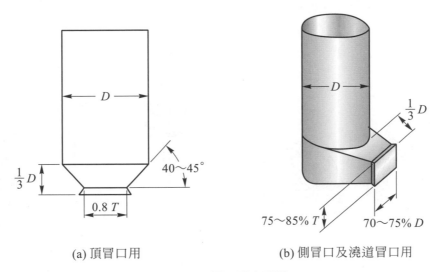

(a) 頂冒口用   (b) 側冒口及澆道冒口用

圖 4-16　冒口頸之設計

4-5　冷激鐵(chills)的功用及安置

前節所述，係針對冒口的討論，且係著重在如何延遲鑄模中某些部位的冷卻速率，以獲得方向性凝固。但是採用相反的方法，即利用冷激鐵(chills)，來加速某些部位的冷卻速率，同樣也可達到方向性凝固的目的，如圖 4-17 所示。

冷激鐵一般可分為外冷鐵(external chill)與內冷鐵(internal chill)。外冷鐵安置在模穴表面與鑄件介面處之模壁上；內冷鐵則安置在模穴內。冷激鐵是利用熔點較高、熱導性較佳的金屬材料(如鋼、鑄鐵或銅等)製成，造模時安置在所需部位，澆鑄時，由於冷激鐵的激冷效果，可使該部位迅速降溫，而獲得良好的方向性凝固作用。一般於冒口補給不易或鑄件厚薄不均的地方，常需使用冷激鐵，以避免產生縮孔瑕疵。冷激鐵的類型如圖 4-18 所示。

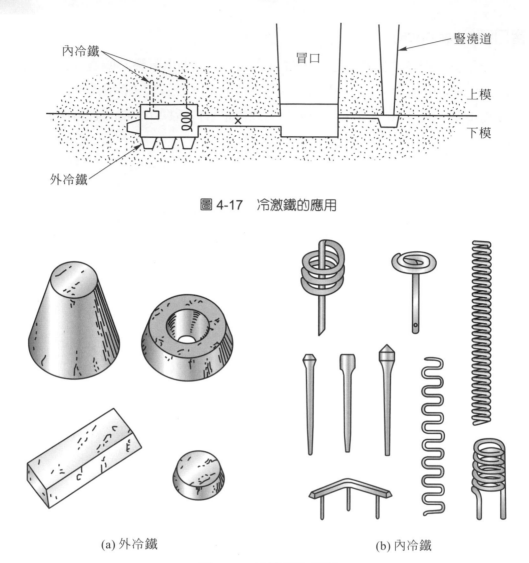

圖 4-17　冷激鐵的應用

(a) 外冷鐵　　　　　　　　　　(b) 內冷鐵

圖 4-18　冷激鐵的種類

4-5.1　外冷鐵(external chills)

　　外冷鐵安置在鑄模的適當部位，用來加速這些部位的冷卻，通常在鑄件斷面接合處(junction)或是冒口不易補充的地方，使用外冷鐵可以得到很好的效果，如圖 4-19 所示，使用外冷鐵可以消除鑄件交接處的縮孔。

　　外冷鐵可做成標準形狀，或依據鑄件的外形，做成適當的形狀，以便安置在必要的部位，如圖 4-20 所示，而冷激鐵的尺寸則視冷卻速率的要求而定。

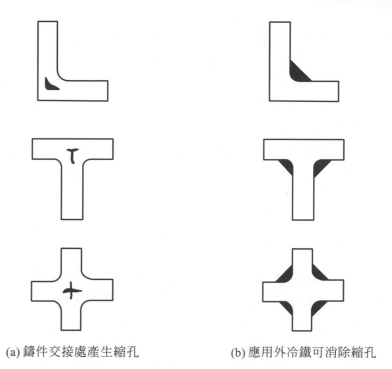

(a) 鑄件交接處產生縮孔   (b) 應用外冷鐵可消除縮孔

圖 4-19 外冷鐵的功效及安放位置

圖 4-20 砂心製作時安置適當形狀之外冷鐵(如黑圈內)

使用外冷鐵可以大大的縮短凝固開始與結束的期間,由於此種激冷的作用,更能獲得完美的鑄件。外冷鐵有下列三項功用:

(1) 可以造成更陡的溫度梯度。

(2) 可以促進更好的方向性凝固或漸進性凝固。

(3) 可以減少發生縮孔現象。

外冷鐵在使用時必須烘乾,以免鑄件產生氣孔。一般在冷激鐵表面塗上一層矽砂粉或其他耐火材料作為保護層,這層保護層在放入鑄模以前,亦必須完全烘乾。濕砂模中使用冷激鐵時,應在短時間內進行澆鑄,以免模穴內的水分凝集在冷鐵上,避免鑄件產生氣孔。

4-5.2　內冷鐵(internal chills)

內冷鐵通常安置在模穴內,外冷鐵的作用達不到的地方,有時候也安置在需要加工的部位,例如需經鑽孔加工的突緣(lugs)等,在鑽孔加工的過程中,可把內冷鐵除去。

使用內冷鐵時應該特別注意,因為:

(1) 內冷鐵可能會與鐵件熔融在一起,而形成脆弱部位。

(2) 內冷鐵必須很乾淨,因為其被高溫金屬液包圍,若有氣體存在則不易逸出。

(3) 鑄件中,使用內冷鐵的部位可能會改變機械性質。

(4) 內冷鐵的材料應與鑄件材質相近。故鑄鐵製造之內冷鐵不適合於鑄鋼或非鐵鑄件使用。

4-6　流路系統除渣設計

熔融的金屬液體難免含有熔渣,因此,除了澆鑄前應儘可能進行除渣工作外,鑄模的流路系統亦應特別注意除渣設計,以期獲得最佳品質的鑄件。

流路系統的除渣設計,是希望在金屬液體進入模穴前,即能將熔渣隔除,一般採行方式有過濾板、擋渣板、塞子或馬口鐵皮、橫澆道除渣瘤或迴旋集渣口等。

1. 過濾板(filter)或撇渣砂心(skim core, strainer core)

過濾板的主要目的是限制金屬液的流量,使澆口系統能充滿金屬液,故熔渣上浮。當澆鑄金屬液時,質純而比重大的金屬液經過網孔而進入模穴,渣質則被隔離。鐵金屬用的過濾板一般都是以耐火的矽砂材料等,採砂心製作的方式大量生產以備使用,故亦稱為撇渣砂心,如圖 4-21 所示。非鐵金屬用的過濾板,可以鐵絲網代替,當然網目大小應適中,一般約為 10～20 目(mesh)，以達除渣效果，網目太小鐵絲直徑亦細小，有被熔融的顧慮。

過濾板的裝置位置有很多種，一般而言，以裝置在豎澆道頂端或底部及橫流道者為最多，如圖 4-22 所示。其裝置位置的選定，除了考慮工作方便程度外，應特別注意其除渣效果及整流效果，如圖 4-23 所示。

圖 4-21　各種除渣用過濾板

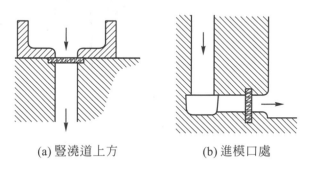

(a) 豎澆道上方　　　　　(b) 進模口處

圖 4-22　過濾板裝置

裝置位置				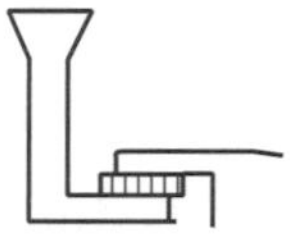	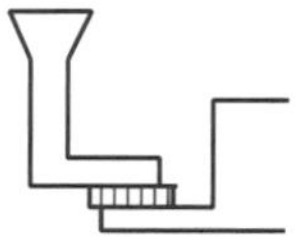
除渣效果	2	3	3	3	2
整流效果	4	3	3	1	1

圖 4-23　過濾板之裝置位置及其功效

2. 擋渣板(baffle core)

擋渣板大都以板條狀耐熱砂心製成，一般裝置於澆池，其主要功用亦係限制金屬液的流量，以使澆鑄側充滿金屬液，較輕的熔渣上浮，較重的金屬液從擋板下方流經豎澆道進入模穴，而達到除渣的效果，如圖 4-24 所示。

3. 塞子(ball plug)或馬口鐵皮

如圖 4-25 所示，澆鑄時可利用耐火材料製成的塞子，堵住豎澆道頂端之澆口，待金屬液鑄滿澆池時，較輕的熔渣懸浮在上方，此時移去塞子使較重的金屬液流入模穴，澆池內的容量減少時應隨時澆鑄，以維持充滿狀態，防止熔渣夾入鑄件。

若澆鑄鐵金屬時，因其熔液溫度較高，可以馬口鐵皮代替塞子藉以瞬間支撐鐵水，待鐵水充滿澆池時，鐵皮正好被熔化而自動啓開澆口，如此，亦可達到除渣的效果。

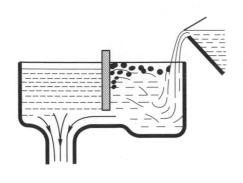

圖 4-24　擋渣板設計

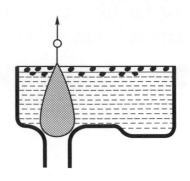

圖 4-25　應用塞子或馬口鐵皮擋渣

4. 橫流道之除渣設計

金屬液進入橫流道後，很快就會通過進模口流入模穴。因此，如果熔渣無法在此段被隔除，則鑄件將有夾渣之虞，故橫流道上的除渣設計亦是澆口系統設計的重點之一。

橫流道除了可採過濾板除渣外，一般係利用熔渣比重較輕、流速較慢的特性作爲除渣設計的依據，普遍被採用的橫流道除渣設計有下列四種(如圖 4-26)：

(1) 橫流道高度較進模口爲高，故通常橫流道開設於上模，而進模口在下模。

(2) 橫澆道尾保持相當距離。亦即橫流道上最後一道進模口後，應繼續延伸約 25～50mm，或大於橫流道寬度的距離，以免熔渣最多、溫度最低的金屬液(最先抵達者)進入模穴。

(3) 除渣瘤(skim bob)或除渣冒口(即澆道冒口)的設計。

(4) 必要時，製作旋轉集渣口(whirl gate)，亦即使金屬液產生旋轉動作，迫使熔渣浮懸聚集於集渣口中央，只有乾淨的金屬液能流入模穴。

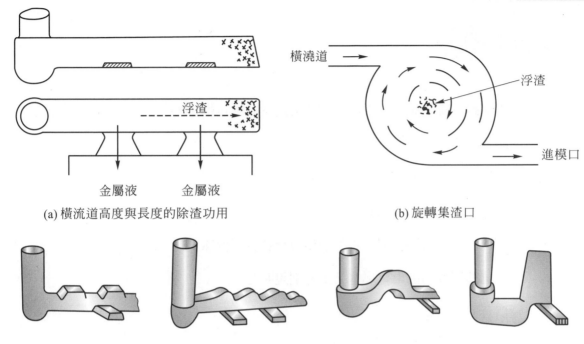

(a) 橫流道高度與長度的除渣功用　　　　　　(b) 旋轉集渣口

(c) 橫流道的除渣瘤及除渣冒口

圖 4-26　橫流道的除渣設計種類

討論題

1. 何謂流路系統？試繪圖說明完整的流路系統應包括那些？

2. 流路系統設計的原則為何？

3. 試述橫流道的功能？

4. 試繪簡圖說明澆口系統的種類。

5. 何謂澆口比？增壓型與減壓型澆口設計各有何特徵？

6. 影響澆鑄速度的因素有那些？試分別說明之。

7. 冒口有何功用？

8. 冒口的種類有那些？

9. 設計冒口的原則為何？

10. 試述冷激鐵的功用與種類。

11. 利用流路系統除渣的方法有那些？

12. 過濾板的裝置位置有那些？其個別之功效為何？

13. 何謂 FC250？

14. 何謂 gate、sprue、riser、runner、feeder、ingate 及 flow off？

CHAPTER 5

砂模製造

5-1 砂模種類

　　砂模(sand molds)是各種鑄模(molds)中最普遍應用的一種，亦是普通鑄造法的基礎。鑄模的材料大都根據鑄件的材質、精密度與成本等因素而選定，如鑄砂、金屬或石膏等。本章專門討論各種砂模的製造，其他特殊鑄造法於第八章中再予詳述。另外，砂模製造應包括砂心製造，因為砂心屬於砂模的一部份，但製造砂心所用材料、方法和設備，自有特點，故另於第六章中說明。

　　砂模係以矽砂(silica sand)為鑄砂的基本材料，再混合黏結劑與添加劑後製作而成。砂模的種類很多，且有多種分類方法，茲分別敘述如下。

5-1.1　以砂模材料分類

　　砂模以材料之不同來分類時，通常以鑄砂中黏結劑之不同分為兩大類：一為普通砂模，另一為特殊砂模。

1. 普通砂模

　　普通砂模係以黏土為黏結劑，再添加水分及其他添加劑者。普通砂模一般又可分為濕砂模、乾砂模、表面乾砂模及泥砂模等四種。

　　(1) 濕砂模(green sand molds)

　　　　濕砂模可用天然砂或合成砂製作，鑄砂中的主要成份為矽砂、黏土、水分及其他特殊添加劑，濕砂模製作完成後，不必烘乾，在潮濕狀態下即進行合模澆鑄，因而得名。因無須烘乾故較乾砂模方便，製造費用最便宜，應用也最廣，但一般用於不太重要及中小型鑄件。

　　　　濕砂模各部份所使用的砂可完全相同，但砂模內面需與金屬液直接接觸，故特別需要耐熱及通氣，而舊砂耐火性及通氣性都較差，為求節省新砂使用量，只在模穴表面，即貼近模型表面一層舖蓋新砂，這層鑄砂稱為面砂(facing sand)，其餘部份仍用舊砂，稱為背砂(backing sand)。

　　(2) 乾砂模(dry sand molds)

　　　　當鑄件形狀複雜，斷面和體積較大，或特別需要光滑表面，尺寸需要較精確時，常用乾砂模鑄造。砂模係用濕砂製成，放入烘乾爐或就地烘乾，待水分完全蒸發，砂模確實乾燥硬化為止。所用砂箱必須是鐵製或其他金屬製成，以免燒毀。

砂模烘乾後若能維持乾燥，則可擱置若干時日才澆鑄；乾砂模內既不含水分，高溫金屬液鑄入砂模內時，所產生的水蒸氣較少，因此，鑄件內的氣孔鑄疵較少發生；且乾砂模較濕砂模堅硬，不易被鑄入的金屬液沖毀，鑄件的砂孔減少，金屬液流動性較佳，滯流現象亦可因而改善。

乾砂模製造成本較濕砂模稍高，但鑄減瑕疵較少。因造模後需要烘乾，故鑄砂內含水量可稍多便於造模。因此，大型、複雜及較精密鑄件宜採用乾砂模鑄造。

(3) 表面乾砂模(skin-dried molds)

當無須完全使用乾砂模，而使用濕砂模亦不甚妥當時，可將濕砂模模穴表面烘乾使用，這種砂模叫做表面乾砂模。表面乾砂模所使用面砂有時含有某種黏結劑，或在濕砂模製成後在模穴表面噴灑黏結劑，然後用噴燈或瓦斯燈將模穴四周烘乾約 3 公分厚，使其水分蒸發而得硬化的表面。

表面乾砂模適合鑄造大鑄件或形狀需要精確的鑄件，鑄造效果較乾砂模略遜，但優於濕砂模。砂模表面經烘乾後需迅速進行合模澆鑄，以免乾燥硬化的內表面從砂模中或空氣中吸收水分，復變成濕砂模。

(4) 泥砂模、地坑模及開啟模

泥砂模(loam mold)及地坑模(larger pit mold)通常應用於極大型鑄件。如圖 5-1 所示，泥砂模不採用普通砂箱，而在主體內外周圍用磚塊、鐵板之類砌成骨架，以增加砂模強度及支持鑄模及鑄件之重量，然後在模穴四周搗錘濕砂，烘乾後合模澆鑄，故亦可歸類於乾砂模。

泥砂模為使濕砂能貼牢在磚壁上，鑄砂所含泥分(黏土成分)需較一般鑄砂多，有時甚至高達 50%，故此種砂模稱為泥砂模(loam mold)。由於其透氣性不高，除了砂模應完全烘乾外，鑄砂中可加入稻草或馬糞，以增加烘乾後之透氣性。今由於鑄造方法的改進，目前已較少採用泥砂模從事鑄造作業。

地坑模，顧名思義是在地坑內造模，由於鑄件龐大因此下模直接利用地坑造模，不必使用砂箱。但由於地坑內較潮濕且透氣不良，因此，地坑模必須完全烘乾後才可澆鑄。如圖 5-2 所示。

圖 5-1　泥砂模的合模情形　　　　　　圖 5-2　地坑模的修模作業

　　若地坑模不加上砂模，而係在敞露的條件下進行澆鑄作業者，即稱為開敞模(open mold)，但由於金屬凝固收縮之故，鑄件表面易形成縮凹現象，故此法只用於生產不要求精密度及外形之鑄件，如水溝蓋、鑄錠或刮板模用特殊規格之砂箱等之鑄造。

2.　特殊砂模

　　特殊砂模所使用之鑄砂，係以黏土以外之材料為黏結劑者，如水玻璃(矽酸鈉 Na_2SiO_3)、水泥及各種樹脂(resin)等，一般又可分為氣硬性砂模(如 CO_2 砂模)、自硬性砂模(如水泥模、呋喃樹脂砂模等)及熱硬性砂模(如殼模)等三類，由於此等砂模之材料、原理及方法等各有特色，故於本章 5-8 節中再個別作詳細之介紹。

5-1.2　以造模方法分類

　　砂模製造若以造模方法來分類的話，可分為手工造模、機械造模、真空造模、無箱造模等四類。其製造方法將於 5-3 至 5-5 節再予詳述。

1.　手工造模(hand molding)

　　砂模製作時係以人力為主，使用各種不同之造模工具從事造模者，一般又可分為下列三種：

(1) 手搗造模：即手持搗砂錘(sand rammer)搗砂，使砂模具有相當之強度，以便於澆鑄。

(2) 手搗腳踏造模：一般較不精密、形狀簡單、尺寸屬於中小型之鑄件，造模工人為了爭取時效及改變工作姿勢以節省體力，在使用尖頭砂錘搗砂後，往往用腳踏方式以代替平頭砂錘搗砂工作。

(3) 手持氣槌造模：利用氣動砂錘(air rammer)以代替普通搗砂錘，可節省體力、提高工作效率，並可使砂模之強度、硬度較為均勻，提高鑄件之精密度。

2. 機械造模(machine molding)

應用造模機械從事砂模製造工作，除了可節省人力外，更可提高生產量，增進鑄件精密度及表面光滑度，促進鑄造工業水準的提升。一般機械造模又可分為半自動及全自動造模兩大類：

(1) 半自動造模：除了利用機械的震動、擠壓、摔砂、吹射等操作外，需要人力輔助從事翻轉、起模、搬運、合模等工作，一般而言，每部造模機由一人操縱。

(2) 自動造模：造模工作完全自動化，包括上述機械之動作及人工輔助操作等。近年來，各種自動造模機械相繼開發完成，有的上下砂模分開製作後，再自動翻轉合模；有的上下砂模同時製作；甚至有附設快速換模之裝置，幾乎完全不需人力；連砂心安置及澆鑄作業都可改由機械自動操作，或許不久的將來，即可真正進入無人化工廠(unmanned factory)時代。

3. 真空造模(v-process)

真空造模法係利用真空(vacuum)的吸力，使砂模具有足夠的強度與硬度，並在真空吸引的狀態下進行澆鑄工作。因此，鑄砂內不必添加黏土及水分，而用乾燥之矽砂即可，凝固後只要引進空氣、排除真空，乾砂自然鬆散，因此，鑄件清砂極為方便，且鑄砂無水分不致產生氣孔，鑄件瑕疵可減至最低程度。詳見本章 5-5 節。

4. 無箱造模(flaskless molding)

一般砂模鑄造均需使用砂箱以增加砂模的強度，並可承受砂模及金屬液的壓力。但是無箱造模不需砂箱，事實上並非完全不使用砂箱。

此法又可分為兩種：一種是利用斜度砂箱(slip flask)造模後，將斜度砂箱取出，不需連同造模時之砂箱一起澆鑄，如圖 5-3 所示。因此，一組斜度砂箱可連續製作 N 組砂模，澆鑄前只要裝上套箱(jacket)，即可得到類似固定砂箱的功能，且套箱在澆鑄後數分鐘就可取走，因此，一條生產線只要購置一套斜度砂箱，5～10 個套箱即可，不必一大堆砂箱，可節省很多費用並可避免砂箱佔去太多工作空間，此法一般都是配合機械造模作業。

　　另一種是於造模後利用推板將砂模推出，與前次完成之砂模合併使用，除造模時需型框圍住鑄砂外，澆鑄時完全不需使用砂箱，且分模面(parting surface)是在垂直面，與傳統方法－分模面在水平面有很大差別。由於前後砂模彼此靠在一起，因此，具有抵抗相當壓力之強度，且每一砂模即可澆鑄一次鑄件，如圖 5-4 所示。傳統造模法一般為兩個以上砂模才合為一組進行澆鑄，故工作效率可提高兩倍以上。無箱造模法程序詳見本書 5-4.3 節。

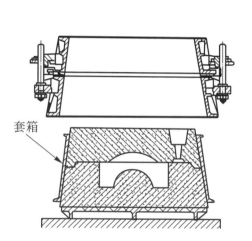

套箱

圖 5-3　利用斜度砂箱製作之無箱砂模

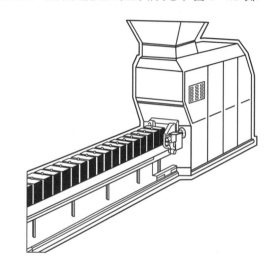

圖 5-4　垂直分模無箱造模法製作砂模

5-2　製造砂模用具及設備

　　砂模製作時，除了需要鑄砂及模型外，還要準備手工具(可分為造模用及修模用兩類)、造模用設備等，如圖 5-5 所示。

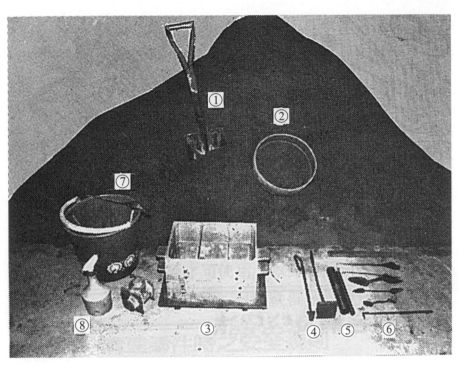

① 砂鏟
② 砂篩
③ 砂箱與造模板
④ 搗砂鎚
⑤ 豎澆道棒或切管
⑥ 鏝刀與提砂鈎等
⑦ 水桶與水刷
⑧ 噴霧器

圖 5-5　造模用具全景

5-2.1　造模用手工具

1. 砂篩(riddle)

鑄砂係由粒度均勻且細小的矽砂添加黏結劑等配合而成，具有相當的黏結性，因此常結成砂塊，且舊砂中常有鐵屑等雜物。造模時常用 8 目粗篩(riddle)再次篩選，以篩離雜物並鬆散砂塊，作為面砂使用。砂篩有圓形、方形及長方形三種，又可分為人力及動力式兩類，圖 5-6(a)所示為人力式圓砂篩。

2. 砂鏟(shovel)

調配拌合鑄砂濕度及鏟砂至砂箱，以備造模使用。砂鏟有平頭及尖頭兩式，鑄造用砂鏟應為平頭式以便平貼地面鏟砂使用，如圖 5-6(b)所示。

3. 搗砂鎚(sand rammer)

搗實鑄砂用，使砂模具有相當的強度、硬度，以便於搬運及承受金屬液及砂模本身的壓力。搗砂鎚亦可分為人力式及氣動式兩類，每一類主要又可分為短柄及長柄兩種，短柄適合於工作台上造模、或蹲姿在地面上造模使用；長柄適合採立姿在地面造模(大型砂模)

或地坑砂模使用。搗砂鎚的兩端有尖頭(peen end)與平頭(butt end)兩種型式，氣動砂鎚係使用壓縮空氣推動槌頭，力量較平均，鎚頭型式亦可更換，造模時先使用尖頭後再使用平頭砂鎚。圖 5-7 所示為各種搗砂鎚。

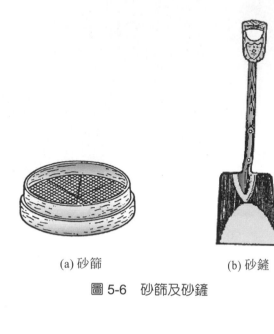

(a) 砂篩   (b) 砂鏟

圖 5-6 　砂篩及砂鏟

(a) 平底砂鎚 　　　 (b) 尖底砂鎚 　　　 (c) 枱鑄用搗砂鎚 　　　 (d) 氣動砂鎚
　 (地鑄用) 　　　　　 (地鑄用)

圖 5-7 　搗砂鎚種類

4. 鏝刀(trowel)

用於修整砂模的平面及接合面，或無接合銷訂之上下砂模製作合模記號使用。共有三種型式：平頭、圓頭及尖頭，一般將圓頭及尖頭合為一把以便於使用。圖 5-8 係各種鏝刀之型式。

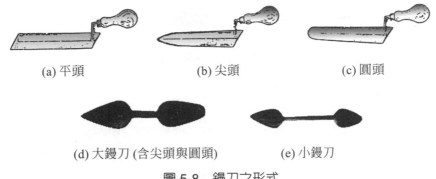

| (a) 平頭 | (b) 尖頭 | (c) 圓頭 |

(d) 大鏝刀 (含尖頭與圓頭)　　　(e) 小鏝刀

圖 5-8　鏝刀之形式

5. 匙形抹刀(slicker spoon)

用於開設砂模各種不規則分模面(parting surface)、開設流路、進模口及抹平、修整不規則曲面等，一般為銅製，故俗稱為銅匙。圖 5-9 係匙形抹刀之樣式。

圖 5-9　匙形抹刀

6. 水刷(swab)

用以蘸水潤濕模型四周之鑄砂，以便於起模，避免模穴邊角砂粒鬆落，並便於修整砂模工作；亦可用以潤濕砂箱，以便用濕砂製作合模記號。水刷有普通水刷及球狀水刷兩種，球狀水刷內可裝水，使用時只要輕壓即可，較為方便。普通水刷必須配合水桶使用，如圖 5-10 所示。

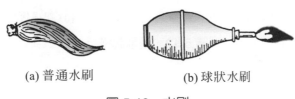

(a) 普通水刷　　　　　(b) 球狀水刷

圖 5-10　水刷

7. 扁刷(flat brush)

扁刷係用於掃除分模面之散砂,或製作砂模前用於清除模型上之灰塵、砂粒等,必須維持在乾燥狀態以便於使用,故又可稱為乾筆,切忌用扁刷當水刷使用。圖 5-11 係為大小型態之扁刷。

圖 5-11　扁刷

8. 通氣針(vent wire)

將鋼絲或鐵線打直後,一端磨成尖銳狀,另一端彎成圓頭以便於手持在砂模上穿製通氣孔,使澆鑄高溫金屬液時,砂模中產生之大量氣體得以順利逸散,而避免鑄件產生氣孔瑕疵,如圖 5-12(a)所示。

9. 起模針(draw spike)

用以將模型從砂模中起出使其形成模穴,一般木模可用通氣針代替,亦可稱為起模釘(draw nail);如果模型不是木製,而係金屬或塑膠等硬質材料之模型,則應用起模螺釘(draw screw),配合模型上埋放之螺絲孔式起模板(draw plate)使用,以便於起出模型,如圖 5-12 所示。

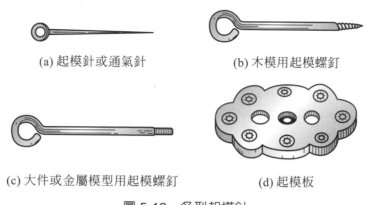

(a) 起模針或通氣針　　　(b) 木模用起模螺釘

(c) 大件或金屬模型用起模螺釘　　　(d) 起模板

圖 5-12　各型起模針

10. 豎澆道棒(sprue bar)

造上模時用以形成豎澆道(sprue)，以便於將金屬液鑄入模穴，豎澆道棒有各種大小不同之直徑與長短，以配合鑄件大小之需要，其材料可用木材、金屬、竹子、PVC 管等製成。另有一種豎澆道切管(sprue cutter)，可於上下砂模完成後，才於上砂模適當位置切取豎澆道，方便省時。此種切管大部份用不銹鋼管或銅管製成，如圖 5-13 所示。

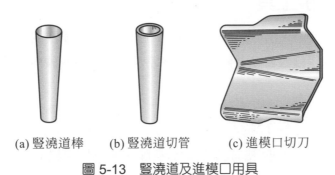

(a) 豎澆道棒　　(b) 豎澆道切管　　(c) 進模口切刀
圖 5-13　豎澆道及進模口用具

11. 進模口切刀(gate cutter)

開設進模口(gate)使用，係為一種 U 字形金屬薄片，亦即成形用具，可開挖適當大小之進模口，如圖 5-13(c)所示。

12. 吹管(blow pipe)

用以吹去模穴中之散砂，以免鑄件形成砂孔瑕疵。亦有使用手風箱，俗稱皮老虎(bellows)作為代替者，如圖 5-14 所示。

13. 刮尺(板)(strike off bar)

砂模搗實後，用以刮除高出砂箱之鑄砂使用，如圖 5-15 所示。

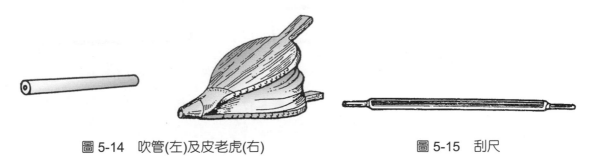

圖 5-14　吹管(左)及皮老虎(右)　　　　　圖 5-15　刮尺

14. 其他工具

造模需用的手工具很多，除了上述較常用的工具外，其他如水桶、鑄造尺、直尺(米達尺)、圓規、分規、水平儀、木鎚等，必要時，尤其製作刮板砂模或開敞砂模時，亦應備用。

5-2.2 修模用手工具

砂模製作接近完成時，由於鑄砂強度有限，起出模型時模穴四周常會有瑕疵，必須使用特殊的修模手工具將模穴修整或將砂心安置妥當，才算完成砂模製造，一般使用的修模手工具有下列數種。

1. 提砂鈎(lifter)

用於將模穴(尤其是深的凹槽)底部的散砂鈎除，並可抹平槽底；平直的另一端可用於抹平修整模穴內垂直的模壁，如圖 5-16 所示。

2. 各型抹刀(spatula)

與匙形抹刀相似，為了便於整修模穴內各種弧度的曲面，或寬窄不一的凹槽等，將抹刀做成各種特殊形狀或大小，如圖 5-17 所示。

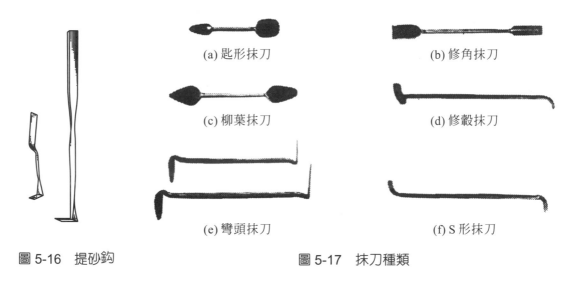

(a) 匙形抹刀

(b) 修角抹刀

(c) 柳葉抹刀

(d) 修穀抹刀

(e) 彎頭抹刀

(f) S 形抹刀

圖 5-16　提砂鈎

圖 5-17　抹刀種類

3. 各型角匙(square-corner slicks)

　　用於修整砂模的角隅處，故又分為(a)內角匙，(b)外角匙，(c)圓角匙，(d)管角匙等四種。如圖 5-18 所示，角匙亦可稱為抹鏝。

4. 噴霧器(sprayer)

　　用於噴灑霧狀水分在模穴表面，以利修整砂模；或噴灑分模劑在金屬模板上以便造模；亦有用噴霧器(噴槍)噴塗砂模塗料者。噴霧器種類很多，噴灑方式亦可分為手壓式、口吹式、氣壓式等多種，圖 5-19 所示為口吹式。

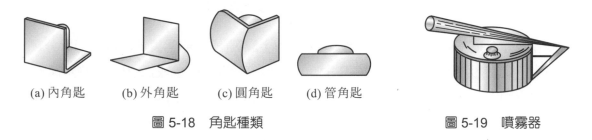

(a) 內角匙　　　(b) 外角匙　　　(c) 圓角匙　　　(d) 管角匙

圖 5-18　　角匙種類　　　　　　　　　　　圖 5-19　　噴霧器

5. 手電筒與鏡子

　　較深的模穴常漆黑一片，為了便於砂模修整工作，可使用手電筒照明，或利用鏡子反射陽光或燈光，以利修模工作之進行。

5-2.3　造模用設備

1. 砂箱(flasks)

　　砂箱是製造各種砂模的主要設備，每一組砂模得使用一組砂箱，以使適量的鑄砂包圍在模型四周，澆鑄時可以承受高壓及高溫的金屬液而不致於破壞。

　　最常見的砂模是由兩層砂箱所組成，上層叫上砂箱(cope)，下層叫下砂箱(drag)，中大型鑄件由三層以上砂箱組成，中層叫中間砂箱(cheek)。如圖 5-20 所示，砂模製造完成後 cope、cheek、drag 亦可分別代表上模、中模與下模。開敞模(open mold)直接製作於地坑時，不必使用砂箱；地坑模(floor mold)的下模於砂坑內製作，因此，只需一個砂箱作為上模用。

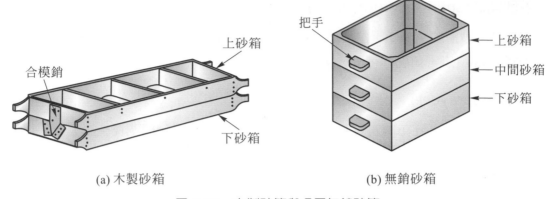

(a) 木製砂箱　　　　　　　　　　(b) 無銷砂箱

圖 5-20　木製砂箱與多層無銷砂箱

　　砂箱種類有很多種：依材料分類時，有木製與金屬製(鐵製或鋁製)兩類；依形狀分類，有正方形、長方形及圓形三種；依構造分類，有活扣砂箱(snap flask)及固定砂箱兩種；依合模方式分類，有插銷式砂箱(tight flask)及無銷砂箱(no tight flask)兩種；另有特殊的斜度砂箱(taper flask)一種。每一種砂箱都有各種大小不同尺寸之規格，以配合鑄件之大小形狀選用，特殊尺寸或形狀之鑄件，必須自行設計製作適當的砂箱作為造模使用。砂箱規格一般為寬×長×高，如 250×350×100 m/m，係表示每一個砂箱的寬為 250mm，長為 350mm，高為 100mm 之長方形砂箱。

　　活扣砂箱於砂模製作完成後，可將砂箱活扣打開，移去砂箱再行製作砂模使用，亦即不需使用砂箱即可進行澆鑄工作，因此只需一組砂箱即可製作無數組砂模，甚為經濟實用。但由於普通砂模強度不夠，此種砂箱大都只應用於 CO_2 砂模或其他自硬性砂模之製作，活扣砂箱多由鋁合金製成，輕便且耐用。

　　固定砂箱無活扣，因此必須等待澆鑄完成後才能清箱再度使用，故製作十組砂模需有十組砂箱，一般鑄造廠擁有很多砂箱以便於生產工作。固定砂箱又可分為插銷式及無銷砂箱兩種，插銷式砂箱造模方便，合模準確；而無銷砂箱製作砂模時，必須於兩砂箱間製作記號以便於合模時對準使用。圖 5-21 即為活扣砂箱與固定插銷式砂箱。

　　斜度砂箱多為鋁合金製成，一般具有 4～5°的斜度，是活扣砂箱的改良品，無活扣可避免活扣部份鬆動損壞，但由於斜度關係，砂模製作完成後砂箱很容易取出，一組砂箱可製作 N 組砂模，一般應用於機械造模。澆鑄前，砂模分模面位置應套上斜度相同的套箱(jacket)，以免被高溫金屬液脹破。如圖 5-22(a)所示。

　　大型砂箱是為大型鑄件而設計，但是大型砂箱強度不夠，必須於砂箱上緣增加橫梁作為補強，如圖 5-22(b)所示。

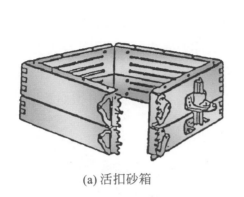
(a) 活扣砂箱

(b) 固定插銷式砂箱

圖 5-21　活扣砂箱與固定插銷式砂箱

造模板
(a) 斜度砂箱

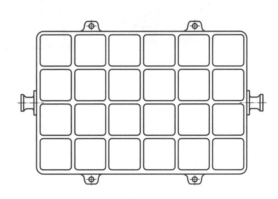
(b) 大型砂箱

圖 5-22　斜度砂箱與大型砂箱

2.　套箱(jackets)

　　一組斜度砂箱可製作 N 組砂模，但澆鑄時應用套箱，每組砂模一個套箱套於分模面上下，才不致於使砂模脹裂，不管砂模數量多少，一條澆鑄作業生產線大約只需 5～10 個套箱即可，澆鑄完成待金屬凝固定型後，即可取出套於下一組砂模，如此順次輪換以待澆鑄。套箱斜度應與砂箱斜度相同，其大小介於上下砂箱之間，如圖 5-23 所示。

3.　造模板(molding board)

　　如圖 5-22(a)所示，手工造模時，一般將模型及砂箱平放於造模板上，以便獲得光滑的分模面。機械造模時，甚至將模型固定在造模板上，同時安置澆冒口流路系統，使其形成模型板(pattern plate)，以利於造模及大量生產。

4. 壓重(weights)

任何流體都有浮力，金屬熔液自不例外，且浮力與物體的比重成正比。因此，澆鑄時金屬液的浮力可能會將上下模脹開，故應事先計算其浮力大小，而使用比浮力更大的壓重(weights)壓在上模的適當位置，有砂箱者應先使用木條，使其重量平均落於砂模重心，無箱砂模應用特製的澆鑄用壓重，如圖 5-24 所示，以免重量不平均壓壞砂模而產生反效果。

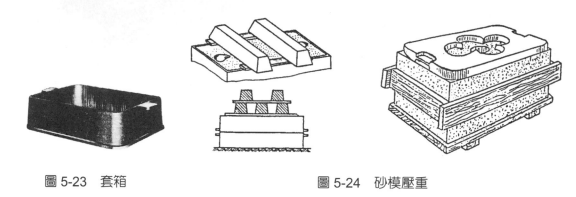

圖 5-23　套箱　　　　　　　　　　　　　圖 5-24　砂模壓重

5. 砂箱夾與楔片(clamp and wedge)

其用途與壓重相似，用砂箱夾及楔片使上下砂箱緊密結合，以免金屬液浮力漲離上下模。如圖 5-25 所示，使用砂箱夾與楔片時亦可同時使用壓重，效果更佳。

6. 噴燈(torch lamp)或瓦斯燈

濕砂模中因含有水分，澆鑄時鑄件易形成氣孔，因此，常用噴燈或瓦斯燈於濕砂模的模穴表面烘烤，使其形成表面乾砂模而減少氣孔瑕疵。噴燈一般係使用柴油當燃料，如圖5-26 所示。

圖 5-25　砂箱夾與楔片　　　　　　　　　圖 5-26　噴燈

5-3　砂模製造法(一) – 手工造模法

5-3.1　平頂模型的基本造模程序(molding process)

　　一般砂模都是先製作下模然後才製作上模,合模後澆鑄成形。今以最簡單的方塊鑄件之砂模製作爲例,說明手工造模的基本程序如下。

1. 製作下砂模

(1) 將模型尺寸最大的一面(注意起模斜度)朝下,平置在造模板上,次將下砂箱(drag)套在橫型四周,注意頂留澆口位置,且若砂箱有合模用插銷,則插銷應朝下擺放,如圖 5-27(a)所示。

(2) 用砂篩篩上一層面砂(facing sand),然後添加背砂(backing sand)約與砂箱平齊,用尖頭搗砂鎚由砂箱外圍按順序往內搗實鑄砂,如圖 5-27(b)所示。

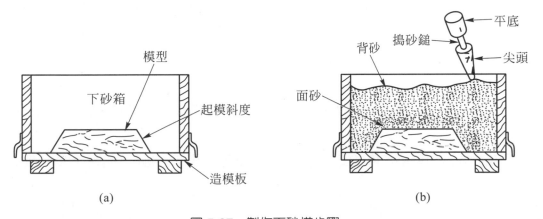

圖 5-27　製作下砂模步驟一

(3) 加滿背砂使其約高出砂箱十公分,然後用平底搗砂鎚由外周順次往內搗實鑄砂,如圖 5-28(a)所示。

(4) 用刮尺刮平鑄砂,然後用通氣針在模型上方穿製適量通氣孔,間隔 2～3 公分,然後加一塊底板(與造模板同),以便翻轉下砂模。如圖 5-28(b)所示。

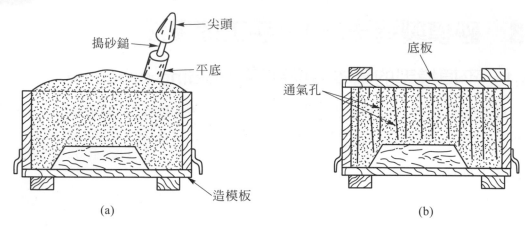

圖 5-28　製作下砂模步驟二

2. 製作上砂模

(5) 夾緊模板與底板後，將下砂模翻轉使木模朝上，然後用大鏝刀抹平下模之砂面，灑上分模粉(parting powder)或分模砂，套合上砂箱(cope)，並安置豎澆道棒，注意距離木模與砂箱邊緣各 2～3 公分，如圖 5-29(a)所示。

(6) 用手扶正豎澆道棒，並篩上面砂後填加背砂，如步驟(一)，用搗砂鎚搗實上砂模，如圖 5-29(b)所示。

(7) 刮平上模之砂面，並穿製適量通氣孔以利澆鑄時產生之氣體逸散，如圖 5-30(a)所示。

(8) 搖動並取出豎澆道棒，使其形成豎澆道作為金屬液之流路，如圖 5-30(b)所示。

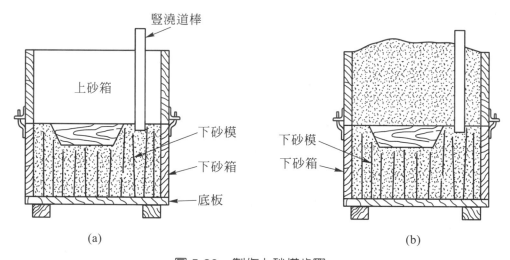

圖 5-29　製作上砂模步驟一

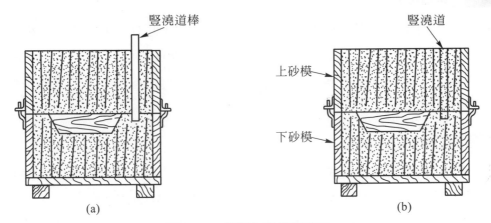

圖 5-30　製作上砂模步驟二

3. 起出模型及開設流路系統

(9) 將上砂模垂直提起，使其與下砂模分開(若砂箱無合模用插銷，則在分開前應先於分模線上做記號，以便合模對正用)，然後用起模針或螺釘將木模拔出(起模時應敲動模型，使其與鑄砂分離，以免因摩擦力太大破壞模穴邊角，但敲動力量不能太大，以免破壞模型或影響精密度)，如圖 5-31(a)所示。

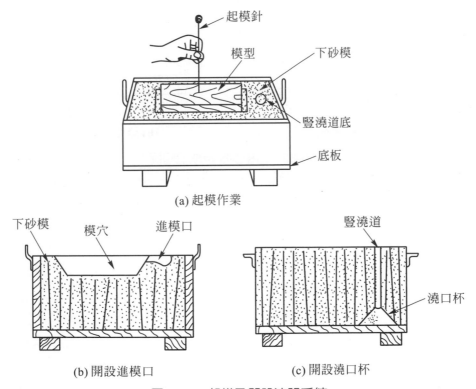

圖 5-31　起模及開設流路系統

(10) 於下模豎澆道底與模穴間開設橫流道及進模口，以便金屬液流經進模口進入模穴，而豎澆道底亦應開挖成半球型，以緩衝金屬液之流速，如圖 5-31(b)所示；豎澆道上方做成澆口杯(pouring cup)或澆池(pouring basin)，以利澆鑄作業，如圖 5-31(c)所示。

4. 合模與澆鑄

(11) 將上砂模依合模插銷或記號套在下砂模上方，並在上砂箱對角處放置適當的壓重，以免澆鑄時上模因金屬液浮力而脹開，如圖 5-32(a)所示。

(12) 將熔融的金屬液澆鑄進入澆道及模穴，待其凝固冷卻，清箱後取出鑄件將豎澆道等流路敲除，稍加打磨即成所需之成品，如圖 5-32(b)所示。使用過之鑄砂可再回收使用。圖 5-33 是爐箅的砂模鑄造，即係本法的應用實例。

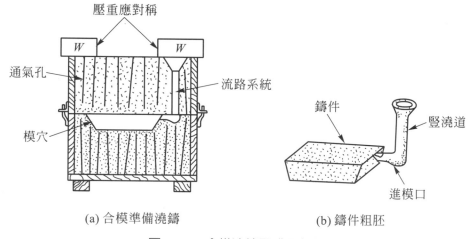

(a) 合模準備澆鑄　　　　(b) 鑄件粗胚

圖 5-32　合模澆鑄及成品粗胚

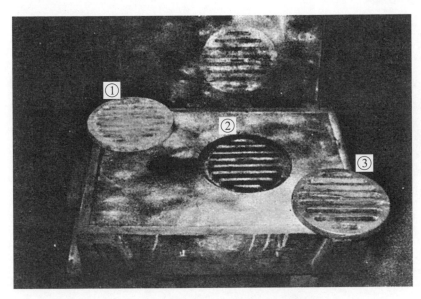

① 模型
② 砂模
③ 鑄件

圖 5-33　爐篦之砂模鑄造

5-3.2　曲面整體模型的造模法－分模面的應用

　　當模型尺寸最大的一面不是平頂，而具有曲面形狀時，如圖 5-34(a)所示，則造模時可能會遇到一些困難。例如，模型無法平放，模型會埋入鑄砂中無法起模等。因此，當下砂模製好時，應將砂模平面開挖至模型最大尺寸處，以起模時不致於破壞模穴為原則，此即為開設分模面(parting surface)，然後才灑分模粉，製作上砂模如圖 5-34(b)所示。圖 5-35是手輪之砂模鑄造，即為此法之應用實例。

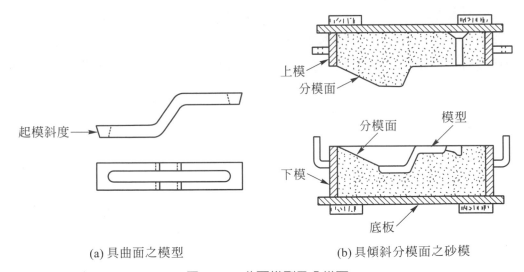

起模斜度

上模
分模面

分模面　模型
下模
底板

(a) 具曲面之模型　　　　(b) 具傾斜分模面之砂模

圖 5-34　曲面模型及分模面

(a) 木模　　(b) 模穴 (周圍有傾斜分模面)　　(c) 鑄件

圖 5-35　手輪之砂輪鑄造

5-3.3　分型模型的砂模製造

　　如圖 5-36(a)所示的線軸(spool)，如果模型為整體模型(complete pattern)，則造模時每一次都得開設分模面至線軸的中心，不但費時費事且不易開設準確。故在模型製作時，常將此種不規則曲面、對稱且強度足夠的模型，從分模面位置(尺寸最大處)分開，製成分型模(spilt pattern)，以便於造模，如圖 5-36(b)所示。

　　分型模型製作砂模時與具有平頂的模型一樣，將具有銷孔的一半模型之平頂面放在造模板上製作下砂模，但是製作上砂模前應將另一半模型套在下砂模上，如圖 5-37 所示。且若砂箱沒有合模銷時，應特別注意在砂箱分模線的前面及右側製作三處以上的合模記號，如圖 5-38 所示，以免發生錯模的情形，則鑄件將產生偏位的瑕疵。圖 5-39 係三通管分型模型、砂模及鑄件之應用實例。

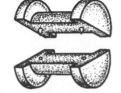

(a) 整體模型　　　　(b) 分型模型

圖 5-36　線軸模型

圖 5-37　分型模型的砂模製造－將上半模型套合在下砂模之上

圖 5-38　製作合模記號

圖 5-39　三通管之砂模鑄造

5-3.4　托翻法製造砂模

繩輪(sheave wheel)之構造特殊，輪緣中間具有凹槽，因此，若仍以兩個砂箱製作上下砂模時，中間凹槽形狀必須以托翻法才能完成砂模製作，其詳細的造模程序如下所述。

1. 製造上砂模

(1) 將具有合模銷孔的一半模型及上砂箱平置在造模板上，準備填砂製造上砂模，如圖 5-40(a)所示。

※注意：托翻法先製造上砂模，因此砂箱不必反轉。若上砂箱有凸出的合模銷，無法平置在造模板時，應以下砂箱反轉製造上砂模，則製造下砂模時採用的是上砂箱。

(2) 安置澆口棒後，篩面砂、填背砂、搗實砂模、刮平砂面拔去澆口棒，穿製通氣孔，開設澆池完成上模製造，如圖 5-40(b)所示。

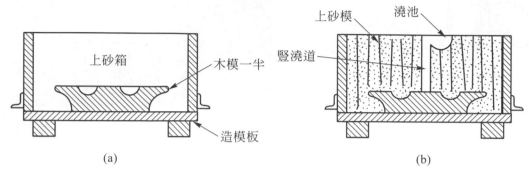

圖 5-40　製造上砂模

2. 開設分模面、製造凹槽砂心

(1) 將上砂模反轉 180° 平放在底板上，如上所述，開挖分模面(1)，其深度以將來能起出模型為原則，如圖 5-41(a)所示。

(2) 將另一半模型套合在上模之模型上，於分模面位置灑上分模粉，用壓重 W 壓在模型上，以防填實砂心時模型移位。

(3) 用手抓一把篩過之面砂，逐次填入模型凹槽內，同時並用四個手指頭壓實之，填好後將砂面抹平成分模面(2)，完成凹槽砂心之製作，如圖 5-41(b)所示。

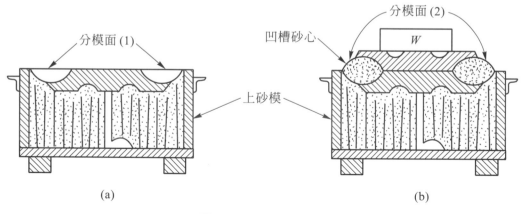

圖 5-41　開設分模面

3. 製造下砂模

移去壓重 W 後，灑上分模粉、套合下砂箱，填砂製造下砂模，如圖 5-42(a)所示。

4. 起出下砂模之模型

製作合模記號後，垂直提起分開下砂模，起出下砂模之模型後再將下砂模反轉套合在上模之上，如圖 5-42(b)所示。

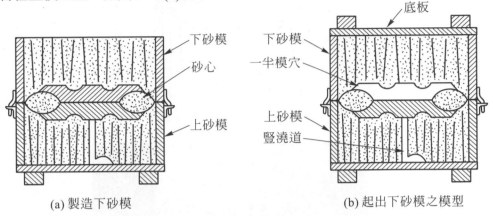

(a) 製造下砂模

(b) 起出下砂模之模型

圖 5-42　製造下砂模及起模

5. 夾緊上下砂模，依托翻轉 180°

用手緊抓上下砂箱之把手，或用夾具夾緊上下砂箱之後，讓整套砂模傾斜，以右腳或身體為依托轉換手握方向，然後將整套砂模翻轉 180°，使上砂模在上，下砂模在下。

※注意：依托翻轉時不可讓上下砂模有移位的現象發生；而此時砂模內已有一半模穴，翻轉動作應平穩以免前功盡棄。

6. 起出上砂模之模型

將上砂模垂直提起，此時，凹槽砂心及模型因本身重量，將停留在下模，利用起模針輕敲起出另一半模型。

7. 合模與澆鑄

必要時稍加修整砂模後，合模準備澆鑄，如圖 5-43 所示。

※注意：此時下砂模之模穴已隱藏在砂心內，千萬不可掉入散砂以免增加修模清砂之困難，且鑄件容易有夾砂的瑕疵。

圖 5-44 為利用托翻法鑄造的繩輪實例。繩輪的砂模鑄造亦可以三層砂箱造模，此時可不用托翻法而以中層砂箱製作凹槽部份；另外，亦可以車板模製造砂模，此時應以車板刮製砂心；亦有以升降圈吊升凹槽砂心者，但均不如托翻法簡便。

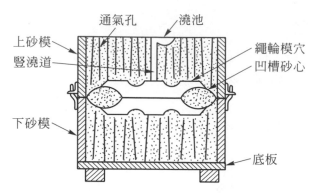

圖 5-43　完成繩輪砂模製造

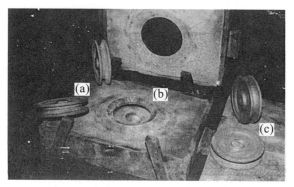

(a) 模型(分型模)　(b) 砂模(注意：利用下砂箱造　(c) 鑄件(整體)
　　　　　　　　　　上砂模，上砂箱造下砂模)

圖 5-44　繩輪之砂模鑄造

5-3.5　鬆件模型的砂模製造

今以附有魚眼的軸承座為例，其中突出的魚眼於模型上做成鬆動件，如圖 5-45 所示，茲說明鬆件模型的造模程序如下：

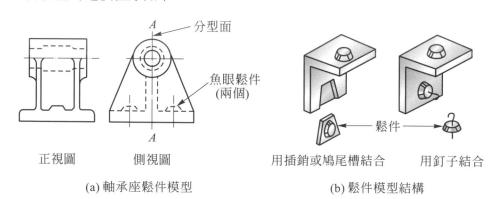

正視圖　　　側視圖　　　　　　用插銷或鳩尾槽結合　　用釘子結合

(a) 軸承座鬆件模型　　　　　　　　　　(b) 鬆件模型結構

圖 5-45　鬆件模型實例

1. 製造上下砂模

其要領與前述方法相似。但應特別注意，不可移動鬆動件的位置，以免影響鑄件的精確度，尤其以釘子結合鬆件者應於「填實」鑄砂後，才可將插釘取出，如圖 5-46 所示。當然插釘不可忘記取出，否則將來無法起出模型。

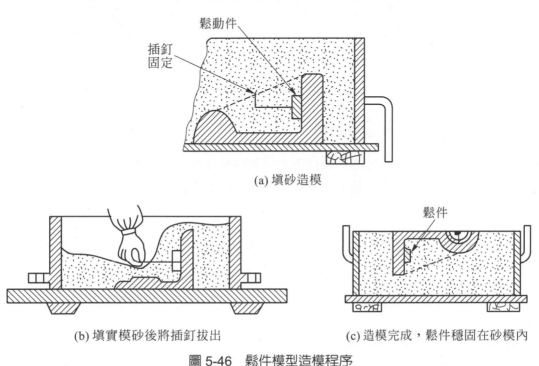

(a) 填砂造模

(b) 填實模砂後將插釘拔出

(c) 造模完成，鬆件穩固在砂模內

圖 5-46　鬆件模型造模程序

2. 起出模型(含鬆件)

砂模搗實後，分開上下砂模並將主體模型起出，其要領與前述相同。此時，鬆動件因插銷、鳩尾槽或無插釘之故停留在砂模內，利用彎曲起模針將鬆件從橫方向起出，如圖 5-47 箭頭方向，然後才垂直取出鬆件，完成造模工作。

※注意：橫向移出鬆件的同時，不可破壞模穴。

3. 合模與澆鑄：同上述各節之合模與澆鑄

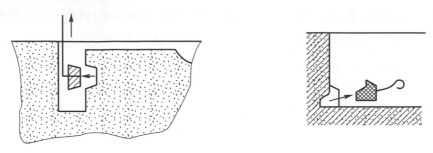

圖 5-47　鬆件模型起模作業

5-3.6　刮板模型製造砂模

　　刮板模型共有三種，都是爲了製作中大型對稱鑄件而使用，因此，製作砂模時應特別注意砂模的通氣問題，砂模的通氣可參考本書 6-3.1 節砂心的通氣方法。今以吊鐘轉刮板模製造砂模爲例說明如下。

1.　製作下砂模：吊鐘內形模，亦即砂心之刮製

　　選取適當的砂箱(沒有適當砂箱時，可在地面上製造下砂模)，安置中心座，塡塞焦炭以利通氣，必要時以鐵絲繫牢焦炭，然後塡加鑄砂刮製砂心，如圖 5-48。

2.　刮製上砂模：吊鐘外形模

　　如前項 1.，刮製吊鐘外模，但應特別注意，中心柱必須裝置牢固不可有搖動現象。若吊鐘外形有文字或圖案時，應於外出模刮製完成後，再利用字模或圖案模型於外模上製作即可，如圖 5-49 所示。

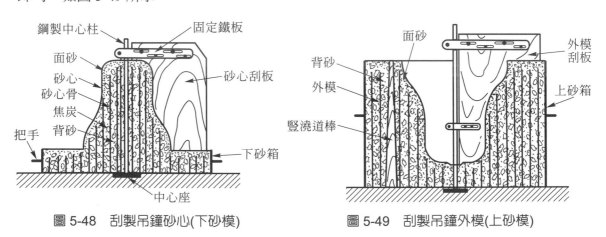

圖 5-48　刮製吊鐘砂心(下砂模)　　　圖 5-49　刮製吊鐘外模(上砂模)

3. 合模澆鑄

　　開設澆冒口系統後，應將外模與砂心完全烘乾，利用吊車協助合模後準備澆鑄，如圖 5-50 所示。

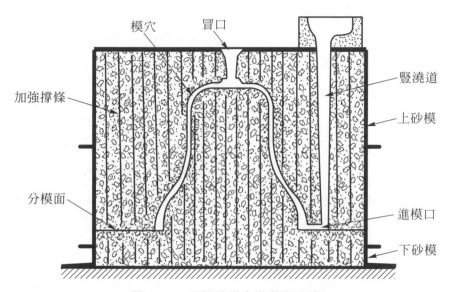

圖 5-50　吊鐘砂模合模準備澆鑄

5-3.7　拆砂造模法

　　如圖 5-51 所示，當模型相鄰兩邊都有凹槽時，由於造模時至少有一凹槽在垂直面上，因此起模將發生困難，此時應於垂直面之凹槽處製作成一獨立的砂塊，而於起出模型前先將砂塊拆出以便順利起模，故稱此法為拆砂造模法。

　　此法經常應用於從事馬、獅子等動物藝術品之鑄造，當動物模型的耳朵、四隻腳之間的砂塊無法利用分模面製作時，則應利用拆砂的方式造模。

　　拆砂造模的程序如下所述：

(1) 製作下砂模：注意擺放模型時，垂直面的凹槽數量愈少愈好，以減少拆砂的工作，節省造模時間。

(2) 製作砂塊：下模造好後，挖開凹槽處(注意砂坑的斜度，使砂塊順利拆出)抹平砂坑四周，灑分模粉或墊以玻璃紙或薄紙以便分模用，填砂後安置焦炭作為砂心骨，製作砂塊，如圖 5-52 所示。

(3) 製作上砂模，如圖 5-53 所示。

(4) 拆砂作業：上砂模分開後，將砂塊後方的砂料挖除，其間隔距離應大於凹槽的深度，以便將砂塊後退拆除，其順序如圖 5-54 內之數字 1, 2, 3 順序所示。

(5) 起出模型後將砂塊放回，並填補砂塊後方之砂坑，修整分模面，開設澆道及進模口，合模準備澆鑄，如圖 5-55 所示。

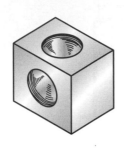

圖 5-51　兩面都有凹槽之方塊模型

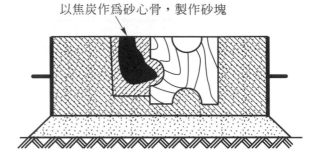

以焦炭作為砂心骨，製作砂塊

圖 5-52　製作下砂模及砂塊

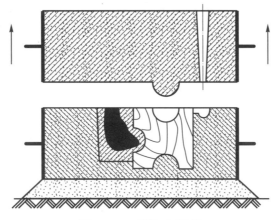

圖 5-53　製作上砂模

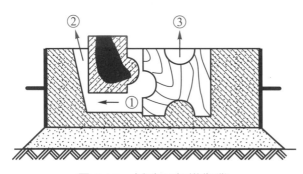

圖 5-54　拆砂及起模作業

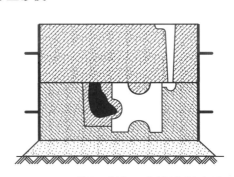

圖 5-55　放回砂塊，合模準備澆鑄

5-4　砂模製造法(二)－機械造模法

　　機械造模係利用造模機(molding machine)，以機械動力代替手工的造模方式，如圖 5-56 及圖 5-57 所示。而機械的運作是依賴空氣壓縮機的壓縮空氣(compressed air)或利用油壓來推動，省時又省力。因此，機械造模幾乎是現代化鑄造廠的主要生產方式，它具有下列各項優點：

(1) 機械動力代替人力，造模迅速，適合於大量生產。

(2) 砂模硬度及強度較手工造模更均勻，鑄件品質穩定。

(3) 使用模型板代替整體模型，澆冒口大小、位置固定，可降低鑄件失敗率。

(4) 起模較手工操作更為精確，可提高鑄件精密度。

(5) 可僱用半技術工人從事要求嚴格的砂模製造工作，故可減少工資費用。

5-4.1　造模機械種類

　　由於科技的進步，近年來各型造模機械設備日新月異，但是不論半自動或全自動造模機械，其造模原理都是大同小異，且與手工造模的原理一樣－使鑄砂具有相當硬度及強度，以便澆鑄高溫金屬熔液；但是機械造模係利用震動(jolting)、壓擠(squeezing)、摔砂(sling)等方式來代替手工搗錘，使鑄砂具有強度，且可利用機械自動起模(stripping)或翻轉(rolling over)砂模，省力又方便。

　　因此，雖然目前有各式各樣不同類型的造模機械，有單功能的、有多功能的、有半自動的、有全自動的(包括砂模的翻轉、合模等)，但若依機械動作來區分的話，造模機械可分為下列五大類：

(1) 震動造模機(jolt molding machines)。

(2) 壓擠造模機(squeeze molding machines)。

(3) 震動壓擠造模機(jolt squeeze molding machines)。

(4) 摔砂造模機(slingers)。

(5) 衝氣或吹射造模機(impact or blowing molding machines)。

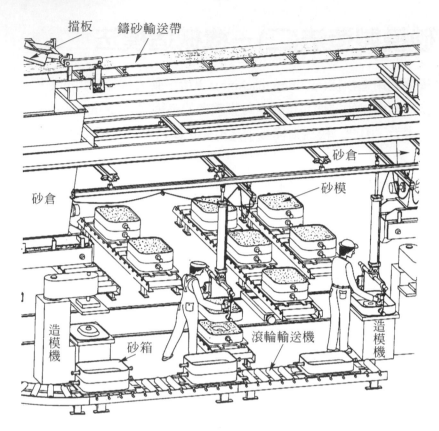

圖 5-56　典型的機械造模作業

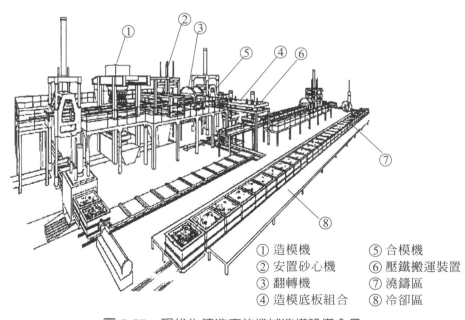

① 造模機　　　⑤ 合模機
② 安置砂心機　⑥ 壓鐵搬運裝置
③ 翻轉機　　　⑦ 澆鑄區
④ 造模底板組合　⑧ 冷卻區

圖 5-57　現代化鑄造廠的機械造模設備全景

上述造模機械如果再加上起模、翻轉砂模或液壓自動控制等功能,則種類更趨復雜,有震動壓擠起模造模機、自動高速高壓震動壓擠起模造模機……等,不勝枚舉。當然,功能愈多造模效率亦愈高。造模機械發展的趨勢係朝向無噪音、無砂塵,並可獲得更高、更均勻的砂模強度及精度方向邁進,詳見下列各節所述的衝氣、無箱、眞空造模法等。

5-4.2 機械造模方法與原理

1. 震動造模

如圖 5-58 所示,震動造模係利用壓縮空氣將震動工作台及附於其上之砂模舉起,當昇至適當高度時,由排氣口將高壓空氣排出,震動台及砂模因本身重量迅速下降至震動氣缸體,形成震動。此時砂箱內鬆散的鑄砂,因震動關係緊密結合在一起,如此連續震動數次,即可獲得極高的砂模強度,砂箱愈下方砂模強度及硬度愈高。震動造模一般亦稱為頓模法,圖 5-59 顯示震動造模機種類。

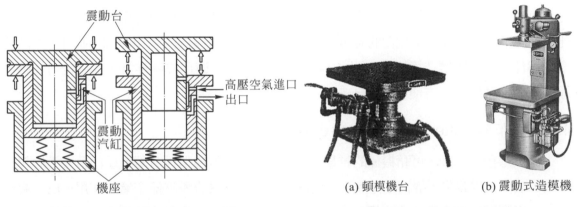

| 圖 5-58 震動造模原理示意圖 | (a) 頓模機台　　　(b) 震動式造模機 |
| | 圖 5-59 震動造模機種類 |

2. 壓擠造模

如圖 5-60 所示,壓擠造模係利用壓縮空氣,將壓擠板由上往下壓擠擺放在工作台上的砂模;或使工作台升起,將砂模壓擠在工作台與固定的壓擠板之間,使砂模具有相當強度。由於壓擠作業係利用壓擠板,將砂箱上方加高的鑄砂壓實而獲得強度,因此,愈上方強度愈高。大部份的造模機都是採用後者即上壓法,且造模機較少採用單功能的壓擠方式,壓擠動作經常與震動方式配合為一體。

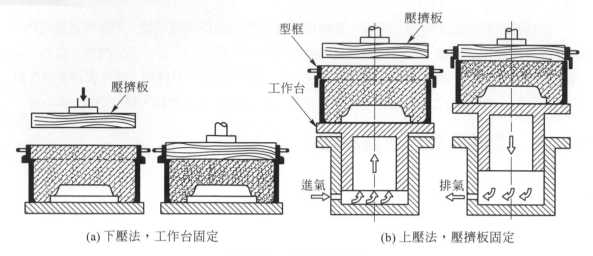

(a) 下壓法，工作台固定　　　　　　　(b) 上壓法，壓擠板固定

圖 5-60　壓擠造模種類

3.　震動壓擠造模

　　震動造模時砂模下面(即分模面)強度較高，愈上面強度愈差，只適合於小型且薄的鑄件，而壓擠造模時剛好相反，分模面位置強度最弱。因此，一般的造模機械大都同時具有此兩種功能，使砂模上下位置的強度都能均勻，以提高造模機的適用範圍，並可生產高精度的鑄件。震動壓擠造模原理如圖 5-61 所示，操作時先應用震動作業，加砂後再次壓擠即可完成一個砂模，方便又迅速。

4.　起模作業(pattern stripping or drawing)

　　機械造模完成後，可藉機械的推舉或下沉，使砂模與模型板分離，以代替人工的起模作業，減少人為誤失，提高工作效率。機械起模動作仍然依賴壓縮空氣的作用，為了避免鑄砂與模型間之結合摩擦力影響起模工作，起模時大都配合高頻率的震動。一般的起模方式有兩種，如圖 5-62 所示。

　　(1)　頂升式：藉壓縮空氣之力，利用推桿將砂模推離模型板及工作台。

　　(2)　下沉式：因壓縮空氣之排出，使工作台及模型板下降，脫離砂模。

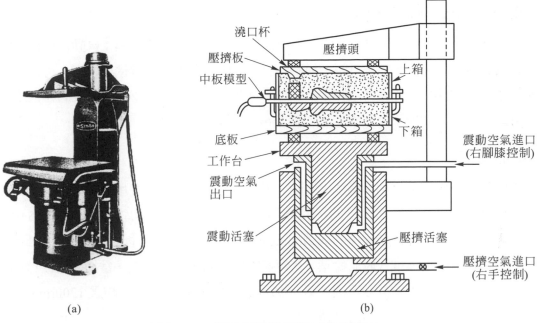

圖 5-61 震動壓擠造模機(a)及構造(b)

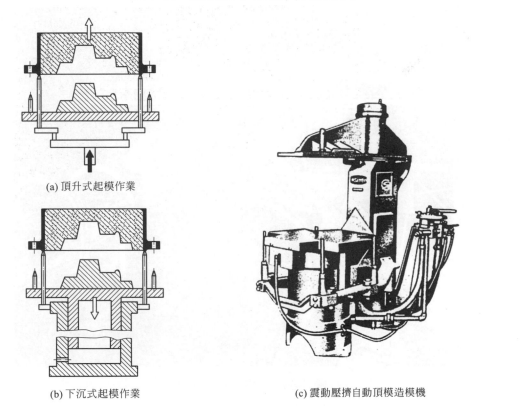

(a) 頂升式起模作業

(b) 下沉式起模作業

(c) 震動壓擠自動頂模造模機

圖 5-62 起模作業種類

5. 翻轉(rolling over)砂模作業

　　機械造模可製作上、下砂模，但是下模造好後必須翻轉以便合模；自動造模機更需將上下砂模翻轉以便輸送，然後再將上模翻轉合模。使用機械的翻轉機構作業，可以節省人力並可減少人為誤失，如圖 5-63 所示。翻轉的方式有很多種，砂模翻轉後的起模工作，仍然可以分成頂升式與下沉式兩種，如圖 5-64 所示。

6. 摔砂造模

　　砂模製作，除了可以利用搗錘、震動、壓擠的方式外，亦可使用摔砂的方式來造模。摔砂造模是利用高速移動鑄砂，使其衝擊模型因壓緊而獲得硬度與強度，如圖 5-65 所示；鑄砂是經輸送帶送至摔砂造模機的機頭(slinger head)，機頭為一直徑約為 20 吋的圓殼，裡面有一轉輪並附有一 4 或 5 吋的輪葉，其轉速約為 1800rpm 或更高，當鑄砂送至機頭時，輪葉將砂挑起並摔入下方的砂箱裡，第一批(面砂部份)使用較低速，約為 1200rpm 以免衝壞模型，背砂部份可使用更高的轉速。

圖 5-63　砂模自動翻轉設備

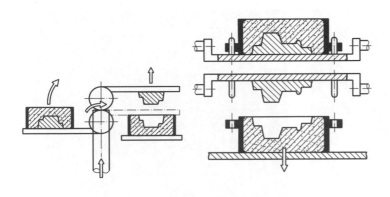

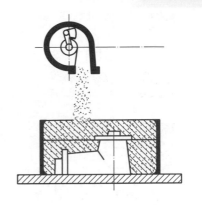

圖 5-64　砂模翻轉機構示意圖　　　　　圖 5-65　摔砂造模示意圖

7. 衝氣(air impact)造模或吹射造模

　　震動、壓擠造模法是間接利用壓縮空氣推動機械來製作砂模，但是衝氣或吹射造模直接利用高壓空氣衝入或射入密閉的砂箱以壓實砂模，無震動噪音，是新型機械造模的趨勢。如圖 5-66 及圖 5-67 所示，此法亦可用於製造砂心。

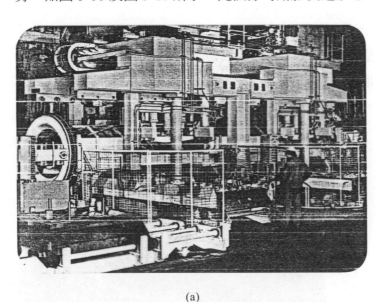

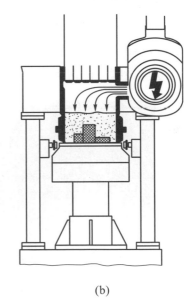

(a)　　　　　　　　　　　　　　　　　　(b)

圖 5-66　(a)高壓衝氣造模機械設備及(b)衝氣造模法示意圖

(a)　　　　　　　　　　　　　　　(b)

圖 5-67　(a)高壓衝氣造模法之模型板及(b)製造之砂模

8. 機械造模應用實例

　　圖5-68至圖5-71係機械造模法所採用的模型板及製造完成的砂模實例(Caspers, 2000)。由圖片顯示，採用模型板之高壓機械造模，其濕砂模的模穴表面光滑、精度高，模穴的複雜度及深度、凸高度等均可達相當理想之等級。

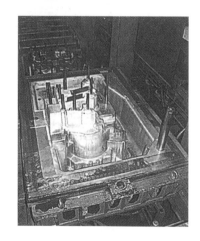

圖 5-68　機械造模上模用模型板

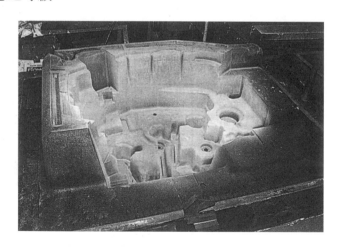

圖 5-69　機械造模製作之上砂模

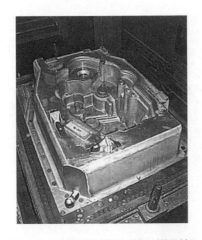

圖 5-70　機械造模下模用模型板

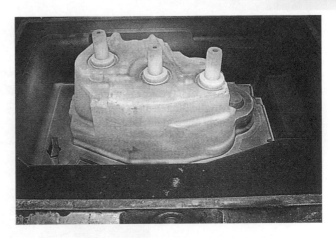

圖 5-71　機械造模製作之下砂模

5-4.3　機械造模程序－無箱造模法(flaskless molding)

　　機械造模與手工造模的目的一樣，主要是使鑄砂形成所需形狀的模穴。因此，使用模型製作好砂模後，必須使模型與砂模分離，機械造模絕大部份是由兩個砂模構成一組砂模，模穴即在此兩個砂模的分模面位置。手工造模時，砂箱平放，分模面都是在水平面方向；而機械造模除了水平分模外，亦可以垂直分模法來造模及合模，且效果更佳。今分別說明如下。

1.　水平分模式無箱造模法

　　此法事實上與手工造模法無甚差異，一般都是先製作下砂模後再製作上砂模，然後合模澆鑄。此種造模方式一般可分成三種型態：

(1) 使用同一造模機，先造下砂模然後再造上砂模，合模後澆鑄。造模時應用單面模型板，或對合(分割)模型板。

(2) 使用兩部造模機，同時個別製作上砂模與下砂模，然後合模澆鑄，應使用對合模型板。

(3) 使用同一造模機，同時分別製作上下砂模，合模脫箱後澆鑄，應使用雙面模型板(即中板)及斜度砂箱。如圖 5-72 所示。

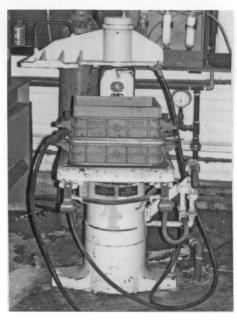

圖 5-72　水平分模式無箱造模法之造模機、中板模型及斜度砂箱

　　上述第(1)、(2)種機械造模法，其造模程序與手工造模法相同，只不過使用機械動力代替人力，且第(2)種型態使用兩部造模機同時造模，可節省一半以上的時間，更增加造模效率。

　　而第(3)種型態的機械造模通常使用斜度砂箱，一般稱為無箱造模法，此法與手工造模法稍有差異，其造模程序如下所述：詳見圖 5-73 至圖 5-78 所示。

(1) 將中板放置於上下斜度砂箱之間，尺寸較大之砂箱(下砂箱)朝上，填砂、震動、再填砂、壓擠，完成下砂模製作，刮平砂面置放底板。如圖 5-73 所示。

(2) 將底板與上下砂箱一起翻轉，使上箱朝上，填砂後使用壓擠法製作上模(震動法將使已造好之下模往下沉，影響鑄件精密度)。如圖 5-74 所示。

(3) 扣緊上箱底部的擋砂板，利用高頻震動提起上砂模，使與中板分離。如圖 5-75。

(4) 再度使用高頻震動，起出中板模型。如圖 5-76 所示。

(5) 將上砂模套合於下砂模。如圖 5-77 所示。

(6) 鬆開擋砂板，用木鎚輕敲砂箱四周，然後將上下砂箱同時提起，因砂箱斜度及砂模重量關係，砂箱與砂模自然分離，置放套箱後準備澆鑄。如圖 5-78 所示。

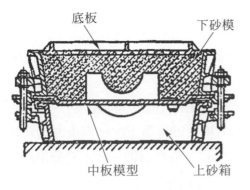

底板　　　　　　下砂模

中板模型　　　　上砂箱

圖 5-73　製造下砂模

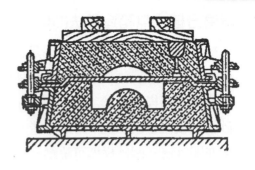

圖 5-74　製造上砂模

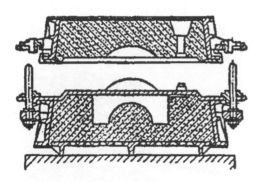

圖 5-75　用擋砂板提起上砂模

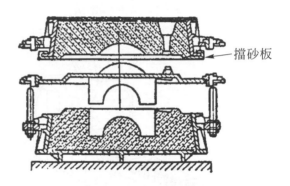

擋砂板

圖 5-76　起出中板模型

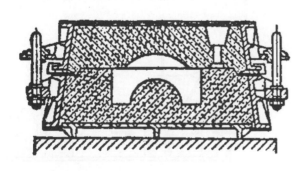

圖 5-77　合模

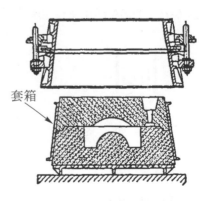

套箱

圖 5-78　安置套箱準備澆鑄

2. 垂直分模式無箱造模法(DISA 造模法)

　　傳統的砂模鑄造，其分模面都是在水平面，因此，造模時模型平放，且除開敞模外，所有砂模都是兩個或兩個以上的砂模所組成。

　　垂直分模造模法是於 1964 年代由丹麥的狄塞公司(DISA)研究開發成功，其特色是模穴在砂模前後兩垂直面上，因此每造一個砂模，前方模穴即可與上次砂模後方模穴組合為一組，亦即每造一個砂模即可澆鑄一次，可節省一半以上造模時間，且不需使用砂箱，故稱為無箱造模法，一般常叫做 DISA 造模法。如圖 5-79 所示。

　　但如圖 5-80，德國 LORAMENDI 公司於九〇年代亦開發類似的造模機械設備，兩者之造模程序、速率與效率均相當。

　　圖 5-81 至圖 5-86 係 DISA 造模法的造模程序，而圖 5-87 是此法的造模機械構造。

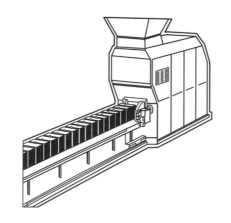

圖 5-79　DISA 無箱造模生產線示意圖

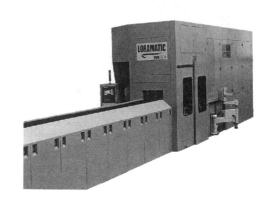

圖 5-80　垂直分模式無箱造模機械設備

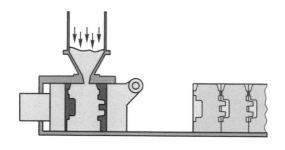

圖 5-81　射砂入模型板所圍空間

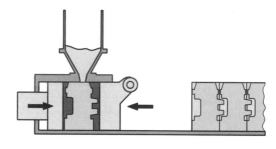

圖 5-82　壓擠前後模型板造模

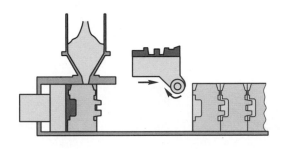

圖 5-83　前方模型板退出

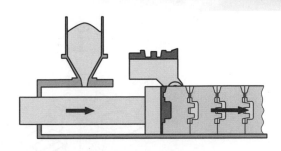

圖 5-84　後模型板推桿將砂模推出

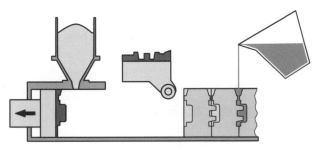

圖 5-85　澆鑄作業

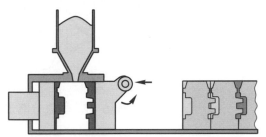

圖 5-86　模型板轉正推回，準備造模

　　圖 5-87 為垂直分模無箱造模機，除了可製作外砂模外，必要時亦可安置砂心，以便製成中空鑄件。利用機械安置砂心時，需有一塊類似模型板的砂心裝置用面板(core setting mask)，將砂心裝在面板相關位置(利用真空吸住)，然後將面板移至砂模前，將砂心裝妥後面板自動退出，再繼續下一次作業，如圖 5-88 至圖 5-91。

　　圖 5-92 顯示砂心裝置在面板上，而圖 5-93 可看出砂心安置在砂模上之實際情形，從圖 5-94 亦可看出，利用此法澆鑄完成的鑄件，其位置係在垂直的分模面上，與豎澆道平行，而傳統砂模其鑄件與豎澆道方向垂直。

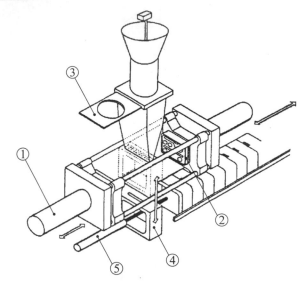

① 模型板推桿：前後各一
② 模型板：前後各一
③ 鑄砂進料控制口
④ 型框：與砂箱功能相似
⑤ 砂模推桿

圖 5-87 垂直分模式 DISA 無箱造模機之構造示意圖

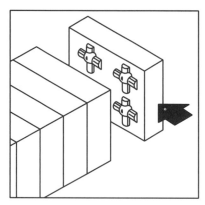

圖 5-88 裝砂心之面板移至砂模前

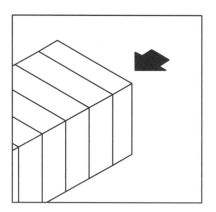

圖 5-89 將砂心安置在砂模上

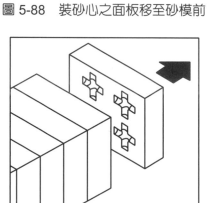

圖 5-90 面板退出

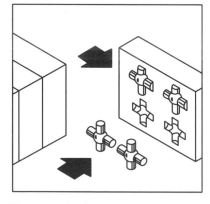

圖 5-91 將砂心吸在面板準備安置

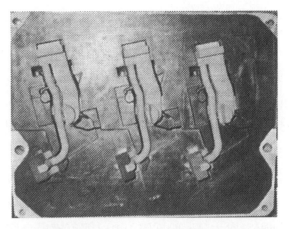

圖 5-92　利用真空將砂心吸住在面板之砂心盒模穴內

圖 5-93　用面板將砂心安置砂模上

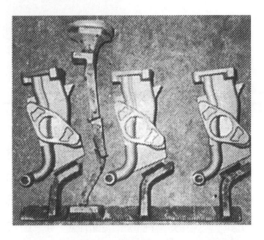

圖 5-94　垂直分模無箱造模法所製鑄件

　　如上所述，垂直分模式造模法開發成功迄今僅有數十年歷史，但是全世界鑄造廠已有數千套此類大小型造模機，因為此法具有下列多項優點：

(1) 砂模只需水平移動，不必翻轉或上下移動，減少砂模變形甚或損壞機會，鑄件毛邊減少，精密度增加。

(2) 造模只需壓擠，不必震動，無噪音；且射砂及壓擠係在密閉容器內，砂塵不會飛揚，工作環境大為改善。

(3) 每造一砂模即可澆鑄一組鑄件，且造模程序只有射砂及壓擠，不必震動、翻轉及上下兩個砂模等，工作效率為傳統砂模鑄造三倍以上。以 2013 型造模機為例，每小時可製作 390 個無砂心砂模，或 370 個有砂心砂模。

(4) 砂模前後緊密靠在一起，澆鑄時不致於因金屬液壓力或浮力而脹裂或浮起，不必使用砂箱或壓重，可節省為數可觀的設備費用，並省下該批設備所佔的空間及搬運的人力、時間等。

(5) 砂模可澆鑄範圍達 50～60%，可生產中小型及複雜鑄件，且適於大量生產。

(6) 安置砂心準確度可達±0.1mm，且安置一次只需約 3 秒鐘時間，迅速又正確，可減少很多人為誤失。

(7) 吹射鑄砂的工作壓力可在 0～20Bar (1Bar 為 1 大氣壓力，亦即 1 kg/cm^2 或 14.7 psi 之壓力)之間，可採用的壓力範圍廣泛。壓力大小係依鑄件厚度大小而定，厚度愈大或形狀複雜則壓力愈大，一般採用 10Bar 即可獲得良好的砂模密度及強度，且清砂容易。

(8) 可採用較細的鑄砂，鑄件表面光度良好。一般使用的粒度為 AFS110～80。

5-5 砂模製造法(三) – 真空造模法(v-process)

眞空造模法係眞空封閉造模法(vacuum sealed molding process)的簡稱，此法係日本新東工業公司從原創作人 AKITA 會社買取未成熟的技術後，委任河野良治朗博士為開發部長，將 30 位技術人員編成一個龐大的開發計劃團(research project team)，經過無數次的失敗，歷時一年餘，耗費三億日圓，於 1972 年才獲得工業化成功的一種革命性造模法。如圖 5-95 所示。

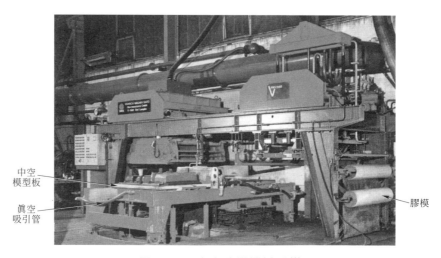

中空
模型板

眞空
吸引管

膠模

圖 5-95　真空造模機械設備

5-5.1　真空造模的程序

　　此法係使用不含黏結劑的乾態矽砂來造模，是一種嶄新的造模方法，其造模步驟與傳統採用含黏土及水份之鑄砂的手工造模或機械造模方法截然不同，茲以圖解說明真空造模法的造模程序如下(如圖 5-96 至圖 5-105 所示)：

1.　模型

　　將模型安裝在中空的模板上，並在模型上鑽穿許多通達中空模板的小孔，尤其是在模型死角處，如圖 5-96 所示，以便膠膜因真空吸力密貼在模型上方。

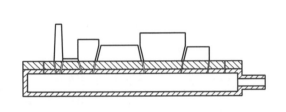

圖 5-96　真空造模用中空模型板

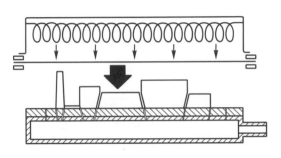

圖 5-97　模型板上方預熱膠膜

2.　膠膜

　　選用伸張力大，塑性變形率高的塑膠薄膜(film)，其適當厚度為 0.05～0.1mm。一般可採用 0.075mm 醋酸乙烯膠膜等，用加熱器在模型上方烘烤，如圖 5-97 所示，以使其軟化後密貼在模型上方。

3.　密貼膠膜

　　將因加熱而軟化的膠膜覆蓋在模型表面後抽真空，讓中空室內壓力減低至約 0.5Bar (200～400mm 水銀柱高)，使軟化的膠膜因真空吸力及大氣壓力關係，密貼在模型上。如圖 5-98 所示。

4.　中空砂箱

　　在吸住膠膜的模型上，套上裝有吸引管(蛇腹管)的中空砂箱。如圖 5-99 所示，此時中空模板內仍然維持減壓狀態。

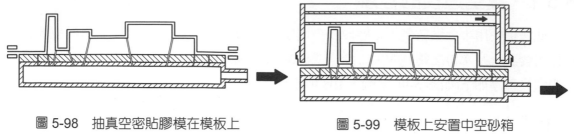

圖 5-98　抽真空密貼膠模在模板上　　　　　圖 5-99　模板上安置中空砂箱

5. 裝砂

　　將具有良好粒度分佈及填充效果的乾態矽砂或其他基砂，填裝於砂箱內並略施予震動，使其流動至各死角處並震實砂模。如圖 5-100 所示。

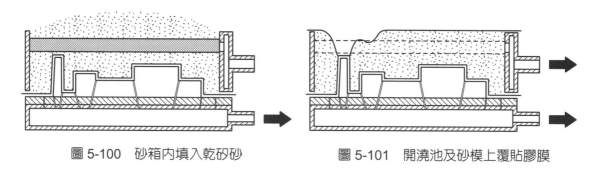

圖 5-100　砂箱內填入乾矽砂　　　　　　　圖 5-101　開澆池及砂模上覆貼膠膜

6. 砂模上覆貼膠膜

　　將砂模表面刮平並開設澆口杯或澆池後，再在其上覆蓋一層膠膜，然後將中空砂箱抽真空，使其壓力亦降至 0.5Bar 左右，膠膜因而密貼在砂膜上。如圖 5-101 所示。

7. 完成砂模製作

　　當吸引管將中空砂箱減壓至一定程度時，乾矽砂因吸力及大氣壓力的作用，具有相當硬度及強度。此時，將中空模板內的壓力釋放，則砂模上下兩層膠膜均被吸住，砂模即可輕易的與模型板分離，而完成砂模製作。如圖 5-102 及圖 5-103 所示。

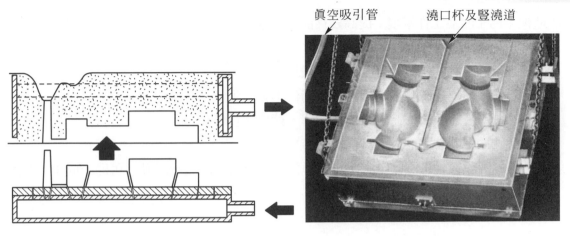

圖 5-102　砂箱抽真空，模板釋放空氣　　　　圖 5-103　真空造模法所完成之砂模

8. 合模澆鑄

　　依照上述步驟製造上下砂模，合模後保持在減壓狀態下進行澆鑄，如圖 5-104 所示。澆鑄薄壁鑄件時，將砂模略置傾斜效果更佳。

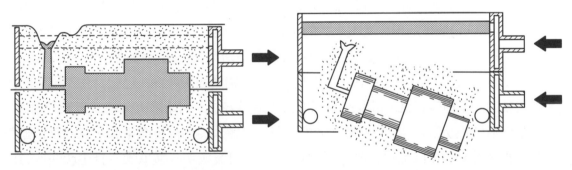

圖 5-104　在抽真空下合模澆鑄　　　　圖 5-105　砂箱釋放空氣－分離鑄件

9. 解模取鑄件

　　澆鑄後經過適當的冷卻時間，只要釋放砂箱內的壓力，使其回復至正常狀態，則矽砂立即鬆散而與鑄件一起掉落。如圖 5-105 所示。此時，不但矽砂與鑄件極易分離，且分離後的矽砂仍然保持原有性質，不需再處理便可直接回收使用。

5-5.2　真空造模法的優點

　　如上所述，真空造模法事實上是一種減壓造模法，造模時不需震動或擠壓等機械式動作，真空造模法尚具有下列各項特色，可惜因為專利權等因素的限制，國內目前尚未採用此法造模，爲了改進工作環境，提高鑄件品質，實有待積極引進此種新型的造模技術。眞空造模法的優點有：

(1) 造模時不發生噪音，可改善工作環境。

(2) 砂模係在乾燥狀態下進行澆鑄，鑄件不會產生氣孔，減少瑕疵。

(3) 此法所製鑄件表面光滑，尺寸正確，鑄件品質優良。

(4) 鑄砂採用乾態之矽砂，鑄件清理容易。

(5) 鑄砂回收後，可直接再次應用，不需結構複雜的砂處理設備，可節省成本，撙節投資。

(6) 可減少造模人力，提高工作效率。

5-6 砂模製造法(四)－新型高(低)壓快速自動化機械造模法

雖然濕模砂(green sand)採用機械造模法(machine molding)已有一個多世紀，但是由於傳統震動式(jolting)機械造模會產生很大的噪音，且造模程序繁複，造模效率不高，近年來環保意識抬頭、人工成本高漲之際，國內外砂模鑄造業者均積極轉型。

在二十世紀最後一、二十年中，工業先進國家的鑄造設備廠商，已配合生產現場的需求，研究發展出多種噪音低、精度高及速度快的造模方法，例如垂直分模式無箱造模法、各種高壓衝氣造模法及眞空(低壓)輔助造模法等，且融入尖端科技微電腦、氣油壓自動控制及邏輯程式控制器(PLC)於製程的控制與管理，而研製成功多種低噪音且生產快速的自動化機械造模系統，今舉數種新型機械造模法介紹如下：

5-6.1 高壓衝氣造模法

瑞士 George Fischer(+GF+)公司研製多種衝氣造模系統，主要包括高壓空氣衝擊法及燃氣衝擊法兩大類，如圖 5-106 至圖 5-108 所示，此種造模系統可減少冒口需求、增加成品率，提高砂模穩定性、減少後處理，尺寸精度佳、減少機械加工等優點。圖 5-106 爲此法所製造的砂模，可節省很多砂心的製造及安置。

圖 5-106 高壓衝氣造模法所製造的砂模

1. 高壓空氣衝擊(air-impact)造模法

圖 5-107 為+GF+公司的高壓空氣衝擊法示意圖，主體設備是一個大壓力艙，內裝高壓空氣，砂箱及模型板置於壓力艙下方，當砂箱裝滿鑄砂後，打開閥門，在極短時間內高壓氣體釋出，快速膨脹的空氣直接對鬆散的鑄砂壓實強化，立即獲得表面密實的砂模，效率達 120 箱／時。

2. 高壓燃氣衝擊(gas-impact)造模法

另一種+GF+公司的高壓燃氣衝擊法，如圖 5-108 所示，係藉由可燃氣體(如瓦斯天然氣、甲烷、丙烷)與空氣的混合氣體，點燃時所爆發的力量衝擊壓實鑄砂，其爆發壓力可達 4～5Bar(4～5kg/cm^2)，砂模強度高、穩定性佳、可得較高的鑄件尺寸精度、減少機械加工量。

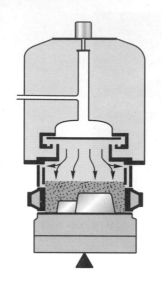

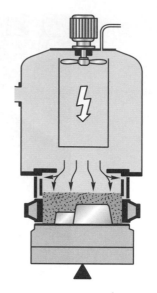

圖 5-107　高壓空氣衝擊造模法示意圖　　　　圖 5-108　高壓燃氣衝擊造模法示意圖

3. 空氣衝擊(airomatic)造模法

　　德國 BMD 公司所開發的空氣衝擊造模法，是利用快速膨脹的空氣來衝擊壓實鑄砂，如圖 5-109 所示，在砂箱及模型板上方的壓力艙底層四周，安裝該公司專利的細小槽孔板閥，此細孔閥可在主閥開啓後極短時間內(約 10 毫秒)，在廣大的空間將高壓空氣釋出，產生 3.5Bar 壓力，此膨脹的空氣所產生的壓力波，可使砂箱內的鑄砂受到衝擊而壓實，砂模的模面硬度可達 88～92，背砂部分堆積較疏鬆，硬度約爲 80，透氣度良好。

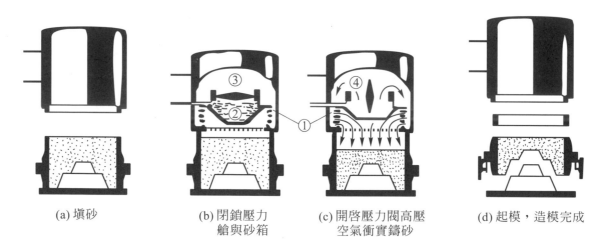

(a) 填砂　　　　　(b) 閉鎖壓力　　　　(c) 開啓壓力閥高壓　　　(d) 起模，造模完成
　　　　　　　　　　　艙與砂箱　　　　　　空氣衝實鑄砂

圖 5-109　BMD 公司的空氣衝擊造模法
(圖中①爲槽孔板閥、②爲高壓、③爲艙壓、④爲等壓)

5-6.2　浮動模板壓擠(underpress)造模法

德國 Buderus 公司改良傳統的壓擠造模法，設計一個浮動式的模型板，如圖 5-110 所示，浮動模型板安置於型框半腰處，當砂箱及型框內填滿鑄砂後，上方置放一塊擠壓板，然後將浮動模型板往上推移，將模型擠壓入砂模中，使砂模達到預定的密實程度，模型板下降至原來型框位置，進行起模作業，最後分開擠壓板、砂模及模型板型框，即完成砂模製造。此法所造砂模之模穴四周及砂模邊緣均可得較高之硬度、鑄件尺寸精度佳、品質良好。

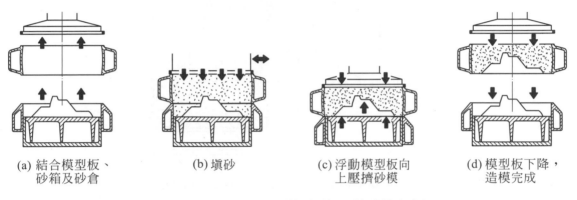

(a) 結合模型板、砂箱及砂倉　(b) 填砂　(c) 浮動模型板向上壓擠砂模　(d) 模型板下降，造模完成

圖 5-110　Buderus 公司的浮動板壓擠造模法流程

5-6.3　真空(減壓)輔助造模法

1. 真空輔助造模法(vacuum formatic)

德國鑄造設備商 Forma-Buhler 公司所開發的 vacuum formatic 造模法，如圖 5-111 至圖 5-113 所示，在上下模型板之間設計一個可供抽真空的腔室，而在上箱上方與下箱下方均配置砂倉，儲存混練好的鑄砂備用，抽真空時，因壓力差之故，砂倉內的鑄砂被真空吸引射入砂箱內，與上下模型板接觸而得到初期的砂模硬度，最後再由模型板方向同時反向壓擠上下模，以便壓實砂模。此法可同時製造上下砂模；且下模完成後，可利用旋轉台轉出安置砂心，然後將砂模送回輸送系統合模以備澆鑄。生產水平結合式無箱砂模亦是此法的另一特色。

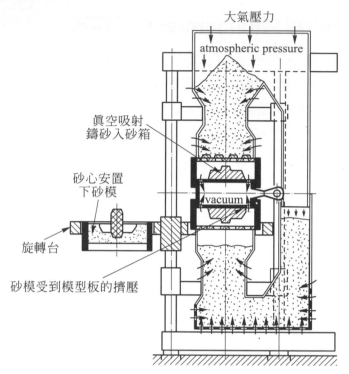

圖 5-111　Forma-Buhler 公司的真空輔助造模法示意圖

圖 5-112　真空輔助造模設備－安置砂心

圖 5-113　真空輔助造模生產線

2. 真空加壓(vacupress)造模法

　　德國另一家鑄造設備商 Kunkel-Wagner 繼續研發其在 1979 鑄造博覽會(GIFA)首次推出的真空加壓(vacupress)造模法，如圖 5-114 所示，該法首先將砂箱內約 60% 的空氣抽除，造成砂倉與砂箱間之壓力差，當閥門開啓時，鑄砂快速被吸入砂箱內，造成初期的砂模密度與硬度，最後再以多活塞壓擠頭進一步加壓搗實，完成表面硬度均勻之砂模。圖 5-115

為此法造模機械設備、模型板及左下角完成之砂模。

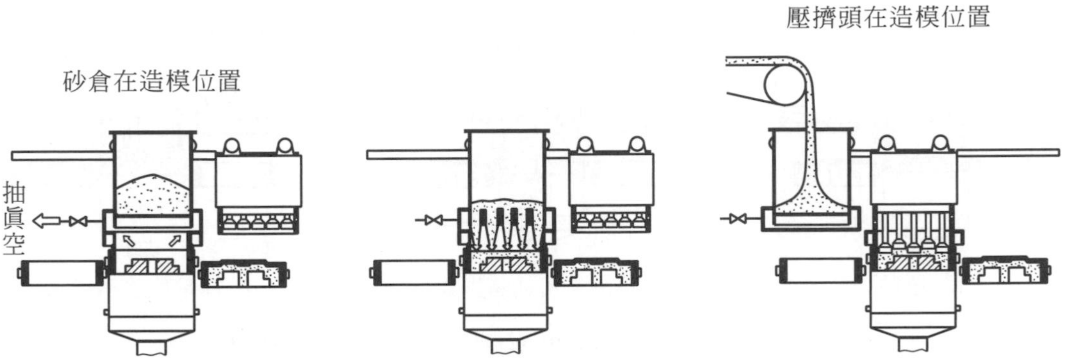

(a) 砂箱內抽真空(減壓)　　(b) 真空吸入鑄砂初步搗實　　(c) 高壓搗實砂模

圖 5-114　Kunkel-Wagner 公司的真空加壓法造模流程

圖 5-115　真空加壓法之造模設備及模型板

3. 空氣加壓(airpressplus)造模法

　　K.W.公司研製的另一項造模技術－空氣加壓造模法，如圖 5-116 所示，填砂後在砂箱上方導入高壓空氣，而從砂箱底層抽氣(減壓)，使鑄砂因高壓氣流的緣故，獲得初期密度與硬度，最後再以多活塞壓擠頭藉高壓空氣搗實，完成砂模製造。

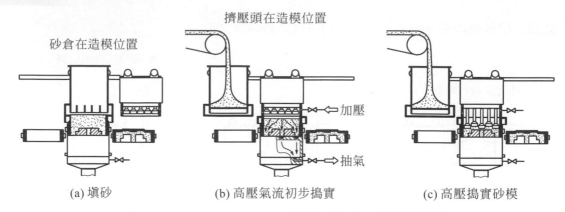

砂倉在造模位置　擠壓頭在造模位置

⇐加壓

⇐抽氣

(a) 填砂　　　(b) 高壓氣流初步搗實　　　(c) 高壓搗實砂模

圖 5-116　Kunkel-Wagner 公司的空氣加壓法造模流程

4. 多重加壓(variopress)造模法

　　K.W.公司進一步結合上述兩種造模法，推出多重加壓造模的機械，如圖 5-117 所示，相信可為砂模鑄造業帶來更為快速、便捷與精密的造模方法與造模設備。

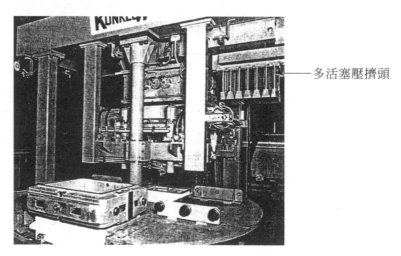

多活塞壓擠頭

圖 5-117　Kunkel-Wagner 公司的多重加壓造模機械

5-6.4　脈沖式(dynapuls)造模法

　　德國 BMD 公司研發成功的脈沖式造模法，如圖 5-118 所示，首先在砂箱內裝填鑄砂後，即送入脈沖機組之下方，各活塞壓擠頭按照模型高度預先調整好各種不同預負載。

　　準備妥當後，脈沖波高速的推向鑄砂，各壓擠頭根據其不同的預負載插入砂模內，如圖 5-118(b)，在不到一秒鐘的時間內即到達終點位置，這時砂模即被壓實，而各壓擠頭之

間與最上部之鑄砂,同時由平面壓擠板將它壓實,砂模即告完成。圖 5-119 及圖 5-120 係
採用此法之模型板及砂模照片實例。

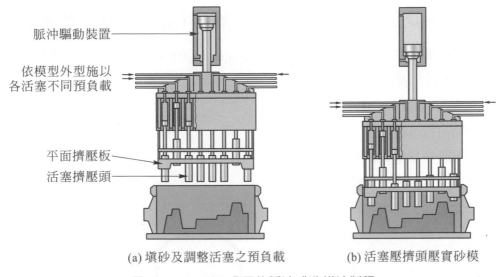

(a) 填砂及調整活塞之預負載　　　(b) 活塞壓擠頭壓實砂模

圖 5-118　BMD 公司的脈沖式造模法製程

圖 5-119　脈沖式造模法之模型板　　　圖 5-120　脈沖式造模法所製之砂模

脈沖式(dynapuls)造模法特徵如下所述:

(1) 可根據不同模型要求來調整壓實參數。

(2) 適合複雜或高難度鑄件生產。例如直徑 50mm,深度 150mm,起模斜度僅 1 度之
    深孔。

(3) 砂箱與模型之間距離只要 15mm 即可,提高模板使用面積。

(4) 模面硬度高達 90 以上,尺寸精確。

(5) 噪音特低。

(6) 機械負荷低，模型磨損少。木質、塑膠質及金屬模型均可使用。

5-6.5 高壓氣流與壓擠造模法－靜壓(SEIATSU)造模法

此法主要係結合高壓氣流(air-flow)及壓擠(squeeze)的一種造模法，由日本新東(Sinto)公司於 1977 年研發成功，並於 1979 年開始引入商業化鑄造生產行列。其造模程序主要包括下列四個步驟(如圖 5-121 所示)：

(1) 砂箱定位及填砂。

(2) 密閉砂箱並導入高壓氣流舂實鑄砂。

(3) 利用上方壓擠頭壓實鑄砂。

(4) 降低機台，完成起模作業。

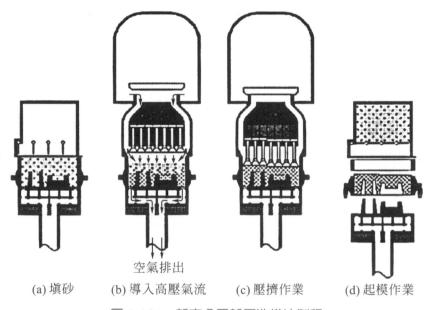

空氣排出

(a) 填砂   (b) 導入高壓氣流   (c) 壓擠作業   (d) 起模作業

圖 5-121　新東公司靜壓造模法製程

此法特色在於高壓氣流穿過鑄砂及模型板後，會經由模板上一系列的通氣孔排出，因此模穴四周硬度高，且背砂因壓擠而更密實，故可作深拔模而不需砂心，且噪音低，故亦可稱為靜壓造模法，如圖 5-122 所示。圖 5-123 係採用此法所製作的汽車零件砂模及鑄件。

圖 5-122　靜壓造模法設備及造模現場

圖 5-123　靜壓法的砂模及汽車零件

5-6.6　兩階段衝氣造模法

德國 Formtec 公司研發的兩階段衝氣自動造模法，其流程如圖 5-124 所示，在填砂完成後，第一階段只開啟壓力艙的中間閥門，進行初步的密實鑄砂作業，第二階段繼續開啟周圍全部閥門，進行全面的壓實鑄砂。其衝氣壓力高達 100Bar/s，可得到更緻密的砂模及更精確的鑄件尺寸。

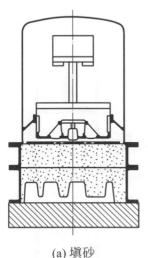
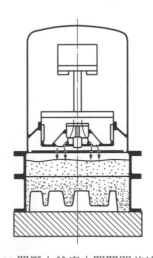
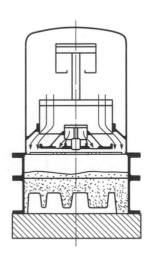

(a) 填砂　　(b) 開壓力艙底中間閥門首波　　(c) 開啟壓力艙周圍閥門進行
　　　　　　　　衝氣，得初步密度與硬度　　　　　全面充氣，以壓實砂模

圖 5-124　Formtec 公司的兩階段衝氣造模流程

5-6.7　新型無箱造模法(new flaskless molding)

垂直分模式無箱造模法(如：DISA 造模法)造模速度快，每模所需時間不到十秒鐘，但是受限於垂直分模及鄰近模穴的相互影響，鑄件尺寸大小有限。水平分模式無箱造模法又易受制於模型高低深度造成死角，影響砂模硬度及密度的均一性。

一般而言，上述兩類無箱造模法均缺乏生產多樣鑄件的容易轉換性，且易造成鑄砂廢棄物和鑄模品質不一致等缺點(Masamoto Naito Sintokogio Ltd, 1998)。而下列兩種新型無箱造模法係為了改善上述缺點而被研發出來。

1. 頂射式(top blow)無箱造模法

如圖 5-125 所示，頂射式無箱造模在安置砂箱後，砂箱與模型板一齊翻轉 90°，置放於砂倉底下，鑄砂從上方快速衝入砂箱內，此型機械設計四個吹射管閥，吹射時可控制空氣量，可生產複雜的砂模、深凹模穴之鑄模、高壓縮比及高抗壓強度之無箱砂模。

2. 頂衝底射式(top and bottom blow)無箱造模法

圖 5-126 則為頂衝底射式無箱造模，上下砂模硬度均佳，可生產不必砂心的深孔鑄件(如 120mmϕ130mmH 的幫浦本體)，因需求較少的砂心，可大幅降低生產成本，且生產效率高，最快速的四機一體可生產 240 模／時，更具競爭力。

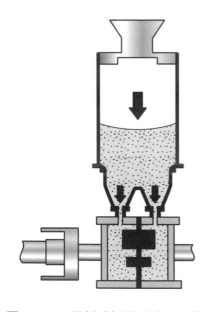

圖 5-125　頂射式無箱造法示意圖

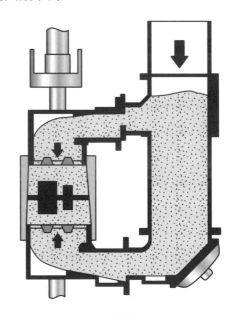

圖 5-126　頂衝底射無箱造模示意圖

5-7 鑄砂處理及混練設備

5-7.1 鑄砂處理(sand preparation)

　　普通砂模鑄造業生產一噸鐵鑄件，約需 4～5 噸鑄砂，而鑄砂在造模前絕大部份都需先經過處理，以便獲得最佳的性能。因此，在鑄造廠裡鑄砂處理亦是一項非常重要的工作。小型鑄造廠大都是先調配好鑄砂後，才開始造模工作；而中大型鑄造廠內鑄砂混練處理工作與造模作業往往是同時進行。

　　鑄砂材料詳見 2-1 節，鑄砂處理係將各種添加劑與基砂等材料混合均勻，以便造模使用。一般鑄砂的混練分成面砂(facing sand)與背砂(backing sand)兩類；亦有將手工造模與機械造模用砂分開個別混練者，機械造模用砂的特色是含水量較少。

　　面砂大都係採用較細的新矽砂為基砂，添加火山黏土及其他乾狀添加劑，混練均勻後再加適量水分調配而成，具有較佳的表面光度及耐火性；背砂大都是採用回收的舊砂，用砂篩篩離鐵屑等雜物並鬆散砂塊，然後添加部份新砂及黏土和其他特殊添加劑，調水後混練而成，以改善其性能。

　　在鑄造廠內所從事的鑄砂處理，絕大部份是舊砂，當砂模澆鑄完成後，利用震砂設備將砂模內的鑄砂與鑄件鬆離，取出鑄件後利用篩砂設備剔除舊砂內的各項雜物，如金屬屑、鐵釘、熔渣等，並將砂塊鬆散，細粉狀的砂塵可利用除塵設備除去，剩餘鬆散、不含雜質的砂即為回收砂，再添加新砂、黏土、添加劑及水分等，經過適當的混練後即成可用的鑄砂。至於新舊鑄砂材料的輸送設備，更是大型鑄造廠所必備。

5-7.2 鑄砂混練設備

　　一般而言，鑄砂的混練處理設備可分為分批式及連續式兩類。分批式係每次處理若干定量的砂，此種方式的設備比較簡單，操作亦甚方便，一般中小型鑄造廠均採用。例如：篩砂機(sand blender)、混砂機(sand mixer)、混練機(sand muller)等。連續式大都為中大型鑄造廠所採用，一般配合輸送帶將鑄砂源源不斷送入混練設備，調配好的鑄砂亦不斷地從出口排出，再利用輸送帶送到造模部門，且一切都是自動化，包括加入何種材料、加入數量、混練速度、時間等，連續式混砂設備有攪拌機式(pug mill type)、混練機式(muller type)、輥軸式(conveyer roller type)三種。茲分別介紹如下：

1. 篩砂機(sand blender)

最簡單的鑄砂處理方式是將舊砂與其他添加劑混合後,利用砂篩(riddle)篩過,以篩除砂中的鐵屑等雜質,並可鬆散砂塊。砂篩可分為手動砂篩、氣動砂篩及電動砂篩三種。手動砂篩一般用於小型鑄造廠,又可分為雙人用與單人用兩種,單人用砂篩通常係造模人員篩選面砂使用;較大批的鑄砂處理應用氣動或電動式砂篩,以節省人力,並提高工作效率。圖 5-127 係為動力砂篩作業情形。

如上所述,利用網狀砂篩來處理鑄砂,不管是人力式或動力式,其處理的數量及速度均有限。目前一般中小型鑄造廠最常用的篩砂機(sand blender)如圖 5-128 所示。此型機械是利用高速迴轉及梳狀鋼片來拋射鑄砂,同時分解燒結砂塊,去除夾雜物,而給與鑄砂適當的通氣性。

圖 5-127　動力砂篩

(a) 篩砂機　　　　　　　　(b) 篩砂處理作業

圖 5-128　常用篩砂機及其應用

篩砂機的構造如圖 5-129 所示，操作前應先將取出鑄件後的高溫乾燥舊砂灑水濕潤，必要時在舊砂堆表面平均添加部份新砂或其他添加劑，起動篩砂機後，以砂鏟鏟取鑄砂拋投於投入口，此型機械可以 2～3 名人員同時作拋砂處理，亦有稱為拋砂機或合砂機者。

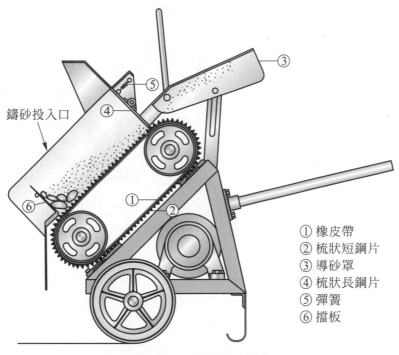

鑄砂投入口

① 橡皮帶
② 梳狀短鋼片
③ 導砂罩
④ 梳狀長鋼片
⑤ 彈簧
⑥ 擋板

圖 5-129　篩砂機之構造

當鑄砂投入篩砂機後，緊固在輸送橡皮帶上的梳狀短鋼片，藉其高速回轉力將鑄砂打鬆，通過梳狀長鋼片篩選後拋出，其拋出距離以導砂罩的角度予以調節，最遠可拋達 4～5 公尺。梳狀長鋼片與彈簧組成選別裝置，安置於投入口上方與導砂罩之間，可彈出橡皮帶所送來的鑄砂中之鐵屑、砂塊等雜物，梳狀長鋼片與橡皮帶間之距離可調整，又被篩除之各種塊狀雜物，可以擋板收集，打開擋板後可自然排出機外。

篩砂機除了便於從事鑄砂處理工作外，長短距離間的移動亦甚方便，短距離移動可利用附設的橡皮輪，長距離的搬移可利用起重機專用的吊鉤，確實是中小型鑄造廠最方便的鑄砂處理設備。

2. 混砂機(sand mixer)

如圖 5-130 所示，辛普森(simpson)型混砂機利用電動馬達帶動兩個滾輪及刮板，於鑄砂上面滾動，可將所加入的矽砂、黏土、添加劑及水分等混合、攪拌均勻。此種混砂機適合於面砂、油砂、焦炭粉末等的混練、粉碎，是一種用途最廣且為中小型鑄造廠普遍採用的設備。

(a) 混砂機

(b) 混砂機作業

圖 5-130　辛普森式混砂機

3. 混練機(sand muller)

如圖 5-131 所示，混練機是一種密閉型高速混砂設備，內裝三個水平橡皮磨輪，可以 80～100rpm 高速迴轉，使其與內壁耐磨襯墊間產生混合與壓縮的作用，而將所加入的鑄砂材料快速混練均勻。此型機械的最大特色是對於砂粒絕無破壞性，與混砂機裝置鐵製垂直滾輪粉碎方式有異，且能在極短時間內獲得通氣度及強度俱佳的高品質鑄砂。混練機適合於水玻璃砂、自硬性鑄砂、面砂、油砂等的混練工作。

(a) 混練機

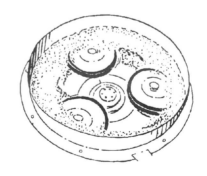
(b) 混練機作業

圖 5-131　高速混練機

4. 攪拌機式(pug mill type)連續混砂設備

如圖 5-132 所示，此型混砂設備是利用輸送皮帶將砂料送入圓桶型的機殼內，其內裝置有兩支不同轉速的軸，軸上附有攪拌葉片，由於轉軸帶動葉片將砂料攪拌混合均勻，並將調配好的鑄砂傳送至機殼另一端之出砂口，由輸送帶送至造模部門，如此連續不斷地從事混練作業，省時省力。

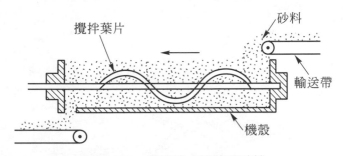

圖 5-132　攪拌機式連續混砂機

5. 混練機式(muller type)連續混砂設備

此種鑄砂處理設備類似普通混砂機(sand mixer)，在固定式圓桶型機殼內有兩個圓形大滾輪，可繞中心軸迴轉，中心軸上附有拌砂刮板，砂料由輸送帶送入混練設備後，由於滾輪及刮板的混練拌合而成均勻的鑄砂，從另一端的出砂口排出，由輸送帶運至造模部門。如圖 5-133 所示。

6. 輸送帶輥軸式(conveyor roller type)連續混砂設備

此型機器是在輸送砂料的皮帶上，直接裝上混練用的滾軸及刀片，以便將鑄砂拌合混練均勻，如圖 5-134 所示。

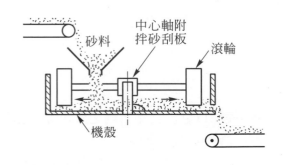

圖 5-133　混練機式連續混砂機

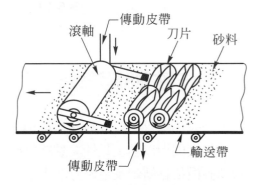

圖 5-134　輸送帶滾軸式連續混砂機

中大型鑄造廠的鑄砂處理混練設備，不管是分批式或連續式混砂機，大部份都是利用輸送帶傳送舊砂與新砂，為了在有限的空間內作最有效的輸送，經常都是在廠房空間求取變化，例如由地下室傳送舊砂，然後垂直送到地面，篩選後送到最頂端的砂倉，經混砂機後再傳送至造模部門，如圖 5-135 所示。

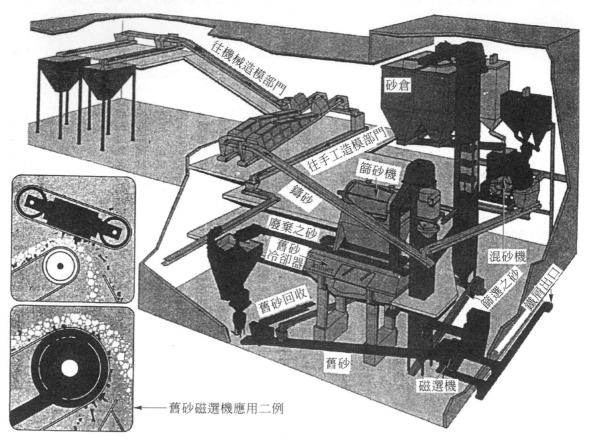

往機械造模部門
砂倉
往手工造模部門
篩砂機
鑄砂
廢棄之砂
舊砂冷卻器
混砂機
Inlet
舊砂回收
篩選之砂
鐵屑出口
舊砂
磁選機
舊砂磁選機應用二例

圖 5-135　工業用連續混砂設備

5-8　特殊砂模製造法

砂模一般係指以矽砂為基砂材料，其中的普通砂模係以黏土為黏結劑之鑄砂所造之鑄模；特種砂模則指以黏土以外之黏結材料為黏結劑之鑄砂所造之鑄模。

特種砂模依黏結劑及造模方法之不同，一般又可分為氣硬性砂模、自硬性砂模及熱硬性砂模三類。氣硬性砂模最常見者為 CO_2 造模；自硬性砂模有常溫自硬性、發熱自硬性、流動自硬性砂模等多種；熱硬性砂模有殼模法、油砂模等，今分別介紹如下。

5-8.1　二氧化碳砂模造模法(CO_2　process)

　　二氧化碳造模係將乾狀矽砂與矽酸鈉(Na_2SiO_3，俗稱為水玻璃)混合，造模後通入二氧化碳(CO_2)使其硬化而成，故一般稱為 CO_2 砂模或水玻璃砂模。

　　此法又名 Petrzela process，1948 年捷克人在英國獲得近似此法之專利權，以水玻璃代替傳統的黏土作為鑄砂的黏結劑。但由於矽酸鈉有熔劑作用(fluxing action)，於高溫時將產生嚴重的燒結(sintering)現象，因此引起不良之崩散性，甚至發生金屬滲透及結砂等瑕疵，且砂模及砂心都有發生變形的可能性，故在 1953 年專利權失效後，Petrzela 氏建議使用 CO_2，使矽酸鈉發生化學反應，產生矽膠(silicagel)而將砂粒黏結，如此硬化後之砂模，極適合鑄造廠之需要，故稱為 Petrzela process。次年，德國人 Dr.W.Schumacher 首先報導此法於鋼鐵鑄造之成功，同時建議除使用 4〜5%矽酸鈉外，應另加 1%土瀝青(pitch)，以改善其表面光度及崩散性，且需使用砂模塗料以增加表面光度，至於砂模及砂心的變形扭曲程度亦較普通砂模為小，因此可得較高精確度之鑄件。

1.　造模材料及混練

(1)　基砂

基砂為砂模中主要的耐火材料，CO_2 砂模用砂大都以矽砂為基砂，但應特別注意的是砂內含水量不得超過 1.6%，含水量愈低愈好，若砂內含過量的水分，除明顯地影響其硬化強度外，更將引起鑄件發生氣孔。

砂的溫度最好與室溫相同，最高不得超過 35〜40℃，若使用熱砂，將會使黏結劑黏附不均。加入黏土或其他材料於砂內，除非增加水玻璃之使用量，否則會降低其硬化強度，且使砂心易碎。

砂粒細度(fineness)及砂粒分佈情形，對於砂模強度亦發生影響，若極細砂粒過多時，除非增加水玻璃至 5〜6%，否則砂心易碎；若使用粗砂，則僅用 2.5〜3%之水玻璃即可獲得高強度之砂模。通常使用的砂，其粒度為 AFS.60〜150 之範圍，如此，添加 4%水玻璃即已足夠。

(2)　水玻璃

水玻璃即矽酸鈉(Na_2SiO_3)是一種具有黏性的透明液體，其黏度隨天氣寒冷之程度而增加，故若需隨時使用者應存於較溫暖之處所，所儲存之水玻璃應予密封，以防空氣接觸。

鑄造用的水玻璃，應以無色透明無雜質，所含 PH 值愈高者為佳(PH 值等於 7 者為中性，8 以上爲鹼性)，其分子比(即 $SiO_2：Na_2O$)在 2.5 以下者爲最佳，在 2.5 以上則反應過速，將引起造模困難且不利於起模。水玻璃的比重以 1.52～1.56 爲準。

(3) 其他添加料

除了砂及水玻璃外，亦可添加其他材料以改善 CO_2 砂模的性質。例如：瀝青可改善鑄件表面光度及砂模崩散性；糊精及火山黏土可改善濕砂模強度，便於搬運及儲放；氧化鐵及耐火泥可增加砂模熱強度。

(4) 配料例

下列舉出三種 CO_2 砂模造模材料之配合處方，以作爲選用、調配鑄砂之參考。第一、二種配料適用於鑄鐵及黃銅鑄件之砂模，第三種配料適用於鑄鋼件之砂模。

    A. 第一種配料：

砂粒細度爲 AFS 52 之矽砂	100 公斤
砂粒細度爲 AFS 105 之矽砂	50 公斤
含 85%瀝青及 15%糊精之黏結劑	1.5%
工業用矽酸鈉黏結劑(即水玻璃)	4%
耐火泥	0.5～1.5%

    B. 第二種配料：

砂粒細度爲 AFS 85 之矽砂	150 公斤
瀝青	1.5%
糊精	15%
工業用矽酸鈉黏結劑(即水玻璃)	4.5%

    C. 第三種配料：

砂粒細度爲 AFS 85 之矽砂	150 公斤
氧化鐵	2%
耐火泥	0.5～1.5%
工業用矽酸鈉黏結劑(即水玻璃)	4.5%

(5) 混砂及儲存

混砂機採用密閉式重型滾輪混砂機爲最佳，其他型式亦可。混砂時間增長，砂之硬化強度亦增加，相對地可用時間將縮短，一般混練時間與普通鑄砂相同即可。混練時先將乾狀材料如矽砂、耐火泥、糊精及瀝青等加入混砂機，混練約一分鐘，將各種材料拌合均勻，然後才加入水玻璃黏結劑，繼續混練約四分鐘即可。若使用快速混練機，則混砂時間可更短。

混砂機使用後應立即清除，以免黏附之砂料與空氣中之 CO_2 產生反應硬化，妨礙下次使用。

混練後之水玻璃砂最好用有蓋之容器盛裝儲放，以免敞露在空氣中，受空氣中所含 CO_2 之影響，使鑄砂表面逐漸硬化以致無法造模。亦可以潤濕的布料或麻袋覆蓋在水玻璃砂堆表面，以減緩鑄砂表面硬化的速度及時間，便於取砂造模使用，但是不可以將布料或麻袋浸水後便立即蓋在砂堆上，應待其無水滴現象時才可使用，否則將嚴重影響其硬化強度，並可能導致氣孔瑕疵之發生。水玻璃砂的儲放若處理得當，長者可以儲存一週以上。

2. 水玻璃砂硬化原理

水玻璃砂的硬化原理甚為簡單，主要係因鑄砂中的鹼性矽酸鈉(Na_2SiO_3，俗稱水玻璃)與二氧化碳(CO_2)化合，產生矽膠(silicagel, SiO_2)，將砂粒黏結而硬化，其化學反應式為

$$Na_2SiO_3 + CO_2 \rightarrow SiO_2 + Na_2CO_3$$

由於鑄砂混練時，水玻璃很均勻的黏附在每一顆砂粒表面，因此，當通入 CO_2 氣體時，矽酸鈉與二氧化碳反應成矽膠(SiO_2)與碳酸鈉(Na_2CO_3)，此種矽膠體很自然地包圍在每一砂粒外表，使砂粒與砂粒間緊密地相互黏結在一起，只要數秒鐘的通氣，砂模即能得到 $200\sim300$ $\ell b/in^2(psi)$的壓縮強度。

依照上述反應，若使用 4%的水玻璃，理論上約需 0.45%的 CO_2 才能使其反應完全，然而實際上僅用 $0.25\sim0.3\%$已足夠得到初步硬化及適當強度，並可立即澆鑄。

3. CO_2 砂模造模法

採用水玻璃砂來製作砂模，一般有下列三種方法。

(1) 全部採用水玻璃砂

此種方法所製作的砂模或砂心，全部採用調配好的水玻璃砂，因此，鑄砂材料使用量較多，成本亦隨之提高，一般於特殊鑄造法或不使用砂箱時，才採用此法。此法較常用於砂心之製作。

CO_2 砂模的崩散性較差，通氣硬化後舊砂的再生性較低，因此，在廠內沒有舊砂回收設備及各種混砂機械時，盡量避免採用此法。

(2) 用水玻璃砂當作全部面砂

採用此法可代替表面乾砂模，具有 CO_2 砂模的優點，亦有普通砂模便宜的好處，已廣泛為各鑄造廠所採用。

製作砂模時，將水玻璃砂覆蓋在模型周圍當作面砂，然後填滿普通的濕砂作為背砂搗實而成。至於面砂的厚度，是以模型深度為標準，一般約為 1～3 吋，模型深度在 6 吋以下時，面砂厚度僅需 1 吋左右即可；若深度超過 12 吋以上時，面砂厚度可加至 3 吋。

此法製作砂模，若係當天澆鑄，則背砂之含水量與普通砂模一樣即可；如果砂模在兩三天內無法澆鑄時，則背砂之含水量應盡量低，不可超過 3～3.5%，以免水玻璃砂從背砂中吸收水分而影響其性能。

(3) 用水玻璃砂當做局部面砂

當砂模之某一面或某些特殊部位，在澆鑄完成後其表面需特別平滑，或受金屬液沖蝕特別嚴重，如豎澆道底等位置，應用水玻璃砂製作，其餘部份則用普通濕砂搗實使用，如此可節省鑄砂材料使用量，降低成本，是為此法最正常應用之情形。此法最好於水玻璃砂中加入 1～1.5% 的火山黏土，以增加其濕態黏結性，可避免造模時，水玻璃砂沿模型面滑動擴散而降低其效果。

4. CO_2 砂模通氣法

當砂模與砂心製好後，通入 20～30psi(1.4～2.1kg/cm²)壓力之 CO_2 氣體使其硬化，因水玻璃砂硬化速度很快，故需通氣之時間極短，每次約以 12～15 秒鐘為原則，愈大型砂模通氣時間愈長，有時甚至達數分鐘之久。原則上，若使用 4% 水玻璃則通入 0.3% 的 CO_2 即已足夠使砂模硬化，通氣太久，CO_2 消耗量過多則屬浪費。

二氧化碳氣體自高壓氣筒中經閥門(valve)或狹窄通道流至低壓處時，溫度將大為降低，每相距一個大氣壓約降低 1℃，因此閥門或狹窄管道有被凍結的可能，故使用時最好選用附有電阻加熱器之壓力調整器，以便長期使用。

CO_2 砂模的通氣方法一般約可分為：(1)蓋板式通氣法；(2)蓮蓬罩或塑膠罩通氣法；(3)插針式通氣法；(4)模型中空式通氣法等四種。另外亦可以空氣槍通氣，但 CO_2 容易逸散，較為浪費，且會破壞砂面。

(1) 蓋板式通氣法(muffle board type gassing)

此種型式的通氣法，適合於砂模外模或砂心，且不論全部為水玻璃砂或只有面砂,均可使用,應用最廣,如圖 5-136 所示。蓋板材料一般採用 2 分(厚度 4mm)以上的夾板,長寬與砂箱尺寸相同,在蓋板與砂模接觸之面貼上一圈橡皮條或墊,以防 CO_2 氣體逸出;而蓋板中央開挖一圓孔,以作 CO_2 之進入口,通氣管與蓋板之結合部份,務必密封以防漏氣。

砂模全部採用水玻璃砂或砂心之通氣,應於死角或必要位置開設通氣孔,以利疏導 CO_2 流通,而達迅速硬化之效果。如圖 5-137 所示。

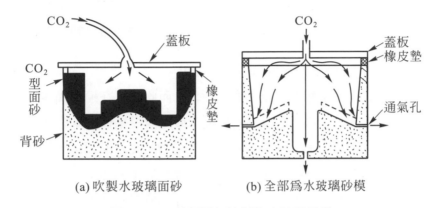

(a) 吹製水玻璃面砂　　　　(b) 全部爲水玻璃砂模

圖 5-136　蓋板通氣法製作水玻璃砂模

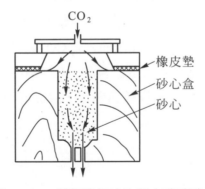

圖 5-137　蓋板通氣法吹製水玻璃砂心

(2) 蓮蓬罩或塑膠罩式通氣法(shower curtain or polyvinyl fibre type gassing)

如圖 5-138 及圖 5-139 所示,利用此法通氣可以節省製作蓋板所需之費用。使用蓮蓬罩時,只要將罩子套在砂模上,底邊用繩子綁緊於砂箱邊緣,罩子頂端與 CO_2 氣筒連接即可使用;塑膠罩更適合於砂心之通氣。但蓮蓬罩常因砂箱銳利的邊角而損壞漏氣,塑膠罩常因大小尺寸不合而無法一次使砂模表面全部硬化,因此只適合於小型砂模或砂心之通氣作業。

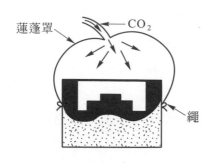

圖 5-138　蓮蓬罩通氣法

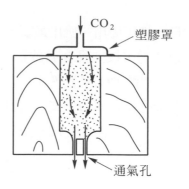

圖 5-139　塑膠罩通氣法

(3) 插針式通氣法(lance and probe type gassing)

　　上述兩種方法係在模型取出後才通氣硬化，而此法係在模型尚未取出時使用。有時由於模型太大，必須三層以上的砂模；或因木模結構特殊之故，必須用鬆動件來製作砂模，此時，在模型尚未取出時應先通氣使砂模硬化，以免因未硬化前水玻璃砂之濕態強度太小而破壞模穴。在這種情形下的通氣法以插針式較為方便，如圖 5-140 及圖 5-141 所示。插針通氣法有效範圍較窄，因此插入部位需較多，其間隔約為 4～5 吋間，每次通氣時間約為 15～30 秒，通氣管內徑之大小及通氣時間之長短，與砂模大小體積有關，砂模愈大時所需 CO_2 量亦愈多，因此，管徑及通氣時間均應較大及較久。此法通入之 CO_2 氣體，由於沒有密閉的罩子，因此經過砂模後未完全反應之 CO_2 氣體會散失在空氣中，二氧化碳使用量較多，既費量又費時，且砂模硬化後起模較為困難，故從經濟立場而言並不如前述兩種方法，此法較適合於大型砂模。

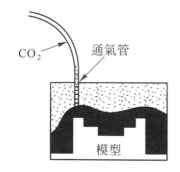

圖 5-140　插針法用於水玻璃面砂通氣

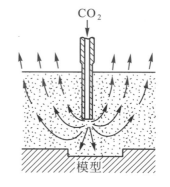

圖 5-141　插針法用於水玻璃砂模通氣

(4) 模型中空式通氣法(hollow pattern type gassing)

如圖 5-142，將模型內部鑽孔形成中空孔道，當水玻璃砂填實後上面罩以平板，通入 CO_2 氣體則砂模迅速硬化，造模簡單，但是模型製作較爲麻煩，製作費用較高。此法之模型大都爲模型板，且在必要時才使用，一般並不常見。

5. CO_2 砂模的優缺點

(一) 優點

(1) 砂模通氣後迅速硬化，強度高，立即可進行澆鑄作業，具有極高的時效。

(2) 採用乾燥的矽砂，不含水分，砂模不必烘乾，可節省烘乾設備、燃料及搬運費用，並可降低砂模損壞率。

(3) 砂模及砂心強度大，可減少砂心骨及撐條的費用。

(4) 水玻璃砂具有高度流動性，造模方便又迅速。

(5) 砂模硬化後不易扭曲變形，鑄件精密度較高，如圖 5-143 所示。

(6) 砂模堅硬，澆鑄時可以不用砂箱，節省費用。

(7) 適合於造模機械或砂心吹製機使用。

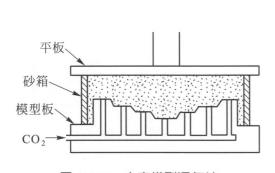

圖 5-142　中空模型通氣法

圖 5-143　三通管砂模、CO_2 砂心及鑄件

(二) 缺點

(1) 水玻璃砂混練後，可用時間較短。因水玻璃會與空氣中的 CO_2 反應而硬化，若裝在密閉容器內，可加長儲存時間，但是取用不太方便。

(2) 砂模崩散性不如普通鑄砂，因此清砂較爲困難，加入少量瀝青等崩散劑，可稍加改善。

(3) 混砂機於混練水玻璃砂後，若不繼續使用必須立即清理，使用上較麻煩。

(4) 舊砂再生回收不易，因此，鑄砂材料使用量較普通砂模爲多。若增購回收設備，則需較多資金，且砂塊粉碎後粒度變細，鑄砂性質將受影響。

(5) 模型或砂心盒應採用較好的材料，具有堅韌性且表面必須光滑，以便砂模硬化後有利於取出模型。

6. 影響 CO_2 砂模的因素

(1) 砂粒細度與水玻璃添加量及砂模壓縮強度之關係

如圖 5-144 所示，在 CO_2 通氣時間相同的情況下，粗砂的水玻璃含量在 2.5%時，砂模的壓縮強度最大；而中等及細砂混合者以 4%水玻璃含量爲最佳，亦即愈細的砂粒所需的水玻璃添加量亦愈多。

(2) 水玻璃含量與砂模通氣性之關係

雖然水玻璃含量愈多通氣時間愈長，可獲得愈高的砂模強度，但是相對地，水玻璃含量愈多時砂模通氣性愈差，如圖 5-145 所示。故砂模的水玻璃添加量一般在 4～5%左右。

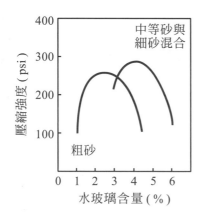

圖 5-144　粗細與水玻璃添加量關係

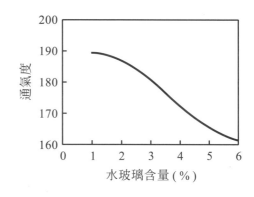

圖 5-145　水玻璃含量與砂模通氣性關係

(3) 通氣時間及放置時間與砂模壓縮強度之關係

如圖 5-146 所示，通氣初期水玻璃與 CO_2 反應極爲迅速，待初步反應後，若繼續通氣其強度亦可續增，直至所有水玻璃完全分解爲止。事實上，經最初數秒鐘的通氣後，即可獲得 200～300psi 的壓縮強度，沒有必要繼續通氣，尤其不需立即澆鑄之砂模，空氣中的 CO_2 仍可使其繼續反應，圖 5-147 顯示砂模放置時間與壓縮強度之關係。

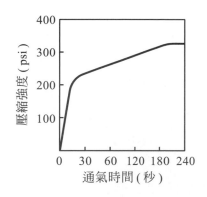

圖 5-146　通氣時間與壓縮強度之關係

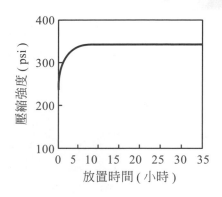

圖 5-147　放置時間與壓縮強度之關係

5-8.2　殼模法(shell molding)

　　殼模法是殼模造模法或殼模鑄造法的簡稱，它是將矽砂與熱硬化型樹脂混合而成的所謂殼模砂或樹脂裹貼砂(coated sand)，撒在預熱的金屬模型板上再行烘烤，殼模砂因熱而形成一層薄而堅硬的模殼，因此，模穴的形成係由一層相當於面砂部份的模殼所構成，澆鑄後將模殼敲碎即可獲得優良的鑄件，如圖 5-148 及圖 5-149。此法砂模僅為一層殼，故稱為殼模法，用砂量僅為一般砂模的十分之一左右。

圖 5-148　熱硬性造模法所製之殼模

圖 5-149　殼模合模澆鑄情形

殼模法是西元 1944 年德國人 Johannes Croning 先生所發明，1947 年在美國鑄造界開始採用，並加以研究改進。目前仍被採用於較精密鑄件之生產，尤其是汽機車零件之鑄造，如圖 5-150。因此，殼模砂亦稱為 Croning sand，殼模法也叫做 C-process。

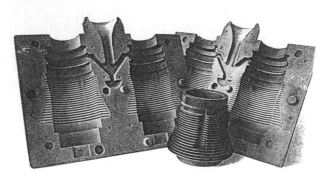

圖 5-150　熱硬性砂模－殼模及鑄造完成之氣冷式汽缸

1. 造模材料及混練

(1) 基砂－矽砂

殼模鑄造用矽砂純度要比普通砂模用砂高，其 SiO_2 含量最好在 98%以上，如果澆鑄高溫的熔液(如合金鋼)，需另加 10%的鋯砂(zircon sand)，以改善其燒結現象；或另加 5%的氧化鐵，以改善鑄件表面光度。且矽砂內不能含有黏土及其他有機物質，如果含有這些雜質，則殼模砂的流動性將減低，黏土等也將吸收殼模砂內的樹脂，而降低殼模強度。

矽砂的粗細度，一般採用 AFS NO 120～200，比普通砂模用砂為細，故能鑄造較精密的鑄件。

(2) 黏結劑－酚醛樹脂

殼模用砂的主要黏結劑是熱硬化型的樹脂，一般採用酚醛樹脂(phenolic resin)，亦可以較便宜的尿素樹脂(urea resin)、1, 3, 5,三胺基或 2, 4, 6,三氮等樹脂來代替作為黏結劑用，以降低成本，增加其經濟效益。

矽砂與酚醛樹脂的混合非常重要，如果混練不均勻，不但造模不易，亦很難獲得優良的鑄件。一般樹脂的添加量為矽砂重量的 4.0～5.5%，砂粒愈細添加量愈多。

(3) 硬化劑

酚醛樹脂可採用 Hexamine 為硬化劑，其添加量為樹脂重量的 10～15%，當殼模砂受熱時，硬化劑即促使樹脂變硬而將砂粒緊密黏結在一起。

(4) 混砂處理

使用混砂機轉速約爲 100～200rpm，起動後將乾態矽砂與硬化劑同時混練約 1 分鐘，然後加入樹脂混練 4～5 分鐘即成可用的殼砂模，矽粒表面均裹貼一層樹脂，加熱後即可硬化。混砂機轉速太快或混練時間太長，都可能使砂的溫度增高，而容易使酚醛樹脂變性，影響造模時的黏結功能。

(5) 填充材料

殼模製好後，兩半殼模合爲一組砂模以便澆鑄，但由於砂模是一層厚度僅爲 1～3 公分的模殼，抗壓強度不大。因此，在澆鑄前應在殼模外圍添加填充材料，以保護殼模不致因鑄入高溫且重的金屬液之壓力而脹開或脹裂。

一般填充材料可用舊鑄砂、碎石子或鐵珠。使用鐵珠時取放容易，且支持殼模非常穩固，但是澆鑄時若熔液不愼外逸，將與鐵珠凝結成塊，不易清理；而粗的砂石雖可避免此項缺陷，但是填充不及鐵珠穩固且不易作業，清砂時殼模砂塊可能與砂石混合，不易清除。

如果殼模厚度足夠強硬，則組合殼模時可用夾子、螺栓或黏膠結合，不必填充材料即可進行澆鑄作業，省時省力又經濟。新式的殼模鑄造，大都採用膠合的方式，以提高工作效率。

2. 殼模造模程序

目前此法所採用的殼模砂，大都爲鑄砂材料專業廠商所提供。因此，除非專用此法大量生產的鑄造廠才有必要自己混練殼模砂以降低成本，否則，以購買現成的殼模砂來造模較爲經濟方便。殼模造模程序如下所述：(如圖 5-151 至圖 5-155)

(1) 先將金屬模型板預熱至 300～500°F(約 150～260℃)，加熱方式可用瓦斯火焰或電熱式加熱爐，如圖 5-151。

(2) 將預熱好的模型板套在盛裝殼模砂的砂桶(sand tank)上，然後將砂桶翻轉 180°，使殼模砂覆蓋在模型板上，停留時間約爲 10～40 秒鐘，如圖 5-152。殼模砂遇熱時，砂粒表面上的熱硬性酚醛樹脂即與硬化劑產生反應而硬化，時間愈長溫度愈高，則硬化的厚度亦愈厚。複雜且深度較大的鑄件，殼模砂停留的時間應愈久。

圖 5-151　預熱金屬模型板

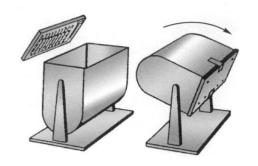

圖 5-152　熱模型板覆蓋砂桶並翻轉 180°

(3) 將砂桶轉正，則尚未硬化的殼模砂降落桶底，已硬化的砂料黏附在模型板上，愈靠近模型板受熱量愈多，硬化效果愈佳。因此，此時殼模外層強度不足，需繼續加熱 1〜3 分鐘，使其全部硬化為原則，如圖 5-153 所示。

(4) 將模殼與模型板分離，然後將兩半殼模用夾具或黏膠結合，使合成一組鑄模，如圖 5-154 所示。

(5) 必要時，在殼模四周填入填充料，以增加殼模強度，然後澆鑄成形，如圖 5-155。

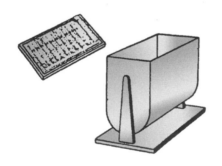

圖 5-153　砂桶轉正續加熱模型板及殼模

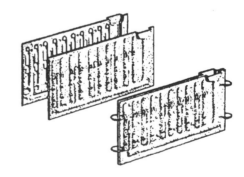

圖 5-154　殼模組合並加以固定

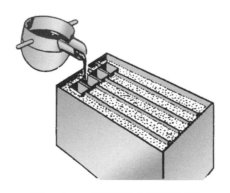

圖 5-155　殼模法之澆鑄作業

3. 殼模機械

　　殼模的製作可以機械化，以提高工作效率。機械化殼模生產，包括外模製作、殼模砂心製作及殼模膠合等。圖 5-156 所示即為殼模造模機及其附設加熱設備、翻轉機構、定時裝置、溫度控制器等，操作簡單又方便，可提高工作效率。機械製作殼模的程序與上述程序大略相同，如圖 5-157 所示。

　　圖 5-158 是殼模合模加壓機(shell mold bonding press)，其上附有自動佈膠裝置、可調整長度的加壓桿(pressure pins)等，合模方便又確實。

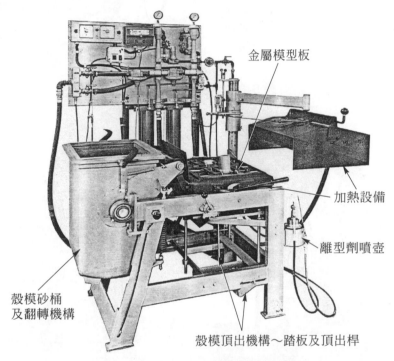

金屬模型板

加熱設備

離型劑噴壺

殼模砂桶及翻轉機構

殼模頂出機構～踏板及頂出桿

圖 5-156　殼模造模機及其附屬設備

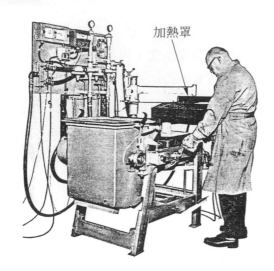

加熱罩

高溫模型板及殼模

圖 5-157　殼模造模機操作

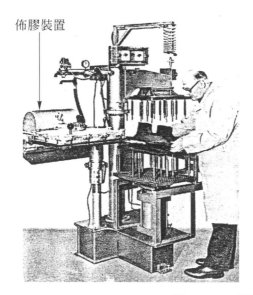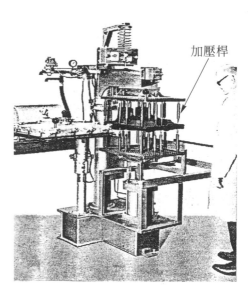

佈膠裝置

加壓桿

圖 5-158　殼模合模加壓機

4. 殼模法的優缺點

　　殼模法所製作的砂模僅為一層殼，且用較細而不含水分的殼模砂製成，殼模本身堅硬強韌不易變形，因此，可以製作複雜且斷面較薄的精密鑄件，常用於汽、機車零件的鑄造等，圖 5-159 即為殼模實例之一。其優缺點如下所述。

(a) 熱硬性殼模及砂心組成

(b) 殼模採疊模法量產管接頭

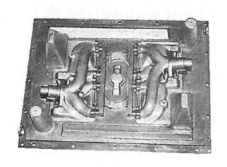

(c) 熱硬性殼模用金屬模型板

(d) 殼模法鑄造汽車進、排氣歧管

圖 5-159　殼模應用實例(圖片來源：天元模型股份有限公司)

(一) 優點

(1) 可鑄造表面極光滑的鑄件，減少毛胚的清理及噴光等工作時間。

(2) 鑄件尺寸精確度高，可達到每吋 0.001～0.003 吋的公差。

(3) 可鑄造斷面極薄的鑄件，最薄可鑄造 0.05 吋(約 1.5mm)厚。

(4) 鑄件瑕疵(casting defects)可減至最少。因為殼模砂不含水分，殼模通氣性良好且堅硬無散砂，不會產生氣孔、砂孔等鑄疵。

(5) 鑄件精密且不易變形，因此機械加工程度可減至最少。

(6) 殼模砂使用量極少，約為普通砂模的十到二十分之一，可減少灰塵之產生，並可節省場地空間，增加工作效率。

(7) 殼模輕而堅固，搬運方便，可運送至任何地點澆鑄。

(8) 殼模可儲藏甚久，不受溫度及濕度的影響，尤其砂心的應用甚為方便。

(二) 缺點

    (1) 因殼模本身強度及承受重量及壓力等問題，鑄件的大小及重量受到限制，一般採用此法生產的鑄件很少超過 30″×40″。

    (2) 金屬模型板製造費工費時，模具費用較高，除非大量生產否則不經濟。

    (3) 殼模堅硬，因此清砂後的舊砂塊不易回收，且因舊砂回收設備昂貴，一般舊殼模砂廢棄不用，增加成本負擔。

    (4) 殼模砂中的樹脂受熱時會產生異味，故應設置良好的吸塵排氣設備，否則易影響工作環境。

5-8.3　自硬性砂模造模法(no-bake processes)(含水泥模)

從 1940 年代以後，砂模製造的技術有突破性的改變，鑒於普通濕砂模的強度小、鑄件易生氣孔、精密度不高等缺陷，因此，各種可硬化的砂模不斷地被研究發展出來，且在生產應用上有相當大的成效，如前所述的殼模法、CO_2 砂模等。但是殼模法必須加熱，模型及鑄件材料受到限制，CO_2 砂模必須增加 CO_2 氣體的費用等，故不需加熱、不需通氣且能自然硬化的砂模，如雨後春筍般地相繼研究開發成功，並廣受歡迎。故自硬性砂模又稱為 air-set，self curing molds。

自硬性砂模的主要特色是以不含水分的矽砂、鋯砂等為基砂，混合非黏土性的添加劑後，砂模可自然硬化。因此，砂模不含水分，但強度卻很高，通氣性優良，模穴不變形，造模時不加熱、不通氣、節省間接成本，造模程序簡單，尤其適合中大型鑄件的生產，省時、省工、又省錢，因此，有逐漸取代其他砂模的趨勢。

1.　自硬性砂模的種類

自硬性砂模因添加劑的不同，而有各種不同的種類，且各國的專家、研究人員不斷地在嘗試採用其他添加劑，以節省經費或鑄造更優良的成品，因此，砂模種類亦不斷地在增加中。

自硬性砂模的分類有很多種：有常溫自硬性及發熱自硬性的區分，一般自硬性砂模大都屬於前者；有以造模方法而區分為乾式造模及流動式造模者；亦有以黏結劑的不同而分為有機黏結劑與無機黏結劑等。表 5-1 顯示各種不同的自硬性砂模採用各種不同的添加劑，且表中所列僅為自硬性砂模種類的一部份。本節亦僅就其中較常見的幾種自硬性砂模作較詳細的介紹。

表 5-1　自硬性砂模的種類

種類名稱			添加劑		
			黏結劑	硬化劑	硬化促進劑
乾式	無機黏結劑	水玻璃系	N 法　　　　水玻璃	矽鐵(N 粉)	—
			NVK 法　　水玻璃	爐渣(K 粉)	—
			SU 法　　　水玻璃	矽氟化鈉	乙二醛－GS 膠化劑
			磷酸鹽法　　水玻璃	磷酸鹽	—
			HT 法　　　水玻璃	矽鋯酸鈉	鋁粉
		水泥系	水泥法　　Portland 水泥	水	糖蜜
	有機黏結劑		呋喃樹脂法　呋喃樹脂	—	磷酸
			立可硬法　　alkyd 樹脂	異氰酸鹽	六氫苯甲酸鎘
流動式	無機黏結劑	水玻璃系	FS 法　　　水玻璃	鉻鐵爐渣	界面活性劑、消泡劑、水
			MS 法　　水玻璃+NaOH	矽鐵粉、甲醇	—
		水泥系	hard fluid 法　Portland 水泥	水	界面活性劑、氧化鋁
			快速硬化法　Portland 水泥	水、硬化劑、調整劑	界面活性劑
			K 法　　水泥+反應調整劑	水	界面活性劑、糖蜜、調整劑

2. 自硬性砂模造模方法

　　與 CO_2 法相似，除了整個砂模全部以自硬性砂來製作外，亦可僅以自硬性砂當作面砂，或利用自硬性砂製作成殼模便於存放、節省空間，後兩者皆可減少鑄砂使用量，節省成本。

　　整體自硬性砂模的製作與普通濕砂模大同小異，所不同者僅在於取出模型的時間，濕砂模隨時都可起模；自硬性砂模最好在完全硬化前起模，太早起模，砂模強度不足容易變形及崩壞，太晚起模，易有夾模現象不易起模。

　　以自硬性砂當作面砂的造模方式與普通造模法相似，如圖 5-160 所示。所應注意者是背砂為普通濕砂，其含水量不可太高，一般在 6%左右即可。背砂太濕對於自硬性面砂的表面乾燥及模穴內的水分均有影響。

　　自硬性殼模的造模程序如下(如圖 5-161 所示)：

(1) 比照一般造模方法，在模型上灑分型劑或粉，填加適當厚度的自硬性砂，然後用塑膠紙、布或分型粉、乾矽砂覆蓋在自硬砂表面當作隔離層。其上層再填充普通鑄砂當作背砂。

(2) 砂模作 180° 翻轉，將模型取出後令其靜置硬化，待充分硬化後再將塑膠紙、布及背砂部份拋棄，而獲得已硬化的自硬性模殼。

(3) 將兩半自硬性模殼黏結壓合或夾緊，即可進行澆鑄或存放備用。

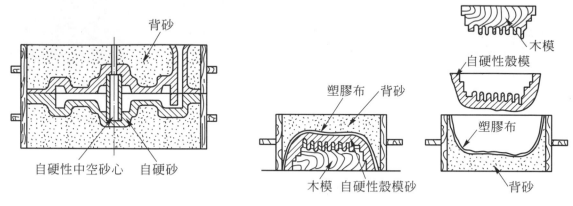

圖 5-160　自硬性造模法之應用　　　　圖 5-161　自硬性殼模造模法

3. 呋喃樹脂自硬性造模法(FNB process)

此法是美國魁克(Quaker)公司於 1958 年研究開發成功，係利用呋喃樹脂(furan resin)為黏結劑，將乾燥矽砂混合硬化促進劑及呋喃樹脂後製造砂模，則鑄砂在常溫下不必烘乾即會自然硬化，故此法亦稱為 furan no bake process，簡稱為 FNB process。

(一) 造模材料及混練

(1) 基砂－矽砂

常用的基砂有矽砂、鋯砂、鉻砂等，其中最普遍且便宜的是矽砂，後兩者適用於較高溫的鑄鋼。砂料的選用應注意下列幾點因素：

　A. 粒度最好在 AFS.30～65 之間，砂粒愈細，呋喃樹脂需要量愈多，但鑄件表面較光滑。

　B. 砂中不含 100 目以上的細砂及黏土、雜質與灰分，且水分愈少愈好。

　C. 砂粒形狀愈圓愈好，如此可節省黏結劑使用量，並可獲得較佳的通氣性。

　D. SiO_2 含量愈高愈好，以提高砂模耐火性。

　E. 砂的需酸值(ADV)越低越好，如此可降低硬化促進劑的使用量。

(2) 黏結劑－呋喃樹脂

呋喃樹脂的原料為：玉米之芯、棉花種子、甘蔗渣、麥殼和(或)米殼等穀物。它是一種淡褐色透明液體，一般分為含氮及無氮兩種呋喃樹脂，含氮呋喃樹脂黏度較低，約爲 8～18cps/25℃，作爲標準用的鑄砂黏結劑，可獲得高強度的砂模；無氮呋喃樹脂黏度約爲 75～85cps/25℃，是速硬用黏結劑，可獲得中強度的砂模。呋喃樹脂的添加量約爲新砂重量的 1.0～1.5%，若採用回收砂時，使用量可減少，約爲 0.6～1.0%。

(3) 硬化促進劑

呋喃樹脂用硬化觸媒有：磷酸溶液、硫酸溶液、對甲苯硫酸溶液、甲苯硫酸溶液等四種。一般常用者爲磷酸溶液，它是一種無色或淡茶色的液體。硬化促進劑的添加量爲呋喃樹脂重量的 40～60%左右。

(4) 呋喃樹脂砂的混練、造模

呋喃樹脂砂的混練，原則上任何混練機均可使用，但是迴轉數較低者，混練效果差，無法使用。一般呋喃樹脂砂的混練都是採用連續式混練機，如圖 5-162 所示，使用分批式混練機亦可。

不管採用何種混練機，其加料順序及混練時間大致相同，其原則是：

A. 硬化促進劑必須先添加。

B. 矽砂與硬化促進劑的混練時間，是能把硬化促進劑均勻包覆矽砂所需的時間，一般約爲 20 秒～1 分鐘。

C. 樹脂添加後的混練時間，與樹脂砂可用時間具有密切關係，混練時間太長，則樹脂與硬化促進劑在混練機內起反應，將縮短樹脂砂可使用的時間，此段混練時間約爲 20 秒～1 分鐘。

D. 如果硬化促進劑與樹脂的添加順序顛倒者，則矽砂內已分散的樹脂會引起硬化促進劑的局部集中，促進該部份的硬化進度而產生黑斑。

(5) 呋喃樹脂砂的混練、造模程序如下：

矽砂＋硬化促進劑 $\xrightarrow[20\sim60\,秒]{混練}$ 加入呋喃樹脂 $\xrightarrow[20\sim60\,秒]{混練}$ 造模 $\xrightarrow[5\sim10\,分鐘]{停留}$

硬化 $\xrightarrow[20\sim60\,分鐘]{等待}$ 取出模型(完成砂模製造)，其示意圖如圖 5-163 所示。

(a) 連續混練機進行樹脂砂混練及造模

(b) 連續混練、造模、滾輪輸送及起模

(c)呋喃模造模現場—連續混砂機及旋轉式砂模輸送系統

圖 5-162　FNB 自硬性造模法的生產應用實例

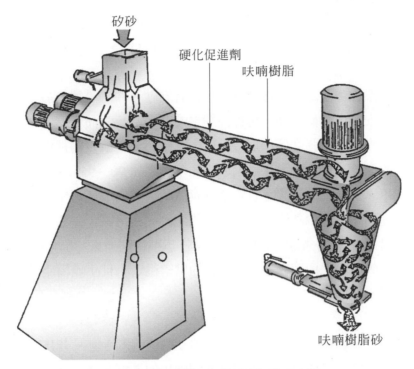

矽砂

硬化促進劑

呋喃樹脂

呋喃樹脂砂

圖 5-163　呋喃樹脂砂混練作業示意圖

(二) 硬化過程

　　如圖 5-164 所示，呋喃樹脂黏結劑與硬化促進劑產生反應，在常溫之下逐漸硬化，而將砂粒彼此緊密黏結在一起，砂模全部硬化所需時間視硬化促進劑量而定，一般約在 1 小時左右。中小型砂模造模所需時間較短者，可酌加硬化促進劑量，以便加速硬化反應，如此，亦可控制在一、二十分鐘內即完全硬化者；但相對的，鑄砂可用時間縮短，必須確實把握造模進度。

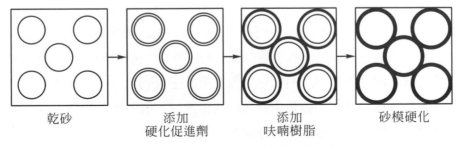

乾砂　　　　　　添加　　　　　　添加　　　　　　砂模硬化
　　　　　　硬化促進劑　　　　呋喃樹脂

圖 5-164　自硬性砂模硬化過程

(三) 呋喃樹脂砂模的優點

    (1) 常溫硬化，不需加熱造模(no bake)，可改善工作環境，節省能源，降低生產成本。

    (2) 呋喃樹脂砂流動性良好，造模不需高的搗實壓力，操作簡單不需熟練的技術工人，人力的運用不受限制。

    (3) 砂模的高溫強度及耐熱性佳，鑄件不會有剝砂、沖砂等鑄疵發生。

    (4) 砂模尺寸安定、精確度高，可提高鑄件的精密度及表面光度，增加其價值。

    (5) 澆鑄後砂模之殘留強度低，崩散性佳，清砂容易，減少鑄件清理的工時。

    (6) 舊砂回收率高，據經驗，舊砂回收再生率可高達 90～95%，可減少砂的消耗量、降低成本、保全矽砂資源，且無廢砂棄置所造成的環境污染問題。

    (7) 砂模強度高，可減少砂使用量與金屬的比例，亦可減少砂心骨及撐條的使用量；且樹脂用量少、含水量低、砂模透氣性高，毋須特別通氣，可減少鑄件氣孔的發生。

    (8) 呋喃樹脂的原料係由植物獲取，原料的供給穩定；且呋喃樹脂為無害物，觸及肌膚只要用水洗即可，不必擔心。

(四) 安全注意事項

    (1) 混砂及造模時儘可能配帶護目鏡、耐酸及有機溶劑手套。若皮膚沾到樹脂時，以水沖洗或酒精擦拭即可；若不慎接觸到硬化促進劑，應立即以水沖洗。

    (2) 硬化促進劑為弱酸性液體，絕不可以一般鐵桶盛裝，必須以塑膠內襯的鐵桶或塑膠桶盛裝。

    (3) 嚴禁硬化促進劑與樹脂直接混合，因硬化促進劑與樹脂一接觸立即產生劇烈化學反應，同時放出大量的熱，具有爆炸的危險性，為了避免混淆起見，盛裝硬化促進劑與樹脂的桶子或管路最好能以不同顏色標示。

(五) 造模操作注意事項

    (1) 混練前砂溫須控制於 21～32℃間，溫度太高，可用時間不易控制，太低則會影響硬化速率。

    (2) 砂、硬化促進劑及樹脂的添加順序絕不可顛倒，否則易造成砂模的強度不均。

    (3) 在可使用時間內，砂模的強度會隨造模時間的延長而減弱，所以砂、硬化促進劑及呋喃樹脂混合後，應以最快速度做完填砂造模的工作。

    (4) 呋喃樹脂砂模的硬化過程是由外部向內部進行，為促進砂模內外硬化均一性，通常於樹脂砂填充模具後，於較厚處戳些氣孔。

    (5) 必須在砂模已具不崩潰強度，但未完全硬化尚具有彈性時取出模型，起模過早砂模易受損，太晚則起模困難。

(6) 起模後之砂模須放置遠離濕度高的場所，因水氣不但會使硬化速度延緩，且會降低砂模的最終強度。

(7) 塗模工作必須在砂模完全硬化後才可進行，否則易造成砂模表面的毀損且減低最終強度。

(8) 塗模完成後，通常立即點火燒掉塗模劑中的有機溶劑，此舉不但可促進硬化更趨完全，同時可防止有機溶劑滲入砂模中破壞強度。

4. 水泥模(cement molds)

水泥模並不是一種很新的造模方法，它是以水泥代替黏土當作黏結劑，由於加入硬化促進劑等材料，故可在短時間內硬化，形成強度極高的砂模，便於鑄造大型機件，屬於自硬性砂模的一種。

水泥模在今日各種新的造模法發明之後，仍然有人繼續採用，且有增加的趨勢，可見此種方法自有其存在的條件。

水泥模的重點在於鑄砂材料的調配，至於造模方法與濕砂模及其他自硬性砂模大同小異。而水泥模的鑄砂材料，除了普通的矽砂等基砂外，主要添加水泥、糖蜜、石灰及水等最簡單且價廉的幾種材料調合而成，茲分別敘述如下：

(1) 黏結劑－水泥

水泥的種類有很多種，如普通水泥、高級水泥、高爐水泥、氧化鋁水泥等，一般水泥砂模所採用者為最常見且價廉的建築用波特蘭(Portland)一號水泥，其主要成分為矽酸三鈣、矽酸二鈣及礬土三鈣。

水泥添加量增加時，水泥砂模的強度亦隨之增加，但相對地，砂模的通氣性減少，且水分添加量隨水泥量而增加，以便產生硬化反應作用，因而鑄件易生氣孔等瑕疵；過量的水泥亦會降低砂模的耐火度，使鑄件容易發生結砂現象，一般水泥添加量在 8～10%即可。

(2) 硬化劑－水

對於鑄件來說，砂模中的含水量愈少愈好。但是水泥模中的水泥必須加水才會產生硬化反應，根據資料顯示，水的添加量最少需為水泥添加量的 20%以上，才足以使水泥產生黏結力，因此，太少的水量會使水泥模強度不足，一般水泥模的總含水量在 4～5%之間，其中包括糖蜜內的含水量。

硬化反應：當水泥調配適當水分後，凝結生成膠狀質逐漸固化，漸增硬度、強度。凝結硬化受水泥種類、添加量、硬化促進劑等的影響。其反應變化為：

$$3CaO \cdot SiO_2 + (n+2)H_2O \rightarrow CaO \cdot SiO_2\ nH_2O + 2Ca(OH)_2$$
$$2CaO \cdot SiO_2 + (n+1)H_2O \rightarrow CaO \cdot SiO_2\ nH_2O + Ca(OH)_2$$
$$3CaO \cdot Al_2O_3 + mH_2O \rightarrow 3CaO \cdot Al_2O_3\ mH_2O$$

(3) 硬化促進劑－糖蜜

水泥模如果單純的採用水泥而不添加其他促進劑時，會發現表面安定度低，砂粒容易剝落；硬化速度緩慢，需放置長時間開始能起模。因此，必須添加適當的硬化促進劑以改善之，水泥的硬化促進劑有氯化鈣、氯化鎂、矽酸鈉、矽氟化鈉、木素及糖蜜等。

土木工程用的硬化促進劑，如氯化鈣($CaCl_2$)等化合物，雖可改善其硬化速度，但其所帶來的吸濕性及對耐火度等之影響，亦會給水泥模帶來種種問題。

一般常用的水泥模硬化促進劑是糖蜜，它是製糖過程中的一種產品，含水量約在25%左右，水泥模添加4～5%的糖蜜後，能提高砂模表面安定度，減少水分添加量、提高砂模初期強度、縮短起模時間，且澆鑄後糖蜜燒焦使鑄件清砂容易。

(4) 其他添加物－石灰

水泥模的初期強度不太高，欲縮短起模等待時間，可添加少量石灰，石灰添加愈多水泥模初期強度增加愈快，但終期強度也會降低愈多，因此其用量最好不要超過1%。本省冬季氣溫在15℃左右，水泥模的硬化速度降低很多，因此在冬季添加少量石灰，可避免起模時間的延長，以利造模作業之進行。

(5) 水泥砂的調配

一般辛普森型混砂機轉速較慢，對於流動性較好的水泥砂調配效率較差；而速練機可以高速迴轉，使鑄砂材料充分拌合，因此，可獲得較高強度的鑄砂。但是速練機轉速快，易使砂生熱，促進硬化速度，縮短水泥砂可用時間，尤其在夏季等氣溫較高的季節或地區，更應特別注意此點。

(6) 水泥模的優點

A. 水泥模強度大，澆鑄時不會有落砂、沖砂等現象。

B. 移動及乾燥中不變形，鑄件精度高。

C. 水泥模在高溫時會放出結晶水而脆化，容易清砂。

D. 水泥砂流動性良好，造模作業簡單。

E. 鑄砂原料來源豐富，不必依賴進口，且價格便宜，成本低廉。

F. 適用於大型及複雜鑄件的生產。

(7) 水泥模的缺點

    A. 背砂及低溫區，砂模崩散性較差，鑄砂回收較麻煩。

    B. 水泥砂可用時間有限，混砂及造模須配合密切。

    C. 不適於小件及大量生產。

    D. 影響水泥模通氣度的因素是粒度分佈及水分含量，須特別注意砂的管理。

5-8.4　真空殼模造模法(vacuum shell process)

1. 真空殼模法的歷史背景

此法是美國 Dependable-Fordath 公司，於 1970 年代末期研究開發成功的一種嶄新的造模方法。由於此法具有殼模法節省材料的優點，並改正殼模需要加熱、浪費能源、操作不便的缺點，並擁有很多其他特色。因此，自從 1980 年初該公司推出真空殼模造模機(VACU-SHELL molding machine)以來，已受到世界各國鑄造業的好評，不久的將來，此法或許能替代傳統的殼模法，而與其他新型的特殊砂模鑄造法並存，甚至成為砂模鑄造界的主流。

此法係受 1970 年代初期能源危機的影響，當時能源價格暴漲，各企業間的競爭日益激烈，因此，世界各國的鑄造業界，無不極力尋求研究開發節省能源、省人力、省材料、無公害及高生產率的造模機械，而且期望造模機械構造及操作簡單，鑄模及鑄件的精確度高，在此種強烈的衝擊與高度的需要性之期待下，真空殼模造模法歷經數年的研究改進後於焉誕生，它確實是 1980 年代鑄造界的一大創舉，也是同業們的一大福音。

2. 真空殼模法的原理

此法是彙集多種造模法的優點應用改進而成，其主要原理係根據：

(1) 砂模的組成係由兩片已硬化的模殼：根據殼模法的構想，如此可節省大量的砂模材料。

(2) 砂模的硬化係在常溫狀態之下進行：根據常溫氣硬性造模中的冷匣法(cold box)，可節省加熱的能源費用，並可改善作業環境等。

(3) 砂模的硬化利用氣體促進劑加速進行：與 CO_2 砂模同理，可節省硬化等待時間，作業迅速，提高生產力。

(4) 砂模係在真空狀態下成形：根據真空造模法，避免震動、壓擠所生的噪音。

(5) 砂模的成形係利用機械操作：真空殼模機與熱硬性殼模造模機類似，但不必加熱設備，而增加真空裝置，操作簡單，可大量生產。

(6) 根據濕砂模鑄造法的優點：可塑性及流動性高，砂處理及造模作業容易，且材料便宜，節省鑄造成本。

3. 真空殼模造模程序

此法的造模材料與冷匣法(詳見本書 6-3.4 節)相似，主要係於乾燥矽砂中加入硬化劑及黏結劑(樹脂)，調配均勻後，按照圖 5-165 至圖 5-170 的六個主要步驟進行造模作業，造模程序細節如下所述：

步驟一：

(1) 選用鑄砂材料並量取所需數量。

(2) 將調配好的鑄砂充填於砂桶中，如圖 5-165 所示。

步驟二：

(1) 將模型板翻轉 180°，覆蓋在砂桶上，並密閉固定之。

(2) 將砂桶內抽成真空，如圖 5-166 所示。

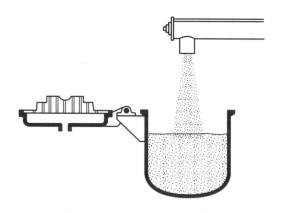

圖 5-165　調砂及填補鑄砂

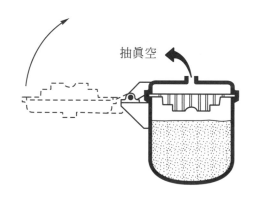

圖 5-166　砂桶上覆蓋模型板及抽真空

步驟三：

(1) 將砂桶及模型板一起翻轉 180°，使鑄砂覆蓋在模型板上。

(2) 稍加震動，使砂能充滿所有內角。

(3) 導入促硬氣體，使通過鑽有細孔的模型板而加速面砂部份硬化。

(4) 再次抽真空，以便將多餘的促硬氣體排出，如圖 5-167 所示。

步驟四：(如圖 5-168 所示)

(1) 將砂桶轉正，使模型板在上方位置。

(2) 解除真空，使砂箱內回復大氣壓力，則尚未硬化的砂因重力而下降至桶底。

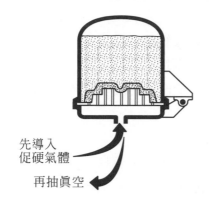

釋放真空

先導入
促硬氣體

再抽真空

圖 5-167　翻轉砂桶，通氣後再抽真空　　圖 5-168　轉正砂桶並釋放真空

步驟五：

將模型板及黏附在其表面已硬化的模殼一起翻轉 180°，如圖 5-169 所示。

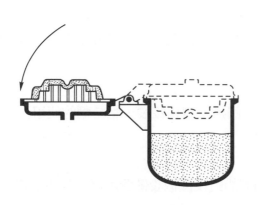
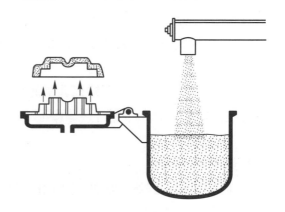

圖 5-169　模型板轉正朝上　　　　圖 5-170　頂出殼模並補充鑄砂

步驟六：

(1) 將已硬化的模殼頂出，此即為一半模穴。

(2) 必要時，再次調砂並充滿砂桶，如圖 5-170 所示。

(3) 同法再製造另一半模殼，即可合模澆鑄。

4. 真空殼模法的特色

如圖 5-171 至圖 5-173 所示，利用真空殼模造模機所製作的模殼及鑄件，其精密度及表面光度甚佳，此法與其他砂模鑄造法相比較，具有下列各項特色。

(一) 與殼模法比較

(1) 完全不必使用加熱能源，可大量節省能源消耗及經費。

(2) 常溫硬化，不產生煙味等臭氣，大大改善工作環境。

(3) 常溫硬化，故可用鋁模、塑膠模、木模等各種能使用的模型材料，且模型不會變形。

(4) 模型不必預熱，可縮短工作時間，提高生產力。

(5) 模型可在常溫下互換，且可使用輕質的模型材料，操作容易。

(6) 黏結劑用量少，砂模崩散性佳，舊砂再生回收容易。

(7) 澆鑄時氣體發生率少，鑄件品質優良。

(二) 與冷匣法比較

(1) 鑄模只是一層厚度相等的殼，鑄砂使用量顯著減少，可節省材料費用；而冷匣法與普通砂模一樣，整體砂模或砂心都是由鑄砂構成。

(2) 較大型鑄件造模亦甚容易，具有經濟價值。

(3) 只要導入少量的氣體促進硬化，且利用抽真空強制除氣，造模後鑄模內殘留氣體少，作業環境大可改善。

(4) 不需高壓作業，密閉機構非常簡單。

(5) 在減壓(真空)的狀態下，黏結砂料與硬化觸媒氣體相接觸，黏結劑的使用量可減少。

(三) 與濕砂模法比較

(1) 真空殼模法設備費用便宜；而濕砂模所需的造模機械設備費用高，且佔空間。

(2) 鑄件尺寸精確。

(3) 噪音及灰塵都比較少。

(4) 鑄砂管理容易。

(5) 真空殼模法所需使用的鑄砂與鑄件金屬重量比在 1：1 以下，鑄砂消耗量顯著減少，可建立合理化的造模線(molding line)。

圖 5-171　真空殼模法造模設備

圖 5-172　真空殼模造模用模型板及殼模

圖 5-173　真空殼模合模及澆鑄後之鑄件粗胚

5-8.5　疊模法(stack molding process)

　　疊模法是將數個相同的鑄模垂直疊合在一起,從同一位置的豎澆道頂端之澆口杯澆鑄金屬液,如此,可一次獲得數十個甚至千百個鑄件。

　　一般鑄造方法是一次澆鑄由兩半鑄模組合而成的一組鑄模,且大多數的鑄模都是上下疊放(尤其是砂模),一次澆鑄只能獲得一組鑄件(一個或數個),不但影響生產力,且需要很廣大的澆鑄面積。因此,當需要量大、形狀簡單、甚至體積不大的鑄件,如磁鐵件等,即可採用疊模法來鑄造。每一層砂模可鑄造數十個甚至上百個小磁鐵，一次疊放十層左右，即可生產千百個鑄件，可提高生產力且成本較低，又節省廠房空間、造模時間等，非常適合極大量的小型簡單鑄件之生產作業。目前疊模法大都用於生產磁鐵件、壓縮機零件；甚至中空的管閥、管接頭等中小型鑄件，亦可採用此法大量生產，如圖 5-174(a)所示。

疊模法與一般砂模最大的不同是：一般砂模由兩半砂模所組成，模穴是在分模面上，因此，砂模只有分模面需光滑；而疊模法除了最下層及頂層外，中間層的上下面都是分模面，都必須是光滑的，且除了平頂的鑄件外，砂模的上下兩面可能都有凹凸的模穴或分模面，此時，準確的合模記號是非常重要的，以免產生錯模，若澆鑄失敗其損失亦將為普通砂模的好幾倍。

疊模法並不是新的鑄造方法，它是中國古代鑄造藝術的另一項偉大成就，中國早在兩三千年前的戰國時期，即已是開始採用疊模法鑄造齊刀幣，當時是採用銅質鑄模多層疊鑄而成。到了漢代更廣泛用於錢幣、馬車器具等的生產，近年來，在河南發掘出十六類、三十六種規格的五百多套漢代的疊模用鑄模，且其生產的鑄件表面光滑，由此可見當時的技術水準已相當不錯。圖 5-174(b)係漢代疊模法實例。

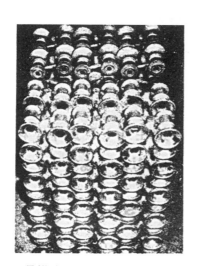

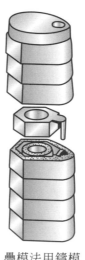

疊模法用鑄模　　　疊模法鑄件

(a) 疊模法一次可鑄造千百個鑄件　　(b) 在河南出土的漢代六角承疊模法復原圖

圖 5-174　疊模法鑄造實例

目前疊模法鑄模大都採用熱硬性樹脂砂(殼模砂)製成，以便大量生產砂模，並可獲得較佳的表面光度，且可節省砂箱的需要量，當然採用普通濕砂模或金屬模等永久模亦可。

再則，為配合普通鑄造業的發展，採用氣硬性或自硬性的砂模為疊模法的鑄模，將具有甚大的發展潛力。

　　鑄造小型簡單鑄件時，疊模法的豎澆道可安排於鑄模中間，於每一層分模面製作輻射狀的橫流道，甚至可再作分支澆道後才鑄入模穴，如此，澆鑄後的鑄件粗胚，澆道與鑄件連成一整體，狀似枯樹，與脫臘鑄造法有異曲同工之妙。

5-8.6　近代砂模製造法比較

　　由於矽砂本身除了耐熱性之外，並不具有黏結性，無法使砂模具備足夠的強度，故尚需黏結劑加以配合。過去很長一段時間，由於火山黏土(Bentonite)廣佈於地球表面，常被用為砂模黏結劑。因此有所謂的第一代機械性結合造模法，亦即用火山黏土混合矽砂及水份，並施加機械力(如利用機械或自動造模機)，而使濕態鑄砂結合之造模法。這類造模(如著名之 air impact 及 DISA 造模法等自動化高速衝壓造模法)在近代造模法中約佔 60% 之多，如圖 5-175 所示。

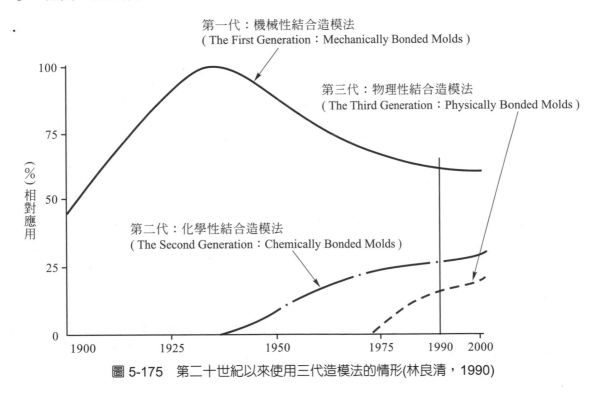

圖 5-175　第二十世紀以來使用三代造模法的情形(林良清，1990)

　　由於石化工業之發達，一些石化產品亦進入鑄造工業，並逐漸被大量採用。因此，傳統以火山黏土爲主要黏結劑的情況，漸漸被樹脂、水玻璃、水泥所取代。這一類的黏結劑乃是藉助其化學結合力，而非機械結合力，使鑄砂相結合，而使砂模獲得足夠強度的造模法。此種造模法又稱爲第二代化學性結合造模法。此類造模法包括熱硬性造模法(如殼模法)、氣硬性造模法(如 CO_2 造模法)、自硬性造模法(如呋喃樹脂模、水泥模)等，其份量在近代造模法中約佔 25%。

　　雖然黏結劑在砂模中所添加的比例並不多，如砂模使用有機黏結劑，僅需基砂之 1～2%；如使用無機黏結劑，約需 3～5%，但其已對砂模性質構成威脅，因其不但有礙耐熱性，而且也有礙透氣性。因此，黏結劑被視爲砂模之有害物質，使用它只是爲了讓砂模具有適當的黏性及強度。假如我們能夠不使用黏結劑而造模，相信可以讓危害砂模之因素大爲減少，而大大提高鑄件之品質。爲了達到不使用黏結劑的目的，我們可以藉助震實力或減壓力來造模，使乾態矽砂或小鋼珠在保利龍模型周邊或覆蓋著塑膠薄膜的模型上，做物理性的結合(如真空造模法、消失模鑄造法、磁性鑄模法等)，此種造模法又稱爲第三代物理性結合造模法，其份量在近代造模法中約佔 15% (林良清，1990)。

5-9　鑄模塗料(mold coatings)

5-9.1　塗料的意義及功用

　　鑄模主要可分爲砂模及永久模兩類，砂模只能澆鑄一次，而永久模可以多次澆鑄使用，兩者可能都有心型(core)，以便形成中空鑄件。

　　不管那一種鑄模，其心型的四周及模穴的表面，在澆鑄時與高溫金屬熔液接觸，如果沒有適當的耐火材料來保護，鑄模材料容易被燒毀，砂模鑄件容易有結砂現象，金屬模的使用壽命將縮短。因此，在鑄模的模穴及心型表面常塗上一層保護材料，使其在遇到高溫金屬熔液時，自然形成一層保護薄膜，以獲得最佳的鑄件及保護金屬鑄模，此種塗模材料一般稱爲塗料(coatings, facing materials)，圖 5-176 係已經過塗模處理的砂模與砂心實例。

　　塗料的功用爲：

(1) 增加鑄件表面光度。

(2) 延長金屬鑄模的壽命。

(3) 避免鑄件產生結砂現象，便於清砂工作之進行。

圖 5-176　已經過塗模處理的砂心(上圖)與砂模(下圖)

5-9.2　塗料的種類

塗料的種類很多，不同的鑄模及不同的鑄件材質，即應選用不同的塗料。如果選用正確、使用適當，則花費少量的經費，即可獲得高品質的鑄件，減少大量的加工費用。

1. 依適用對象分類：塗料按其使用對象的不同，可分為三類

(一) 砂模及砂心塗料(sand mold and core coatings)

此類塗料一般又可分為兩種。

(1) 水溶性塗料：即塗料係調水配合而成者，砂模塗模後應再烘乾之，以免產生氣孔。如 terracote 與 terrapaint 等屬之。

(2) 揮發性塗料：係以酒精等揮發性材料調合塗模材料而成，塗模後只需在模穴表面點火，塗料中的揮發劑燃燒後，即可澆鑄。如 moldcote、ceramol 等屬之。

(二) 永久模塗料(permanent mold and die catings)

適用於壓鑄模、低壓鑄模、金屬模(重力鑄模)或壓鑄機的推桿等，如 dycote、lubix 等屬之。

(三) 其他塗料(miscellaneous coatings)

  (1) 塗於熔化用具，如坩堝、盛鐵桶、浸入式溫度計等，以增長工具的使用壽命。如 fracton 等。

  (2) 塗於冷激鐵(chills)，使澆鑄後易於分離，並使鑄件接觸面減少瑕疵，如 chilcote 等。

  (3) 塗於模型或砂心盒表面，使砂模易與模型分離，俗稱離型劑，如 separol、separit 等。

2. 依原料分類：塗料若依其原料組成的不同，可分為兩類

(一) 炭質塗料(carbonaceous contings)

  此種塗料普遍為鑄造廠所採用，因塗模後具有下列兩種效果。

  (1) 遇高溫時，能產生一種還原性薄膜，介於金屬液與模穴表面之間，保護鑄件及鑄模，並使其表面光滑。

  (2) 耐火性能高，能防止砂模被熔化而產生結砂現象，並可避免金屬熔液滲入砂模中。

  炭質塗料有石墨(graphite)、焦炭灰(coke ash)、煤灰、木炭灰等多種。最常用者為石墨塗料，石墨一般又可分為土狀石墨與片狀石墨兩種，土狀石墨即所謂的石墨粉或黑鉛粉，而片狀石墨俗稱金鉛粉。一般應用於鑄鐵及非鐵金屬鑄件。

(二) 礦物質塗料(mineral coatings)

  此種塗模劑有矽砂粉、鋯土、滑石及水泥等多種。其中矽砂粉使用較廣泛，因其含矽成分高達 90～96%，能承受較高溫度，保護鑄模並避免鑄件結砂，使鑄件表面光滑。尤其對於鑄鋼及合金鋼等砂模，不可使用高碳量的石墨塗料，只可使用此種塗模材料，亦即一般所謂的白色塗料(white facing)。

  砂模塗料的種類繁多，事實上，沒有一種塗料可通用於各種鑄模或砂心，因此，在選用前應特別小心，最好根據鑄模的種類、鑄件的材質、大小等因素來決定，必要時與塗料生產或供應商討論決定之。

5-9.3　塗料應具備的條件

好的塗料應具有下列各項條件。

(1) 有足夠的耐火性。

(2) 良好的黏著力，塗模後不致於流落或厚薄不均。

(3) 乾燥後不會裂開、剝落或鼓起等現象。

(4) 良好的浮懸性，不致於因久置而沉澱。

(5) 儲藏時具有優良的穩定性。

(6) 具有良好的覆蓋力。

(7) 乾燥後具有良好的硬度。

(8) 膨脹性應與鑄模材料相接近。

(9) 有正確的黏度(viscosity)，採用不同方法塗模時，都能適度的滲入模穴表面。

5-9.4　塗料的組成原料

一般的塗料都是由下列五項主要原料所組成。

1.　耐火填充料(refractory filler)

此為塗料中最重要的組成原料，其性能將決定塗料的功效。填料可採用一種或多種原料配合而成，主要係根據其顆粒大小、形狀、燒結點、熔點、導熱率、熱膨脹率及與鑄件材質和鑄模材料間的反應等性質而決定。

圓形顆粒填充料較多角形者容易填充砂模孔隙，亦即可減少砂模粗糙的表面；粒度大小亦很重要，粒度太小，由於毛細管作用填充料將被吸入砂模的小孔隙，減少透氣性，太大時則難以浮懸而致應用困難；填充料必須是化學惰性，在澆鑄時才能防止鑄模與金屬液間產生反應，避免鑄件表面粗糙或其他鑄疵的形成。

一般鑄鐵用耐火填料為石墨、而鑄鋼用的有矽砂粉、菱鎂石(magnesite)、鉻礦等粉末。

2.　負載劑(liquid carrier)

負載劑為塗料中其他原料的媒介物，沒有它則填充料、黏結劑、添加劑等無法發揮其功能。一般採用的負載劑如水性塗料的水、揮發性塗料的酒精、油類等液體，另外亦有特別調配而成的，如 Isopropanol、Methanol 等。負載劑的選用主要係根據其物理性、著火性、易乾性及鑄件材質、鑄模材料等因素而定。

3.　黏結劑(binding agent)

黏結劑主要作用在於黏結填料及特殊添加劑，使其黏附在鑄模上。選用時應考慮其合理的溶解度，與高溫金屬液接觸時氣泡與氣體量生成的傾向等因素。

4. 浮懸劑(suspension agent)

　　浮懸劑的功能在於防止塗料中固體物的沉澱，以保證品質的均一性。使用時，只需稍加攪拌即可，方便應用。

5. 特殊添加劑(special additives)

　　此項原料係為達到特殊目的才添加的，例如添加0.15%的安息香酸鈉(sodium benzoate)可以作為保存劑，其他為了增加冷凍性、防止鑄模與金屬液間產生反應、細化晶粒等亦可添加其他原料，添加劑需與塗料中其他材料密切配合，才能達到極佳的浮懸效果。

5-9.5　塗料使用法

1. 固體塗料(即粉狀塗料)：可用布袋抖撒方法處理。

2. 液體塗料常用的方法有下列四種

　　(1) 浸漬法(dipping)：此法大都應用於砂心的塗模作業，將砂心浸漬於塗料溶液桶中，操作簡單，既方便又迅速，且塗料厚度均勻，如圖 5-177 所示。

　　(2) 噴塗法(spraying)：應用空氣壓縮機，藉其高壓空氣將塗料噴灑在鑄模或砂心表面，尤其是大型鑄模，可以節省作業時間，噴塗厚度亦可有效控制，如圖 5-178 所示。

圖 5-177　浸漬法塗模作業

圖 5-178　噴塗法塗模作業

(3) 刷塗法(brushing)：中小型或少量的鑄模或砂心，大都用扁刷蘸塗料採用刷塗的方式從事塗模作業，如圖 5-179 所示。

(4) 抹塗法(swabbing)：抹塗與刷塗作業相似，抹塗係用抹刀或水刷，從事砂模的塗模作業，但與刷塗法一樣具有三項缺點：塗料厚度不易均勻、減少通氣性能、易損壞模穴表面使砂粒局部脫落。

圖 5-179   刷塗法塗模作業

 討論題

1. 普通砂模的種類有那些？試分別敘述之。

2. 特殊砂模與普通砂模的主要區別為何？其種類有那些？

3. 造模方法的種類有那些？

4. 造模用手工具的種類有那些？

5. 修模用手工具的種類為何？

6. 砂箱的種類有那些？

7. 試繪簡圖說明基本的手工造模程序。

8. 造模機械的種類有那些？

9. 試述吹射造模及摔砂造模的原理。

10. 試述垂直分模式無箱造模法。

11. 垂直分模式無箱造模法的優點為何？

12. 試繪簡圖說明真空造模法的程序。

13. 真空造模法的特色及優點為何？

14. 鑄砂的混練設備有那幾種？

15. CO_2砂模的材料及硬化原理為何？

16. 水玻璃砂模的通氣方法有那些？

17. CO_2砂模的優缺點為何？

18. 殼模法的造模程序為何？

19. 試述殼模法的優缺點？

20. 自硬性砂模的種類有那些？

21. 呋喃樹脂砂模的材料及混練程序為何？

22. 呋喃樹脂砂模的優點為何？

23. 水泥模的鑄砂材料為何？

24. 水泥模的優缺點為何？

25. 試繪簡圖說明真空殼模法(vacuum shell process)的造模程序。

26. 與殼模法相比較，真空殼模法有何優點？

27. 與冷匣法相比較，真空殼模法的特色為何？

28. 何謂疊模法(stack molding process)？

29. 鑄模塗料的功用為何？

30. 鑄模塗料的種類有那些？

31. 鑄模塗料應具備那些條件？

32. 鑄模塗料的主要原料有那些？

33. 如何使用鑄模塗料？

34. 砂模黏結劑的種類有那些？

CHAPTER

6

砂心製造

6-1 砂心的定義與功用

6-1.1 砂心的定義

砂心(cores)有狹義及廣義兩種含義：狹義的砂心係指以砂心砂(core sand)製作而成，安置於鑄模(molds)的模穴內，使其形成中空的鑄件。一般所謂的砂心(sand core)大都係指此類而言，如圖 6-1 所示。

圖 6-1 各種砂心實例

廣義的砂心係指以任何耐火材料，如砂心砂、石膏、陶瓷甚至金屬等製作而成，以便形成鑄件的內形，此時的 Core 並不一定用砂製成，故以「心型」稱之較為妥切，但一般仍以「砂心」作為通稱。鑄造複雜鑄件時，砂心在金屬澆鑄後需具有良好的崩散性，而永久模或壓鑄模內的金屬心型沒有崩散性，故其鑄件形狀有一定限度，不能太複雜，且其深度有限，斜度亦應較大，以便於抽出心型。

就廣義而言，砂心除了可形成鑄件的內部形狀外，亦可應用砂心形成鑄件的外形，尤其是複雜的鑄件，不便製作砂模時，可以製成數塊砂心，再將砂心組合圍成模穴，澆鑄成形狀複雜之鑄件，如圖 6-2 所示。此即所謂的砂心砂模(core mold)，當然砂心砂模內可再安置組合其他砂心，以便形成內孔。

如上所述，砂心事實上屬於砂模的一部份，兩者最大的差別在於：砂模是採用模型(pattern)製作而成；而砂心是利用砂心盒(core box)或其他模型(如刮板模等)另外製作。且砂模完成後，大都有砂箱(flask)圍著，以增加強度、保護砂模的完整，便於搬運及合模；而砂心是赤裸裸的，外圍沒有任何東西保護它，就像無箱造模法所造之砂模，但無箱砂模合模後不得再分開，而砂心可以分開，甚至修整，直到合適為止。

因此，我們可以給砂心一個較通用的定義，那就是：「以砂的形態，來形成鑄件的內外輪廓，它是利用砂心盒或其他模型製成的。」雖然少部份簡單內形的鑄件，可以利用中空的實體模型(solid pattern)於造模時直接成形，但是絕大部份的砂心都是另外用砂心盒來製作的。

(a) 鑄造汽缸體之部分砂心砂模

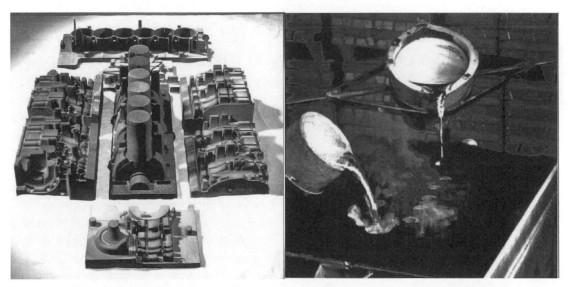

(b) 鑄造汽缸體之砂心砂模共八塊　　　(c) 組合砂心砂模後之澆鑄情形

圖 6-2　應用砂心砂模鑄造的六缸引擎汽缸體鑄件(摘自德國 FKM GmbH 廣告)

(d) 清砂後之精密六缸引擎汽缸體粗胚

圖 6-2　應用砂心砂模鑄造的六缸引擎汽缸體鑄件(摘自德國 FKM GmbH 廣告)(續)

6-1.2　砂心的類型

砂心一般可分為下列六大類型(如圖 6-3 所示)。

(1) 濕砂心(green-sand core)：由實體模型造模而成，與砂模結合為一體的濕砂砂心，如圖 6-3(a)。

(2) 水平式乾砂心(dry-sand core)：水平擺放，且由兩端砂心座支持的乾砂砂心，如圖 6-3(b)。

(3) 垂直式乾砂心：垂直安置的乾砂砂心。注意上方砂心頭應倒角，如圖 6-3(c)。

(4) 平衡砂心(balanced core)：水平擺放，但只有單邊砂心座支持的平衡砂心，如圖 6-3(d)。

(5) 懸吊式砂心(hanging core)：支架在模穴上方，砂心表面形成鑄件表面，如圖 6-3(e)。此類砂心應於適當位置預留澆口，以便澆鑄金屬液進入模穴。

(6) 落入型砂心(drop core)：當鑄件內孔無法在分模面位置時，可採用此類砂心，如圖 6-3(f)。但模型應先預留砂心座，以便安置。

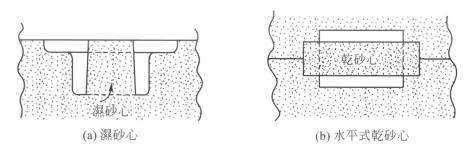

(a) 濕砂心　　　　　　　　　　(b) 水平式乾砂心

圖 6-3　砂心類型

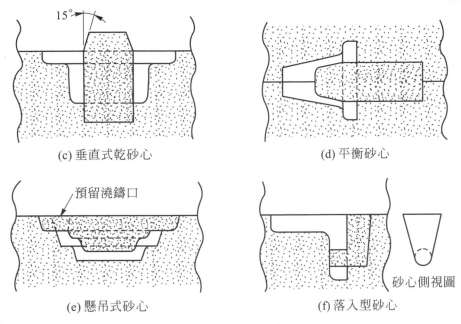

(c) 垂直式乾砂心   (d) 平衡砂心

(e) 懸吊式砂心   (f) 落入型砂心

預留澆鑄口

砂心側視圖

圖 6-3   砂心類型(續)

以上六類砂心，除了(1)類濕砂心是由模型直接成形外，其餘五類砂心都必須用砂心盒或刮板模等另外單獨製作，且都必須烘乾而成乾砂心，因此，生產成本較高，但是效果較佳，且可製造任何複雜形狀或大小的鑄件，而(1)類則限於簡單形狀的鑄件。

6-1.3   砂心的功用

砂心至少具有下列六大功用。

(1) 形成鑄件內部的孔穴：尤其是複雜的內形，以減少加工，甚至不必再加工。故當鑄件內形彎曲複雜，如汽車的進、排氣管等，無法加工成形者，必須利用砂心成形。

(2) 製造外形複雜的鑄件：無法或不便採用濕砂模造模時，可利用砂心組合形成砂心砂模，如圖 6-2 所示。

(3) 砂心可用來形成濕砂模的一部份：當鑄件輪廓具有反斜度(back draft)或凸出物等，無法或不便直接利用模型來造模時，可以在起模後利用砂心安置在砂模內來成形。

(4) 砂心可用來加強或改善鑄模表面，以便獲得更光滑的鑄件：砂心一般都是用可硬化型材料製成，且大都採用新砂，製成後都經過乾燥處理，強度比砂模大，性質比砂模爲佳。

(5) 砂心可當作澆口系統(gating system)的一部份：因為砂心強度大、性質好，故大型砂模常以製作砂心方式，製成過濾砂心(strainer core)、澆口池(pouring basin)、澆口杯(pouring cup)等，安置在砂模內，以獲得較佳的鑄件品質。

(6) 砂心可當作模型的一部份：亦即將搗實砂心(ram-up core)安置在模型的適當位置，填砂造模後將模型起出，則砂心留在砂模內，它可用來安置其他砂心、支持砂心撐(chaplets)、固定冷激鐵(chills)或強化砂模等。

6-2 砂心材料－砂心砂

在鑄模裏，砂心絕大部份被高溫的金屬液所包圍，因此，砂心本身必須具有耐沖蝕、熱裂、熱震及金屬穿透(metal penetration)等性能，且需維持其尺寸正確，並具有良好的通氣性，以便獲得無鑄疵的成品。但是砂心又不能永久不變，否則清砂作業將不易進行，故製造砂心需有適當的材料，一般而言，砂心砂(core sands)可說是製造砂心，使用得最普遍的材料。

事實上，製造砂模用的鑄砂也都可以當作砂心砂使用，如前一章所述的濕砂、殼模砂、水玻璃砂、水泥砂、自硬性砂等。但由於砂心的地位較為特殊，因此，亦需具備較為特殊的性質及材料的選配，一般鑄砂材料的組成已於前一章介紹過，本節將針對普通砂心砂的特色補充介紹，而有關特殊砂心砂的調配則於下一節砂心製造方法中提及。

6-2.1 砂心砂的性質

良好的砂心砂除了應具備一般鑄砂性質外，還應具備下列各項性質：

(1) 濕態強度適合於砂心作業。

(2) 砂心強度、硬度及其他性質，需配合砂心的烘乾作業。普通砂心必須烘乾，才不致於產生氣孔，故砂心需具有相當的強度、硬度，烘乾時才不會損壞或變形。可硬化型砂心，如呋喃樹脂砂、自硬性砂、殼模砂等可不需烘乾作業。

(3) 烘乾後，砂心需具有足夠的強度，以便於搬運、砂心安置及維持尺寸的精確度。

(4) 砂心需能承受熔融金屬的激烈作用，如沖蝕、熔融、熱震及氣體的排除等。

(5) 砂心砂需便於從凝固的鑄件中清除。

(6) 砂心的儲藏仍然能維持砂心所要求的各項性質。

6-2.2 砂心砂的組成

砂心砂與鑄砂一樣，仍由基砂、黏結劑及為特殊目的而加入的添加劑所組成。

1. 基砂(base sand)

矽砂是製造砂心砂使用最普遍的基砂，其他像鉻砂、鋯砂及橄欖石砂等也可使用。一般砂心砂所要考慮的基砂條件為其粒度及密度，當然鑄件的材質為選擇砂心砂粒度的先決條件，其他如價格、來源等問題都是選擇基砂時的重要依據。

鑄鋼用的砂心，由於需具有較高的耐火度，故一般選擇較粗粒的矽砂，其砂粒細度一般介於 AFS No 30～60；而鑄鐵及非鐵金屬溫度較低，則可選用較細粒的矽砂，如 AFS No 60～90。

2. 黏結劑(binders)

砂心黏結劑是用來使砂粒彼此間結合在一起，並賦與強度，因此，需考慮耐沖蝕、破裂、崩散性等因素。

一般黏結劑可區分為有機物及無機物兩類，有機性黏結劑是可燃的，可由熱量來摧毀，故其崩散性良好；無機性黏結劑不可燃，於高溫度下仍然具有高的強度，耐鐵水沖蝕，但是崩散性卻不佳。

(一) 有機性黏結劑

砂心砂用的有機黏結劑有砂心油、樹脂、瀝青、澱粉、糊精、糖蜜等。

(1) 砂心油

砂心油(core oil)是一種油液黏結劑，一般常用者為亞麻仁油(linseed oil)、桐油等乾性油，其添加量為砂心砂重量比的 0.5～3%，矽砂與砂心油混合後，通稱為油砂(oil sand)。

因為砂心油受熱氧化會產生聚合(polymerization)作用，使較輕較小的分子，緊合成較重較大的分子，由液體變為固體，因而使整個砂心硬化。

砂心油在 175℃以下時，氧化速度緩慢，當烘乾溫度升高到約 220℃時，硬化加速，若溫度超過 260℃，將會使硬化油膜損壞，降低砂心強度。油砂心所需烘烤時間，從一個半小時到數個小時不等，砂心愈大，所需烘烤時間亦愈長。

油砂內通常加入約 2%的水份，以改良油砂的濕砂強度，便於砂心製造，但加入的水份應儘可能少，以免降低烘乾後的乾砂心強度。且砂心油黏性較高，為便於調配混練，可加入少許媒油將它稀釋。

(2) 樹脂與瀝青

樹脂(resin)是近代化學工業的產品，其種類很多，用於鑄造業的樹脂，大體可分為三類：

A. 熱硬性樹脂：如殼模法或熱匣法所用的酚醛樹脂、尿素樹脂或胺基變性酚醛樹脂等。

B. 氣硬性樹脂：如冷匣法所用的 ISO CURE 樹脂。

C. 自硬性樹脂：如自硬性造模法所用的呋喃樹脂等。

目前鑄造廠所用的砂心，絕大部份是以樹脂為黏結劑，即採用冷匣法或熱匣法所製之砂心，而盛行一時的油砂心已較少被採用。

瀝青(pitch)是煉焦時的副產品，一般瀝青黏結劑使用量不超過 3%，必要時可添加 3%以上的含量。瀝青砂心混合物包括：瀝青、黏土、木漿膠(lignin)等，當作砂心黏結劑用的瀝青，其熔點約在 130～150℃之間，而砂心烘烤溫度約為 150～320℃，此時，部份瀝青將會揮發掉，而在砂粒間形成一層具有黏性的固體薄膜，當溫度降低，砂心冷卻時即可獲得相當的強度，耐鐵水的沖蝕。

(3) 澱粉、糊精及糖蜜

此類黏結劑是屬於水溶性黏結劑(water soluble binder)，它們和水混合後能產生黏性，用此類黏結劑所製成的砂心，其烘乾溫度一般約為 175℃。

澱粉及糊精都是由玉蜀黍製成。糊精易溶於水，用它所製砂心在烘乾後，表面硬而內部較軟，這是由於水份向外蒸發時，將糊精引往砂心表面之故；而用澱粉所製砂心則無此現象，故所製之砂心硬度較為平均。

(二) 無機性黏結劑

此類黏結劑有耐火泥、火山黏土、矽酸鈉(水玻璃)等，使用這些無機性黏結劑，可以獲得適當的濕態強度、乾態強度及光滑的表面。由於前兩者是粉狀材料，故在油砂混練時，所需的油量將大大地增加。

耐火泥的添加量不必太多，在 2.0%以下便能達到所需之強度；火山黏土只要添加 0.5～2.0%，即可得到濕態強度，但需增加砂心油的添加量。

(三) 水份

水雖不是黏結劑，但是係為黏結劑的媒介物，尤其是水溶性黏結劑，沒有水份即發揮不了功用。一般水份的添加量在 2.5～7.0%之間，無論使用那一種黏結劑，都有一最適當的含水量。水份太多，則濕態強度不足，模面硬度不夠，烘乾強度太低，同時會產生種種缺陷，如起模困難、延長烘乾時間、黏模等困擾。

6-2.3　砂心砂的混練

　　砂心砂可使用混砂機(mixer)、速練機(muller)或其他混練設備來從事調配工作。欲得到最佳的砂心，有關砂料的選用、貯存及適當的混練是非常重要的工作。

　　最簡單的砂心砂混合物，普通是由矽砂、1%的砂心油、1%穀粉及 2.5～6%的水混合而成。其他砂心用的砂心砂混合物可參考表 6-1 所示，砂心組成物主要決定於鑄件材質的種類、溫度，鑄件形狀、大小、砂心製造方法及砂心的特殊要求等。

表 6-1　典型的砂心砂混合物範例

用途	基砂	黏結劑	其他組成物	備註
灰口鑄鐵 (小件)	矽砂 113 份，AFS 56	2 份砂心油	無	無水時崩散性良好
	矽砂 280 夸脫	5 份砂心油， 4 夸脫穀粉	無	添加 2.5～3.5%水分， 以獲得濕模強度
灰口鑄鐵 (大件)	200 磅新砂，720 磅舊砂， AFS 45	3 磅西方火山黏土， 5 磅瀝青	無	水 4.5～5.5%
可鍛鑄鐵 (中小件)	20 份湖砂，75 份河砂， AFS 99	1 份砂心油， 2.5 份穀粉	無	4.2%水，44 濕模透氣度
輕金屬	矽砂 280 夸脫，AFS 88	5 磅尿素， 10 磅穀粉	煤油 2 夸脫， 防臭劑 8 oz	水 16 夸脫，吹製砂心， 約 200℃烘乾
鋁合金	50 份矽砂，50 份河砂， AFS 85～90	1 份砂心油， 1 份糊精	無	加水(小鑄件)
	480 磅湖砂，AFS 55； 240 磅河砂，AFS 80	4 夸脫尿素樹脂， 6 磅穀粉	煤油 1 夸脫	約 175℃烘乾
鑄鋼	1300 磅矽砂， AFS 45	5 夸脫砂心油， 16 夸脫穀粉	16 磅氧化鐵	
	325 磅矽砂	1 夸脫西方火山黏土，30 磅砂心油， 3 夸脫穀粉	5 磅氧化鐵	混合以便吹製砂心
離心鑄件	2000 磅矽砂	20 磅西方火山黏土， 30 磅瀝青，40 磅樹脂	120 磅矽砂粉	需較高之高溫強度

註：(1) 資料取自美國 H. W. Dietert 公司。

　　(2) 1 夸脫(quart)＝1/4 加侖，約為 1.14 公升(liter)；1 盎司(oz)＝1/16 磅(1b)。

6-3 砂心製造方法及設備

砂心是將砂心砂填入砂心盒(core box)，或利用刮板等模型製作而成；製造砂心的方法主要可分爲手工製作與機械製作兩類。

機械製作砂心，是利用砂心機(core machine)將砂心砂吹入(blowing)或射入(shooting)砂心盒內，且能在短時間內迅速硬化成型，極適合小件砂心大量生產使用，砂心機一般又可分爲熱匣法(hot box process)與冷匣法(cold box process)兩種。熱匣法適用於殼模砂與油砂，而冷匣法可採用氣硬性樹脂砂、水玻璃砂等。

手工製作砂心，速度較慢，生產力較低，但是適合於任何形狀及大小的砂心，尤其是大形砂心，除了應用砂心盒外，亦可採用刮板或骨架模型來製作砂心，降低設備及模型費用，對於生產量不多的各型砂心，採用手工製作，可降低生產成本。

手工製作砂心適合於各種砂心砂。尤其是採用水溶性黏結劑的砂心砂，烘乾硬化時間長、速度慢，只能採用手工製法；其他如水玻璃砂、油砂、自硬性或氣硬性砂心砂都可用手工來製作砂心。

6-3.1 製造砂心應注意事項

不管採用砂心機或手工製造砂心，在製作前除了應注意選用適當的砂心砂，並作適當的混練外，還應配合砂心的特性，預作準備，以便順利製作砂心，並可預期獲得最佳的鑄件。製造砂心時應注意的事項如下。

1. 砂心強度問題－製作砂心骨以便加強

砂心必須具有高的強度，以便於搬運、組合、安置及承受金屬液的沖蝕。但是砂心是赤裸裸的，不像砂模還有砂箱保護加強，因此，製造砂心就如同建築樓房，除了水泥外，還得有鋼筋；就砂心而言，用以補強之物一般稱爲砂心骨(core bar)，故除了小件、形狀簡單且採用可硬化型砂心砂製作的砂心外，大部份砂心都應事先製作形狀及尺寸均適當的砂心骨，以便製造砂心時，埋入砂心內部，而獲得強度足夠的砂心。

砂心骨可用堅硬的材料製成，如木材、焦炭、鐵釘、鐵絲等都可採用，但是對於同一砂心而言，砂心骨應爲一整體且是牢固的，以免因爲砂心骨的鬆動而加速砂心的崩壞。故通用的砂心骨係用粗細適當的同一根鐵線(約 10#或 3mmØ 以上)，製成所需的形狀，然後在轉折處用細鐵絲綁緊或銲牢，亦有利用金屬澆鑄成形者，如圖 6-4 所示。

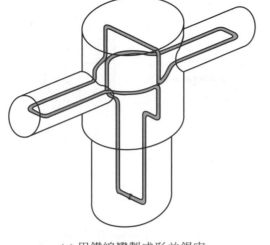

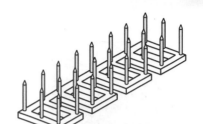

(b) 與鐵釘鑄造成一體

砂心
剖面圖

(a) 用鐵線彎製成形並銲牢　　　(c) 與鐵釘鑄造成一體的彎管砂心骨

圖 6-4　砂心骨範例

2. 砂心通氣問題—製作通氣孔道

　　砂心絕大部份表面積都將與高溫金屬液接觸,甚至被金屬液包圍,因此,澆鑄時,砂心、模穴或砂模內所產生的氣體,若無法順利排出,將使鑄件產生氣孔等瑕疵,故通氣問題對砂心及鑄模而言,是一項非常重要的問題。

　　砂心的通氣主要包括兩部份:一是砂心本身的通氣;另一是如何將砂心內的氣體排出鑄模外。後者將於下一節「砂心安置」時介紹,本節先談砂心本身通氣孔道的處理。

　　除了中空的殼模砂心,或小件且採用可硬化型砂心砂製作的乾砂心外,中大型砂心都應注意通氣問題,尤其是採用水溶性黏結劑調配的濕砂所製作的砂心,通氣孔道更是不可缺少。

　　砂心的通氣問題至少有下列七種克服的方法:(如圖 6-5 所示)

(1) 利用通氣針穿製通氣孔(core vent):此為最簡單、最常用的方法,尤其適合中小件且為長條簡單型砂心。

(2) 利用圓鐵條穿製通氣孔:適合於十字或丁字交叉之砂心。

(3) 於砂心中間開槽通氣:此法適合於中大型砂心,兩半砂心單獨製作,而於組合前先開通氣槽,然後黏合使用。

(4) 埋放蠟條,使其於澆鑄時熔化而自然形成通氣孔道:此法適合於任何複雜形狀的砂心。

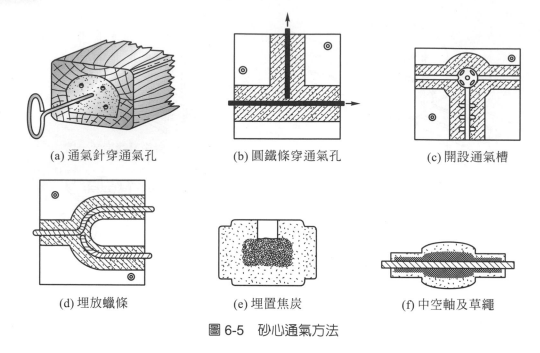

    (a) 通氣針穿通氣孔   (b) 圓鐵條穿通氣孔   (c) 開設通氣槽

    (d) 埋放蠟條   (e) 埋置焦炭   (f) 中空軸及草繩

圖 6-5　砂心通氣方法

(5) 埋放焦炭，利用焦炭本身的多孔性及焦炭間的孔隙通氣：此法特別適合於大型砂心，亦可應用於地坑砂模的通氣。

(6) 應用中空且表面穿孔的鐵管：中空軸不但可以通氣，亦可兼具砂心骨的功能。

(7) 埋設草繩，以便於通氣：草繩粗細應配合砂心斷面的大小，太粗則砂心強度不足，太細則通氣效果不佳。

3. 砂心貯放及搬運問題

　　砂心與砂模大都是分開個別製作的，尤其是中大型鑄造廠，大部份設有專門製作砂心的部門，而且為了提高生產力，砂心必須源源不斷地供應造模部門，因此，砂心的貯放及搬運的重要性並不亞於前兩項問題。

　　砂心為了便於貯放，常需使用托板，尤其是複雜形狀的砂心，托板必須製成與砂心盒類似的托板模，以免貯放時碰傷砂心的表面。砂心若需烘烤時，應使用鐵製托板，而平時存放可用木製托板即可。另外，砂心為了便於搬運，尤其是大且重的砂心，常需於托板上裝置吊鉤，以便起重機作業，如圖 6-6 所示。大型砂心為了懸吊安置，亦常將砂心骨製成吊鉤狀，砂心安置妥當後，才再用砂心砂將吊鉤埋入砂心中。

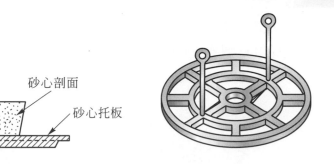

(a) 平頂砂心用托板 · 砂心剖面 · 砂心托板

(b) 附吊鉤之托板

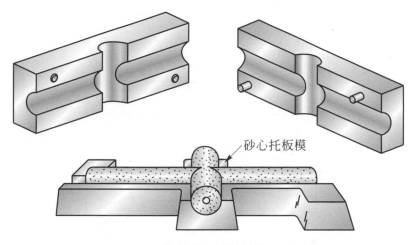

砂心托板模

(c) 複雜砂心用托板模

圖 6-6　砂心托板範例

6-3.2　手工法製造砂心

　　利用手工來製造砂心，依使用模型的不同，大體可再分為三類：即利用砂心盒、刮板模型或骨架模型來製造砂心。

1.　利用砂心盒製造砂心

　　絕大部份的砂心，都是利用砂心盒製成的，砂心盒根據砂心的大小及形狀，有很多種結構，但是不管結構如何，製造砂心的方法，原則上可分為兩種。

(1)　砂心盒組合在一起製造砂心

　　此法是最常見的砂心製造法，尤其是利用砂心機吹製砂心，都是採用此法。它適合於不很複雜的砂心製作，且不管小件或大件都可以採用，製造砂心的同時，應注意砂心骨的擺放及砂心通氣的問題。

此法特別需注意砂心盒的固定，尤其是砂心盒尺寸大於手掌所能握持的範圍時，應採用 C 型夾或螺栓固定，以免填砂製造砂心時，砂心盒漲開或變形，而影響砂心的精確度，如圖 6-7 所示。

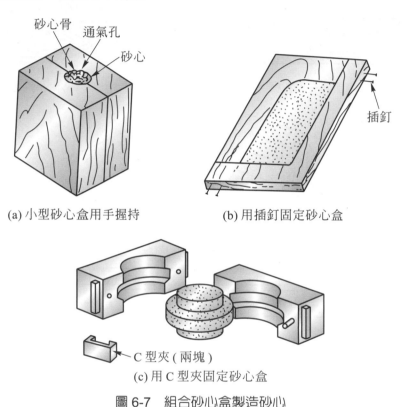

(a) 小型砂心盒用手握持　　　　　(b) 用插釘固定砂心盒

(c) 用 C 型夾固定砂心盒

圖 6-7　組合砂心盒製造砂心

(2) 砂心盒分開個別製作，再組合形成砂心

當砂心形狀複雜，砂心骨及通氣孔道在砂心盒封閉情況下不易處理時，可將兩半砂心盒分開，個別製作砂心，砂心骨及通氣孔道安排妥當後，再塗刷少許黏土水，將兩半砂心黏合，然後除去砂心盒完成砂心製作。如圖 6-8 所示，此法於砂心製好後再烘乾使用。

有時同一鑄件的內孔複雜且體積龐大，砂心得分開個別製作，烘乾後再將數個砂心用膠合劑黏合使用，如圖 6-9 所示。有時則將砂心個別安置在砂模內，利用外模的砂心座將砂心穩穩地固定在模穴內，以便形成中空鑄件。

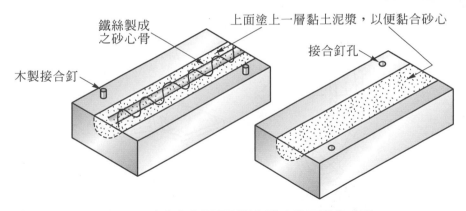

鐵絲製成
之砂心骨

上面塗上一層黏土泥漿，以便黏合砂心

接合釘孔

木製接合釘

圖 6-8　砂心盒分開個別製作砂心後再黏合成形

圖 6-9　數個砂心組合後使用

2. 利用刮板製造砂心

　　當砂心的形狀有規則且對稱時，除了可利用砂心盒製作外，亦可使用刮板來製造砂心，如此可減少砂心盒的費用，適合於少量的生產作業。如圖 6-10 所示。

3. 利用骨架模型製造砂心

　　大型中空鑄件，除了可以利用骨架模型製造外模外，亦可利用它來製作砂心，如圖 6-11 係一方管之骨架木模，木條的厚度即為管厚，製造砂心前，先將砂心砂填滿管內並搗實，然後利用刮板，一格一格將多餘的砂刮去，最後將骨架模分開，即成所需之砂心。製造砂心前可先製造外模，即當所有格孔填滿鑄砂並刮平時，骨架模型成一實體分型模，外模造好後，再將格孔內的砂刮去，又可形成砂心，如此，可組成一組中空鑄件之砂模。

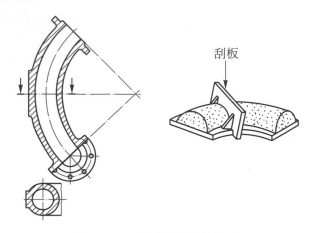

圖 6-10　利用刮板製造砂心

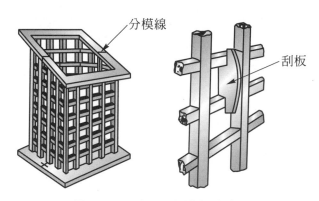

圖 6-11　利用骨架模製造砂心

6-3.3　熱匣法(hot box process)製造砂心

　　顧名思義，熱匣法是製造砂心過程中，需將金屬製砂心盒(core box)加熱的一種方法，熱硬性樹脂砂遇到高溫的砂心盒會逐漸產生黏結硬化反應，增加強度。當然此法，亦可應用於熱硬性砂模的製作，如殼模、油砂模等，此為廣義的熱匣法。尤其是採用疊模法時，兩面均需模穴的熱硬性砂模，常用此法造模及製作砂心，如圖 6-12 至圖 6-15 所示。

　　狹義而言，熱匣法係指殼模砂心(shell core)的製作，此法係將殼模砂利用高壓空氣吹入已預熱的砂心盒中，砂心外圍遇熱逐漸黏結硬化，當其硬化厚度足夠時，將砂心盒中心尚未黏結的殼模砂倒出，繼續加熱使砂心內層亦達相當的硬化強度，如此，即可獲得完美的中空殼模砂心，如圖 6-16 及圖 6-17 所示。

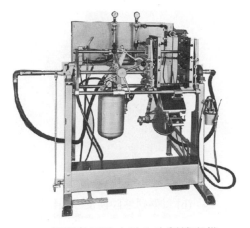

(a) 採用熱匣法之砂心吹製機配備

(b) 垂直分模、反轉排砂熱匣砂心機

圖 6-12　熱匣法砂心吹製機

圖 6-13　熱匣法所製複雜細小砂心組合

圖 6-14　依左圖完成複雜中空鑄件粗胚

　　熱匣法製造砂心與殼模法之造模材料及程序相似，唯製砂心用殼模砂所添加的黏結劑為酚樹脂或含 70%呋喃甲醇之呋喃樹脂，且其添加量較少，約為矽砂重量的 1～1.5%，以免產生太多異味；而砂心盒預熱溫度較模型板為高，約為 250～300℃，但吹入殼模砂停留時間較短，只需 10 秒鐘，且排砂後繼續加熱所需時間亦較少，約為 20～30 秒。如此，可以縮短製造砂心所需的時間，以提高生產效率。

(a) 製作水龍頭心型的熱匣—鐵製砂心盒
及熱硬性砂心

(b) 以熱硬性砂模及砂心採用
疊模法鑄造之水龍頭鑄件

(c) 熱匣法鑄造之水龍頭及管接頭鑄件

(d) 熱匣法所製之砂心及鑄造之汽缸頭

圖 6-15　熱匣法之模具、砂心及鑄件成品(圖片來源：天元模型股份有限公司)

圖 6-16　熱匣法所製之中空殼模砂心

圖 6-17　熱匣法之機車引擎砂心及砂模

6-3.4 冷匣法(cold box process)製造砂心

1. 冷匣法的定義

　　廣義的冷匣法係指在常溫之下，從事砂模或砂心製造的作業，亦即砂心盒或模型板等係在常溫之下的造模工作，包括普通砂模、砂心的手工或機械製作，水玻璃砂模及其他自硬性砂模的製作等。

　　狹義的冷匣法係指亞士蘭造模法(Ashland process)，可製造砂模與砂心，尤其在砂心的生產方面效果極佳，廣受工業國家鑄造業樂於採用，如圖 6-18 及圖 6-19 所示，本節所述主要係指此法而言。

圖 6-18　冷匣法製作之砂心及生產的汽車排氣歧管零件

圖 6-19　冷匣法砂心吹製機及製造之砂心

　　冷匣法是一種以樹脂砂為主體，藉高壓空氣將砂射入砂心盒或砂箱內，並通入硬化促進劑－TEA 氣體，使其在數秒鐘內常溫硬化的一種方法，適合於高速且大量生產之工廠使用。

　　此法是美國亞士蘭化學公司的化學、鑄造專家，於 1968 年成功地研究開發其專利黏結劑－ISO CURE 樹脂，應用於鑄造的造模作業，此法乃是集合多種造模法之優點的一種新式造模法，在當今能源短缺、成本高漲的熱浪下，確是鑄造界的一大福音。

　　另有一種二氧化硫速硬法(SO_2 process)，於 1975 年由 Core-Lube 公司發展成功，以呋喃基樹脂配合有機過氧化物，將砂混入，通入 SO_2 氣體後，產生酸性觸媒而起化學作用(放熱反應)立即硬化，亦深受歐美鑄造界歡迎。以下謹以亞士蘭法作較詳細介紹。

2. 冷匣法的優點

(1) 操作容易，不需熱練的技術人力。

(2) 數秒鐘內立即硬化，生產快速。

(3) 常溫硬化，模型材料適用範圍廣泛，降低投資成本。

(4) 造模快速，2 小時後就可澆鑄，可節省生產空間。

(5) 生產快速，造模和澆鑄成功率高，降低成本。

(6) 造模不必震動及擠壓，減少噪音及空氣污染。

(7) 鑄砂崩散性佳，清砂容易。

3. 冷匣法原料與調配

(1) 基砂－矽砂

此法仍然以矽砂為基砂，其粒度一般為 AFS.50～60，含水量愈低愈好，最好能控制在 0.1%以下；且溫度應維持在常溫，以免影響可使用的時間；而雜質含量愈少愈好，通常黏土含量必須低於 0.3%。

(2) 黏結劑－樹脂

此法所使用之 ISO CURE 樹脂分為兩部份：樹脂 I 部及樹脂 II 部，係為異氰酸鹽(isocyanate)及酚系樹脂(phenolic resin)，其添加量一般在 3%以下。

(3) 硬化促進劑－TEA 氣體

冷匣法所用的樹脂砂，需藉空氣通入 TEA 氣體，以促進砂模硬化，然後再通入空氣，促使砂模內殘留的 TEA 氣體排出。促進劑是一種胺(amine)系氣體，它的需要量與樹脂砂使用量、砂模或砂心的形狀、大小、厚薄有密切的關係，其通入量約為砂重量的 0.1%以下，一般通氣時間約為 5～15 秒。

(4) 樹脂砂的混練調配

樹脂砂的混練一般有兩種模式：

A. 矽砂＋樹脂 I 部 $\xrightarrow[\text{1-2 分鐘}]{\text{混練}}$ 樹脂 II 部 $\xrightarrow[\text{1 分鐘}]{\text{混練}}$ 樹脂砂。

B. 矽砂＋(樹脂 I 部及 II 部) $\xrightarrow[\text{1-2 分鐘}]{\text{混練}}$ 樹脂砂。

混練的設備最好採用連續式混砂機(通常為螺旋型)，以有效控制可用時間，並達最佳的混練效果；分批式混練機亦可使用，但應避免產生熱量，且混好的砂料應在半小時內全部用完，以免硬化失效。

4. 冷匣法製造砂心

採用冷匣法製造砂心或砂模，一般採用砂心吹射機(core shooting machine)，亦可使用手工製作，但生產速度較慢。砂心機製造砂心的過程大致可分為兩階段：射砂及通氣硬化。

(1) 射砂

採用壓力約為 35～45psi 的乾燥空氣，將砂心砂射入密閉砂心盒或砂箱內，以填滿所有死角，若壓力不足，則細小的槽孔或內角甚至整個砂心，都將發生密度及強度過低的現象，如圖 6-20 所示。

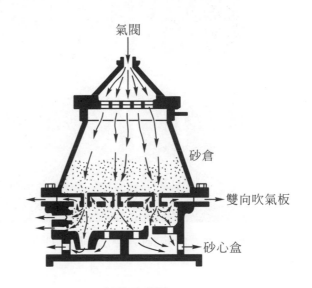

氣閥

砂倉

雙向吹氣板

砂心盒

(a) 小型砂心吹射機之一例   (b) 射砂示意圖

圖 6-20 冷匣法製造砂心

(2) 通氣硬化

射砂工作完成後，隨即將促進劑藉空氣壓力通入，以使砂心硬化。一般通氣硬化過程可分為三個步驟：

A. 將低壓的 TEA－空氣通入，壓力約為 2～4psi。

B. 將高壓的 TEA－空氣通入，壓力約為 15～30psi。

C. 將乾燥空氣通入，壓力約 15～30psi，將砂心內殘留的 TEA 氣體排出。

5. Betaset 冷匣法

Betaset 是英國伯登(Borden)公司開發的一種氣硬性冷匣造模法，該公司研製一種新型鑄造用快速造模、高效率低污染的水溶性、鹼基酚醛樹脂(alkaline phenol resin)黏結劑，經混砂程序後，通入無毒性氣態硬化劑甲酸甲酯後，瞬間催化而形成高強度砂心或砂模，如圖 6-21 所示，可鑄造高品質鑄件。此法由於不通入二氧化硫或氨系之硬化氣體，故不會逸出毒性氣體造成環境污染。

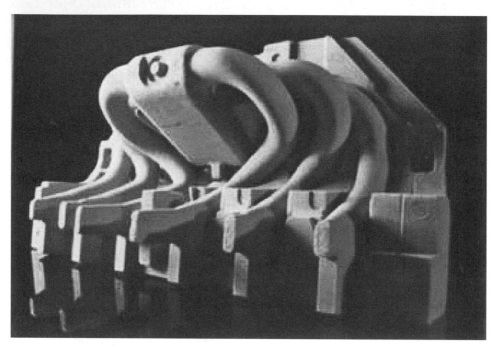

圖 6-21　Betaset 冷匣法所吹製的砂心，組合做為六缸汽車進排氣管之心型使用

6-4 砂心的烘乾與安置

6-4.1 砂心烘乾

砂心應在完全乾燥的情況下澆鑄，鑄件才不會產生氣孔等瑕疵，因此，大部份的砂心都應經過烘乾處理作業。當然，砂心製造過程中，如果已經過加熱過程，例如殼模砂心及油砂心等熱匣法，或發熱自硬性造模法所製的砂心等，可不必再行烘乾。

熱匣法製造砂心過程中，將砂心及砂心盒一起加熱，其目的是欲使砂心內的有機性黏結劑(如亞麻仁油，熱硬性樹脂等)產生氧化等化學反應，因而產生聚合作用，凝結成固態而得到堅硬的砂心。但事實上，在砂心變硬之前，由於溫度已超過水的沸點，因此，砂心同時獲得烘乾的效果。一般含有機性黏結劑的砂心，欲得到適當的強度，砂心加熱的溫度達 650°F(約 343℃)，但在 212°F(即 100℃)時，砂心內的水份即已逐漸被驅除，而當溫度升至 400～500°F(約 200～260℃)或更高時，黏結劑才開始產生聚合作用，此時，砂心已達完全乾燥的程度。

一般將油砂心製作過程中的烘烤作業亦當作砂心的烘乾處理，所採用的烘烤溫度通常為 400～460°F(約 200～240℃)，保持時間為 2～6 小時，烘烤溫度太高或太久的砂心，在鑄件凝固前可能很快地崩潰、破裂或被沖蝕。烘烤妥當的油砂心或殼模砂心，表面顏色顯示出類似胡桃般的棕色，顏色較暗趨向咖啡色時，表示溫度太高或時間太久，顏色較淡則表示烘烤不足。

採用水溶性黏結劑的砂心，一般烘烤溫度為 250～350°F(約 120～180℃)，烘乾的時間通常大約 1～2 小時即可。

烘乾砂心的烘爐(core baking oven)，可用煤炭、焦炭、瓦斯、燃料油或電等當作熱源，用來加溫。砂心烘乾爐的型式有很多種，主要可分為兩類。

1. 分批式

又可分為抽屜式(drawer type)、隔層式(shelf type)、推架式(portable rack type)及台車式(car type)四種，前兩種適用於烘乾屬少量生產的小型砂心，如圖 6-22 所示。後兩種適用於較大型砂心，如圖 6-23 即為台車式砂心烘乾爐。

圖 6-22　隔層式砂心烘乾爐

圖 6-23　台車式砂心烘乾爐

2. 連續式

連續式砂心烘乾爐是利用輸送帶，將砂心送入爐內，烘乾後依次送出爐外，烘乾效率較高，適用於大量生產使用，且砂心大小尺寸必須一致，以免大砂心烘乾不足，或小砂心烘乾過度。連續式烘乾爐又可分為水平式及垂直式兩種，圖 6-24 係水平連續式砂心烘乾爐。

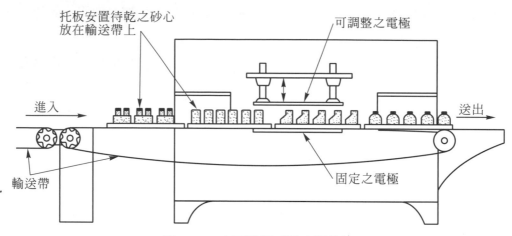

托板安置待乾之砂心放在輸送帶上

可調整之電極

進入

送出

輸送帶

固定之電極

圖 6-24 水平連續式砂心烘乾爐

6-4.2 砂心安置－砂心撐(chaplets)

砂心安置作業是將砂心安放於鑄模內，一般砂心是藉著砂心座來固定在鑄模內，因此，砂心的尺寸大小及位置必須與鑄模配合妥當，否則砂心不但無法定位，亦有可能於合模時被壓損，或澆鑄時因金屬液的浮力而使砂心上浮，影響鑄件的成功率。

圖 6-25 吊車輔助安置中大型砂心

小型砂心通常以手工方式安置於模穴內,大量生產時,亦可以砂心安置機從事安置作業,詳見第五章第 5-4.3 節;大型砂心安置作業可能需用吊車輔助,如圖 6-25 所示。

砂心安置時應注意砂心的排氣問題;必要時採用懸吊法安裝砂心;甚至利用砂心撐(chaplets)支持或固定砂心,心免砂心浮起或移位。

1. 砂心的排氣問題

砂心製作時雖然已考慮到通氣問題,且製造好的砂心又經烘乾處理,但是澆鑄時,砂心絕大部份被高溫金屬液包圍,因此,砂心內或模穴內的濕氣受熱所產生的瓦斯氣體,必須順利排出鑄模外,否則鑄件易形成氣孔(gas holes)瑕疵。

砂心的排氣問題是希望透過鑄模排氣管道,順利地導引砂心通氣孔或中空砂心內的氣體瓦斯排出於鑄模外,一般的排氣處理有四種:即分模面、向上、向下或傾斜排氣管,如圖 6-26 所示,亦可同時採用兩種以上的排氣處理。

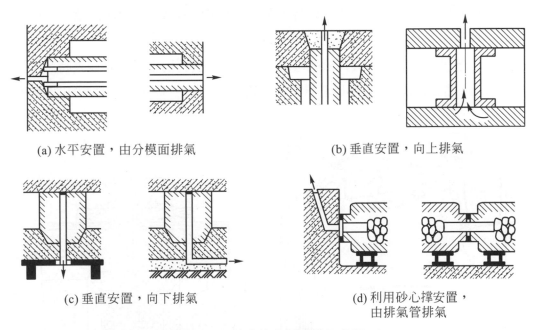

(a) 水平安置,由分模面排氣 (b) 垂直安置,向上排氣

(c) 垂直安置,向下排氣 (d) 利用砂心撐安置,
由排氣管排氣

圖 6-26　砂心的安裝及排氣處理

(1) 分模面排氣:水平擺放之砂心,常於分模面開設排氣孔道,以順利導引砂心通氣孔內的氣體。

(2) 向上排氣:垂直安置的砂心,當砂心連接上下鑄模時,可導引向上排氣,其效果較向下排氣為佳,尤其中空殼模砂心。

(3) 向下排氣：當鑄模砂心座在下模，尤其砂心不與上模接觸，無法從上模排氣時，可導引氣體從下模向下排氣。

(4) 傾斜排氣管排氣：當砂心全部安置在下模，無法從上模、分模面或下模排氣時，可利用傾斜的排氣管由砂心側面導引排氣。地抗模下砂模的排氣亦常採用此法。

2. 砂心懸吊

「吊砂工作」在鑄造工作中是常有的情形，當鑄件的某一特定平面，必須組織細密，且不能有氣孔或砂孔時，若此平面的另一側是凹槽或形成 U 字形，則造模時，應將此平面安排在鑄模下方，亦即應將凹槽內的砂採用吊砂方式處理，以便於氣體透過砂心向上排除，如圖 6-27 所示。

吊砂工作通常分成兩類：即上模吊砂與砂心懸吊。

(1) 上模吊砂：當鑄件凹槽體積不太大、形狀簡單，且有整體型可供造模，而凹槽的起模斜度足夠時，通常於造模時，採用上模吊砂方式，直接將凹槽內的砂斗與上砂模製作成一體，以節省時間，提高生產力。

(2) 砂心懸吊：若凹槽太大且形狀複雜，不便或無法利用上模吊砂作業時，可另製作砂心，而於合模時，採用砂心懸吊的方式處理，如此，將更為穩當，增加成功機會。

(a) 上模吊砂

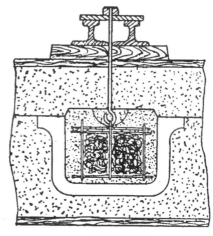
(b) 砂心懸吊

圖 6-27　吊砂處理

吊砂技術需具備相當的工作經驗與操作技能，不管採用何種吊砂工作，砂斗或砂心內的砂心骨配置需妥當而堅固；砂心砂的調配需適宜；砂心的強度與通氣性更需考慮週到；而砂心骨與上砂箱間的吊砂桿亦不可疏忽；必要時，為減輕砂心重量及增加通氣性能，可於砂心中間填塞部分焦炭以代替砂心砂；砂鉤與砂心骨必須密切配合，且注意平穩，如此，才可獲得完美的鑄模與鑄件。

3. 砂心撐(chaplets)

砂心撐是砂心安置時不可或缺的材料，它是各種不同形狀的金屬墊片，如圖 6-28 所示，用以支持砂心及克服金屬液的浮力，使砂心在模穴內能固定位置，澆鑄時亦不致於浮動或移位。尤其如空心球鑄件，鑄模無固定的砂心座，砂心安置時，必須用適當厚度及形狀的砂心撐，以便形成固定厚度的鑄件如圖 6-29 所示。

(a) 散熱型砂心撐　　　　　　　　　　(b) 桿型砂心撐

(c) 雙頭砂心撐

(e) 金屬片砂心撐

(d) 斜度型砂心撐　　　　　　　　　(f) 有孔砂心撐

圖 6-28　砂心撐的種類

　　應用砂心撐的主要目的是要使懸空砂心定位，鑄造中空鑄件，但是不可影響鑄件的品質或產生鑄疵，因此，砂心撐材料的選擇最好配合鑄件材質，且其厚薄、大小、形狀及數量應適宜，以便在金屬液澆鑄入模時，能適時將砂心撐熔融，而與鑄件熔合成一體。例如，用於鋼鐵合金的砂心撐，通常是由低碳鋼所製成，其表面一般鍍錫以防止生銹。

　　中空鑄件表面完全封閉時，其厚度是否均勻妥當，完全依賴砂心撐的定位。鑄件內孔的清砂工作，可沿砂心撐桿鑽孔，清砂完成後，再以焊補方式修整之。

　　砂心撐有定位、支撐、平衡及固定鑄件厚度的功能，當鑄件厚度較砂心撐大時，可將不同厚度的砂心撐疊合使用。砂心撐的應用實例如圖 6-29 所示。

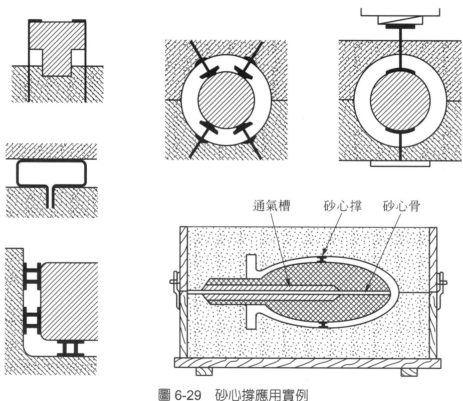

圖 6-29　砂心撐應用實例

討論題

1. 砂心有那幾種類型？

2. 砂心的功用為何？

3. 砂心砂應具備那些性質？

4. 砂心砂的黏結劑有那幾種？

5. 製作砂心時應特別注意的事項為何？

6. 利用手工法製作砂心的方法有那些？

7. 何謂熱匣法(hot box process)？

8. 何謂冷匣法(cold box process)？

9. 冷匣法製作砂心有何優點？

10. 砂心安置時應注意那些問題？

11. 鑄模用的心型(core)材料有那幾種？

12. 砂心應如何烘乾？

13. 砂心安置時如何做好排氣處理？

14. 製作砂心時，其通氣的問題如何克服？

鑄件金屬的熔化及性質

7-1 合金的熔化與澆鑄作業

7-1.1 純金屬的物理性質

　　鑄件金屬係指鑄件的材質而言,據本書第一章 1-3.2 節鑄造工業所述,鑄造廠所生產的鑄件材質主要有灰口鑄鐵、球狀石墨鑄鐵、可鍛鑄鐵、鑄鋼、鑄鋁、鑄銅等六大類,另外尚有產量較少的鎂合金、鋅合金等鑄件。由於鑄件所要求的機械性質較高,因此,鑄件金屬都是由多種金屬或非金屬元素熔合而成的合金形態,各類元素的性質對於鑄件金屬的熔化及性質影響很大,故在探討金屬的熔化理論與操作之前,應熟悉各種純金屬的一些物理性質。尤其是比重、熔點、比熱、熔解熱等,如表 7-1。

表 7-1　純金屬的重要物理性質

元素符號	比重量(g/cm³) (20℃)	熔點 (℃)	沸點 (℃)	比熱(Cal/g/℃) (20℃)	熔解熱(Cal/g)	導熱度(Cal/cm/ cm²/℃/sec) (20℃)
鋁(Al)	2.70	660.2±1.0	2450	0.215	94.5	0.53
石墨(C)	2.22	3700±100	4830	0.165	—	0.06
銅(Cu)	8.96	1083±0.1	2595	0.092	50.6	0.94
鐵(Fe)	7.87	1539±3	3000±150	0.110	65.5	0.18
鎂(Mg)	1.74	650±2	1110	0.250	89±2	0.37
錳(Mn)	7.43	1245±10	2150	0.115	63.7	—
鎳(Ni)	8.90	1455±1	2730	0.105	73.8	0.22
鉛(Pb)	11.34	327.4±0.1	1725	0.031	6.3	0.08
矽(Si)	2.33	1430±20	2300	0.162 (0℃)	—	0.20
錫(Sn)	7.30	231.9±0.1	2270	0.054	14.5	0.15
鋅(Zn)	7.13 (25℃)	419.5	906	0.092	24.1	0.27

資料整理自:中國工程師手冊(基本類)及 ASM "Metals Handbook." 8th ed., Vol. 1.

7-1.2 合金的熔化溫度與澆鑄溫度

　　如上所述,適合於鑄造的金屬都是各類合金,而合金的熔點(melting point)通常比純金屬低,且因合金元素及含量的不同,鑄件合金的熔點都有一不同的範圍,而不是固定的熔點,如圖 7-1 所示。

　　由於金屬液熔化完成後，必須從熔爐內取出，利用澆桶鑄入模穴內，在此一澆鑄過程中，會有大量的熱量損失，金屬液溫度亦會逐漸降低，因此，在充滿模穴之前，金屬液溫度應比合金的熔點還高，也就是說澆鑄溫度(pouring temperature)應大於合金的熔點，而熔化溫度(melting temperature)亦應大於澆鑄溫度，以便熔化完成後作各種的爐前處理工作，如測溫、除氣、除渣、接種等。一般而言，澆鑄溫度約高於各種金屬(合金)熔點 10～20% 左右，而熔化溫度則視爐前作業的需要酌予增加 50～100℃，如表 7-2 所示。

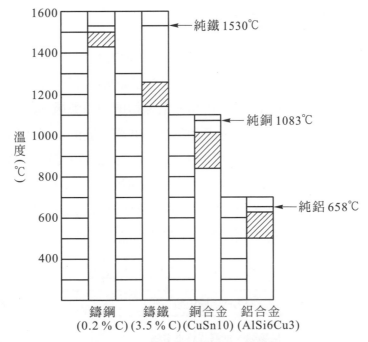

圖 7-1　常用鑄件合金的熔點範圍

表 7-2　鑄件合金的熔化溫度及澆鑄溫度參考值

材質種類	熔化溫度(℃)	澆鑄溫度(℃)
鋁合金	720～780	670～740
青銅	1200～1250	1100～1150
黃銅	1050～1100	980～1030
鑄鐵	1350～1400	1300～1350
鑄鋼	1550～1600	1450～1500

澆鑄溫度太高或太低，對於鑄造的成果將有不利的影響。

(1) 澆鑄溫度太高時，則金屬液內會熔入大量的氣體，且澆鑄時，砂模產生的氣體量增加，鑄件易形成氣孔(blow-hole)。又太高的溫度，將使鑄件凝固時間拖長，易形成縮孔(shrinkage cavity)及其它鑄疵。

(2) 澆鑄溫度太低時，則易形成滯流(misrun)現象，因溫度較低，金屬液流動性較差，未鑄滿模穴前，流路部份已先行凝固，故而無法完成澆鑄工作。

7-1.3 合金熔化設備的種類

由於各類合金的熔點不同，且同類合金熔化所要求的條件亦不盡相同，因此為了達到所需的目標，就得採用不同的熔化設備。金屬的熔化爐種類很多，有專門用於熔化鑄鐵的各型熔鐵爐(cupola)，又稱為化鐵爐，專門用於熔煉鑄鋼的電弧爐(electric arc furnace)、平爐(open hearth furnace)、轉爐(converter)及用於熔解非鐵金屬的坩堝爐(crucible furnace)、反射爐(reverberatory furnace)。而感應電爐(induction furnace)則適用於各種合金的熔化作業，其中以頻率的高低，又可分為用於熔煉高級合金鋼的高週波感應電爐、及用於熔化高級鑄鐵或各種非鐵金屬的低週波感應電爐等，各種鑄件合金適用的熔化爐種類如表 7-3 所示。選用適當的熔化設備與做好熔化作業，是鑄造高品質鑄件的主要因素之一。

表 7-3　各種合金適用的熔化設備

鑄件合金	適用的熔爐種類	備註
鑄鐵	熔鐵爐、低週波感應電爐	包括灰口鑄鐵、白口鑄鐵、球墨鑄鐵等材質
鑄鋼	電弧爐、轉爐、平爐、高週波感應電爐	包括各種碳鋼、合金鋼等材質
鑄銅、鑄鋁、鋅合金	坩堝爐、反射爐、低週波感應電爐	－
鎂合金	坩堝爐	

7-1.4 熔化溫度的測量方法(一) – 浸入式熱電偶高溫計

1. 溫度測量方法

金屬熔化溫度適當與否，對於鑄造的成敗影響至鉅，因此，各種合金熔化完成後，應確實做好溫度的測量工作，以確保澆鑄成功及良好的鑄件品質。由於合金在澆鑄時為液態且係高溫，因此，溫度的測量方法一般可分為兩種：一種是浸入金屬液內測量的熱電偶高溫計(thermocouple pyrometer)，係利用熱電效應的原理來測量溫度；另一種是在沒有接觸的情況下，利用金屬液的熱輻射或顏色作為測量的根據，係利用光學的原理來測溫，此類常用者有兩種：光學高溫計(optical pyrometer)及紅外線溫度計(infrared thermometer)。

2. 浸入式熱電偶高溫計之原理與應用

由於利用浸入式熱電偶溫度計來測量金屬熔液的溫度，是一種最準確、最方便且最直接的方法，因此，大多數的鑄造廠都是採用此法測量溫度。如圖 7-2 所示。

所謂熱電偶者，乃係利用兩根不同材料的金屬絲，作為導溫體的熱電元素，在其測量點(或稱熱接點)上，將此兩金屬絲以具有導電性能方式焊牢在一起，因此，在測量點上如有任何溫度變化，則會影響到金屬絲末端(即相對的比較點，或稱為冷接點)產生相對的電流力量，比較點間電流力量之變化，利用兩金屬絲間所裝接的靈敏電壓測量儀器，以 mV 為單位予以測量出來，如圖 7-3 所示，而儀器上之刻度即表示溫度，以指針指示溫度的大小。新型的熱電偶高溫計大都已改為數字直接顯示型(digital meter)，如圖 7-2 及圖 7-4 所示，溫度顯示速度快，讀取方便又準確，為熔化現場所必備。

圖 7-2　浸入式熱電偶高溫計測溫情形

為了長期且準確地測量溫度，熱電偶所使用的材料需為不老化的材料，且需具有極小的公差，另外，應以金屬管或陶瓷管加以保護。一般常用的是白金銠(PtRh-Pt)熱電偶，可測高達 1800℃的金屬液，但高溫測量時每次應使用消耗型熱電偶(expendable thermocouple)更換使用，如圖 7-4 所示。

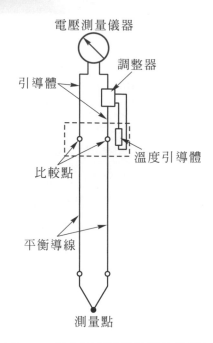

圖 7-3　具有溫度補償裝置的熱電偶　　圖 7-4　數字顯示型浸入式熱電偶高溫計及消耗性熱電偶
　　　　接線圖　　　　　　　　　　　　　　　　紙管(右上圖)

　　白金銠熱電偶的測溫誤差約為測量所得的±0.5～0.75%，可作為 1300℃ 以下金屬液的
長期測溫使用。更低溫的金屬液則可使用較為便宜的熱電偶，如鐵銅鎳(Fe-CuNi)熱電偶
可作為 700℃ 以下的長期測溫計；鎳鉻鎳(NiCr-Ni)熱電偶則適於 1000℃ 以下的長期測溫使
用。

7-1.5　熔化溫度的測量方法(二)－光學高溫計

　　光高溫計是利用金屬液的熾熱顏色來測量其溫度的方法之一，由於物體被加熱後，首
先會放出一些看不見的熱輻射，溫度一增加，則那些與表面大小及時間長短有關的輻射能
(輻射密度)也會跟著增加，此時，在可見光下可顯現出來的較短波長部份就會變得比較
大，而物體表面的顏色亦開始起變化，以鋼鐵材料為例，如表 7-4 所示，能見輻射的主要
部份在開始時是處在"深咖啡色"區，約 550℃ 後開始轉為紅光，當越來越熱時，會越過
紅色與黃色，而進入白色光區，此時溫度大於 1300℃。

　　由於鋼鐵熔液的顏色與溫度有密切關係，因此，在熔化現場，可用目測方式簡易地判
斷熔化溫度，但由於環境中的煙塵、照明亮度及主觀因素等，目測法無法正確地估計確實
溫度，因此，可藉光高溫計加以測量，如圖 7-5 所示。

表 7-4　鋼鐵材料的熾熱顏色與溫度對照表

熾熱顏色	溫度(°C)	熾熱顏色	溫度(°C)
深咖啡色	550	黃色	1000
深紅色	680	淡黃色	1100
櫻桃紅色	770	白黃色	1200
淡紅色	850	白色	＞1300
紅黃色	910	－	－

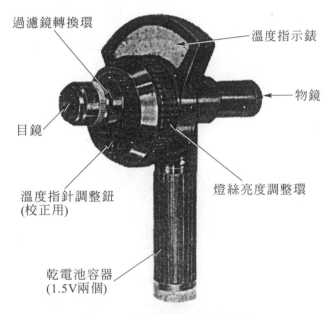

圖 7-5　光學高溫計各部名稱

　　光高溫計係利用乾電池點亮其中燈絲的顏色，然後調整燈絲顏色與金屬液顏色一致，則調整環轉動角度係代表燈絲所耗電流之多寡，亦即表示溫度之高低，可由其指針所示溫度讀出或數字直接顯示。其原理如圖 7-6 所示。測量時，如果亮度調整環轉動角度不夠，電流太少，則燈絲顏色較暗，而背景(金屬液)顏色較亮；反之，燈絲顏色較背景顏色亮時，係電流太高，此時，所示之溫度均非金屬液溫度，如圖 7-7 所示。

　　光高溫計可測量溫度高達 2000°C，一般超過 1500°C 之高溫測量時，應加灰色過濾鏡，而 1500°C 以下測溫時可選用紅色過濾鏡，讀取溫度時，亦應注意是高溫或低溫測量。由於光高溫計測溫係在沒有接觸的情況下，因此，沒有所謂消耗部份(乾電池壽命長且便宜)，使用、管理比熱電偶高溫計方便，但是它的缺點是無法將真正的熔化溫度指示出來，一般需根據不同合金的不同輻射能來校正溫度，對鋼鐵而言，指示溫度約較真正溫度少100～200℃，且不同材料的熾熱顏色不一，因此，光高溫計一般僅較適合於鋼鐵熔化現場臨時測溫作為參考用。

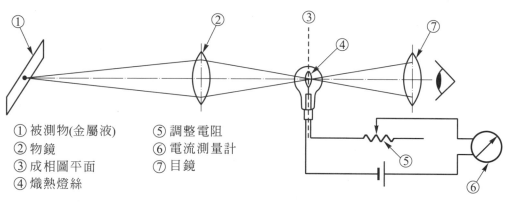

① 被測物(金屬液)　⑤ 調整電阻
② 物鏡　　　　　　⑥ 電流測量計
③ 成相圖平面　　　⑦ 目鏡
④ 熾熱燈絲

圖 7-6　光學高溫計測量之基本原理

電流過少　　　　　電流適當　　　　　電流過多

圖 7-7　光學高溫計測溫時成相圖可能的三種情況

7-1.6　熔化溫度的測量法(三)－紅外線測溫計

由於光高溫計係利用比色的方式測溫，受到人為因素、金屬液顏色及放射係數等不同的影響，測溫誤差較大，因此，目前利用光學方面的測溫儀器以紅外線放射溫度計較為實用。如圖 7-8 所示。

紅外線溫度計是利用被測物體因溫度變化所放出的熱輻射，來決定物體溫度，除了光高溫計可測的可見光之外，尚可測量眼睛看不到的輻射。其原理是利用透鏡作為輻射吸收鏡，將被測物(金屬液)所放射出來的輻射聚集在一個焦點上。此點亦即熱電元素的測量點，而其比較點是為黑色的遮光鏡，由測量點聚集之輻射熱的電位差(即電壓值)大小，以表示溫度值的高低,可立即由溫度指示器讀出,其原理如圖 7-9 所示,且溫度指示器在溫度計內外都有,方便測量者及旁觀者同時使用。輻射吸收器除了可由光電元素組成外,亦可由矽光元素組成,新型紅外線溫度計,利用光纖吸收傳輸測量,其光量損失少,測量溫度值更準確。如圖 7-10 所示。

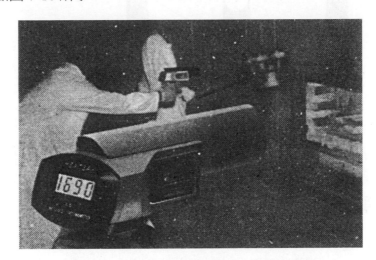

圖 7-8　數字式紅外線溫度計及其測溫情形

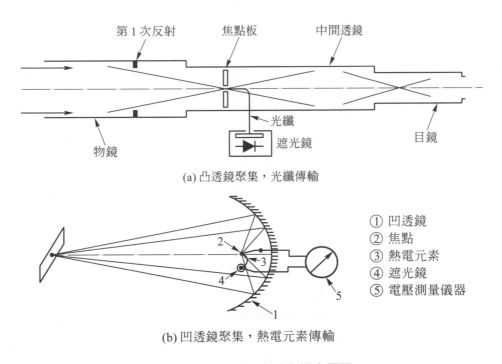

(a) 凸透鏡聚集,光纖傳輸

① 凹透鏡
② 焦點
③ 熱電元素
④ 遮光鏡
⑤ 電壓測量儀器

(b) 凹透鏡聚集,熱電元素傳輸

圖 7-9　紅外線溫度計之基本原理

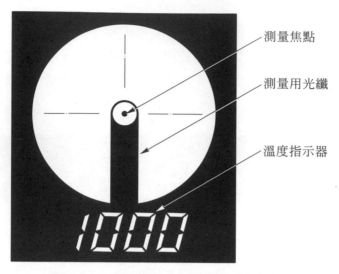

測量焦點

測量用光纖

溫度指示器

圖 7-10　紅外線溫度計觀測筒內部構造

7-1.7　澆鑄作業－澆鑄方法與澆鑄速度

　　鑄件成功與否，決定於鑄造流程中每一項細節動作，其中最重要的三項工作為：鑄模製作、熔化作業及澆鑄作業。因此，當金屬液熔化完成後，不可草率澆鑄進入鑄模中，以免前功盡棄。

　　理想的澆鑄作業包括澆鑄前的準備工作，如澆桶(ladles)的製作，鑄模的壓重或固定，以及澆鑄速度的控制等。

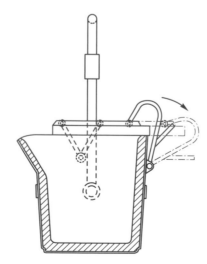

圖 7-11　附蓋澆桶之剖面圖(斜線部份為耐火內襯)

1. 澆桶製作

澆桶(ladles)又稱為澆斗或盛桶，是盛裝金屬液以便澆鑄的用具。構造如圖 7-11 所示，一般澆桶外殼是由低碳鋼鐵板製成，內襯以耐火材料，用以承受高溫的金屬液。其中的耐火材料，除大型澆桶是用圓弧形耐火磚砌成外，中小型澆桶都是採用矽砂、耐火泥、焦炭粉、火山黏土及少許水份調製而成，澆桶耐火內襯的製作是由底層往上填實，厚度依澆桶大小，約為 1～2 公分，耐火壁築成後，應確實烘乾，以免盛裝金屬液時，突然產生大量氣體而濺出高溫金屬液，甚至增加鑄件的氣孔瑕疵。

2. 砂模壓重與固定

澆鑄時，由於金屬液的浮力，上砂模可能會浮起，形成脹模現象，輕者分模面形成飛邊(fin)鑄疵；嚴重時，金屬液將外流造成澆鑄失敗。因此，澆鑄前，應先在砂模上方放置適當的壓重或用砂箱夾(可參閱圖 5-24 及圖 5-25)，其重量應等於或稍大於金屬液浮力，而放置位置應對稱，且應避免影響澆鑄作業，如圖 7-12 所示。

圖 7-12　澆鑄時使用砂箱夾及壓重之情形

3. 澆鑄方法

澆鑄方法有很多種，若依澆桶構造及金屬液流出位置不同，主要可分為兩大類 (如圖 7-13 所示)。

(1) 頂澆式：澆桶上方邊緣具有斜槽(澆出槽)，金屬液由頂部傾出者，由於此法操作簡單，絕大部份的澆鑄作業都是採用此法，但浮渣容易混合澆入模穴中，因此，除渣、撇渣工作應確實，亦可於澆出槽內側架設撇渣板，使澆桶形如茶壺，以確保鑄件品質。

(2) 底澆式：金屬液由澆桶底部之出鐵口流出而進行澆鑄之方式，此法係利用人力操作搖桿，利用耐火桿啟閉出鐵口，此法大都用於中大型鋼鐵鑄件之澆鑄作業，可避免熔渣混入模穴中。

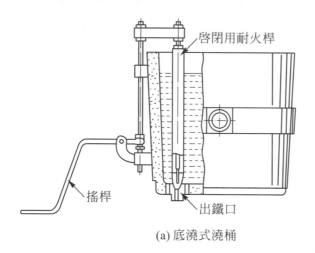

(a) 底澆式澆桶   (b) 頂澆式澆桶

圖 7-13　澆鑄方法

如果以澆鑄動力來分類，澆鑄方法主要有下列三種(如圖 7-14 至圖 7-17)。

(1) 人力澆鑄法：此法又可分為單人手提及雙人或多人合抬澆鑄作業兩種，單人作業只適合於小型鑄件，而雙人合抬作業可鑄造中小型鑄件。

圖 7-14　單人手提澆鑄作業

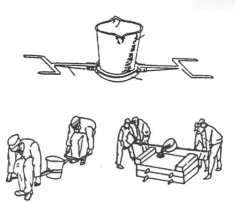

圖 7-15　雙人或多人合抬澆鑄作業

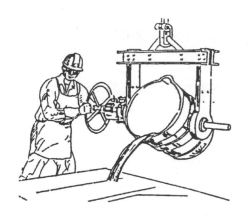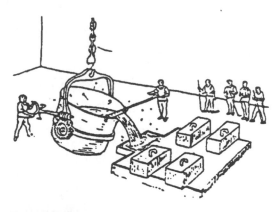

圖 7-16　懸吊式澆鑄作業

圖 7-17　機器人自動澆鑄作業

(2) 懸吊式澆鑄法：利用吊車懸吊澆桶，而以人力輔助從事澆鑄工作，頂澆時以人力操縱手輪傾斜澆桶，底澆時以人力操作搖桿啓閉出鐵口。此法不但節省人力且作業較確實，適合於中大型鑄件或小件大量生產使用。

(3) 機器人澆鑄法：利用電腦機器人(robot)輔助，從事澆鑄作業，完全不需人力，澆鑄成功與否，不受人爲因素的影響，此法適合於小件大量生產使用。

4. 澆鑄速度與澆鑄時間之計算

澆鑄速度係指單位時間內鑄入鑄模內的金屬液重量之多寡，通常以澆鑄時間長短來表示。故對於同樣的鑄模而言，澆鑄所花的時間愈短，則表示澆鑄速度愈快；但對於不同大小的鑄模而言，澆鑄時間長短，則無法比較其快慢。

一般而言，澆鑄所需的時間，其主要的影響因素有四：即澆鑄重量、鑄件厚度、澆鑄溫度及鑄件材質。

(1) 澆鑄重量：包括鑄件及澆冒口等所需要之總重量。若厚度及溫度等項因素不變，則愈重者，所需時間愈長，亦即應慢速澆鑄。

(2) 鑄件厚度：係指同一鑄件中較重要部位之厚度，或是大部份相同斷面之主要厚度。若另三項因素不變，則愈薄者，所需的澆鑄時間愈短，亦即應快速澆鑄。

(3) 澆鑄溫度：若其它三項因素不變，當澆鑄溫度愈高時，澆鑄時間應愈長，亦即應採用慢速澆鑄，以免鑄件產生縮孔及氣孔等鑄疵。

(4) 鑄件材質：不同的合金材料對於澆鑄速度具有重大影響，雖然，鑄鐵對於澆鑄速度比較不敏感，但隨著鑄件大小及形狀，仍然有其適當的澆鑄速度。而鑄鋼的凝固範圍較廣，因此，需要較快的澆鑄速度，以避免鋼液太早凝固。鋁合金或鎂合金，澆鑄速度可以稍慢，以避免亂流、夾渣及吸收氣體。

到目前爲止，並沒有一套有效的澆鑄速度之資料出版，這是因爲各鑄造廠都有其不同的操作方法，且鑄件形狀亦變化多端之故，因此，澆鑄速度與時間，大都是藉經驗求得。有關壓鑄法、離心鑄造法及其他特殊鑄造法等，由於有外來的壓力，因此，澆鑄速度可能僅決定於金屬液的流動性。而一般砂模鑄造方面，下列提供各類材質之澆鑄速度的參考資料：

(1) 灰口鑄鐵：小於 1000 磅(即小於 450 公斤)者

澆鑄時間：$t(秒) = K(0.95 + T/0.853)\sqrt{W}$

其中，K 爲流動性因素，由圖 7-18 中之流動性值除以 40 求得，40 爲鑄鐵在成分因素 C.F＝4.3，溫度 2600°F(約 1430°C)時之流動性值，T 爲平均厚度，單位爲吋，W 爲重量，單位爲磅。

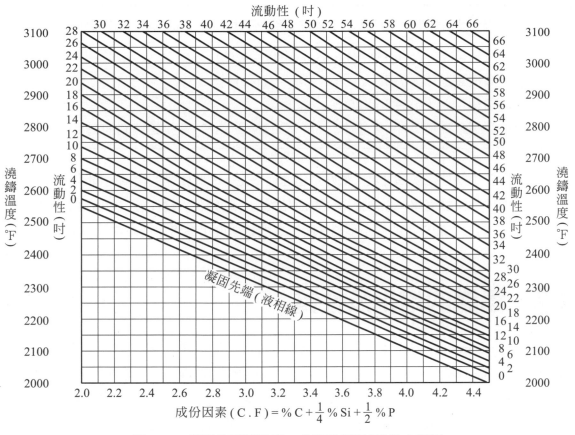

圖 7-18　鑄鐵的澆鑄溫度、成份因素與流動性之關係

(2) 灰口鑄鐵：大於 1000 磅者

澆鑄時間：$t\,(秒)＝K(0.95＋T/0.853)\sqrt[3]{W}$

(3) 以殼模鑄造球墨鑄鐵(垂直澆鑄)：

澆鑄時間：$t\,(秒)＝K_1\sqrt{W}$

其中，鑄件壁厚 3/8 吋～1 吋時，$K_1＝1.8$

較薄的鑄件　　　　　　$K_1＝1.4$

較厚的鑄件　　　　　　$K_1＝2.0$

(4) 鑄鋼件：

澆鑄時間：$t\,(秒)＝K_2\sqrt{W}$

其中，K_2 值隨鑄件重量而變，100 磅時取 1.2，100,000 磅時取 0.4。

例題：假設鑄件重 400 磅，平均厚度 1 吋之鑄件，澆鑄不同材質所需的澆鑄時間為多少？

(1) 灰口鑄鐵：$t = 1(0.95 + 1/0.853)\sqrt{400} = 42$(秒)

(2) 殼模鑄造球墨鑄鐵：$t = 1.8\sqrt{400} = 36$(秒)

(3) 鑄鋼：$t = 1.0\sqrt{400} = 20$(秒)

(4) 黃銅或青銅鑄件，重量小於 300 磅(135 公斤)者，其澆鑄時間約為 15～45 秒。

　　通常對於小鑄件之澆鑄速度，最好是迅速而穩定，因此所需的澆鑄時間非常短暫，往往必須在數秒內澆鑄完畢，以便獲得完整而品質均一的鑄件，鑄件愈大，所需的澆鑄時間亦相對增加，對於 2 噸以下的中小型鑄件所需之澆鑄速度可參考第四章之圖 4-9 及圖 4-10。

7-2 鑄鐵的熔化及性質

　　鑄鐵(cast iron)的熔化主要採用熔鐵爐(cupola)或低週波感應電爐(low frequency induction furnace)等熔化設備，其中前者的使用量遠較後者為多，但是近年來採用後者的成長速度很快，兩者幾近平分秋色，由於兩者對於鑄鐵的熔化各具特色：低週波爐，容易操作及品質管制；而熔鐵爐則經濟實惠。因此，熔鐵爐仍然受到業者的重視。本節主要係介紹熔鐵爐的熔鐵原理、構造、操作、配料計算、爐前試驗、接種處理及鑄鐵成份、種類與性質等。至於低週波爐則於下節的感應電爐中一併介紹。

　　不管採用何種熔化設備，鑄鐵的熔化係利用熱源將鐵料(其中主要包括生鐵(pig iron)、廢鐵料(scrap)及回爐料(returns)等三種金屬材料)等加以熔化，調整成份而得，熔鐵爐的熱源為焦炭(coke)之燃燒，而低週波爐的熱源則為電力的感應磁場所造成。

7-2.1 熔鐵爐的構造與種類

1. 熔鐵爐的構造

　　熔鐵爐主要是由爐體及鼓風機所組成，大型的熔鐵爐並附有加料設備及前爐等。如圖 7-19 所示。

　　熔鐵爐的爐體係由鐵板製圓筒形爐殼構成，爐殼內砌上耐火磚作為襯料，以便承受高溫的燃燒火焰及材料的沖刷；爐底上方具有風箱及風口，以便將鼓風機送來之空氣吹入爐內燃燒，爐門由兩半圓鐵板組成，以鉸鏈固定，並以支柱支撐，以便停爐時卸出爐內材料；

爐底通常用爐底砂搗成,具有斜度,以便金屬液流出,爐井上方與出鐵口相對位置或爐側,應開設出渣口,以便排渣;爐腹上方應有加料口及加料平台,以便加料用;爐頂應設防火罩,以阻擋火花及煙塵,並可防止雨水等落入爐內。熔鐵爐之詳細構造如圖 7-19 所示。

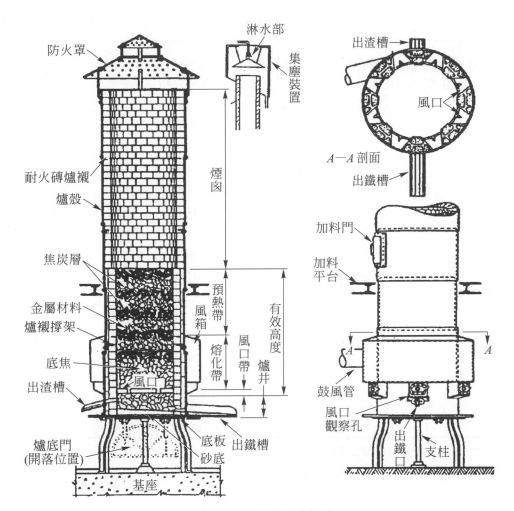

圖 7-19　熔鐵爐之構造

(1) 熔鐵爐的大小

　　熔鐵爐的大小一般以熔鐵爐的熔化速度(melting rate)來表示,亦即以每小時熔鐵的噸數代表其大小規格。美國鑄造學會(AFS)依每小時可熔化 1～32 噸的熔化率,將熔鐵爐的大小分成 1～12 的編號,其主要規格如表 7-5 所示。

(2) 熔化帶截面積

　　表 7-5 顯示,爐襯內徑大小影響其熔化帶截面積,而熔化帶截面積係決定熔鐵爐熔化速率的重要因素,一般而言,在加料中當鐵焦比為 10:1 時,熔化帶 1 平方

時截面積，每小時約可熔化 10 磅鐵水，故 1 號爐具有 415 平方吋內徑面積，在鐵焦比為 10：1 時，每小時可熔化 4150 磅或 1.8 噸鐵水。當然，隨操作條件的改變，熔化速率將有增減。

表 7-5　熔鐵爐的主要規格

熔爐編號	爐殼直徑(in)	下部爐襯最小厚度(in)	爐襯內徑(in)	爐襯內面積(in²)	熔化率(噸/時)	風口進風量(ft³/min)	鼓風機規格		爐井容量(磅)
							鼓風量(ft³/min)	風壓(oz)	
1	32	4.5	23	415	1-2	910	1040	20	570
2	36	4.5	27	572	1-2	1290	1430	24	820
2.5	41	7	27	572	2-3	1290	1430	24	1160
3	46	7	32	804	3-4	1810	2000	28	1540
3.5	51	7	37	1075	4-5	2420	2700	28	1990
4	56	7	42	1385	5-6	3100	3450	32	2280
5	63	9	45	1590	7-8	3600	4000	32	2610
6	66	9	48	1809	9-11	4100	4500	36	3390
7	72	9	54	2290	12-14	5200	5740	36	4050
8	78	9	60	2827	15-17	6400	7100	36	4910
9	84	9	66	3421	18-20	7700	8600	42	5840
9.5	90	9	72	4071	21-23	9200	10200	42	6840
10	96	9	78	4778	24-26	10700	11900	42	7960
11	102	12	78	4778	27-29	10700	11900	48	—
12	108	12	84	5542	30-32	12500	13900	48	—

註：1 磅=16 盎司(oz)=0.45kg, 1ft=12in=30.48cm

本表資料摘自美國鑄造學會 AFS：Cupola Handbook.

(3) 風口比(tuyere ratio)

風口就是將空氣引入爐內的通道，其斷面積的大小影響風量與風壓，與焦炭的燃燒有密切關係，標準熔鐵爐的風口總斷面積通常為風口帶爐內徑總斷面積的 1/4 至 1/8，此比值一般稱為風口比。有時較大或較小的風口比亦可採用。

(4) 有效高度

熔鐵爐的有效高度係指加料口到風口間的距離，高度大小隨爐的大小而改變，一般有效高度約為爐襯內徑的五倍，如 1 號爐內徑為 23 吋，則其有效高度約為 115 吋。

(5) 鼓風設備

熔鐵爐的燃燒熔化需具有足夠的風量與風壓，因此，鼓風機的規格與性能，影響熔鐵爐的熔化速率與鐵水品質，一般而言，鼓風機有下列三種型式。

A. 定量變位式鼓風機(positive displacement blower)

如圖 7-20(a)所示，此種鼓風機每轉動一次，所鼓出的空氣為定量，亦即轉動速度不變時，其所產生的空氣體積量亦不變，此種鼓風機在速度正常的情形下，動力的消耗是隨壓力而變化。

B. 離心式鼓風機(centrifugal blower)

離心式鼓風機所鼓出的空氣，係籍高速迴轉的輪葉推動，其動作如同離心式水泵一樣，如圖 7-20(b)所示，在速度不變的情況下，其壓力隨空氣體積而變化，動力消耗與直接鼓出的空氣體積有關。

C. 風扇式鼓風機(fan blower)

風扇式鼓風機係利用馬達帶動風扇葉片鼓出空氣，其外形與離心式相似，但設計簡單，工作效率低，只適合於小型熔鐵爐。

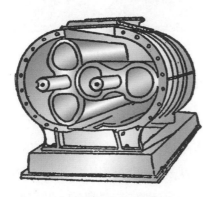 

(a) 定量變位式鼓風機　　　　　　　　(b) 離心式鼓風機

圖 7-20　鼓風機種類

(6) 加料設備

熔鐵爐所需的鐵料、焦炭及石灰石等材料甚多且重，故一般中大型熔鐵爐，絕少採用手工加料，而改以機械式加料設備處理，機械式加料設備一般分成兩種形式：一種是利用固定軌道，將加料斗(charging bucket)從地面升至加料口，然後自動傾倒加料；另一種係利用吊車系統，配合磁性設備作為填加鐵金屬材料使用，如圖 7-21 所示。磁性加料設備，尤其適合碎鐵料等之添加，利用電磁感應控制磁性之大小，對於鐵料之吸放自如，可配合磅秤自動吸取所需的重量；至於非鐵金屬之材料，則以可自動啓閉底門的加料斗配合吊車使用。

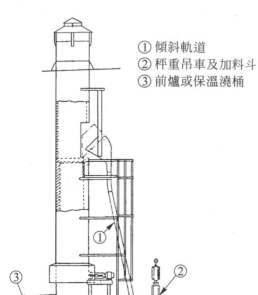

① 傾斜軌道
② 秤重吊車及加料斗
③ 前爐或保溫澆桶

(a) 傾斜加料設備

(b) 附自動磅秤的磁性加料設備

圖 7-21　加料設備

(7) 前爐(fore-hearth)

前爐的主要目的是爲了儲存鐵水、調整熔液成份及溫度使用，此爐仍爲一圓筒形鐵板製爐殼及耐火磚內襯所構成，一般採臥式，便於傾出鐵水，放置於熔鐵爐前面，故稱爲前爐，可承接流經出鐵槽的鐵水，直到貯存量足夠，做好爐前處理後，才傾倒入澆桶澆鑄使用。如圖 7-21(a)之 ③ 所示。

沒有前爐的熔鐵爐，其儲存鐵水的區域在爐井，當鐵水漸多時，其空間爲鐵水所佔有，焦炭層與鐵料層之下降漸緩，溫度逐漸升高，一但出鐵後空間突然讓出，焦層與鐵層急速下降，鐵水溫度迅速降低，而剛出爐的鐵水溫度則過高，且鐵水存儲在爐內，與焦炭接觸時間增長，鐵水中的含硫量會有偏高的顧慮；另外，一次出爐的鐵水量有限，對於中大型鑄件的澆鑄有其困難。若設置前爐時，可克服上述的缺點。一般前爐的容量約每小時熔化量的三分之二，熔鐵工作前，應先預熱前爐至赤熱程度，俾使鐵水的儲存能保持高溫，以利澆鑄作業。

2. 熔鐵爐種類

熔鐵爐一般依其鼓入爐內的空氣溫度高低，分成冷風式、熱風式及半熱風式三類；為提高熔化效率，另有二段風口式及鼓風中加入純氧的所謂氧氣富化法，及最新發明的免焦炭式熔鐵爐等多種。

(1) 冷風式熔鐵爐

即利用鼓風機將空氣直接鼓入爐內之熔鐵爐，其燃燒效率較低，焦炭需要量較多，鐵水溫度亦較低。

(2) 熱風式熔鐵爐(hot-blast cupola)

預熱熔鐵爐鼓入的空氣溫度，可減少熔化一定溫度、一定數量鐵水所需的焦炭量，由實際作業的數據顯示；鼓風溫度介於 300～500°F 之間時，焦炭使用量可節省 20～25%；當鐵水需要更高的溫度時，例如鑄造活塞環等，採用熱風式熔鐵爐，將空氣預熱至 400～1200°F，比冷風時所得鐵水溫度，可高出 100°F 以上，其他特色可由表 7-6 比較查得。

表 7-6　冷風式與熱風式熔鐵爐熔化作業比較表

種類 ＼ 數據	焦炭用量 (焦鐵比，鐵料之%)	熔劑用量 (焦炭之%)	熔化率 (噸/時·米^2)	鼓風量 (m^3/min·m^2)	熔渣量 (鐵水之%)
冷風式熔鐵爐	10～15	25～40	8～10	90～130	4～8
熱風式熔鐵爐	8～13	20～30	10～12	90～130	3～7

資料來源：Grund- und Fachkenntnisse Giesserei Berufe, 3-Auflage.

熱風式熔鐵爐還包括下列優點：減少架橋及風口堵塞機會，降低硫的吸收率，減少矽、錳、鐵的氧化損失，以及其他合金的氧化，耐火材料的損耗減少及節省熔劑的使用量等。

常用的熱風式熔鐵爐之配置如圖 7-22 所示。此系統可利用熔鐵爐爐氣的餘熱，或利用分開式的外加熱器來預熱空氣，後者是以瓦斯或油為燃料，燃燒後高溫的空氣分配到加熱室內，使加熱室內的耐火材料升溫，然後導引鼓風機送來的空氣，經加熱室預熱後送入熔鐵爐內。外加熱式的優點是，操作時不影響熔鐵爐爐氣的分析，故不需調整熔鐵爐進料，且預熱的空氣溫度較易控制。

(3) 半熱風式熔鐵爐

熱風式熔鐵爐雖然熔化效率高，但是需另外配置燃燒室、加熱室等，設備投資較大，且燃料所耗亦多，因此，有一種折衷的方案是採用半熱風式熔鐵爐，亦即不將冷空氣直接鼓入熔鐵爐內，而利用爐體外圍的熱量將空氣昇溫後，才導入爐內。此種熔鐵爐的設計，需於風口上方的爐殼外焊上一層中空的鐵殼夾層，而鼓風機的風管接至爐頂，鼓風時，常溫的空氣由爐頂環繞爐體四周，順著夾層下降至風口時，溫度將略為升高，且可冷卻爐體，故熔化效率比冷風式為佳。

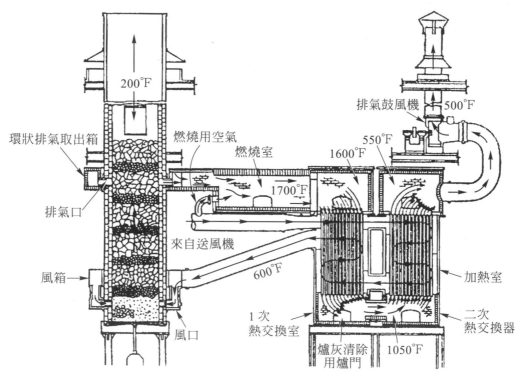

圖 7-22　熱風式熔鐵爐剖視圖

(4) 二段風口式熔鐵爐(twin blast cupola)

熔鐵爐除上述採用單段風口式外，亦可採用多段風口送風。其設計用意，主要係利用副風口來供給空氣，以燃燒爐氣中未完全燃燒的 CO 氣體，並產生熱量以提高爐內溫度；然多段風口多送入空氣，多燃燒焦炭，需增加焦鐵比，故使用並不普遍，其中較為鑄造界所重視的是二段風口式熔鐵爐。其構造如圖 7-23 所示。

西元 1972 年英國鑄鐵研究所(BCIRA)在風量不變，即焦鐵比不增加的原則下，進行二段風口之研究，證實此種設計的確能提高鐵水溫度。BCIRA 以爐徑 30 吋熔鐵爐進行試驗，鼓風量為 43m³/min，焦鐵比採用 7%、9%、12%及 15%四種，發現下列重要的結論。

A. 二段風口之鼓風量相等時，效果最佳。

B. 二段風口間之距離為 30～40 吋時，出鐵溫度可達最高值。

C. 焦鐵比不變時，可提高出鐵溫度 45～50℃。

D. 焦鐵比不變時，可提高鐵水含碳量。

E. 出鐵溫度不變時，可節省焦炭用量 20～30%。

F. 出鐵溫度不變時，可提高熔化速度 11～23%。

G. 二段風口式燃燒帶較高，爐襯侵蝕高度亦增加，但侵蝕深度不如單段風口式，故修爐費用大致相同。

(5) 免焦炭式熔鐵爐(cokeless cupola)

如圖 7-24 所示，新型免焦式熔鐵爐摒棄傳統以焦炭為熱源燃燒，而改以液體(燃油)、氣體(瓦斯)或粉塵類燃料，以獲得更佳的熔化效果。除燃料不同外，此爐構造的主要特色是利用耐火材料所包覆的耐高溫水冷管為爐篦，爐篦上方以耐高溫陶瓷球作為爐床，用以支持上方所加入的金屬爐料，並使其獲得充分預熱的效果；爐篦下方有數個耐高溫火嘴用以提供熱源，如此，經充分預熱而熔化的鐵水，穿過陶瓷球及爐篦後，滴落至爐底的爐井中，然後由鐵槽引導流入前爐內保溫貯存，必要時前爐可利用電能再將鐵水升溫過熱，以便作接種或球化處理以及進行澆鑄作業。

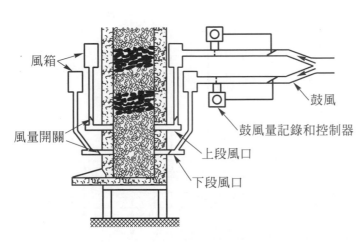

圖 7-23　二段風口式熔鐵爐構造

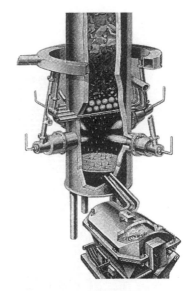

圖 7-24　免焦炭式熔鐵爐

免焦式熔鐵爐係英國 Cokeless cupola 公司所發明，具有以下特色：

A. 鐵水品質優良：無焦炭故不會有增硫之困擾，熔渣亦很少；具有較佳的均勻化學成分。

B. 具有高的經濟價值：能源消耗少且不需除塵費用，成本投資較少。

C. 熔化效果佳：能源可充分利用，無段式加料，且以液體燃料代替固體，燃料儲存及熔化速度易於控制，出鐵溫度亦易調整。

D. 可改善作業環境，防止焦炭燃燒所造成的公害污染。

7-2.2　熔鐵爐的熔鐵原理－燃燒原理

如圖 7-25 所示，從風口吹入爐內的空氣，遇到紅熱的焦炭時，空氣中的氧與焦炭產生氧化作用，此種燃燒(combustion)反應會產生大量的熱量，當熱量足夠時，即可將鐵料熔化。如下式所示，1 公斤碳完全燃燒時，可產生 8080 仟卡路里(kilo calorie)的熱量，不完全燃燒時，則只產生約 2435 仟卡之熱量：

$$C + O_2 \rightarrow CO_2 + 8080 \text{ Kcal/1kg(C)} \longrightarrow 完全燃燒$$

$$2C + O_2 \rightarrow 2CO + 2435 \text{ Kcal/1kg(C)} \longrightarrow 不完全燃燒$$

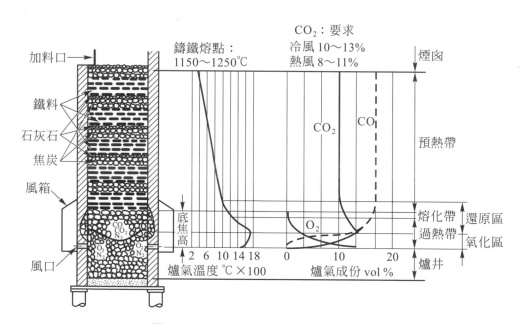

圖 7-25　熔鐵爐爐體區分及熔鐵原理

隨著爐氣上升燃燒，氧愈升愈少，而 CO_2 愈升愈多，一直到氧完全耗盡，由於這一反應之放出大量的熱能，使上升的爐氣溫度迅速升高。從風口到氧氣耗盡的區域稱之為氧化區(oxidizing zone)。

爐氣繼續上升時，CO_2 氣體遇到紅熱的焦炭，會產生下列的還原反應，而吸收一部份熱量：

$$CO_2 + C \rightarrow 2CO - 3265 \text{ Kcal/1kg(C)}$$

因此，還原反應雖然會消耗焦炭，但是由於是吸熱反應，故爐氣溫度不但不升高。反而降低，並且增加爐氣中的 CO 含量，當爐氣溫度降到 1000℃左右時，還原反應停止進行。在氧化區上部，缺乏空氣中的氧氣供應，CO_2 還原為 CO 的區域稱為還原區(reducing zone)。

爐氣繼續再上升，CO_2 與 CO 含量不再起變化，由於爐料吸熱的緣故，爐氣溫度隨高度上升而繼續下降，這一區域稱為預熱帶(preheating zone)。

一般而言，鑄鐵的熔點約為 1150℃～1250℃，因此，當爐內熱量足夠使鐵料熔化時，固態金屬將化為金屬熔液，但由於高溫金屬液自出鐵口流入澆桶，再由澆桶澆鑄進入鑄模過程，均會降低溫度，因此，在爐內熔化溫度應高出熔點 100～200℃，使其過熱，亦即其熔化溫度(出爐時)約為 1350～1400℃，一般灰鑄鐵熔化溫度約為 1350℃。由圖 7-23 可知，熔鐵爐內在熔化帶、過熱帶處溫度最高，爐溫甚至可高達 1450～1660℃。

爐料從加料口往下降落，經預熱帶、熔化帶(melting zone)、過熱帶(superheating zone)，進入爐井(well)屯積或流出。在預熱帶時，爐料中的熔劑(石灰石)首先分解，變成氧化鈣及二氧化碳，如下式：

$$CaCO_3 \rightarrow CaO + CO_2$$

進入熔化帶後，鐵料熔化，熔化後的鐵水，溫度還不高，繼續往下滴落時，通過過熱帶(主要為氧化區)，鐵水則過熱到較高的溫度。

在熔化及過熱帶，鐵、矽、錳均會因燃燒而損失一部份：

$$2Fe + O_2 \rightarrow 2FeO$$
$$Si + 2FeO \rightarrow SiO_2 + 2Fe$$
$$Mn + FeO \rightarrow MnO + Fe$$

上述反應生成的 SiO_2、MnO、FeO 和爐料內的其他雜質與 CaO 化合，形成熔點較低的熔渣(slag)，由於熔渣比鐵水輕，因此會由爐井上方的出渣槽(slag spout)排出。有關熔渣的化學成分可參考表 7-8。

熔化的鐵水與高熱的焦炭接觸，鐵水中含碳量會稍為增加，焦炭中含硫量的 30～50% 也會熔入鐵水中，因此，鐵水的含硫量也會增加，其變化量可參考表 7-10。

高溫鐵水落入風口以下的爐井後，溫度略為降低，在爐井裏，因鐵水仍與焦炭接觸，故會繼續增碳與增硫。

當鐵水從爐井經過出鐵口(tap hole)流出，進入前爐或澆桶後，鐵水中的化學成份就不會再顯著的變化。

7-2.3　熔鐵爐的操作

熔鐵爐操作不但包括熔化作業，尚包括熔化前後的工作，一次完整的熔鐵爐操作程序應包括：準備熔鐵爐(包括修整爐壁、爐底、出爐口、出渣口等)、裝置底焦、點火燃燒、加料鼓風熔化、出鐵及出渣、洩下爐底等作業。上述每一步驟均很重要，必須操作得當才能熔化出良好鐵水。

1. 準備熔鐵爐

熔鐵爐裝料點火前最主要的準備工作就是修補爐襯，通常每次停爐後都應加以整修，因為歷經數小時的熔化過程，在熔化帶的爐壁上，或多或少會有爐渣、焦炭、鐵水黏附其上，這些雜物均需從耐火材料上敲除，一般而言，爐襯的日常修整局限於高溫的熔化帶，但有時也向上延伸到預熱帶。故當爐內溫度降至常溫時，即應加以整修，以便下次熔化使用。出鐵口及出渣口亦需加以檢查及清潔修整，若鐵水滲透爐襯或裂痕太大時，則出鐵口周圍及出渣口需整個敲除，然後重築，通常出鐵口及出渣口均可使用數次後，再予更換。修補爐襯需用不同的耐火材料，有關耐火磚及耐火泥等詳見本書第二章 2-4 節。

修補爐襯一般採用氣動工具，利用壓縮空氣槍修補熔化帶或搗築出鐵口及出渣口非常方便，且經過加壓的耐火爐壁可減少熔煉時之侵蝕現象。

爐襯等修築完畢後，關閉爐底門並用支柱牢牢支撐，然後搗實爐底，爐底可用造模砂築成，一般砂底的下層採用舊砂，上層採用新砂：40%矽砂、50%焦炭粉、10%耐火泥及 3～6%水份。爐床的斜度為 1/12(即每呎 1 吋)，以便鐵水自然流出。

2. 裝置底焦(coke bed)

當爐底修造完成後，即可開始建立底焦，基本上，放入底焦即意味著在熔鐵爐內建立一適當高度的焦炭，以便第一層鐵料獲得足夠的熱量而熔化，為了便於焦炭燃燒，通常在放入底焦前先在最底層放置一些木材，木材最好豎起成圓錐狀擺放，以利點火，但不可傷及爐底。先裝入部份焦炭後點燃木材，等焦炭開始燃燒後，再陸續添加一些焦炭，待木材燒盡而焦炭呈紅熱狀態時，搗實焦炭然後再添加焦炭至適當高度，此即所謂的底焦。

一般所謂的底焦高度，係指風口上的焦炭高度，風口下的焦炭則不計，操爐初期，底焦高度對熔化時燃燒是否適當具有很大的影響，為了使燃燒產生足夠熱量，以便金屬熔化，且能升溫至預期溫度，必須有正確的底焦高度。通常底焦高度係根據風壓決定，即鼓風壓力的平方根乘以 10.5 加 6，若風壓為 p(oz)，則底焦高度 H(in)為：

$$H = 10.5\sqrt{p} + 6$$

例如鼓風壓力為 36 盎司(oz)時，底焦高度為 $10.5\sqrt{36} + 6 = 69$(in)。

底焦高度的估量方式，通常是由加料口以鍊子或鐵棒向下伸入，直至觸及底焦上部為止。高度適當時，才可填入所需的每批加料，如圖 7-24 所示。

3. 加料(charging)

熔鐵爐的每批加料包括焦炭、熔劑及鐵料。不同大小的熔鐵爐其每批的加料重量亦不同，一般而言，每批鐵料的重量約為每小時熔化量的十分之一；而焦炭的重量則依鐵焦比(iron to coke ratio)為準，一般採用的鐵焦比從 6：1～12：1 均可；熔劑通常為石灰石，其重量約為焦炭的 20%～25%，熔劑的主要目的是使焦炭灰、受熔蝕的耐火材料、金屬氧化物等化合成的熔渣更具流動性，易於從排渣口流出。

應特別注意的是加料的順序，提供熱源的焦炭加入後，應先加入石灰石當作熔劑，然後才加入鐵料，依次循環加料，如圖 7-26 所示。

4. 熔化(melting)

加料完畢後，即可開始鼓風，但為了使爐料預熱，通常應先有約半小時的燜熱期(soaking period)，然後才開始鼓風，數分鐘後，即可使鐵料熔化，從風口觀察孔可看到鐵水滴落的情形。通常開始熔化後，出鐵口應予封閉，以免初熔鐵水在出鐵口凝固堵塞，且第一次出爐的鐵水溫度較低，大多澆鑄成鑄錠，而不澆鑄鑄模，以免澆鑄失敗。

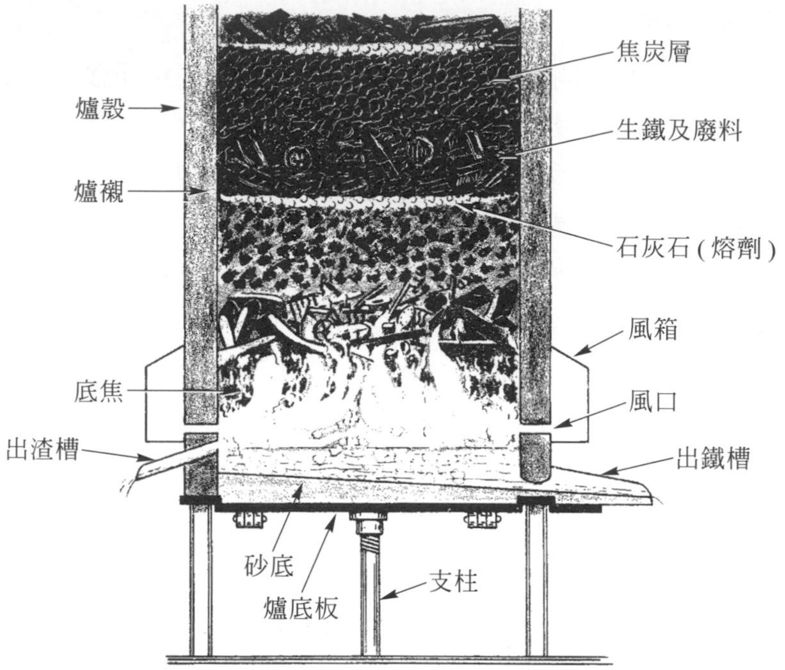
焦炭層
爐殼
生鐵及廢料
爐襯
石灰石(熔劑)
風箱
底焦
風口
出渣槽
出鐵槽
砂底
支柱
爐底板

圖 7-26 底焦及加料順序示意圖(熔鐵爐的預熱帶及熔化帶)

第一次出鐵的時間受底焦高度的影響，從開始鼓風起，若 8 分鐘內即需出鐵，顯示底焦高度太低；若超過 12 分鐘，則係底焦太高的緣故。且底焦的高低亦會影響鐵水的溫度，故應正確計算。

5. 出鐵及排渣

無前爐的熔鐵爐係採間歇性出鐵，因此，出鐵口也需間歇性打開，以便鐵水流出至澆桶，然後再用耐火黏土塞封閉出鐵口，耐火黏土塞的打開是以楔形工具爲之，由於熔鐵爐的熔化速率及澆桶容量均爲已知，故間歇性出鐵通常有週期性，若太慢的話，鐵水繼續上升，將從排渣口流出，因此，可從出渣口觀察爐井狀況，以估測爐中的鐵水量。

間歇性出鐵也需間歇性排渣，當爐中液態平面上升至出渣口時，爐渣可從出渣口撇出；出鐵後，液面降低，則應停止排渣工作。

連續出鐵係應用於設置前爐的熔鐵爐，其排渣處理則利用出鐵槽的擋渣堤，使熔渣與鐵水分離而連續流至匯集處所。

6. 洩下爐底

停止加料後，就進入了熔鐵爐操作終期，爐中原料會繼續熔落，鼓風量通常應減少，直到底焦上方剩下 1～2 次加料量，即可打開爐底門，使爐中殘料落至地板上，為避免損害熔鐵爐基座及爐底，白熱狀殘料需用水噴灑冷卻，殘料中的焦炭及鐵料回收後，將來可再加入爐中使用。

7-2.4　熔鐵爐配料及計算

1. 爐料種類

熔鐵爐熔煉所需的原料，主要包括鐵料、焦炭、熔劑及空氣等，其中鐵料又包括生鐵、廢鐵、廢鋼、回爐料及少量合金元素；而由這些原料的燃燒熔化，所產生的材料包括鐵水、熔渣及爐氣等，表 7-7 為熔化一噸鐵水所需的爐料之進料與出料。

表 7-7　熔鐵爐熔化一噸鐵水所需的原料概略重量

進料	出料
1.00 噸生鐵、廢鐵等 0.15 噸焦炭 0.03 噸熔劑 1.20 噸空氣	0.98 噸鐵水 0.05 噸熔渣 1.35 噸爐氣 ―
總重：2.38 噸	總重：2.38 噸

註：(1) 本表係假定鐵焦比為 6.67：1。

　　(2) 焦炭與鐵料之重量比，稱為焦鐵比；反之稱為鐵焦比。表示方法雖不同，但添加量一樣，依各國習慣而定。

(1) 鐵料

通常加入的鐵料中，有 15～40%為再熔化的回爐料(包括澆冒口及有瑕疵的鑄件等)，其餘為生鐵、廢鐵、廢鋼等。生鐵為高爐的產品，如圖 7-27 所示，其含碳、矽、錳量均高，因此，鑄件的含碳、矽、錳量也高；廢料的來源及其種類與成份等均應確實掌握，以免影響鑄件品質；其餘合金元素，如矽鐵、錳鐵等可用於熔鐵爐加料中，或加於澆桶的熔融鐵水中，少量的鉻、鎳等元素亦可於澆桶中加添，但添加比例大時，應於感應電爐內添加熔化，以免降低鐵水溫度，且可確保成份均勻。

有關各種鐵料的成份性質詳見本書 2-2 節。

圖 7-27　生鐵錠

(2) 焦炭

鑄造用焦炭亦已於第二章 2-3 節介紹過，於熔鐵爐內添加焦炭，除應注意底焦高度及每批焦炭重量(依鐵焦比而定)外，焦炭的粒度大小亦相當重要，焦炭太粗或太細都會影響爐氣的分佈，及爐溫位置的變化，如圖 2-15 所示。一般而言，小型熔鐵爐使用的焦炭大小，約為爐徑的 1/10～1/12，但是中大型熔鐵爐，其粒度大小以 4～6 吋為佳。而每批焦炭重量約為鐵料重量的 1/6～1/12，亦即鐵焦比為 6：1～12：1，或焦鐵比為 8%～16%。

(3) 熔劑(flux)

熔劑為鹼性材料，可與焦炭灰及熔蝕的爐襯反應，造成流動渣，最常用的熔劑為石灰石，也可使用螢石、蘇打灰等當作熔劑。石灰石約含 $CaCO_3$98%，大小以 3/4～2 吋者為佳，且酸性氧化物的含量要低。亦有採用含 15～30%$MgCO_3$ 的白雲石來取代石灰石中一部份的 $CaCO_3$。

石灰石在爐中下降時，於爐溫 1470°F(約 800°C)時開始分解成 CaO 及 CO_2，CaO 再與灰分中的酸性物及耐火材料等產生流動性渣(slag)，然後從出渣口排出，熔鐵爐熔渣的成份如表 7-8 所示。螢石及蘇打灰的添加，比單獨添加石灰石能使熔渣更具流動性。石灰石的添加量約為每批焦炭重量的 20～25%。

表 7-8　熔鐵爐熔渣的化學成份(%)

成分種類	SiO_2	CaO	MgO	Al_2O_3	FeO	MnO	S	備註
酸性	40～50	20～35	0～3	5～12	0.5～7	0.5～2	0.1～0.4	酸性爐襯
鹼性	20～30	30～50	5～20	3～10	0.5～5	0.5～3	0.4～1.0	鹼性爐襯

說明：(1) 正常氧化熔煉下所流出的熔渣為綠色或暗綠色。

　　　(2) 過度氧化損失時，流出的熔渣為暗色或黑色。

　　　(3) 欲生產特別適合球墨鑄鐵的低硫高碳鐵水時，應造鹼性渣為佳。

(4) 空氣

如表 7-7 所示，熔化 1 噸的鐵水需要 1.2 噸的空氣，可見熔鐵爐的熔化作業需要大量的空氣，以便使焦炭燃燒，產生足夠的熱量而熔化鐵料。熔鐵爐所需的空氣量隨爐體大小、爐溫、壓力、溫度及鼓風的均勻與否而不同，操作時，可藉儀表來控制空氣的風量及風壓，空氣的溫度也會影響熔鐵爐的熔化效率，因此，除了一般的冷風外，亦可採用預熱空氣或熱風爐，以改善熔鐵作業。

2. 配料計算

熔鐵爐熔化作業成功與否，主要關鍵之一在於各種爐料的添加，以及操爐是否得當。適當的爐料及燃燒熔化，才可得到適當成份及溫度的鐵水。

(1) 鐵料計算及鐵水成份的控制

熔鐵爐的主要目的是熔化適當的鐵水，而鐵水的成份控制主要依下列因素而定。

A. 各種已知成份的鐵料之添加。

B. 已知熔化中各種成份的增減變化。

C. 添加合金元素(如矽鐵等)之接種處理(inoculation)。

熔鐵爐熔煉鐵水的成份之控制，一般採用所謂的混合計算法(mixture calculation)估計，其步驟如下(參考表 7-9)。

表 7-9　熔鐵爐操爐配料計算表範例

爐次編號：　　　　　　熔鐵爐編號：　　　　　　日期：

鐵料種類	含量		碳(C)		矽(Si)		錳(Mn)		硫(S)		磷(P)	
	%	公斤	%	公斤	%	公斤	%	公斤	%	公斤	%	公斤
生鐵	20	200	4.30	8.60	0.90	1.80	0.55	1.10	0.03	0.06	0.15	0.30
高矽生鐵	4	40	2.50	1.00	7.50	3.00	0.65	0.26	0.05	0.02	0.10	0.04
廢鐵	26	260	3.30	8.58	1.90	4.94	0.50	1.30	0.12	0.31	0.35	0.91
廢鋼	20	200	0.20	0.40	0.20	0.40	0.60	1.20	0.04	0.08	0.03	0.06
回爐料	30	300	3.40	10.20	1.85	5.55	0.50	1.50	0.12	0.36	0.19	0.57
矽鐵塊	—	(6.5)	—	—	75.00	4.88	—	—	—	—	—	—
加料總重	100	1000	—	28.78	—	20.57	—	5.36	—	0.83	—	1.88
總含量	—	—	2.88	—	2.06	—	0.54	—	0.08	—	0.19	—
熔化變量	—	—	+0.44	—	-0.21	—	-0.05	—	+0.04	—	+0.01	—
最後成分	—	—	3.32	—	1.85	—	0.49	—	0.12	—	0.20	—

註：本表資料參考 AFS：Cupola Handbook.

A. 依過去經驗，選擇適當成份的爐料，使熔化時達到預期成份。

B. 將各類加料的成份分析，計算全部的化學成份。

C. 考慮熔化過程中成份的變化，修正上列所得，估算鐵水可能的成份。

D. 用"試驗－修正錯誤(trial and error)"計算法，調整原來的加料。鐵水出爐後，應立即從事爐前試驗，以作爲調整加料的參考，直到所獲得的鐵水成份符合預期的範圍。

　　一般而言，鐵料中的主要成份，如碳、矽、錳、磷、硫等，在熔化過程中多少都會有增減變化，而特殊的成份，如鎳、鉻等則不會增加或損失，表 7-10 是熔化中成份變化的參考值。

表 7-10　熔鐵爐熔煉中成份的變化量

元素	熔化時增加或損失量(以各元素含量為基準)	備註
碳	增加 10～20%	主要來自焦炭及其他因素
矽	減少 10%	損失的矽變成熔渣
錳	減少 15%	損失的錳進入熔渣中
磷	除非含量低於 0.06%，否則不會變化	－
硫	增加 0.03～0.05%	來自焦炭且隨熔煉操作而不同

茲舉例說明 1 噸熔鐵爐，鐵水成份的控制及其配料計算如下所示：

> **例**：依客戶需要，熔鐵爐出鐵口之鐵水估計應為 3.30%C，1.85%Si，0.50%Mn，0.2%P 及最多 0.12%S，則其配料應如何估算。

A. 首先，根據各種鐵料的成份，選擇加料組成爲 24%生鐵，26%廢鐵，20%廢鋼及 30%回爐料，計算其中所含碳、矽、錳等各種元素的含量。

B. 添加矽鐵塊，以調整鐵水中的含矽量。

C. 估計各種成份在熔煉中的增加或減少，計算出鐵水可能的成份。

　　如表 7-9 所示，熔化前鐵水的成份已在掌握中，但其實際成份含量，應確實做好爐前檢驗作爲校正，以免因操爐因素的改變，而影響鐵水成份。

(2) 焦炭需要量之計算

　　焦炭燃燒放出熱量，以提供熔鐵爐作爲熔化鐵水之用，因此，焦炭使用量的適當與否，影響熔化結果至鉅。焦炭需要量之多寡，主要依據所需熔化鐵料之重量以及燃燒效率等兩項因素而定。

熔化鐵水所需的熱量如下列公式所示：

$Q = W[C_1(T_2 - T_1) + K + C_2(T_3 - T_2)]$

式中，Q＝熔化鐵水所需的熱量(Kcal)

　　　W＝鐵料重量(kg)

　　　C_1＝溫度小於 1200℃時，鑄鐵的比熱＝0.1298(cal/g/℃)

　　　C_2＝溫度大於 1200℃時，鑄鐵的比熱＝0.2330(cal/g/℃)

　　　T_1＝鐵料裝入時之溫度＝20℃

　　　T_2＝鐵料之熔點＝1200℃

　　　T_3＝鐵料過熱熔化所需之溫度＝1600℃

　　　K＝鐵水之潛熱＝33(cal/g)

因此

$Q = W[0.13(1200 - 20) + 33 + 0.233(1600 - 1200)] = 280W(Kcal)$

亦即每熔化 1 公斤的鐵料，需要 280 仟卡的熱量。

而 1 公斤碳素完全燃燒成 CO_2 能產生 8080 仟卡的熱量，標準熔鐵用焦炭含固定碳量以 90%計，則 1 公斤焦炭完全燃燒的發熱量為：

$8080 \times 90\% = 7272(Kcal)$

依上式熔鐵所需的熱量計算，則 1 噸鐵料完全熔化時，理論上，需要的焦炭量應為：

$280 \times 1000 \div 7272 = 38.5(公斤)$

假設化鐵爐的熱效率為 37%，則 1 噸鐵料熔化時，實際需要焦炭量應為

$38.5 \div 0.37 = 104(公斤)$

故設定鐵焦比為

$1000 : 104 = 9.6 : 1$

如前所述，依據爐內熱效率的高低，鐵焦比一般可由 6：1 到 12：1。

(3) 空氣需要量的計算

成功的熔鐵爐操作，關鍵在於燃燒的控制，熔鐵爐的鼓風即是為了提供空氣中的氧，以便使焦炭中的碳(carbon)產生燃燒作用。為了達成預期的熔化狀況，焦炭及空氣的供給量需有適當的比例，只有適當的燃燒，鐵水的成份、溫度及造渣才能完成。

焦炭與空氣的比例是否恰當，可從爐氣的組成加以判斷，在適當的操作狀況下，熔鐵爐爐氣的組成應為 $CO_2 = 12 \sim 14\%$，$CO = 11 \sim 15\%$。因此，燃燒 1 公斤的碳使成上述的組成所需的空氣量即可根據下列式子算出來，但為方便起見，可參閱表 7-11 所列的數據。

A. 完全燃燒的情況下：

$C + O_2 \rightarrow CO_2$ ————————→ 完全燃燒的化學反應式

$12 + 16 \times 2 = 44$ ————————→ CO_2 的分子量，亦即化合物的質量數

因此，1 公斤碳素完全燃燒時所需的氧氣量應為：

$(16 \times 2) \div 12 = 32 \div 12 = 2.67$(公斤)

B. 不完全燃燒的情況下：

$2C + O_2 \rightarrow 2CO$ ————————→ 不完全燃燒的化學反應式

$2 \times 12 + 16 \times 2 = 56$ ————————→ 碳原子過剩的化合物質量數

因此，1 公斤碳素不完全燃燒時所需的氧氣量為：

$(16 \times 2) \div (2 \times 12) = 32 \div 24 = 1.33$(公斤)

如表 7-11 所示，熔鐵爐爐氣的組成若為 $12\% CO_2$，$14.8\% CO$ 及 $73.2\% N_2$ 時，碳素燃燒生成物的比例中，CO_2(完全燃燒)佔了 44.7%〔即 $12\% \div (12\% + 14.8\%) = 44.7\%$〕，而 CO(不完全燃燒)佔 55.3%。

因此，1 公斤碳素燃燒所需的氧氣量實際應為：

$2.67 \times 44.7\% + 1.33 \times 55.3\% = 1.19 + 0.74 = 1.93$(公斤)

空氣中含氧量以 23.1% 計算，則 1 公斤碳素燃燒時，需要的空氣量應為：

$1.93 \div 23.1\% = 8.35$(公斤)

而 1 公斤的空氣容積約為 0.83 立方公尺，故 1 公斤碳燃燒時，所需的空氣容積量應為：

$8.35 \times 0.83 = 6.93$(立方公尺)

標準熔鐵爐用焦炭含固定碳量以 90% 計，則 1 公斤焦炭(coke)燃燒時，需要的空氣容積量為：

$6.93 \times 0.9 = 6.237$(立方公尺)

故每噸(1000 公斤)鐵水熔化時，所需的焦炭量為 100 公斤(鐵焦比採 10：1)，而所需的空氣量則為：

$6.237 \times 100 = 623.7$(立方公尺)

因此，理論上，1 噸熔鐵爐(1 噸/小時)的鼓風量應為：

623.7÷60＝10.4(m³/min)

若鼓風機送風的損失量以 5%計算，則 1 噸爐實際所需的鼓風量加計 5%後，實際鼓風量應為：

10.4×(1＋5%)＝10.92 (m³/min)

故在標準狀況下，熔鐵爐每分鐘所需的鼓風量應為(10.92～11.67)立方公尺再乘以噸數。詳細資料可參閱表 7-11。

表 7-11　熔鐵爐燃燒所需的空氣量

爐氣成分 (%)			碳燃燒生成物比例(%)		氧氣需要量	空氣需要量		產生氣體量 (kg/kg 碳)			產生熱量	燃燒效率	每噸鐵水需風量(m³)*	1 噸爐鼓風量 (m³/min)	
CO_2	CO	N_2	CO_2	CO	kg/kg 碳	kg/kg 碳	m³/kg 碳	總量	CO_2	CO	Kcal/kg 碳	%		理論值	+5%
0	34.7	65.3	0.0	100	1.33	5.77	4.79	6.77	0.00	2.33	2415	29.9	431.1	7.19	7.54
1	33.0	66.0	2.9	97.1	1.37	5.94	4.93	6.94	0.11	2.26	2575	31.9	443.7	7.40	7.76
2	31.4	66.6	6.0	94.0	1.41	6.11	5.07	7.11	0.22	2.19	2755	34.1	456.3	7.61	7.99
3	29.7	67.3	9.2	90.8	1.45	6.30	5.23	7.30	0.34	2.11	2930	36.3	470.7	7.85	8.24
4	28.1	67.9	12.5	87.5	1.50	6.49	5.39	7.49	0.46	2.04	3115	38.6	485.1	8.09	8.49
5	26.4	68.6	15.9	84.1	1.54	6.68	5.54	7.68	0.58	1.96	3320	41.1	498.6	8.31	8.73
6	24.7	69.3	19.5	80.5	1.59	6.89	5.72	7.89	0.71	1.88	3510	43.5	514.8	8.58	9.01
7	23.1	69.9	23.2	76.8	1.64	7.11	5.90	8.11	0.85	1.79	3730	46.2	531.0	8.85	9.29
8	21.5	70.5	27.1	72.9	1.69	7.33	6.08	8.33	0.99	1.70	3940	48.8	547.2	9.12	9.58
9	19.8	71.2	31.2	68.8	1.75	7.57	6.28	8.57	1.15	1.60	4175	51.7	565.2	9.42	9.89
10	18.2	71.8	35.4	64.6	1.80	7.81	6.48	8.81	1.30	1.51	4415	54.7	583.2	9.72	10.21
11	16.5	72.5	40.0	60.0	1.87	8.08	6.70	9.08	1.47	1.40	4675	57.9	603.0	10.05	10.55
12	14.8	73.2	44.7	55.3	1.93	8.35	6.93	9.35	1.64	1.29	4945	61.2	623.7	10.40	10.92
13	13.2	73.8	49.6	50,4	1.99	8.63	7.16	9.63	1.82	1.17	5225	64.7	644.4	10.74	11.28
14	11.6	74.4	54.7	45.3	2.07	8.93	7.41	9.93	2.01	1.06	5515	68.3	666.9	11.12	11.67
15	9.9	75.1	60.2	39.8	2.13	9.24	7.67	10.24	2.21	0.92	5825	72.1	690.3	11.51	12.08
16	8.3	75.7	65.8	34.2	2.21	9.57	7.94	10.57	2.42	0.80	6140	76.0	714.6	11.91	12.51
17	6.6	76.4	72.0	28.0	2.29	9.92	8.23	10.92	2.64	0.65	6496	80.4	740.7	12.35	12.96
18	5.0	77.0	78.3	21.7	2.38	10.29	8.54	11.29	2.87	0.51	6850	84.8	768.6	12.81	13.45
19	3.3	77.7	85.2	14.8	2.47	10.68	8.86	11.68	3.13	0.34	7240	89.6	797.4	13.29	13.96
20	1.7	78.3	92.2	7.8	2.57	11.09	9.20	12.09	3.39	0.18	7635	94.5	828.0	13.80	14.49
21	0.0	79.0	100	0.0	2.67	11.54	9.58	12.54	3.67	0.00	8080	100	862.2	14.37	15.09

註：*每噸鐵水需風量(m³)係以鐵焦比 10：1，焦炭含 90%C 為計算基礎。

資料整理自 American Foundrymen's Society(AFS)：Cupola Handbook，原資料為英制單位。

7-2.5　爐前控制與試驗(一)－碳當量(CE)測定

　　爐前控制最主要的目的是為了成功地熔化所需的金屬液體，必要時，可做一些試驗並進一步做改良的處理，如接種(inoculation)等作業。任何金屬熔化，在出爐前後都應做溫度的測量、成份的控制、熔渣的控制等工作，尤其是鑄鐵。溫度測量詳見 7-1.4～7-1.6 節，本節就僅後兩種控制方法詳加介紹：

　　鑄鐵成份的控制除了配料計算應確實外，由於熔化過程中，各種元素的增減變化很大，因此，在熔鐵爐爐前應確實做好成份控制，其試驗方法一般有碳當量(carbon equivalent，簡寫為 CE)測定、矽含量測定、碳硫成份分析、光譜分析及冷硬試驗(chill testig)等多種。如下所述。

1. 碳當量測定器及其原理與應用

　　碳當量測定器，一般稱為 CE meter，它是一種可以快速且正確估計熔融鐵水成份的儀器。此種測定儀器最主要是基於取樣鐵水凝固過程中，達到液相線時，溫度的下降會受阻停頓(初晶及共晶)的原理而發明。如圖 7-28 所示，鐵水 S 在熱電偶澆鑄杯中凝固，透過碳當量測定器自動繪出其冷卻曲線，由冷卻曲線中液態線停頓(liquidus arrest)位置，即可獲得初晶溫度為 2210°F(1210℃)，然後查表或由記錄器上可立即讀出碳當量值為 3.8。

　　碳當量值查得後，可根據初晶溫度及 CE 值，利用碳含量計算圓盤(carbon calculator)，旋轉對正後，由缺口讀出其含碳量，如圖 7-29 所示。新型儀器甚至根據碳當量的定義，直接加裝電腦自動計算轉換後，利用數字直接顯示鐵水的碳當量、含碳量、含矽量及溫度等，如圖 7-30 所示。

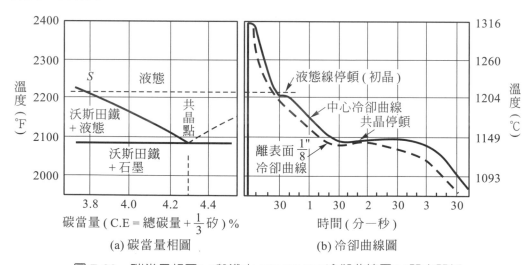

(a) 碳當量相圖　　　　　　　　　(b) 冷卻曲線圖

圖 7-28　碳當量相圖(a)與鐵水 S(3.8%CE)冷卻曲線圖(b)間之關係

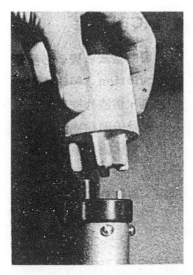

(a) 碳當量測定用澆鑄杯型熱電偶　　　　(b) BCIRA 碳含量計算圓盤

圖 7-29　碳當量測定用澆鑄杯型熱電偶(a)與碳含量計算圓盤(b)

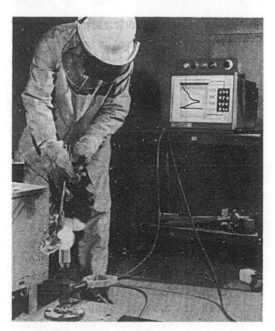

圖 7-30　爐前成份溫度測定器～可繪製冷卻曲線且顯示碳當量、碳含量、矽含量及溫度

2. 碳當量的定義

　　碳當量的定義隨著材質而稍有不同，通常它是用來描述特定鑄鐵與共晶點(eutectic point)間的關係，當此一特定鑄鐵的碳當量為 4.3 時，我們稱它為共晶鑄鐵(eutectic cast iron)；碳當量值小於 4.3 時，稱為亞共晶鑄鐵(hypoeutectic cast iron)；碳當量值大於 4.3 時，稱為

過共晶鑄鐵(hypereutectic cast iron)。在亞共晶鑄鐵範圍內，碳當量的定義為：

$$CE＝\%C(總碳量)＋1/3(\%Si) \longrightarrow 適用於亞共晶鑄鐵範圍$$

上式係用於低磷含量(0.05～0.09%P)的亞共晶鑄鐵，總碳量(total carbon，簡寫為 TC)係鑄鐵中石墨碳與化合碳含量的總和。表 7-12 即係此範圍內，碳當量與初晶溫度的對照表，當磷含量超過 0.1%時，初晶溫度及凝固溫度等將會下降。

表 7-12　亞共晶鑄鐵的碳當量與初晶溫度對照表

碳當量(%)	初晶溫度(°C)	碳當量(%)	初晶溫度(°C)	碳當量(%)	初晶溫度(°C)	碳當量(%)	初晶溫度(°C)
3.60	1232	3.80	1210	4.00	1188	4.20	1166
3.61	1231	3.81	1209	4.01	1187	4.21	1164
3.62	1230	3.82	1208	4.02	1186	4.22	1163
3.63	1229	3.83	1207	4.03	1184	4.23	1162
3.64	1228	3.84	1206	4.04	1183	4.24	1161
3.65	1227	3.85	1204	4.05	1182	4.25	1160
3.66	1226	3.86	1203	4.06	1181	4.26	1159
3.67	1224	3.87	1202	4.07	1180	4.27	1158
3.68	1223	3.88	1201	4.08	1179	4.28	1157
3.69	1222	3.89	1200	4.09	1178	4.29	1156
3.70	1221	3.90	1199	4.10	1177	4.30	1154
3.71	1220	3.91	1198	4.11	1176	4.31	1152
3.72	1219	3.92	1197	4.12	1174	4.32	1150
3.73	1218	3.93	1196	4.13	1173	4.33	1148
3.74	1217	3.94	1194	4.14	1172	4.34	1146
3.75	1216	3.95	1193	4.15	1171	4.35	1143
3.76	1214	3.96	1192	4.16	1170		
3.77	1213	3.97	1191	4.17	1169		
3.78	1212	3.98	1190	4.18	1168		
3.79	1211	3.99	1189	4.19	1167		

註：過共晶鑄鐵之對照表，限於篇幅略去，讀者可參閱 BCIRA 資料。

　　而過共晶鑄鐵的碳當量甚至將磷的因素也考慮進去，因為磷會偏析而產生共晶，是增加共晶的有效元素，故其碳當量定義為：

$$CE＝\%C＋1/3(\%Si＋\%P)$$ ⟶ 適用於過共晶鑄鐵範圍

　　碳當量值不但可估計鐵水的成份，甚至亦與其機械性質有關，由於碳及矽為影響機械性質的最主要成份因素，因此，碳當量對機械性質之影響很大，圖 7-31 即為碳當量與機械性質之關係。若減少鑄鐵之碳當量，則鑄鐵中含碳量亦會降低，因而增加了抗拉強度，硬度值亦會增加，但硬度與抗拉強度之關係亦會受到片狀石墨型式的影響而有實質上的變化。

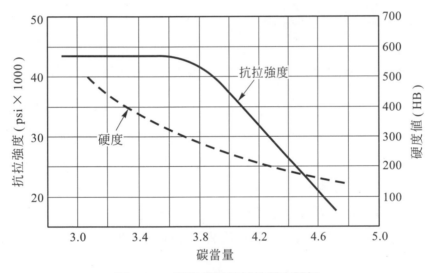

圖 7-31　碳當量與機械性質之關係

7-2.6　爐前控制與試驗(二)－矽含量測定

　　由於在鑄鐵的所有組合成份之中，矽元素具有較大的熱電位，因此，可以利用熱電方法來決定矽的含量。如圖 7-32 及圖 7-33 所示，矽含量測定器(silicone meter)是利用鑄鐵試品(屑料)中，矽含量多寡會影響電動力的原理來求矽含量大小。這種儀器基本上是由兩個接觸體(銅製)、電壓測量計及適當的指示器所組成。測試前，將鑄鐵屑料塞在兩接觸體間，當電極被加熱後，再施給它們一些壓力而擠向屑料，接觸體(棒)間的溫度差一定要確實調整(最少為 100℃)，則由測量計所記錄的熱電壓(mV)，再配合自動計算器轉換後，以數字直接顯示矽含量的多寡。

圖 7-32　矽含量測定器(數字直接顯示型)

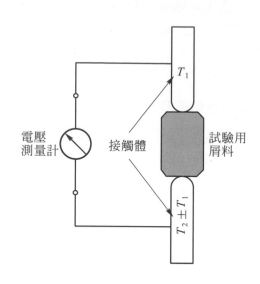

圖 7-33　利用熱電法求矽含量的基本原理

　　利用此法測量矽含量,既簡單又準確,可取代早期所採用繁雜又耗時的化學分析法,但是試驗用屑料需完全不沾灰塵,由試品上鑽或銼好後,必要時還得將它們篩乾淨;且所有試品澆鑄取樣時不可快速冷卻,以免影響其正確性,通常一次檢驗所需時間約為 15 分鐘,包括澆鑄與冷卻 10 分鐘,製造屑料 3 分鐘及測定矽含量 2 分鐘。

　　一般而言,鑄鐵中的碳及磷含量多寡,並不影響熱電值,因此對矽含量亦沒有影響,但是錳含量 0.1%的作用即等於 0.07%矽的影響,亦即會降低 0.07%的矽,而 0.1%硫會增加 0.03%矽含量。

7-2.7　爐前控制與試驗(三)－碳硫成份分析

　　如圖 7-34 所示,此項分析裝置是利用高溫燃燒鋼鐵屑料,使試料中的碳或硫成份燒成 CO_2 或 SO_2 氣體後,分別利用化學溶液吸收或反應,以測定其中的碳、硫含量多寡,是一種快速(約二、三分鐘)又準確(定量分析)的碳、硫含量分析儀器,常作為爐前成份控制檢驗使用。

① 高溫燃燒爐　　③ 硫量分析裝置
② 碳量分析裝置　　④ 氧氣瓶

圖 7-34　鋼鐵中碳、硫成份定量分析裝置

1. 碳含量測定法

(1) 分析儀器：如圖 7-34 所示，碳量分析裝置中主要組成包括。

    A. 二氧化碳吸收瓶：內裝氫氧化鉀溶液，其中，KOH＝800gm，H_2O＝1200 cc。

    B. 水準瓶(調整吸收瓶液面及排放測定管中之氣體使用)：
       內裝比重 1.84H_2SO_4＝6 cc，H_2O＝1000 cc，以甲基紅染成紅色。

    C. 三面玻璃活栓：控制測定管與其他管路的通路，連通吸收瓶(2 點鐘方向)、外界大氣(4 點鐘方向)、高溫爐燃燒管(6 點鐘方向)所接出的管路，而 5 點鐘方向時，所有通路皆封閉。

    D. 測定管，用橡皮管與水準瓶連接。

(2) 分析原理

其反應原理係鋼鐵屑料試品經高溫爐(1250℃)完全燃燒，其中碳份燒成二氧化碳(CO_2)氣體，經冷卻管後導入測定管內，當含 CO_2 之氣體經吸收瓶後，CO_2 完全被吸收，其反應式為：

$CO_2 + 2KOH \rightarrow K_2CO_3 + H_2O$

由於在溫度 16℃，氣壓 760mmHg 時，1cc 的 CO_2 等於碳含量為 0.05%，因此，

從 CO_2 的損失量,即可計算校正得到其含碳量。

(3) 測定步驟如下

A. 調整水準:先把活栓轉向 4 點鐘方向,水準瓶放置於下位,查看水準液是否在 "0" 刻度,如有高低應調整水準瓶液量。然後移動吸收液細管上之塑膠標記,使其刻線記號與吸收液面一致。

B. 排氣:把水準瓶送到上位,排出測定管內之氣體。

C. 將盛有屑片試料(含碳量大於 1% 時取 0.25g,小於 1% 時,取 1g)之磁舟送入高溫爐之燃燒管中預熱,緊塞橡皮塞,然後把活栓轉向 5 點鐘方向,關閉所有管路,拉下水準瓶。

D. 約預熱 1 分鐘後,把活栓轉到 6 點鐘方向,打開氧氣開關(壓力約為 0.5kg/cm^2),送入氧氣助燃,當水準液降至下位時,關閉氧氣,拉開橡皮塞,拉出磁舟,此時,含 CO_2 之氣體已被導入測定管中。

E. 等待水準液靜止後,把活栓轉到 2 點鐘方向,提高水準瓶,將測定管中之氣體趕入吸收瓶,待水準液充滿測定管後,再往下拉,如此反覆兩次,使氣體內之 CO_2 完全被吸收。

F. 上下移動水準瓶,使吸收液面與塑膠標記上之刻線一致,然後讀出測定管上液面之刻度,此值即為被吸收的 CO_2 量或經轉換過的碳含量。

G. 由於氣體體積會受溫度及氣壓的影響,因此,應先以標準樣品,以同樣方法測定,若讀出刻度為 w1,而標準含量為 w2,即可定出修正係數為 f=w2/w1。

H. 步驟 F 所獲得的刻度值乘上 f 值才是真正的碳含量。

※ 由於空氣中,燃燒管或測定管內可能有含碳物存在,因此,每次測定前應按前述步驟操作,但不送入試料,亦即從事「空白試驗」,直到水準液歸零後才可正式測定使用。

2. 硫含量測定法

(1) 分析儀器:如圖 7-34 左所示,硫量分析裝置,主要由下列四瓶溶液組成

A. 第一瓶溶液:碘酸鉀(KIO_3)0.2gm 加蒸餾水 1000cc 後,用標準試料標定其係數。

B. 第二瓶溶液:蒸餾水,清洗滴定容器用。

C. 第三瓶溶液:比重 1.18 鹽酸(HCl)15 cc 加水 985 cc。

D. 第四瓶溶液：澱粉 4.5gm 加水 200 cc，溶解後再加碘化鉀(KI)2.4gm，用水稀釋成 1000 cc(即 1 公升)。

E. 滴定容器。

(2) 分析原理

其分析的原理係因碘化鉀溶液與稀鹽酸溶液混合後，滴入數滴碘酸鉀溶液後反應生成碘(I_2)，而碘遇到澱粉成藍色反應，如下列反應式：

$5KI＋6HCl＋KIO_3 \rightarrow 3I_2＋6KCl＋3H_2O$

當試驗用鐵屑料燃燒後所生成的 SO_2 氣體通入藍色的溶液後，反應生成碘化物，則藍色逐漸消失，如下列反應式：

$SO_2＋I_2＋H_2O \rightarrow 2HI＋SO_3$

此時，為保持原來的藍色，應繼續加入碘酸鉀溶液，直到藍色不再變淡為止，記錄第二階段消耗的碘酸鉀溶液量，最後乘上碘酸鉀的係數，即為含硫量。

(3) 測定步驟如下

A. 打開滴定容器下方之活栓，用蒸餾水清洗滴定容器後關上活栓。

B. 由右邊活栓加入稀鹽酸至滴定容器之下標線(35cc)，再由左邊加入碘化鉀澱粉液 15cc 至上標線(50cc)，然後加數滴碘酸鉀液，稍微攪拌，使溶液均勻呈淺藍色。

C. 將滴定管充滿 KIO_3 溶液後，將盛有 1gm 鐵屑料之磁舟送入硫量測定用之燃燒管內，預熱 1 分鐘後通入氧氣助燃，將燃燒後含有 SO_2 之氣體，導入滴定容器內，若溶液顏色轉淡，則再滴加 KIO_3 液使得保持原來之淺藍色。

D. 測定後，關閉氧氣，拉出磁舟，讀滴定管內 KIO_3 消耗量(刻度)，乘以係數後即為含硫量。

E. 試驗前，應先做空白試驗。

例：用標準鋼料(0.103%S)標定時，若消耗 KIO_3 量為 11.4 cc，則 1 cc KIO_3 之係數即為含硫量 0.009%，故分析未知成份之鋼鐵材料時，若 KIO_3 消耗量為 8.5 cc，則其含硫量為：

$8.5 \times 0.009\% = 0.0765\%$

7-2.8 爐前控制與試驗(四)－光譜分析(spectroscopic analysis)

1. 分析原理

　　光譜儀是目前最新、最快速且準確的成份分析設備，它的分析原理係基於各種成份元素的光譜波長不同，因此，利用電極將試片激發出火花後，將各種不同元素的光譜分析、累積並轉換成所佔的百分比。

　　由於新型的光譜儀都配備有效率且精確的電腦設備，因此，可在數十秒的短暫時間內，快速且準確的分析出各種元素的含量，是品質管制的利器，亦是爐前控制及檢驗不可或缺的設備。

　　圖 7-35 係配備有電腦設備的真空放射式光譜儀(vacuum emission spectrometer)之外貌，右側凸出部份為試片的火花激發台，其內部安置情形如圖 7-36 所示。

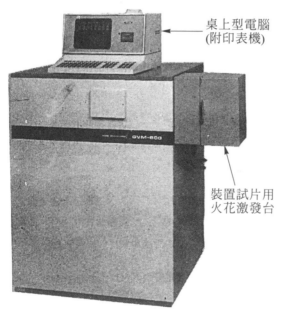
桌上型電腦
(附印表機)

裝置試片用
火花激發台

圖 7-35　配備有電腦分析裝置的光譜分析儀　　　　圖 7-36　試片安置於激發台

2. 分析操作程序

　　雖然從試片安置後，一直到電腦印出結果，其整個過程均為全自動，但是光譜儀的操作程序約略可以分為下列七個步驟(如圖 7-37 所示)：

(1) 試片安置妥當後，打開激發電源(ON)，利用高壓或高能，使試片與所對應的電極之間產生火花(spark)。

(2) 從火花間隙所發出的光，經過光譜儀分散成相當於試片所含元素的光譜(spectra)。

(3) 各種光譜經分析、選擇後送入光譜放大檢波器(photomultiplier detectors)。

(4) 由光譜放大檢波器輸出的電流－相當於光譜強度，在累積器(integrator)中不斷的堆積成每一元素，且在同一時間內，所有的元素都能同時分析出來。

(5) 經過一段累積過程後，火花停止，而在每一個累積器的堆積工作亦告終了。

(6) 測量每一個累積器中所含的電荷。

(7) 利用經標準樣品所標定的度量曲線(calibration curve)，轉換每一元素所佔有的總值，最後的結果以百分比顯示在電腦螢幕上，並以印表機將結果印出。

圖 7-37 係光譜儀分析過程的概略圖，其所能分析的元素之多寡，除了決定於材料的成份及所需目的外，主要決定於光譜儀本身所裝置的容量，為了精確地控制成品的品質，同時分析一、二十種元素是常見的事。

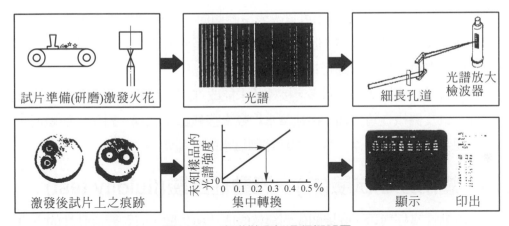

圖 7-37　光譜儀分析過程概略圖

7-2.9 爐前控制與試驗(五)－冷硬試驗(chill test)

對灰口鐵鑄鐵的熔化而言，石墨化傾向的控制非常重要，而冷硬試驗是估量石墨化傾向度的一個最簡易的方式，因此，在爐前控制中，冷硬試驗常被應用於鑄鐵的熔化控制。其方式是從熔鐵爐的出鐵槽或澆桶中取出的鐵水，澆入砂心砂所製成的試片模中，當其冷卻凝固後，敲斷試片，由其斷面的白口深度可判斷其石墨化的傾向度，斷面為白色的區域係因冷卻速度較快，鐵中的碳尚未及石墨化，反之，若斷面為灰色者，係已石墨化之鑄鐵。

一般而言，冷硬試驗大都利用楔形片作試驗，亦有使用多級式冷激板或冷激圓桿者，如圖 7-38 所示。

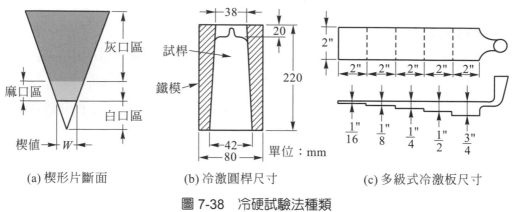

(a) 楔形片斷面   (b) 冷激圓桿尺寸   (c) 多級式冷激板尺寸

圖 7-38　冷硬試驗法種類

除了冷卻速度會影響白口化或冷硬深度外，成份也會影響冷硬深度，低碳或低矽鐵水，會使冷硬深度加長。

在澆桶中添加接種劑(inoculant)可以改變冷硬傾向，接種劑是鐵水中的一種添加劑，主要使石墨構造及冷硬深度改變，但不大影響鐵水的正常成份。通常鑄鐵廠都是以矽鐵或其他接種劑添加在澆桶中，以進行接種作業。

由於影響石墨化傾向的因素很多，接種並未能改進灰口鑄鐵的所有性質，然而就鐵水性質的保持一致及機械性質方面，接種鐵水均較未接種鐵水為佳。對灰口鑄鐵而言，接種可以減少冷硬及凝固時的過冷，故接種為控制鐵水的一種常用方法。

7-2.10　爐前控制試驗(六) － 流動性試驗(fluidity test)

鐵水的流動性良好與否，直接關係到鑄造的成功與失敗，而影響流動性的主要因素包括：澆鑄溫度、鐵水的成份及鑄件的厚薄等。一般較低的澆鑄溫度、高級鑄件或薄鑄件，鐵水的流動性較差，故在爐前應先作流動性試驗，其試驗法可大別為直線法與旋渦法兩種，其形狀及尺寸如圖 7-39 所示，以乾或濕砂模澆鑄，凝固後測量其長度，以判斷鐵水的流動性。

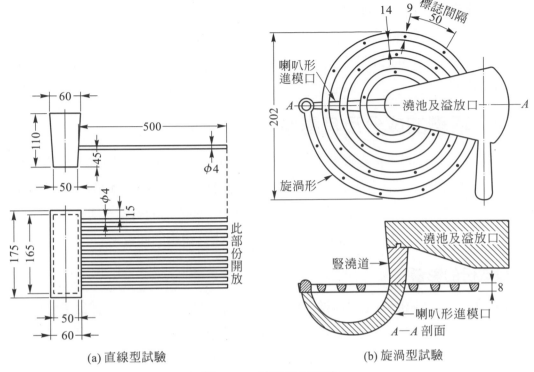

(a) 直線型試驗　　　　　　　　　(b) 旋渦型試驗

圖 7-39　流動性試驗法

7-2.11　爐前控制試驗(七)－熔渣與鐵水紋判別

熔渣的顏色可用以判斷熔化操作是否恰當，詳見表 7-8 說明。而澆鑄後，由表面之渣膜花紋形狀，亦可用以判斷鐵水的大約成份，如圖 7-40 所示。矽系呈圓點紋；碳系呈龜

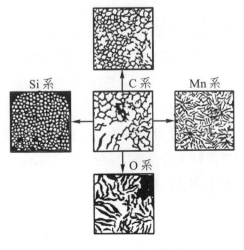

圖 7-40　鐵水的渣膜花紋

甲紋；而錳矽相互干涉，當錳大於 0.8%，矽小於 1.6%時，則將出現錳系的麻葉紋；而當 TC 2.9～3.2%時，氧會掩蓋碳系花紋，出現典型氧系粗條紋。若溫度較低，因矽錳盛行氧化，渣膜變黏變厚，不生任何花紋；但鐵水受多項元素相互干涉，實際只能出現濃度偏高者的中間性花紋。

7-2.12　鑄鐵的成分及其影響

　　所謂鑄鐵(cast iron)是指含碳量 2.0～6.67%的鐵－碳合金而言，而矽也是鑄鐵不可或缺的重要元素。鑄鐵含合金量較多，熔點低，熔液流動性良好且容易鑄造，所以鑄鐵是鑄造材料中最重要的一種。除了鐵、碳、矽外，鑄鐵的主要成份尚有錳、磷及硫；而在合金鑄鐵(alloy cast iron)中，更需加入鎳、鉻、鉬等，以改善鑄鐵的性質。

1.　一般成份的影響

(1)　碳(C)：熔鐵爐所生產的鑄鐵，其總碳量一般約在 3.5% 左右，總碳量包括化合碳 (combined carbon)和游離碳(free carbon)兩類，而化合碳係以硬脆的雪明碳體 (cementite, Fe_3C)形式存在；游離碳則以較軟的石墨碳(graphite)形式存在。碳分較低的鑄鐵強度較高。

化合碳使鑄鐵的組織細密，硬而脆，其量愈多時，鑄鐵的剖面愈呈白色，熔化時流動性差、收縮大，但熔點低。

而石墨碳的組織粗，結晶大，斷面呈灰色，量愈多時鑄鐵愈軟，會增加流動性，減少收縮率，熔點較高。冷卻時間愈長時，析出的石墨碳愈多，反之易生成化合碳。

(2)　矽(Si)：灰口鑄鐵中，矽的含量約在 1.0～3.5% 之間，矽的重要性主要在於它對石墨化的影響，它可使碳化鐵分解而生成石墨。如果含矽量太低，雪明碳體大都未分解，因此，生成斷面白亮，不可車削的白口鑄鐵(white cast iron)；矽分較高時，碳分大多生成石墨，因而形成斷面灰暗，易於車削的灰口鑄鐵(gray cast iron)。當化合碳含量在 0.8% 以下時，斷面量呈灰白斑點，稱為斑鑄鐵(mottled cast iron)，亦不便車削。若鑄件愈厚，澆鑄後冷卻愈慢，則鑄造灰口鑄鐵所需的矽量愈少。

(3)　硫(S)：硫可算是一種石墨化的抑制劑，亦即碳化物的穩定劑，它是灰口鑄鐵中最重要的改變元素之一，一份硫可抵消十份矽的作用，因此，其含量不可太多，一般規定在 0.12% 以下，硫含量超過 0.25% 時，由於硫會妨礙石墨化進行，所以此時硫會使鑄鐵具有不適當的硬度，並降低它的機械加工性。且硫會與鐵結合成低熔點的共晶硫化鐵，故含硫量太多時，會有熱脆現象發生，應特別注意。

(4) 錳(Mn)：鑄鐵熔液中含有錳，由於錳與硫作用生成硫化錳，先行析出形成熔渣，因此，錳能使促進波來體化的硫大大地減少，抵消硫對矽的反作用。但是若錳為一單獨的合金元素，則它亦將抑制石墨的成長，因此，若錳量超過與硫作用之量時，它將會幫助波來體留存在金相組織裏，且易生成碳化錳，反使鑄件變硬。通常鑄鐵的含錳量在 1% 以下，錳含量約等於硫含量的 3 倍再加 0.35%。

(5) 磷(P)：鑄鐵中的磷，常以史帝田體(Steadite)存在，它是一種約 950～980℃的低熔點磷化鐵與鐵的共晶組織，磷化鐵如同碳化鐵般堅硬，過多的磷含量由於史帝田體的形成，使得灰口鑄鐵的硬度及常溫脆性增加。高強度和車削性良好的鑄鐵，其磷含量一般在 0.3% 以下；而斷面薄，形狀較複雜的鑄件，磷含量則可增高到 0.8～1%，使澆鑄時，鐵液流動性提高。表 7-13 係鑄鐵中各種常見元素對機械性質的影響。

表 7-13　鑄鐵中各元素對機械性質的影響

性質＼元素	流動性	硬度	收縮	強度	密度	白口	硫	化合碳	石墨碳
化合碳	減	增	增	增	增	增	中性	—	減
石墨碳	增	減	減	減	減	減	中性	減	—
矽	增	減	減	減	減	減	減	減	增
錳	增	<1% 減	影響小	增	增	>1% 增	減	增	減
硫	減	增	增	減	增	增	—	增	減
磷	增	增	加重	減	中性	影響小	中性	趨於增	中性

2. 鑄鐵的成份與性質之關係

(1) 機械性質：機械性質隨鑄鐵的成份及凝固時的冷卻速度而變化，如表 7-13 所示，一般而言，鑄鐵的機械性質可由鑄鐵的基地組織和游離石墨的形狀、大小及分佈狀態來決定。通常鑄鐵內的石墨分佈愈均勻，則強度愈高；碳當量增加時，石墨會變粗大，而石墨太大時，強度會降低。

鑄鐵的基地組織大致可分為下列四種：

A. 肥粒體(ferrite)組織：性質與純鐵相近，質軟強度低。

B. 波來體(pearlite)組織：由肥粒體與雪明碳體(cementite)相間成層的組織，在高倍率顯微鏡下狀如指紋，其性質較強硬。

C. 上述兩者的中間組織：即肥粒體與波來體的混合組織。

D. 波來體與雪明碳體的混合組織：如白鑄鐵，質硬又脆。

如果鑄鐵的基地完全是波來體時，其機械性質非常優良，故大部份的鑄造廠都希望鑄造這種組織的鑄件。

(2) 耐磨耗性：因為鑄鐵中的石墨可成為潤滑劑，且潤滑油會積存在石墨處，以減少磨擦；而鑄鐵中磷含量大於 0.7% 時，容易生成史帝田體，更能增加耐磨耗性。所以，常用鑄鐵來鑄造汽缸、活塞及活塞環等耐磨機件。

(3) 耐震性：物體受到震動時，能吸收震動的能量而使其震動逐漸減弱，直到靜止，這種性質叫做制震能(damping capacity)。鑄鐵的制震能很大，故可用來製造受震動較大的飛輪、曲柄輪、凸輪軸及機器床台等。鑄鐵的制震能係由於石墨之故，通常石墨愈小，形狀愈簡單，制震能也愈小；灰鑄鐵的抗拉強度愈小者制震能愈大。

7-2.13　鑄鐵的種類及性質

鑄鐵的種類很多，雖然各種不同的鑄鐵，其化學成份不盡相同，但一般並不以其成份來分類，而係以其機械性質作為分類的標準。由於抗拉強度不但容易測試，且最能代表鑄鐵品質的優劣，故通常以抗拉強度來訂定鑄鐵的規格；另外，更以其所具有的特殊性質做為分類的名稱，如延性、展性鑄鐵，耐熱及冷硬鑄鐵等。

1. 普通鑄鐵

所謂的普通鑄鐵是指不大重視強度或是硬度的鑄鐵，其成份大致上為 C (3.2～3.8%)，Si (1.4～2.5%)，Mn(0.4～1.0%)，P(0.1～0.3%)，S(0.05～0.15%)，其組織多為石墨、肥粒體和波來體的混合組織，它的用途很廣，可用來鑄造家庭用具及機械零件等，由於鑄造及加工容易，價格便宜，表 7-14 所示的 FC100～FC200 皆屬之。

表 7-14　灰口鑄鐵件的種類及其機械性質

種類符號	舊符號 (參考)	抗拉強度		硬度 HB
		N/mm²	kgf/mm²	
FC100	GC10	100 以上	10 以上	201 以下
FC150	GC15	150 以上	15 以上	212 以下
FC200	GC20	200 以上	20 以上	223 以下
FC250	GC25	250 以上	25 以上	241 以下
FC300	GC30	300 以上	30 以上	262 以下
FC350	GC35	350 以上	35 以上	277 以下

註：供試樣直徑以 30mm 爲原則。

資料來源：CNS 2472。

2. 高級鑄鐵

　　對於機器的重要部份，需採用強度大且耐磨耗的鑄鐵，適合於這種目的者叫做高級鑄鐵，其組織是很細的石墨均勻分佈在波來體基地內，或者是波來體基地內的石墨量減少而近於鋼者。欲得到此種組織一般有兩種處理方法：

(1) 熔化時，添加廢鋼料，以降低碳和矽含量，而得到高強度性質。但碳、矽量太低時，容易變成白鑄鐵，可預先加熱鑄模，以避免白鑄鐵的形成。

(2) 可以添加矽鐵或矽化鈣於鐵水內，使其產生石墨的核，以便得到細又均勻分佈的石墨，這種作業叫做接種(inoculation)。如表 7-14 所示的 FC250～FC350。

3. 展性鑄鐵(可鍛鑄鐵)

　　一般的鑄鐵質脆，幾乎沒有延展性，展性鑄鐵即是爲了改良此種缺點，而將白鑄鐵件施以適當的熱處理，使鑄件發生脫碳或使其碳化鐵石墨化，以得到延展性者，展性鑄鐵一般又稱爲可鍛鑄鐵(malleable cast iron)。

　　由於熱處理條件的不同，展性鑄鐵可分爲黑心展性鑄鐵及白心展性鑄鐵兩類，其機械性質如表 7-15 所示。

表 7-15　展性鑄鐵件的種類及其機械性質

種類		符號	舊符號 (參考)	抗拉強度 N/mm^2	降伏強度 N/mm^2	伸長率 %
黑心展性 鑄鐵件	第 1 種	FCMB 270	FCMB 28	270 以上	165 以上	5 以上
	第 2 種	FCMB 310	FCMB 32	310 以上	185 以上	8 以上
	第 3 種	FCMB 340	FCMB 35	340 以上	205 以上	10 以上
	第 4 種	FCMB 360	FCMB 37	360 以上	215 以上	14 以上
白心展性 鑄鐵件	第 1 種	FCMW 330	FCMW 34	330 以上	165 以上	5 以上
	第 2 種	FCMW 370	FCMW 38	370 以上	185 以上	8 以上
	第 3 種	FCMW 440	FCMW 45	440 以上	265 以上	6 以上
	第 4 種	FCMW 490	FCMW 50	490 以上	305 以上	4 以上
	第 5 種	FCMW 540	FCMW 55	540 以上	345 以上	3 以上
波來體展性 鑄鐵件	第 1 種	FCMP 440	FCMP 45	440 以上	265 以上	6 以上
	第 2 種	FCMP 490	FCMP 50	490 以上	305 以上	4 以上
	第 3 種	FCMP 540	FCMP 55	540 以上	345 以上	3 以上
	第 4 種	FCMP 590	FCMP 60	590 以上	390 以上	3 以上
	第 5 種	FCMP 690	FCMP 70	690 以上	510 以上	2 以上

註：降伏強度之決定，採 0.2%永久伸長率之值。唯在負載下之 0.5%全伸長率亦可使用。

資料整理自：CNS 2936、CNS 2937 及 CNS 2938。

　　黑心展性鑄鐵是把碳、矽含量較低的白鑄鐵放在退火箱中，分兩段施以退火處理，每一階段保溫 30～40 小時，第一段加熱在 850～950℃，此時，白鑄鐵中的碳化鐵會分解產生顆粒狀石墨，叫做回火碳(temper carbon)，這種變化叫做石墨化，此種顆粒狀石墨不會像片狀石墨使材質變脆。而第二段加熱在 680～730℃，此時波來體中的 Fe$_3$C 亦會石墨化，由於游離的回火碳存在鑄件心部呈黑色，而鑄件表層因脫碳而變為肥粒體，呈白色，故稱為黑心展性鑄鐵。如果省略第二段退火時，組織內只含回火碳及波來體，而得到高強度展性鑄鐵，這種鑄鐵叫做波來體展性鑄鐵。

　　白心展性鑄鐵是把白鑄鐵和鐵礦石或氧化鐵粉末同時裝入退火箱內，加熱於 900～1000℃，維持 40～100 小時後慢慢冷卻而得，因鑄件周圍脫碳變成肥粒體，而內部含有部份波來體和回火碳，斷面呈白色，故稱為白心展性鑄鐵。

4. 延性鑄鐵(球狀石墨鑄鐵)

　　延性鑄鐵(ductile cast iron)是於 1948 年在美國鑄造學會(AFS)年會上首次向鑄造界宣佈的新工程材料，其組織如圖 7-41(a)所示，係在鑄鐵熔液中添加鎂或鎂合金，或加入其他球化劑，如鈰(Ce)、矽、鈣、稀土元素等，用矽鐵加以接種，使其在鑄造狀態時就能得到球狀石墨的組織，故又叫做球狀石墨鑄鐵(nodular graphite cast iron)，通稱為球墨鑄鐵。普通鑄鐵的石墨為片狀，如圖 7-41(b)所示，抗拉強度不足，而球墨鑄鐵能得到強韌性幾近於鋼的鑄件，其抗拉強度可大於 800N/mm²。如表 7-16 所示。由於其機械性質優異，且其處理作業時間短又方便，因此，其年產量節節上升，僅次於一般灰口鑄鐵，而佔全世界鑄件年產量的第二位。

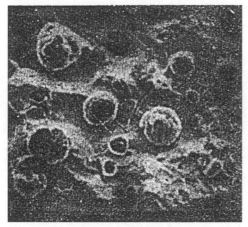 

(a) 球狀石墨鑄鐵　　　　　　　　　　　　(b) 片狀石墨鑄鐵

圖 7-41　球狀石墨及片狀石墨鑄鐵經強酸深蝕後用 SEM 攝得之金相組織

表 7-16　球狀石墨鑄鐵件的種類及其機械性質

種類符號	抗拉強度 N/mm²	降伏強度 N/mm²	伸長率 %	硬度 HB	基地組織
FCD 350-22	350 以上	220 以上	22 以上	150 以下	肥粒體
FCD 400-18	400 以上	250 以上	18 以上	130～180	
FCD 450-10	450 以上	280 以上	10 以上	140～210	
FCD 500-7	500 以上	320 以上	7 以上	150～230	肥粒體+波來體
FCD 600-3	600 以上	370 以上	3 以上	170～270	波來體+肥粒體
FCD 700-2	700 以上	420 以上	2 以上	180～300	波來體
FCD 800-2	800 以上	480 以上	2 以上	200～330	波來體或回火麻田散體

註：本表係另鑄供試樣之機械性質；附體供試樣之機械性質請參考原標準。

資料整理自：CNS 2869。

鑄造球墨鑄鐵時，不純物的含量愈少愈好，適合於鑄造球墨鑄鐵之成份為 C(3.3～3.9%)，Si(2.0～3.0%)，Mn(0.2～0.6%)，P(0.02～0.15%)，S(0.005～0.015%)，出鐵溫度應在 1430℃以上，且球化接種時間應確實掌握，一般欲達球化率 80%以上的成功球化處理，最好在 15 分鐘內完成澆鑄工作。

常用的鎂合金球化劑有 Fe-Si-Mg 合金、Fe-Si-Cu-Mg 合金及 Cu-Mg 合金等，其中主要的化學成份為：

(1) Fe-Si-Mg 合金：含 50%Si，6～10%Mg，少量 Ca，餘量為 Fe。

(2) Fe-Si-Cu-Mg 合金：含 6～13%Mg，10%Cu，餘量為 Si 及 Fe。

(3) Cu-Mg 合金：含 20%Mg，80%Cu。

球化劑為大小 3～5mm 之顆粒狀，可安置在澆桶、放於流路系統或模穴中做球化處理，在澆桶中處理時，應在球化劑上加鐵屑等覆蓋劑，如圖 7-42 所示，且應避免將鐵水直沖球化劑，以利鐵水充滿澆桶時，覆蓋劑恰好熔完，開始與球化劑接觸而做球化處理，此時，由於鎂、矽等的激烈氧化作用，會產生很多白煙，可用桶蓋罩住以免污染環境，約一兩分鐘後，白煙減少，液面靜止，即可進行澆鑄工作。

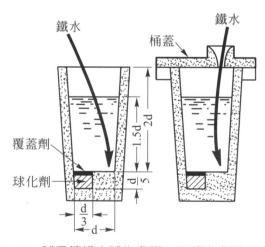

圖 7-42　球墨鑄鐵之球化處理—三明治處理用澆桶

值得注意的是：鎂在鐵水中會逐漸燒失減少，其減少率為每分鐘約 0.001%，而欲得到良好的球化效果，鑄件中的含鎂量需佔 0.04%左右，因此，球化劑的添加量及澆鑄時間應控制得當。例如，採用含 Mg10%之 Fe-Si-Mg 球化劑，若添加量為 0.6%，則鐵水中最高含鎂量為 0.06%，故欲得到含鎂 0.04%左右的球墨鑄鐵，應在球化開始後 20 分鐘內澆鑄完成，並讓鑄件完全凝固定形，才可獲得成功的球墨鑄件。

球墨鑄鐵的金相組織因基地的不同,可分爲三類:(如圖 7-43 所示)

(1) 波來體組織:鑄鐵成份爲低矽、高錳者,其基地多呈波來體組織,抗拉強度大於 450N/mm²,伸長率在 5%以下。

(2) 波來體+肥粒體組織:若成份與上列相反,爲高矽、低錳者,則在石墨周圍有肥粒體,這種組織又叫牛眼組織(bull's eye structure)。

(3) 肥粒體組織:如果矽含量愈多,錳含量愈少時,則基地全部變爲肥粒體,抗拉強度降爲 300N/mm² 左右,伸長率則增加到 10〜20%。

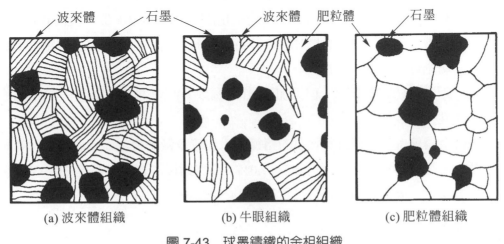

波來體　石墨　　　　　波來體　肥粒體　　　　　石墨

(a) 波來體組織　　　　　(b) 牛眼組織　　　　　(c) 肥粒體組織

圖 7-43　球墨鑄鐵的金相組織

由於球墨鑄鐵的優異性質,且鑄造簡單,成本低,因此,其用途亦非常廣泛,工業界常用以生產鋼錠用鑄模、輥軸、齒輪、曲軸、凸輪軸、搖桿、活塞等零件。如圖 7-44 所示。

圖 7-44　採用球墨鑄鐵鑄造的各種汽車零件

5. 合金鑄鐵

鑄鐵中加入特殊合金元素,以改良各種機械性質,如耐磨耗性、耐蝕性、耐熱性等,叫做合金鑄鐵。又可分為兩大類:

(1) 高強度合金鑄鐵:這些鑄鐵中常添加鎳(Ni)、鉻(Cr)、鉬(Mo)等元素,其對鑄鐵性質的影響如下:

    A. 鎳:會促進石墨化,阻止冷激作用,又能改善切削性,且可使波來體或石墨微細化,若同時加入 Cr 及 Mo,更能改善機械性質。

    B. 鉻:有安定雪明碳體的作用,可增加冷硬深度。其添加量一般為 0.15～1.0%,可增加硬度,改良耐磨耗性。若為耐熱的目的,則需加更多的鉻,但會減低切削性。

    C. 鉬:會妨害石墨化,但添加適量(1.5%以下)時,能增加硬度、抗拉強度及韌性。

(2) 高合金鑄鐵:為得到特殊性質的鑄鐵,添加較多量的合金元素者稱之。如耐熱鑄鐵中,高矽鑄鐵矽含量可達 5.5～7.0%,高鉻鑄鐵的鉻含量高達 30～33%。而耐酸鑄鐵中,高矽鑄鐵的含矽量更高達 14～15%。

6. 冷硬鑄鐵

為了特殊的目的,可以利用冷激硬化法(chill hardening),將添加特殊合金元素之鐵水,澆鑄進入金屬鑄模內,則與金屬模接觸的部份被急冷,鑄件表面的碳完全變成化合碳,而得到白鑄鐵,其組織緻密、硬度高,能耐磨耗,這種鑄件叫做冷硬鑄件。其成份為總碳量 3～3.7%,矽約 0.7%,錳約 0.5～1.2%,磷約 0.3%,硫約 0.08%,另外再加鎳約 4%,鉻約 2%或鉬約 0.25%。在鑄造冷硬鑄件時,需冷硬部份用金屬模,其他部份則用砂模,因為鑄件的內部為灰鑄鐵組織,所以比全部為白鑄鐵的鑄件更為堅韌。故一般用於生產軋輥(roller)、齒輪等。

7-3　鑄鋼的熔化及性質

7-3.1　煉鋼法的原理

1. 煉鋼原理

　　鋼(steel)是含碳量在 0.02%～2%的鐵－碳合金，而實際使用的鋼以含碳量 0.03～1%為多，它是利用高爐所生產的生鐵(pig iron)或廢鋼加以熔煉而得。鋼的熔化與其他合金不同，由於高爐所生產的生鐵，含有 3.5%以上的碳素，同時含有很多的矽、錳、磷、硫等元素，因此，其性質硬而脆；而廢鋼中所含雜質亦多，因此，為了將生鐵中的碳素及其他不純物除去，為了確保鑄鋼的品質，在熔化過程中需精煉(refining)處理，故鋼的熔化通稱為煉鋼。

　　鑄鋼的精煉處理主要包括氧化期(oxidizing period)及還原期(reducing period)，一般煉鋼的過程有下列三個主要階段：

(1) 第一階段：原料的準備處理

　　若高爐所生產的生鐵含硫量太高，則在未送到煉鋼爐前需先經過脫硫處理，可於處理爐或澆桶中放入蘇打灰(碳酸鈉)或苛性鈉(NaOH)或此兩種的混合物，這些材料會很快與鐵水中的硫反應生成流動性渣，大約可減少 75%硫含量。如果利用廢鋼來煉鋼，也要先經過選別，以除去非鐵金屬或非金屬雜物，才能確保熔化操作的順利和安定。

(2) 第二階段：熔化及精煉－氧化期

　　經過處理的煉鋼原料，加入煉鋼爐內熔化以後，要在高溫狀態除去不純物碳、矽、錳、磷及硫等，其主要原理是利用氧化作用，亦即送氧氣、空氣或氧化鐵進入爐內。因 C、Si，Mn、P 等元素與氧之親和力比 Fe 與氧之親和力大。所以先行氧化成氧化物。在此過程中需加入熔劑(flux)，如螢石、石灰石等，使與固體的氧化物結合成熔渣而分離之，而碳氧化成 CO 或 CO_2 氣體逸出。

(3) 第三階段：還原期－去氧與添加合金元素

　　經過氧化精煉後的鋼液，含有過量的氧，若將這些鋼液直接澆鑄成鋼錠或鑄件，則鑄鋼的品質將大為降低，因此，必須在熔融狀態下先行去氧，所使用的脫氧劑一般為矽鐵、錳鐵或鋁等；同時，若要使鋼具有特殊性質，亦要在此階段添加合金元素，使成為合金鋼熔液，以便澆鑄。

2. 煉鋼法的種類

(1) 依熱源分類：用於鑄鋼熔化的設備很多，若以熱源不同來分類，可分為三種

    A. 利用電熱法：亦即所謂電爐法，可包括各種電弧爐及感應電爐。

    B. 利用氧化加熱法：轉爐法，主要為氧氣轉爐。

    C. 利用一般燃料加熱法：平爐法。

上述三類煉鋼法的原理與操作不盡相同，其主要的區別如表 7-17 所示。

表 7-17　三種煉鋼法之比較

項目	LD 轉爐	平爐	電爐
熱源	由氧氣與鐵液中之 C, Si, Mn, P 等之氧化反應產生	氣體燃料或重油	電熱
原料	生鐵液為主，廢鋼為副	生鐵及廢鋼	主要為廢鋼，少量生鐵
氧化劑	純氧(99.5%)	鐵礦石、廢鋼中之銹及氧氣	鐵礦石、廢鋼中之銹及氧氣
熔劑	石灰等	石灰石、螢石、SiO_2	石灰石、螢石、SiO_2
特點	煉鋼時間短，不需燃料。尚可加入鐵礦石當冷卻劑及氧化劑。(全球用鋼一半以上為 LD 轉爐所生產)	需用燃料，且生鐵、廢鋼比例調整容易。(自 1953 年後逐漸被 LD 轉爐取代)	熱效率高，設備費較低，成分調節容易，可煉製合金鋼。(中小型鋼廠大都採用電爐煉鋼)

(2) 依爐襯性質分類：若以爐襯性質的不同來分類，煉鋼爐可分為兩種

    A. 酸性爐：爐襯的耐火材料以二氧化矽為主，亦即以矽磚作為爐襯，故經精煉後的熔渣含矽量相當高。但由於無法除磷、脫硫，因此，需用良好的廢鋼或純度較高的原料來熔煉。

    B. 鹼性爐：用氧化鎂磚或白雲石磚等鹼性耐火材料為爐襯的熔爐稱之，能耐鹼性熔渣，熔渣含氧化鈣量較高，能使鋼液達到脫磷、脫硫的目的。

3. 選用煉鋼法的因素

影響選擇煉鋼爐種類及熔煉方法的主要因素如下

(1) 工廠生產規模，即生成量的多寡。

(2) 鑄件的大小、形狀簡單或複雜。

(3) 鑄鋼材質的類別，碳鋼或合金鋼，高碳或低碳等。

(4) 廢料、原料來源及價格。

(5) 燃料或動力能源的價格。

(6) 投資資本額及投資人的經驗。

一般而言，電弧爐用於較小鑄件及鑄鋼種類較多時；感應電爐適於生產特殊鑄鋼及高級合金鋼；而大鑄件或大生產量時用平爐；若因場地受限，且希望能連續澆鑄，即以轉爐熔煉最好。

7-3.2　電弧爐(electric arc furnace)煉鋼法

1. 電弧爐的演進與優點

(1) 電弧爐的演進

1879 年英國人 Wilhelm Siemens 首先在坩堝內通以電弧使鋼熔化，而創下利用電能轉變爲熱能之煉鋼法。但當時電力單價很高，故無經濟價值。電弧爐煉鋼法正式進入工業化的時期在 1905 年以後，其間以法人菲爾博士(Dr. Paul H'eroult)及史達塞諾(Stassano)兩人的功績最大，至今電弧爐仍有 H'eroult 爐之別名，但都已統稱爲電弧爐。

菲爾電弧爐(H'eroult furnace)係 1900 年由菲爾博士所提出，係採用直接式電弧，電極有三個，由爐頂插入，電極與爐內材料間發生電弧，同時，電流通過爐內材料，因電阻而轉變爲熱能，藉電弧熱及電阻熱使爐內材料加熱而熔化。此法之電極升降操作容易，鋼液溫度調整方便，熱效率高，耐火材料壽命長，故現在電弧爐煉鋼法幾乎都是此種電弧爐。如圖 7-45 所示。

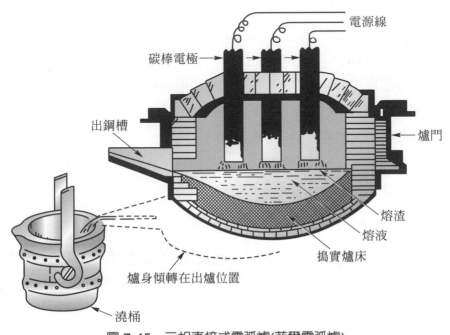

圖 7-45　三相直接式電弧爐(菲爾電弧爐)

(2) 電弧爐的種類

電弧爐的種類很多，但大體可依電弧產生方式而分為直接式與間接式兩類，直接式電弧爐又可分為單相式及三相式兩種；而間接式電弧爐係利用電極間所生的電弧熱為熱源，效率較差，且爐體容量有限，如圖 7-46 所示。故一般都是採用三相直接式電弧爐煉鋼，本節所述亦以此爐為主。

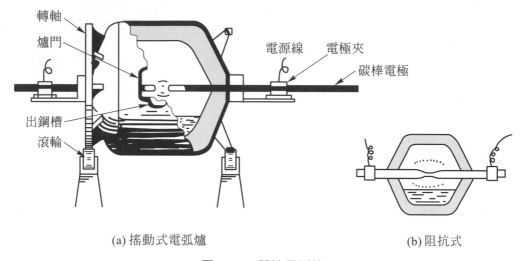

(a) 搖動式電弧爐   (b) 阻抗式

圖 7-46　間接電弧爐

(3) 電弧爐煉鋼法的優點

電弧爐煉鋼法具有下列優點

A. 建廠經費較少，建廠期間短。

B. 操作簡單，容易調整溫度，且可得高溫，極適於鑄鋼及合金鋼之熔化。

C. 使用廢鋼為原料，成本低。

D. 電能轉變為熱能，熱效率較高。

E. 作業彈性大，爐體的熱損失小，且鋼種轉換容易，可熔化的鋼種較廣泛。

F. 經營伸縮性大，容易度過不景氣的困境。

2. 電弧爐的構造及操作

電弧爐主要是由爐體及電氣室所組成。而電氣室係由爐用變壓器及電極控制器所構成；爐體部份包括：爐殼、爐蓋、傾爐裝置、電極支柱、電極把持器、電極升降裝置等。另外，應備有廢鋼料加料機構，以便作業。

　　電弧爐所用的電極係為人造石墨電極，其優點為：可通大量電流，且在相當高溫下不易起氧化現象。

　　由於鹼性爐可進行脫硫及脫磷作業，新式電弧爐幾乎都是採用鹼性電弧爐，故以鹼性爐為例，說明電弧爐煉鋼的操作程序如下：

(1) 裝料(charging)

　　利用加料設備將廢鋼裝入爐內。為求縮短煉鋼時間，廢鋼原料應預先加以切細，使爐內廢鋼密度加大，減少裝料次數。

　　裝料的要領是含碳較高者應先裝入，因其熔點較低，可提早熔化成鋼液池，以保護爐床。

(2) 通電及熔化

　　當廢鋼裝入爐內後，即可開始通電，但此時由於電極與廢鋼間發生之電弧接近爐蓋，為避免爐蓋過份灼傷，故電壓不可太大，應採用中等電壓，當電極鑽入(boring)廢鋼中之深度與電極直徑相等時，即可改換最高電壓，輸入最大電力，加速熔化工作，直到完全熔落，此時溫度已達 1550℃ 以上。

(3) 氧化精煉

　　當廢鋼熔落後，立即加入氧化劑，使鋼液內的雜質氧化，以便與所加入之熔劑(如石灰等)結合生成熔渣，使與鋼液分離。氧化精煉過程中，若鋼液含磷量高，則應在較低溫度下進行脫磷工作，使磷被氧化生成五氧化二磷熔渣，並即時將此高磷熔渣除去，以避免復磷之顧慮；而脫硫作業應在高溫始能進行；氧化精煉兼有調整鋼液含碳量之作用，通常將碳氧化去除至略低於目標成份，脫碳作業溫度愈高愈快速。

　　氧化期約略可分為兩階段，第一氧化期是低溫脫磷及與氧親和力強的矽、錳元素被氧化；隨後即進入第二氧化期，由於溫度上升後，鋼液中的碳與氧生成一氧化碳，形成氣體逐漸逸出，而使熔液發生氣泡，這就是一般所熟知的碳沸騰(carbon boil)現象，碳在氧化時將產生熱，而沸騰作用可以將熔液攪拌而把不純物帶出，使鋼液成份均勻化。

(4) 除渣

　　當氧化精煉完成後，視熔渣量的多寡而決定去除與否。除渣時，以細鋼棒前釘一圓木，伸入爐內將熔渣扒出。除渣前溫度應較高，否則即不易進行還原作業。

(5) 還原精煉

　　當熔渣去除約 80%左右時，除渣作業即告完成，此時應投入石灰石、焦炭、螢石及少量錳鐵於爐內，以便造成還原渣(reducing slag)進行擴散還原作用，以去除鋼液中的含氧量及非金屬之介在物等，同時也具有脫硫的作用。此時應視鋼液成份及所欲煉製的鋼種成份，製造適當的熔渣。

　　如果含硫量高，且欲製造中碳以上鋼種時，就應造碳化鈣熔渣，其要領是加較多量的焦炭與石灰石混合，投入爐內，在高溫下加以攪拌而使之快速造成碳化鈣熔渣，可由氣味判別之。因爲碳化鈣即俗稱的電石，遇水即起下列反應：

$$CaC_2 + 2H_2O \rightarrow Ca(OH)_2 + C_2H_2\uparrow$$

而 C_2H_2 即爲乙炔，有臭味，且碳化鈣遇水即起腐化，其顏色由淡灰至深黃色。

　　如係煉製低碳鋼，由於碳化鈣熔渣易起增碳作用，故不適用，而應造白渣，其要領爲除石灰及焦炭按正常比例配合外，尚加入少量矽鐵粉混合投入爐內，此渣顏色呈白色至淡灰色。

　　當爐內脫氧作業達某一程度，而溫度也適於出鋼時，應即投入矽鐵或鋁條攪拌以強制脫氧，此時即算完成熔化作業，準備傾出鋼液進行澆鑄工作。

7-3.3　感應電爐(induction furnace)煉鋼法

1. 感應電爐熔化原理

　　如圖 7-47 所示，感應電爐係將交流電通於爐體外圍之水冷銅線圈作爲一次線圈，而以加入在耐火材料做成的坩堝中之金屬材料作爲二次線圈，由於一次線圈之磁力線感應作用，坩堝內的金屬產生二次感應電流，此二次電流在金屬中反覆流通時，由於材料本身之電阻，而產生電流渦流損(即 I^2R 損)，因而使金屬逐漸發熱，當其溫度達到熔點以上時，即可將金屬熔化，不需要其他燃料或熱源，因此，熔液的品質容易控制。

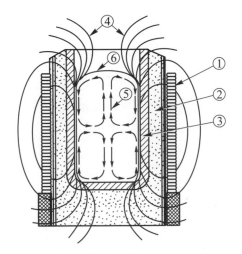

① 水冷銅線圈
② 耐火材料
③ 坩堝
④ 磁力線
⑤ 攪拌方向
⑥ 金屬液面凸出

圖 7-47　感應電爐之電磁場及攪拌作用

2. 感應電爐的種類

感應電爐的種類很多，一般以輸入爐體的電源頻率高低分成三類

(1) 低週波感應電爐：係以一般家庭用電的 50/60 赫茲(Hz)之商用週波電源直接供給爐體使用，容量大，電磁攪拌力亦佳，但升溫較慢，一般應用於鑄鐵及非鐵金屬的熔化、保溫、過熱或雙重熔化用。

(2) 中週波感應電爐：又稱為三倍週波爐，其頻率為 180 赫茲，熔化效果較低週波爐佳，但較高週波爐差，一般較少採用。

(3) 高週波感應電爐：如圖 7-48 所示，高週波爐是利用變頻裝置將頻率提升到 500～3000 赫茲，以供熔化使用，熔化效率高，可適合於各種金屬的熔化作業，包括各種合金鋼、鑄鐵及非鐵金屬等，但以熔化高級合金鋼較符合經濟效益。

由於二次感應電流容易集中在金屬表面，且頻率愈高其傾向愈顯著。因電流的浸透深度(δ)與頻率(f)及金屬導磁係數(μ)的平方根成反比，其關係式為：

$$\delta = 5053\sqrt{(R/\mu f)} \ (cm) \longrightarrow 式中 R 為金屬之電阻(\Omega - cm)$$

因此，熔化金屬的直徑(亦即坩堝爐體的內徑)大小，必須避免因二次感應電流過於接近而彼此相互抵消，其值一般規定為電流浸透深度的 5～6 倍以上，故高週波爐容量較少，常有小於數公斤者，而最大容量亦很少超過 500 公斤者；而低週波爐容量則常需大於數百公斤。

　　另外,低週波爐又可分爲有心感應爐與無心感應爐兩類。無心感應爐即一般所謂的坩堝型爐;而有心感應爐亦即槽型爐,其感應線圈沉浸在熔液內,如圖 7-49 所示,熔液槽中之金屬液受電磁力影響循環於爐床,有助於熔液的溫度與成份的均勻,是一種有效的熔化裝置,適用於熔化、保溫及雙重熔解,尤其是較長時間之連續作業,但開爐時應用已熔化之熔液,故不能中斷作業,且維修困難,一般已較少採用。

　　表 7-18 係三種感應電爐之性能比較。

圖 7-48　小型高週波感應爐

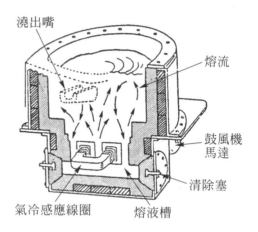

圖 7-49　有心感應電爐(槽型爐)剖面圖

表 7-18　感應電爐性能比較表

特性 爐別	容量	熔化 溫度	熔化 速度	攪拌力	熔化 材質	操作 方式	維修 築爐	啓動 加料	設備費
高週波爐	中、小	高	快	弱	各種 特殊鋼	間斷	容易	固態	高
低週波爐 (坩堝型)	中、大	高	慢	強	鑄鐵、 銅合金	間斷或 連續	容易	固態	低
低週波爐 (槽型)	中、大	低	慢	弱	非鐵 金屬	連續	複雜	液態	低

3. 感應電爐的優點

　　與其他熔化爐相比較,感應電爐具有下列多項優點

(1) 任何金屬均可熔化,低廉的材料亦可採用,如衝床之廢鋼片等。

(2) 高度的熱效率,節省能源。

(3) 熔液的自動攪拌，成份均勻；且加料單純，可控制極少雜質混入，品質穩定，成份調整容易。

(4) 熔化速度快，從常溫到 1700℃的高溫熔化，只需 1 小時以內。

(5) 穩定控制可隨心所欲，高達 1800℃甚或更高溫度亦可達成。

(6) 作業環境良好，且作業人員可大量減少，節省人力。

4. 感應電爐的構造

感應電爐主要是由坩堝爐體、傾轉裝置、供電系統所構成。而中、高週波爐尚需附加一頻率變換設備，新型的變頻裝置是採用半導體無接點開閉特性的矽晶體變換方式，比早期使用的電動發電機式或眞空管發振式，具備更好的變換效率及更少故障的特色。

如圖 7-50 所示，坩堝爐體在爐殼內有耐火石棉板，爐底有耐火磚，線圈與耐火磚間以細的乾燥耐火材料搗實而成，充填耐火材料前通常以直徑適當之鋼鐵管立於爐中，此鋼管隨著第一爐加料熔化，留下燒結的爐襯而形成爐膛，此即所謂的坩堝。

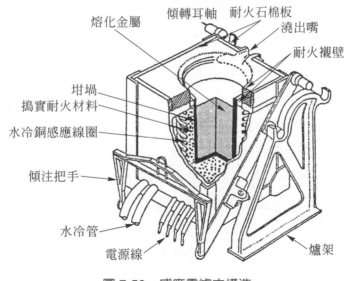

熔化金屬　傾轉耳軸　耐火石棉板
　　　　　　　　　　　浇出嘴
　　　　　　　　　　　耐火襯壁
坩堝
搗實耐火材料
水冷銅感應線圈
傾注把手
水冷管
電源線
爐架

圖 7-50　感應電爐之構造

5. 感應電爐的熔化操作

感應電爐之操作首重在加料，一般應注意事項為

(1) 開爐前應先啓動冷卻循環系統，且檢查確認爐體及控制器之冷卻功能正常。

(2) 為避免電磁場之磁力因空氣絕緣而減弱，起動加料最好填加適合於爐內徑之起動塊(starting block)。起動塊應於每天結束熔化前鑄成，以備次日開爐使用。

(3) 細碎鋼鐵料應緊壓成塊後才可加入爐內，以免冷料橫在爐腹，形成架橋現象，並可節省電力。

(4) 先加厚重鐵料，俟熔落後再加細碎鐵料。

(5) 合金元素應待鐵料全部熔落後再行加入。

(6) 任何除氧及接種處理應在澆桶內實施。

(7) 連續熔化作業時，不可將熔液全部傾出，應保留部份熔液，以便填塞下次加料之空隙，提高熔化效率。

感應爐熔化操作中，只要爐體內有熔液池形成，即會有明顯的攪拌作用，可加速熔化。因為熔化很快，故只有容易氧化元素會有些微損失，所以若加料仔細選擇，配料得宜，成份可控制得很妥當。

大體而言，鋼液不需在熔渣覆蓋的情形下熔煉，因為鋼液的攪拌作用，使鋼液表面很難維持一層完整的渣面，同時氧化輕微，鋼液也不需有渣覆蓋。

7-3.4　轉爐煉鋼法(converter process)

1. 轉爐煉鋼法的演進

世界上最早的轉爐煉鋼法是於 1855 年，由英國人俾塞麥(Henry Bessemer)所發明，其方法是將熔融生鐵液加入圓筒形爐內，然後由爐底或爐側吹入壓縮空氣，使熔鐵中的 C、Si、Mn 等元素氧化而產生大量的熱量，不需任何燃料，且只需短短 20 分鐘即可變成鋼，這種方法與當時的坩堝爐煉鋼法比較，可說是一大革新。但當時使用酸性的矽磚為爐襯，無法除磷和脫硫，使得煉鐵高爐所能使用的鐵礦石受到嚴格的限制；且當時係吹空氣煉鋼，空氣中含有 79%的氮，因此，鋼液中含氮量達 0.012～0.02%，含磷量亦接近 0.1%，品質受到很大的影響。

1879 年德國人托馬斯(S. G. Thomas)將爐襯改用鹼性耐火材料，且利用熔鐵中的磷作氧化熱量來源，以避免因矽磚氧化產生 SiO_2 侵蝕爐襯。

1953 年奧國的 Linz 及 Donawitz 兩鋼鐵廠成功地試驗用純氧代替空氣，並從爐頂將氧吹入鋼液表面進行煉鋼，克服了以上的缺點，且設備費用低，生產效率比平爐高，因而廣受各鋼鐵國家所採用，故目前所用的轉爐通稱為 LD 轉爐，如圖 7-51 所示。但此法只適合於一貫作業鋼廠使用，目前國內的中國鋼鐵公司就是採用此法煉鋼。

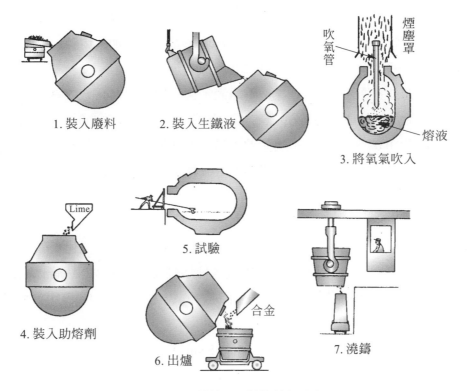

圖 7-51　鹼性 LD 轉爐煉鋼過程

2. LD 轉爐的構造

LD 轉爐之爐體係由鋼板焊接而成，爐襯採用鹼性耐火磚砌成，兩側有傾動裝置；爐頂有氧氣吹管升降裝置，吹管為三重結構，外圍供冷卻水進出；爐頂上方並有副原料投入設備及廢氣處理設備。LD 轉爐所排出的氣體，含有 90% CO，溫度高達 1500℃，且含有微細的氧化鐵粒，呈紅褐色煙塵，因此，需將廢氣回收貯存，然後與煉焦爐氣或高爐氣混合作為燃料，以供鋼廠各種加熱使用。

另外，為使高爐出鐵時間與 LD 轉爐加料時間容易配合，且熔鐵成份和溫度能均一，應另配備混鐵爐(hot metal mixer)或混鐵車，將熔鐵先貯存在混鐵爐內，則轉爐可以隨時從混鐵爐內取用每次吹煉所需之鐵液量。

3. LD 轉爐的操作

LD 轉爐的煉鋼操作，包括加料、吹氧、出鋼等手續，都是採用遙控方式，茲分別說明如下：(參考圖 7-51)

(1) 加料作業

先將爐體傾斜轉向一邊，加入 15～30%的廢鋼後，再加入熔融生鐵液，然後轉正爐體，由爐頂送入石灰，降下吹氧管送氧吹煉。

LD 轉爐的主要原料為高爐之熔融鐵液，含矽量不能太高，以免熔渣侵蝕鹼性爐襯，一般熔鐵的成份為：碳 3.6～4.7%，矽 0.5～1.0%，錳 0.6～1.5%，磷 0.05～0.4%，硫 0.02～0.07%。矽含量若太低，則熱量不足，太高則熔劑石灰添加量增加，熔渣增多，會隨 CO 氣體噴出爐外，鐵份損失亦相對增加；磷太高也會使熔渣增加。

(2) 吹氧煉鋼作業

開始送氧數秒後，熔鐵中的鐵、矽、磷、錳、碳依序開始氧化，產生大量熱量，由爐口噴出火焰，此時再從爐頂加入各種熔劑及冷卻劑(如鐵礦石及廢鋼等)，以調整熔渣成份及鋼液溫度。隨著各不純物的氧化，使爐內溫度上升到 1650℃以上，最後得到所需要的鋼液。

通常每煉 1 噸鋼，約需耗用氧氣 50～55Nm³，其純度要在 99.5%以上，純氧係由空氣液化後與氮(N_2)分離而得。

從送氧開始到停止吹氧之時間一般為 15～20 分鐘，在此短時間內決定吹煉的成敗，故轉爐的操作與其他煉鋼法不同，在緊張中必須謹慎而又精確地控制。

(3) 出鋼作業

停止送氧後，將爐體傾斜，先行測溫，取樣分析後出鋼，使爐內鋼液從出鋼口流入爐下方的盛鋼桶內。在此同時要添加矽鐵、錳鐵或鋁等去氧劑，以去除鋼液中過量的氧氣及調整成份；然後利用吊車送往鑄造廠進行澆鑄工作。

4. LD 轉爐的優點

(1) 設備費用低廉：約為相同生產能力之平爐的六成。

(2) 不需燃料：利用氧化熱量，不需燃油、煤氣或電力為熱源。

(3) 生產速度快，成本低：每爐次吹煉時間不超過 20 分鐘，加上加料與出鋼，每爐次耗時只需 40 分鐘，而電爐煉鋼需 2～4 小時，平爐則需 4～5 小時。

(4) 鋼液品質優良：含氮及氧量比其他煉鋼法為低，有高度加工性，適合於生產各種鋼材使用。

7-3.5 平爐煉鋼法(open hearth process)

1. 平爐煉鋼法的演進

1864 年英國人西門子發明利用蒸熱式的反射爐煉鋼法，1865 年法國人馬丁開始應用這種方法實際煉鋼，所以這種爐又稱為西門子－馬丁爐，但因此爐的形狀呈平底長方形之故，一般稱之為平爐。

初期的平爐只用以熔煉廢鋼，但後來有些高爐熔鐵成份不適於俾塞麥轉爐吹煉，就將其加入平爐與廢鋼一起熔煉。且最初平爐是採用酸性爐襯，後來改用鹼性爐襯後，能夠進行除磷、脫硫反應，熔鐵的成份不受限制，熔鐵與廢鋼的配合比例也可任意調配，因此，產量增加而超越了俾塞麥轉爐。直到 1953 年 LD 轉爐問世為止，平爐煉鋼約有九十年期間佔居煉鋼法之王位，但 LD 轉爐出現以後，其優越地位已被取代。

2. 平爐的構造

如圖 7-52 所示，平爐主要是由熔化室、兩側方格耐火磚砌成的蓄熱室(又叫再生室)、氣體升降道、燃料噴入口、活瓣、煙道及煙囪等所構成。另外，為避免燃燒後的廢氣所夾帶灰塵及熔渣堵塞方格磚，在氣體升降道的下方應設置集塵室，以收集貯存塵、渣並定時清除。

平爐的燃料(包括空氣及煤氣或油)均需經過預熱，以達到所需的高溫，而提高燃燒效率，其預熱方式是利用兩側的蓄熱室，當一邊的方格磚在預熱燃料與空氣時，另一邊的方格磚則以排出的廢氣預熱之，為了不使方格磚過冷，每 15 分鐘應將活瓣轉換一次方向，這種週期性的改變進氣與廢氣方向的方法，稱為再生性的預熱法。

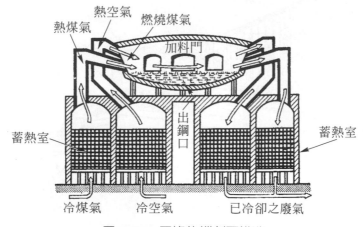

圖 7-52　平爐的縱剖面構造

3. 平爐的操作

(1) 加料

平爐的爐料包括生鐵液、廢鋼、回爐料、石灰及鐵礦石。生鐵的大約成份為：碳 3.5~4.4%，錳 1.5~2.0%，矽小於 1.25%，硫小於 0.06%，磷小於 0.35%。

加料時，通常在爐底先舖上廢鋼，然後將石灰儘可能分散在廢鋼上，其次加入生鐵液。石灰添加量約為金屬料重量的 4~7%，加料中的碳含量從 1%到 1.75%，如此，可使熔落時的碳含量高於出鋼時碳含量約 0.3~0.5%。

(2) 氧化精煉

平爐及電弧爐煉鋼的主要基礎是造成氧化性氣氛，使碳、錳、矽、磷等元素氧化，其中除 CO 外，均將熔於渣中。為了使反應快速進行及熱傳導良好，要隨時保持淺的鋼池。熔落後，未氧化的碳，可以吹氧或加入氧化鐵或鼓風中的氧，使碳含量降至預期成份，添加氧化鐵量依鋼液含碳量及出鋼時預期碳含量而定。加入氧化鐵後，會有 CO 氣泡從鋼液中產生，形成碳沸騰現象。

(3) 脫氧出鋼

當鋼液準備出爐時，即可加入脫氧劑，以抑制碳與氧的更進一步反應，一般的脫氧劑包括鏡鐵(含錳 15~30%的生鐵)、矽鐵、錳鐵或矽錳鐵，加入脫氧劑後約 10 分鐘即可出鋼，其溫度約為 1600℃。若欲進一步脫氧，可在澆桶中加入矽鐵、錳鐵或鋁條。圖 7-53 係平爐加料、出鋼之情形。

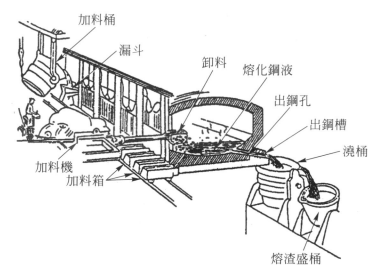

圖 7-53　平爐的加料及出鋼情形

4. 平爐的特色

(1) 容量大，適於大件或大量生產：平爐大小以 50～250 噸居多，最大者達 600 噸。

(2) 主原料之熔融生鐵液、廢鋼或常溫鐵料之配合比例可任意調節。

(3) 煉鋼時間長，效率較低，但有充分時間可以調整成份。

(4) 設備費比轉爐或電爐高，佔地廣大，生產成本亦高。

(5) 除需燃料外，還需要蓄熱室以預熱空氣及燃料，且需時常轉換方向，操作比較困難。

7-3.6　鑄鋼的種類及性質

1. 鑄鋼的種類

鑄鋼係含碳量 0.02～2%的鐵－碳合金，實際上鑄鋼件的含碳量很少超過 1%，碳是決定鋼的基本性質之重要元素，因此，商業上碳鋼鑄件，都是以碳含量的高低來分類：

(1) 低碳鋼：碳含量低於 0.20%者。

(2) 中碳鋼：碳含量在 0.20～0.50%之間。

(3) 高碳鋼：碳含量高於 0.50%者。

除了上列三種碳鋼外，另外亦有以鋼的合金元素多寡為分類者：

(1) 低合金鋼：合金總含量低於 8%者。

(2) 高合金鋼：合金總含量高於 8%者。

合金鋼又可依其用途分成：構造用合金鋼、特殊目的用鋼如工具鋼、軸承鋼、耐蝕鋼、耐熱鋼、電氣用鋼、磁石鋼等多種。

2. 鑄鋼的成份及其影響

鑄鋼除了含碳元素外，另外還含有錳 0.5～1.0%，矽 0.2～0.8%，磷 0.05%以下，硫 0.06%以下。其個別元素之影響如下：

(1) 碳：碳含量的多寡與其機械性質有密切的關係，例如亞共析鋼(C＜0.8%)的抗拉強度、降伏點和硬度等，隨含碳量的增加而增加，伸長率、斷面縮率則隨含碳量增加而減少。而過共析鋼的硬度和降伏點亦隨其含碳量增加而增加。其餘不變。另外，碳含量多寡亦會影響其顯微組織，含碳量 0.8%的共析鋼，肥粒體與雪明碳體(碳化鐵 FeC)的混合物構成整個顯微組織，亦即全部為波來體；含碳量低於此值時，肥粒體和波來體同時出現，其相對比率由碳含量來決定，碳含量由 0%變到 0.8%時，鋼的材質也完全由肥粒體變到波來體；而含碳量高於 0.8%時，雪明碳體與波來體同時存在，且隨碳含量的增加，雪明碳體愈多而圍繞在波來體周圍，但是鋼鑄件很少做成如此高的含碳量。

(2) 錳與矽：於碳鋼中，此兩種元素都是脫氧作業中殘留之物，它們在鋼鐵中是以固熔狀態存在，亦即熔在鐵裏面，很難由顯微鏡加以檢視，但當鋼從高溫冷卻時，會影響鋼所進行的變態，增加鋼的強度及硬度，亦即會增加鋼的硬化能。

(3) 硫：錳會與硫結合成硫化物，其在固態鋼中為不熔的介在物，很容易可由顯微鏡下分辨出來，因為硫全部以硫化物介在物的形態存在，所以硫的含量必須限制在 0.06%以下，以免影響鋼的延性及韌性。

(4) 磷：磷會使鋼產生低溫脆性，故其含量限制在 0.05%以下，和矽、錳一樣，磷熔於鐵中而不在顯微組織中出現。

3. 鑄鋼的性質

鑄鋼除了具有鑄造方法的獨特優點外，它並具有下列多項優異性質，因而用途廣泛，產量仍然高居全球鑄件產量的第三位：

(1) 機械性質優良，抗拉強度範圍從 42～200 kgf/mm^2(412～1962 N/mm^2)，是一種堅固的材料，同時具有延性與強度，使得鋼成為具有優良韌性及耐震材料。

(2) 鑄鋼沒有方向性，而鍛鋼因鍛造後，鋼中的等方向性消失，故縱方向強而韌，但橫方向則脆而弱。因此，鑄鋼較適合於應用在具傷害性的地方。

(3) 鑄鋼容易焊接，且不傷其性能，故容易鑄造及焊補，亦可將複雜鑄鋼件焊接成一結構體，便於使用。

(4) 鑄鋼容易應用熱處理的方法控制其性能。

(5) 由於鑄鋼的強度及韌性，因此其澆冒口的去除，或報廢鑄鋼件回爐料，必須以火焰或砂輪片等加以切除、切細，因而後處理費用增加很多。

4. 鑄鋼的用途

鑄鋼的用途的很多，茲分別列舉如後。

(1) 低碳鋼：是碳鋼中最軟最具延性材料，其性質不太受熱處理影響，大都是用於鐵路設備；另外，用於生產汽車零件、鋼鐵工業用的退火箱、澆桶、電磁工業鑄件等。

(2) 中碳鋼：鑄鋼中約有 60%屬於中碳鋼，是鑄鋼廠中生產最多的一種，但通常很少在鑄造後立即使用，因爲熱處理可以改善它的延性及耐衝擊性。它的使用範圍亦很廣，如運輸業中的機器及工具、軋壓設備、道路和建築機械及其他。

(3) 高碳鋼：由於具有高硬度及強度，因此，都用在金屬成型之模具、輥軸及其他需具耐磨的工具等。

(4) 低合金鋼：其與碳鋼的主要不同點在於合金元素可增加硬化能，因此，對於同一厚度的鑄件而言，它可以利用熱處理而得到更高的硬度和強度。通常用來增加低合金鋼硬化能的合金元素，依其效果順序爲：錳、鉻、鉬、鎳、矽、銅、釩等。一般用於生產馬達、變壓器、通信機零件、渦輪機葉片、齒輪、螺絲、衝頭、銼刀、車刀、船舶、鐵軌等。

(5) 高合金鋼：其主要合金元素爲鎳、鉻、鎢等，由於它優異的耐蝕、耐熱及耐磨性，一般用於化學工業機械、採礦設備、磨粉機、特殊引擎、強力車刀、鑽頭或外科用器具等

7-4 鑄鋁的熔化及性質

7-4.1 鑄鋁的熔化法

由於汽車、飛機等交通、運輸工業的發達，對於重量輕、強度大的材料需求殷切，而鋁的特點是輕(比重爲 2.7)，但是強度低，如果在鋁中添加合金元素，則可改善其性質。適用於鑄造的鋁合金，通常添加之合金元素有矽、銅、鎂、鋅、鐵、錳、鈦等，尤其前三者，矽能改良鋁合金的鑄造性，銅能增加其強度，而鎂可改善其耐蝕性。

鋁的熔點爲 660℃，因此，鋁合金的熔化操作並不困難，一般採用的熔化爐種類有：坩堝爐、反射爐及感應爐等，但爲了節省能源、增加生產率及有效的控制鑄鋁的成分、品質等條件，對於熔化爐的選用及操作，應特別謹慎。

鑄鋁的熔化，爲了達到熱效率的提高、快速的熔化、節省能源、溫度及成份的有效控制，通常不是單獨使用一個熔爐，而是採用二個以上爐具，甚至使用二種以上不同熔爐，其中之一爲熔化用，其餘爲保溫、加熱或調整成份用。生產量較多的鑄鋁廠，通常以一座反射爐熔化鋁合金，然後分配到數個坩堝爐保溫調質使用，尤其是壓鑄廠，當然亦有較大

型坩堝爐或感應爐熔化後，分配到數個澆鑄區的坩堝爐保溫使用的。國內鑄鋁的熔化仍以坩堝爐為主，故本節重點在於介紹坩堝爐的規格、種類、構造與操作。

反射爐(air furnace)是一種修正平爐設計的爐子，一般分固定式與可傾式兩種型式，前者類似平爐，後者如圖 7-54 所示，其燃料不經預熱手續，直接從一端吹入，利用燃料燃燒的輻射熱，使爐床上的金屬材料熔化，燃料可用煤氣(gas)或燃油，配合空氣在爐膛中燃燒越過金屬料後，從另一端由煙囪排出，操作較平爐簡便，但因沒有預熱，故熱效率較低，能源損失較多。反射爐又叫空氣爐，一般用於熔化白口鑄鐵，貯存熔融鐵水作為雙重熔化使用；由於其容量較大，大型鑄鋁廠常以反射爐熔化鑄鋁，其效率較坩堝爐高，但成份品質不易控制，因此，須配合坩堝爐使用。

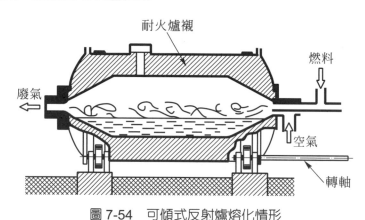

圖 7-54　可傾式反射爐熔化情形

7-4.2　坩堝爐的規格與種類

1. 坩堝爐與坩堝

坩堝爐(crucible furnace)是將金屬材料放在坩堝內，外圍加以熱源，使坩堝及其內的材料溫度升高，以便熔化金屬的一種熔化爐或保溫爐，如圖 7-55 所示。

坩堝爐的優點，在於它的燃料及燃燒所生氣體等不與金屬直接接觸，因而可生產品質穩定的鑄件。坩堝爐一般應用於非鐵金屬的熔化、保溫作業，如鋁合金、銅合金、鋅合金等。

本節所述的坩堝爐是專指坩堝為一獨立的容器，可與爐體分離者，與感應爐中利用耐火材料築成和感應線圈結合為一整體之坩堝型爐體有別。

坩堝是用黏土與石墨(graphite)的混合物，或黏土與碳化矽(silicon carbide)混合燒結而成；也有鑄鐵或鋼質坩堝，例如鎂合金通常採用鋼質坩堝進行熔化作業。一般最常用的坩堝是石墨坩堝，如圖 7-56 所示，由於其能耐高溫，因此，如果使用得當，一個坩堝可以連續使用數十爐次，非常經濟實用。有關坩堝之進一步資料可參閱本書 2-4.3 節。

圖 7-55　坩堝爐熔化作業

圖 7-56　石墨坩堝

2. 坩堝爐的規格

坩堝爐的大小，一般都是以每爐次的熔化量表示，亦即以坩堝的大小為依據，而坩堝的大小係以號數為基準，號數愈大的坩堝，其熔化量亦愈多。通常所謂 1 號坩堝，係指每爐次能熔化 1 公斤(2.204 磅)黃銅材料者，亦即 100 號坩堝一個爐次可熔化約 100 公斤黃銅，實際上，100 號坩堝熔滿黃銅重量約可達 148 公斤(328 磅)，但在熔化作業時，為了安全及便於除渣、除氣等工作的進行，每爐次只能熔到坩堝約七成滿，以免除氣工作進行時金屬液溢出，詳細的坩堝規格尺寸如表 7-19 所示。

利用坩堝爐熔化黃銅以外的金屬材料時，可依材料比重的不同，換算其熔化量。例如：利用 100 號坩堝爐熔化鋁合金時，因黃銅比重約為 8.6，而鋁合金比重約為 2.6

∵ $100 : 8.6 = W : 2.6$

∴ $W \fallingdotseq 30$(公斤)

故知每一爐次可熔化鋁合金約為 30 公斤。

表 7-19　石墨坩堝的標準尺寸規格參考表

單位：吋、磅

號數	外觀高度	頂部外徑	腹部外徑	底部外徑	大約容量(滿水)	大約熔化量(黃銅)
000	2-15/16	2-3/8	2-3/8	1-3/4	0.25	1.19
1	3-5/8	3-1/4	3-1/8	2-1/4	0.50	2.96
2	4-1/2	3-3/4	3-11/16	2-7/8	0.75	4.74
3	5-3/8	4-1/4	4-1/8	3	1.00	8.50
4	5-3/4	4-5/8	4-9/16	3-1/8	1.50	10.07
6	6-1/2	5-1/4	5-1/4	3-7/8	2.25	15.41
8	7-1/8	5-7/8	5-7/8	4-1/4	3.00	20.74
10	8-1/16	6-1/16	6-9/16	4-15/16	4.81	36.0
12	8-1/2	6-3/8	6-7/8	5-1/16	5.00	42.0
14	8-7/8	6-11/16	7-3/16	5-1/4	5.75	48.0
16	9-1/4	6-15/16	7-1/2	5-1/2	7.18	53.0
18	9-13/16	7-5/16	7-15/16	5-3/16	8.60	64.0
20	10-5/16	7-11/16	8-3/8	6-1/8	10.0	74.0
25	10-15/16	8-3/16	8-7/8	6-1/2	12.0	89.0
30	11-1/2	8-5/8	9-5/16	6-13/16	14.0	104.0
35	12	9	9-3/4	7-1/8	16.0	119.0
40	12-1/2	9-3/8	10-1/8	7-7/16	18.0	134.0
45	13-3/16	9-7/8	10-11/16	7-13/16	21.0	157.0
50	13-3/4	10-1/4	11-1/8	8-1/8	24.0	179.0
60	14-7/16	10-13/16	11-11/16	8-9/16	28.0	209.0
70	15-1/16	11-1/4	12-3/16	8-15/16	32.0	239.0
80	15-5/8	11-11/16	12-11/16	9-1/4	36.0	269.0
90	16-3/16	12-1/8	13-1/8	9-9/16	40.0	298.0
100	16-11/16	12-1/2	13-1/2	9-7/8	44.0	328.0
125	17-3/8	13	14-1/16	10-5/16	50.0	373.0
150	18-3/8	13-3/4	14-7/8	10-7/8	60.0	468.0
175	19-1/4	14-3/8	15-9/16	11-3/8	70.0	523.0
200	20	15	16-1/4	11-7/8	80.0	597.0
225	20-3/4	15-1/2	16-13/16	12-5/16	90.0	672.0
250	21-3/8	16	17-5/16	12-11/16	100.0	747.0
275	22	16-7/16	17-13/16	13	110.0	822.0
300	22-1/2	16-7/8	18-1/4	13-3/8	120.0	896.0
400	24-5/16	18-3/16	19-11/16	14-7/16	160.0	1195.0

3. 坩堝爐的種類

(1) 以熱源分類

　　坩堝爐的種類很多，有依其熱源為分類者，亦有以其型式為分類者。坩堝爐的熱源有燃料油(重油、柴油)、煤氣(gas，即瓦斯)、焦炭(coke)或煤炭、電熱(又可分為電阻式、感應式及間接電弧式)等。因此，依熱源分類時，坩堝爐有重油坩堝爐、瓦斯坩堝爐、焦炭坩堝爐、電熱式坩堝爐、感應坩堝爐等多種，如圖 7-57。

　　國內坩堝爐大都以重油為燃料；或以重油與柴油各半混合使用，以降低其比重、濃度及燃點，便於點火及減少黑煙；雖然燃油便宜，經濟實用，但是其所排出的廢氣煙灰，容易造成環境污染，因此，有逐漸使用瓦斯或電熱式的趨勢。

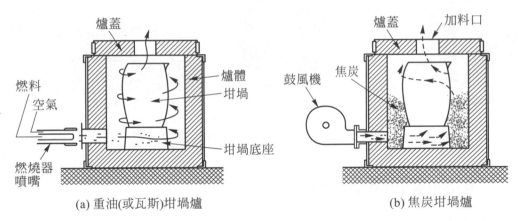

(a) 重油(或瓦斯)坩堝爐　　　　　(b) 焦炭坩堝爐

圖 7-57　重油坩堝爐與焦炭坩堝爐

(2) 以型式分類

　　若依坩堝爐的型式分類的話，一般可分為固定式及可傾式(tilting type)兩類，如圖 7-58 所示，固定式坩堝爐爐體不動，熔化完成後，應用鋼水瓢(spoon)取出金屬液，集中盛裝在澆桶中，以便進行澆鑄作業；或利用特殊夾具，將坩堝自爐中夾出，直接進行澆鑄，但此法只限於中小型坩堝，且坩堝承受溫度的急速變化及較大的夾壓力量，坩堝容易破裂，壽命較短，澆鑄作業危險性較大。

　　可傾式坩堝爐的爐體可作 90°迴轉，因此，金屬液可輕易的傾入澆桶或鑄模中，但此種坩堝應具有特製的澆出槽，如圖 7-56 右上所示，以便與爐體的澆出槽連接穩固，引導金屬液的流出。

(3) 以裝置位置分類

　　一般而言，固定式坩堝爐依其裝置位置，又可分為地面上及地坑內兩種。固定在地面上者，爲了便於加料、除渣及取出金屬液，爐旁應放置加料台，如圖 7-55 所示；地坑爐(pit furnace)，以地面爲基準，加料、除渣等作業方便，一般地坑爐大都以焦炭爲燃料，且設有較高的煙囪，如圖 7-59 所示，由於熱廢氣較輕，可使空氣形成對流作用，因而有自然通風的功能，不需鼓風機，但由於地坑爐較具危險性，且燃燒焦炭效率較差，易造成環境污染，已逐漸爲其他坩堝爐所取代。

(a) 可傾式坩堝爐　　　(b) 固定式坩堝爐

圖 7-58　坩堝爐的型式　　　　　　　　圖 7-59　地坑爐

7-4.3　坩堝爐的構造與操作

1. 坩堝爐的構造

坩堝爐主要由爐體、坩堝、爐蓋及支架所組成。另外，依熱源的不同，需另備其他附屬配件，如重油坩堝爐尚需儲油桶、重油預熱器、鼓風機、燃油器及電源控制箱等，如圖 7-60 及 7-61 所示。

(1) 爐體：坩堝爐的爐體是由耐火磚砌成，外圍包以鋼板作爲加強。多數坩堝爐爲了提高熔化效率，於耐火磚襯壁與鋼板外殼間，砌成中空風管通道，以便將鼓風機送來的冷風，利用爐體之高溫預熱後，再導入燃油器混合燃料燃燒，一方面可冷卻爐體，另方面又可節省燃料，提高熔化效率。

(2) 坩堝與底座：坩堝與爐底之間應墊入一塊耐火磚底座(stool)，以免坩堝靠近燃油噴入口部份產生過熱，如此容易產生裂痕而縮短坩堝壽命；另外，坩堝與爐壁間的距離應平均，如此，燃燒火焰可平均通過坩堝四周，爐內的溫度平均，熔化效率較高。

① 爐體 (內附坩堝)　④ 重油預熱器　⑦ 電源控制箱
② 爐蓋　　　　　　 ⑤ 鼓風爐　　　 ⑧ 加料台
③ 儲油桶　　　　　 ⑥ 燃油器

圖 7-60　坩堝爐的構造

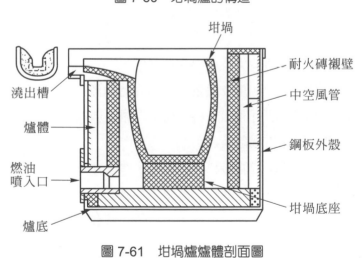

坩堝
耐火磚襯壁
中空風管
澆出槽
爐體
鋼板外殼
燃油
噴入口
坩堝底座
爐底

圖 7-61　坩堝爐爐體剖面圖

(3) 燃油器：燃油器(oil burner)主要功用是將具有壓力的油料與空氣之混合氣，利用
噴嘴(nozzle)將其噴入爐中燃燒生熱。

　　油料是利用油泵(oil pump)從油桶中打出，通過預熱器(preheater)後，以油量考克(oil coke)控制其油量，射入燃油器，混合空氣以便燃燒；而空氣是利用鼓風機吹入，流經爐體內的中空風管預熱後，再利用大小風門控制風量大小，以便獲得適當混合比的混合油氣，而達完全燃燒的理想。

2. 坩堝爐的操作

(一) 準備階段

　　(1) 重油預熱：開爐前，應先將重油預熱(使用柴油者免)，其預熱溫度約為 70～90℃，以降低其黏度，使易於與空氣混合，且容易點火燃燒。

　　(2) 調整油壓：流經預熱器的油閥全部打開後，打開回流閥(油壓調整閥)，起動油泵，以油泵強制油料循環，此時油壓為零，然後慢慢旋緊回流閥，使油壓錶指針指在 1kgf/cm^2，此種油壓燃燒時火勢最穩定，效率最高。

　　(3) 整理爐體及坩堝。

　　(4) 穿戴安全服飾。

(二) 點火、加料及熔化階段

　　(1) 打開鼓風機電源，關閉大風門，小風門全開。

　　(2) 利用瓦斯火焰或以約 1 米長的鐵條鉤油布點火，火焰由燃油器與爐口之間隙放入噴嘴前方，然後慢慢扭開油量考克，使噴入的混合油氣著火。操作正常時，在著火後約數秒鐘內，黑煙消失，火勢趨於穩定。

　　(3) 點火正常後，慢慢增加油量及風量，以提高爐內溫度。

　　(4) 當坩堝呈暗紅色時，即可開始加料。利用火鉗將放在爐蓋上預熱的材料夾入坩堝內，切忌拋擲，以免坩堝破裂。

　　(5) 加料時，應先加入清潔過的廢料、回爐料，然後才加錠料。且應注意大塊者不可擠在坩堝內壁，以免金屬受熱膨脹導致坩堝破裂。

　　(6) 視坩堝內金屬的熔落狀況陸續加料，加料時，站在加料台上，由爐蓋中央之加料口加入即可。

　　(7) 每次熔化量以坩堝之七成高度為宜。

(三) 除渣、出爐及澆鑄階段

　　(1) 最後加料完畢，將澆桶烘乾預熱，準備出爐澆鑄。

　　(2) 所有材料熔融後約十分鐘，油量及風量調小，以浸入式熱電偶溫度計測溫。

(3) 溫度達到所需要求後，應作除氣、除渣及成份調整工作。(詳如下節所述)

(4) 除氣後關閉所有開關，將燃油器之隔熱板插入爐口，以保護油嘴，然後傾轉爐體或以鋼水瓢取出熔液，進行澆鑄作業。

7-4.4　鑄鋁的除氣、除渣及細化

1.　氣體吸收及熔渣形成

鋁合金在熔化時常會產生兩項極為困擾的問題：

(1) 氫氣的問題

在熔化中，鋁液會吸收空氣中或燃燒氣體中的氫氣(H_2)，且溫度愈高時，氫氣的溶入量急劇增加。例如，在熔點附近(660℃)時，氫氧溶入量每 100 克鋁液約為 0.68cc，而在 750℃時，高達 1.23cc，幾乎加倍，氫對鋁的溶解度詳見圖 7-62 所示，鋁液中的氫含量愈多時，在冷卻凝固過程中來不及釋出，會使鋁鑄件形成很多針孔甚或氣孔瑕疵。

(2) 氧化熔渣的問題

鋁合金熔化時因與空氣中的氧接觸，很快生成氧化鋁渣，而氧化鋁及其他氧化物渣質和鋁的比重相差不多，雖然多數熔渣聚集在鋁液表面，但是亦有部份會懸浮或沉澱在鋁液中，這些熔渣若無法有效的去除，將大大地影響鋁鑄件的品質。

2.　除渣與除氣

為了減少鋁液中的氫氣及熔渣，最好避免高溫熔化，只要能達到澆鑄溫度且具有足夠的流動性即可，並減少在高溫停留的時間。當然，最有效的除渣、除氣方法是以熔劑來作淨化處理，用於鋁合金的熔劑有兩類：一為氣體熔劑；另一種為固體熔劑。雖然固體熔劑的效果不如氣體熔劑，但是操作簡單，一般較被廣泛採用。

(1) 氣體熔劑

用於淨化作用的氣體熔劑包括：氮氣(N_2)、氦氣(He_2)、氬氣(Ar_2)或氯氣(Cl_2)等惰性氣體，通氣的方法是以石墨或石英等耐火管導入熔融的金屬液內，距離坩堝底部約 1～2 吋時，如圖 7-63 所示，由這些氣體熔劑所形成的氣泡通過熔液時，熔在鋁液中的氫氣會擴散進入氣泡內，而被氣泡帶走。而熔渣之分離主要是經由機械作用，由惰性氣泡帶至表面，熔劑會與渣反應生成氮化物等與熔液分離，最後的淨化步驟是刮去表面浮渣。除氣時間通常在 10～15 分鐘之間。實施淨化時，儘

可能維持在一最低溫度，大約是 730℃，以便造成最大的除氣效果，淨化完畢溫度要急速升至澆鑄溫度，再刮去表面浮渣，即可澆鑄。

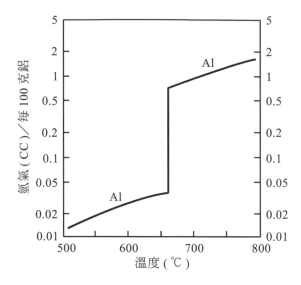

圖 7-62　在大氣壓力下，氫對鋁之溶解度

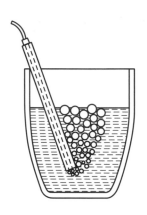

圖 7-63　氣體熔劑除氣法

(2) 固體熔劑

固體熔劑包括：氯化鋁、氯化鉀、氯化鋅、氟化鋁、氟化鈣(螢石 CaF_2)、冰晶石等；使用時，要裝在一穿孔之容器內，壓入熔液之底部來使用，其添加量約為鋁合金重量的 0.1～0.5%，且使用前應先預熱。固體熔劑可經由化學作用而使熔渣等與熔液易於分離。

3. 結晶細化

一般鑄鋁的結晶較為粗大，若要在鑄件凝固前，得到最小結晶顆粒，一般使用的方法有下列三種：

(1) 冷硬鑄件法：快速的凝固，當然可造成鋁合金較小的結晶粒，例如採用金屬模鑄造。

(2) 調節溫度法：儘可能的降低澆鑄溫度有助於結晶細化。

(3) 添加細化劑法：在澆鑄前將硼、磷、鈉、鈦或鉻等材料加入熔液中，可使鋁合金結晶細化。

7-4.5　鑄鋁的種類及性質

由於純鋁材質軟，強度低，因此，在實用上都得添加合金元素，以改進其性質。一般常用於鑄造上的鋁合金有鋁－銅(Al-Cu)、鋁－矽(Al-Si)、鋁－矽－銅(Al-Si-Cu)、鋁－矽－鎂(Al-Si-Mg)、鋁－鎂(Al-Mg)、鋁－鋅(Al-Zn)等合金系。表 7-20 顯示部分常用的鑄鋁合金之編號及其化學成分，列舉四種鋁合金系之特性及其應用如下所述。

(1) 鋁－銅系合金：其鑄造性、機械性質、切削性良好，但有高溫脆性的缺點。鑄造用鋁銅合金的實用範圍，以含銅量在 12%以下者爲限。

通常含銅 8～12%的鋁合金，砂模鑄造後不經熱處理，可用於不注重強度的飛機引擎零件。含銅 4～5%的鋁合金，通常於熱處理(約 515℃水淬火，而在 160℃回火 6 小時)後使用。

(2) 鋁－矽系合金：用普通方法鑄入砂模內時，因爲冷卻速度慢，矽的結晶相當粗大，所以機械性質不良。加入鑄造前，在 720～730℃的高溫加入 0.05～0.1%鈉，充分攪拌後鑄入模內，則矽會形成很細的結晶，機械性質即可改良。

若合金中加入相當多量的矽，則因矽量多、質輕、膨脹係數小、有耐熱性，所以可做爲活塞等材料。

(3) 鋁－矽－銅系合金：因爲含矽量較鋁銅合金多，所以鑄造性良好，機械性質也不錯，施以熱處理時，更能改良其機械性質，用於金屬模鑄件的數量相當多。

(4) 鋁－鎂系合金：純鋁在空氣中或清水中不容易生銹，但是容易被海水侵蝕，而銅、鋅等會減低鋁的耐蝕性，但加鎂、矽、錳時，可以增加耐蝕性。鋁－鎂合金對海水耐蝕性最佳，所以可用爲船舶用或化學工業用零件。

7-5　鑄銅的熔化及性質

7-5.1　鑄銅的熔化概論

由於在古代即有自然銅的發現，且由於銅及其與錫、鋅等合金的熔點較低，燃燒木材及木炭等即可達到其熔點，因此，早在四、五千年前，古代的工匠們就開始銅的熔化及鑄造，故鑄銅可說是人類最早採用熔化方法製造金屬品的一項技術。近代由於冶金學的發展，可鑄出的銅合金種類更多，性質更優異且富有變化。

表 7-20　常用鑄鋁合金編號及其化學成份(部分合金實例)

單位：%

合金編號	製品	矽 Si	鐵 Fe	銅 Cu	錳 Mn	鎂 Mg	鎳 Ni	鋅 Zn	錫 Sn	鈦 Ti	其他元素 單項	其他元素 總量	鋁 Al
208.0	S	2.5～3.5	1.20	3.5～4.5	0.50	0.10	0.35	1.00	—	0.25	—	0.50	餘額
208.1	S&P	2.5～3.5	0.90	3.5～4.5	0.50	0.10	0.35	1.00	—	0.25	—	0.50	餘額
330.0	P	8～10	1.00	3.0～4.0	0.50	0.05～0.5	0.50	1.00	—	0.25	—	0.50	餘額
356.0	S&P	6.5～7.5	0.60	0.25	0.35	0.2～0.4	—	0.35	—	0.25	0.05	0.15	餘額
A356.0	S&P	6.5-7.5	0.20	0.20	0.10	0.2～0.4	—	0.10	—	0.20	0.05	0.15	餘額
A356.2	S&P	6.5～7.5	0.12	0.10	0.05	0.3～0.45	—	0.05	—	0.20	0.05	0.15	餘額
B358.0	S&P	7.6～8.6	0.30	0.20	0.20	0.4～0.6		0.20	—	0.1～0.2	0.05*	0.15	餘額
359.0	S&P	8.5～9.5	0.20	0.20	0.10	0.5～0.7	—	0.10	—	0.20	0.05	0.15	餘額
359.2	P	8.5～9.5	0.12	0.10	0.10	0.55～0.7	—	0.10	—	0.20	0.05	0.15	餘額
360.0	D	9～10	2.00	0.60	0.35	0.4～0.6	0.50	0.50	0.15	—	—	0.25	餘額
A360.0	D	9～10	1.30	0.60	0.35	0.4～0.6	0.50	0.50	0.15	—	—	0.25	餘額
A360.2	D	9～10	0.60	0.10	0.05	0.45～0.6	—	0.05	—	—	—	0.15	餘額
A380.0	D	7.5～9.5	1.30	3.0～4.0	0.50	0.10	0.50	3.00	0.35	—	—	0.50	餘額
A380.1	D	7.5～9.5	1.00	3.0～4.0	0.50	0.10	0.50	2.90	0.35	—	—	0.50	餘額
C443.0	D	4.5～6.0	2.00	0.60	0.35	0.10	0.50	0.50	0.15	—	—	0.25	餘額
518.0	D	0.35	1.80	0.25	0.35	7.5～8.5	0.15	0.15	0.15	—	—	0.25	餘額
707.0	S&P	0.20	0.80	0.20	0.4～0.6	1.8～2.4	—	4.0～4.5	—	0.25	0.05**	0.15	餘額
707.1	S&P	0.20	0.60	0.20	0.4～0.6	1.9～2.4	—	4.0～4.5	—	0.25	0.05**	0.15	餘額

註：(1) *另加添鉻(Cr)元素 0.20%及鈹(Be)元素 0.1～0.3%；**另加添鉻(Cr)元素 0.20～0.40%。

(2) 鑄鋁合金編號以四位數字表示，其中第一位數字表示合金系：如 2××,×是 Al-Cu 系、3××,×是 Al-Si(加 Cu 及／或 Mg)系、4××,×是 Al-Si 系、5××,×是 Al-Mg 系、7××,×是 Al-Zn 系；小數點後之第四位數字表示鑄品形態，其中，0 表示鑄件，1 或 2 表示鋁錠；如為改良或變種合金，則在數字前另附加英文字母區別之。

(3) 製品代號：S＝砂模鑄件，P＝永久模鑄件，D＝壓鑄鑄件。

資料整理自：CNS 2068 及 CNS12000。

一般而言，銅合金不但耐蝕性佳，其導電性及導熱性均良好，僅次於金、銀，再則，其外觀顏色可任意調配，且無毒性，亦是軸承的良好材料。

純銅的熔點為 1083℃，而銅合金的熔點約為 850～1020℃，較鋁合金為高，但銅合金的比重大，等於 8.5～8.95，約為鋁合金的三倍半，對熔化同一單位重量而言，鋁所需的熱量反較銅多 60%以上(因鋁具有較大的熱容量及熔化潛熱)，故銅基合金的熔化爐具與鋁合金一樣，包括坩堝爐、反射爐、電弧爐及感應爐等都可採用，由於這些熔爐的構造及操作已在本章前列各節中詳細介紹過，故本節不再贅述。國內鑄銅業者早年都是採用坩堝爐或反射爐熔化銅合金，以節省成本，但近年來，為提高生產效率及鑄銅件的品質，大都已改採感應電爐來熔化銅合金。

7-5.2　銅合金的熔化方法

銅合金中常添加的元素有錫、鋅、鉛等，另外，必要時添加鎳、磷、鋁等元素，由於所添加的元素之熔點及比重等性質與銅元素差異很大，因此，熔化銅合金時，應特別注意材料的添加順序，且澆鑄前必須用耐火棒加以攪拌均勻，如此，才能獲得所需的材質。茲列舉一些常用的銅合金(其成份如表 7-21 所示)，並扼要說明其熔化的方法：

1. 黃銅(brass)

黃銅主要成分為銅、鋅合金，作業時需先將銅熔化再添加鋅錠，添加鋅時應儘可能在低溫部進行，鋅在高溫時具有除氣的功能，因此，不必除氣，但鋅容易蒸發，亦即所謂的閃燃(flaring)，且隨鋅含量而增加，故熔化後應添加覆蓋劑(木炭粒等)，鋅的閃燃損失約 0.5～1.5%，易產生鋅灰，故工作場所通氣應良好，以免影響健康。黃銅熔化時，可以硼砂當助熔劑。

2. 高拉力黃銅(high tension brass)

將錳、鐵、鎳之母合金及銅錠先熔化，並經充分攪拌後，再加入鋁、鋅及錫錠，經除渣後將其澆鑄成合金塊，然後再將此合金塊做二度熔化，熔化時應將溫度提升至鋅沸騰之溫度，以除去熔液內之氣體，然後再將熔液降至所需溫度進行澆鑄。

表 7-21　鑄銅的成份、爐氣性質及適用的熔劑

合金別	成份範圍(%)					爐氣性質	覆蓋劑	脫氧劑
	Cu	Sn	Zn	Pb	其他			
黃銅	60～95	0～2	5～40	0～3	—	還原性或弱氧化性	碎木炭或玻璃	—
高拉力黃銅	55～70	0～1.5	26～40	—	Al, Fe, Mn	弱氧化性	碎木炭	—
鎳黃銅	53～67	1.5～5.5	2～20	0.5～11	Ni 11～26	氧化性	中性物質	Mg-Cu 或 Mn-Cu
青銅	86～92	5～13	1～6	0～10	—	氧化性	—	P-Cu
磷青銅	86～91	9～13	—	—	P 0.05～0.06	氧化性	碎玻璃	P-Cu
鋁青銅	83～90	—	—	—	Al 8～10 Mn 0～3 Fe 0～4.5	氧化性或中性	碎玻璃	Mn-Cu、ZnCl$_2$、氟化物、硼砂

3. 鎳黃銅(nickel brass)

由於鎳的熔點較高，因此應先加入全部的鎳，然後加入部份銅，開始熔化後，依一般方法繼續加入銅、鋅、錫及鉛，攪拌均勻後才可澆鑄。可用鎂銅或錳銅作爲脫氧劑以去除熔液中的氧氣。

4. 青銅(bronze)

青銅主要是銅、錫合金，先將銅完全熔化後加入鋅，然後加入錫和鉛，並充分攪拌之。熔化溫度應控制在 1180～1250℃之間，經除氣及脫氧處理後澆鑄之。青銅之吸氣情形僅次於純銅，應特別注意熔化溫度的控制；通常在熔液中通氮氣以除氣，而加入磷銅做脫氧處理。

5. 磷青銅(phosphorus bronze)

在弱氧化氣氛下，將銅熔化，然後加入少量之磷銅先實施脫氧處理，再加入錫錠充分攪拌，待完全成爲合金後，再加入剩餘的磷銅。其熔化溫度以 1100～1200℃爲佳。

6. 鋁青銅(aluminium bronze)

此種合金因含有強脫氧作用之鋁元素，因此，熔化此種合金時要儘量使爐內氣氛保持中性，避免鋁受到氧化。熔化新配合之合金時，要將錳、鐵、鎳之母合金及銅先熔化，最後才加入鋁塊。

7-5.3　熔銅爐內氣氛的影響及熔劑的使用

1.　爐內氣氛的影響

　　熔銅爐內經常為高溫的爐氣所包圍，熔融的金屬液常和此氣體接觸，因而造成反應生成物而熔於銅液中。銅合金之熔化特別容易受氧氣及氫氣的影響，氫氣會於熔液凝固時成為氣泡，而氧氣會成為氧化物形成鑄件夾渣的原因，這對鑄件均有不良的影響。

　　對金屬液來說，爐內氣氛可分為氧化性、還原性及中性三種：

(1)　氧化性氣氛

　　　所謂氧化性氣氛即爐內氣體中含有游離氧氣之謂，其優點為：

　　　A.　銅液可藉氧化精煉來除氫。

　　　B.　銅液澆鑄時不會發生湧溢的現象。

　　　C.　合金有較佳的機械性質。

　　但其缺點為：金屬熔化損失較多(氧化渣)，尤以高鋅系黃銅為最，故氧化法宜採用易吸氫的純銅、青銅或磷青銅等之新料配合。

(2)　還原性氣氛

　　　此即爐內氣體中含有多數一氧化碳之類還原氣體，因此水蒸汽常會分解成氫氣之狀態存在，而純銅之氫氣熔解度隨氧氣量之減少而增加，故在此氣氛下之熔液會有最多的氫氣熔入。故不適用於青銅系合金之熔化，主要用於高鋅黃銅，藉以減少鋅料之損失。

(3)　中性氣氛

　　　亦即爐內不含有氧氣及一氧化碳之反應氣體，在此狀況下純銅熔化之氫氣吸收量視氣氛中之水蒸汽壓力而定，熔化合金時，如果合金元素具有水蒸汽中的氧氣除去能力時，合金之氫氣吸收量亦會增加。

2.　熔劑的使用

　　銅合金因熔煉性欠佳，必須添加熔劑來減少銅質及合金元素的氧化損失，及去除銅液中的氣體、雜質，以改善其品質及增加銅水的流動性，便於鑄造所需的產品。熔銅所需的熔劑主要可分為三類：

(1) 覆蓋劑

覆蓋劑的主要目的是減少銅液的氧化損失，並可作爲除渣劑使用，以保持液面清潔。常用覆蓋劑有木炭粉或木炭粒、碳酸鈉、碎玻璃、硼砂或食鹽等。

由於大部份的銅合金含有易氧化的元素，如鋅、錫、鋁、鎂等，其氧化物在熔煉時以渣的形式浮在表面，或因表面張力而包夾在銅液中，例如高鋅黃銅和鋁青銅等，除渣時多少帶有銅液，因而造成極大損失。因此，若使用上述的覆蓋劑，則可使渣的生成減至最少，且硼砂及碎玻璃等具有流動性，有助於維持潔淨的銅液表面。當然，在良好燃燒條件下熔化銅液且儘量避免過度攪拌，亦可使浮渣的生成減至最少程度。

(2) 脫氧劑

脫氧的目的在除去銅液中的氧氣，或將其中的氧化物還原，以避免形成缺陷，且可保持合金之正常組成。其方法如下所述：

A. 熔化青銅或鉛青銅時，可用磷銅(含 15%磷)來做脫氧處理。其添加量大約爲 0.1～0.3%。

B. 熔化黃銅、高張力黃銅、磷青銅及鋁青銅時，因合金本身具有脫氧之作用，因此無需做脫氧處理。

(3) 除氣劑

除氣的目的在於將熔液中的氫氣逼出，以免鑄件中產生氣孔或針孔瑕疵。其方法如下：

A. 通入氮氣：將氮氣或氬氣等通入熔液中，利用氣體擴散作用，使熔液中的氫氣隨氮氣泡離開銅液。通氣量爲每分鐘 5 公升，通氣時間爲 3～5 分鐘。

B. 氧化熔化法：在氧化氣氛下熔化，或使用氧化劑或吹入空氣，如此可降低熔液中的氫氣。氧化劑主要有氧化銅、二氧化錳、過錳酸鉀、過氧化鋇、碳酸鋇或蘇打灰等。

7-5.4 鑄銅的種類及性質

由於純銅太軟，故需添加其他合金元素，以增加其強度，改善其機械性質，方可作爲機械零件使用。現在機械用的銅合金種類很多，但通常可分爲兩大類：一類是以鋅爲主要合金元素的黃銅；另一類則是以錫爲主要合金成份的青銅，對於增加銅合金的強度效果而言，錫較鋅的功效大，故一般強度大的銅合金都稱為青銅。有關鑄銅的種類及性質如下所述：

1. 黃銅

鋅雖可增加銅合金的強度，但當其含量太高時，會使合金的延性降低、材質變脆，故實用上，黃銅的含鋅量應在 45%以下，通常最大的鋅含量約為 36%。

黃銅的色澤美觀，其顏色受鋅含量的影響，90%銅－10%鋅時(簡稱為九－黃銅)為深黃色或金黃色，八二黃銅為黃中泛紅色，七三黃銅為黃黃銅、亮黃色，六四黃銅為淡黃或黃白的黃銅色。

黃銅的導電及導熱性隨鋅含量的增加而降低；而當鋅含量在 30%以下時，黃銅的強度和伸長率隨鋅含量的增加而增加，但超過此值時，反會相對地減少。

2. 黃銅鑄造合金

實際上鑄造黃銅不是單純的銅鋅合金，而是由於錫、鉛、鋁、鐵、錳、鎳、矽及其他元素的添加，使得其性質及用途更為錯綜複雜，如表 7-22 所示，茲就其中較重要者略述如下。而表 7-23 係高拉力黃銅鑄件的種類、成分、機械性質與用途。

表 7-22　黃銅鑄件的種類、成分、機械性質與用途

種類		第 1 種	第 2 種	第 3 種
符號		YBsC1	YBsC2	YBsC3
化學成分(%)	Cu	83～88	65～70	58～64
	Zn	11～17	24～34	30～41
	Pb	殘留 0.5 以下	0.5～3.0	0.5～3.0
	Sn	0.1 以下	1.0 以下	1.0 以下
	Al	0.2 以下	0.5 以下	0.5 以下
	Fe	0.2 以下	0.8 以下	0.8 以下
	Ni	0.2 以下	1.0 以下	1.0 以下
抗拉強度	Kgf/mm^2	15 以上	20 以上	25 以上
	N/mm^2	145 以上	195 以上	245 以上
伸長率(%)		25 以上	20 以上	20 以上
特性		較易硬銲	較易鑄造	機械性質較 YBsC2 佳
用途		凸緣類及電器零件、裝飾用品等	電器零件、計量儀器零件、一般機械用零件等	給排水用金屬管件、建築用五金、日用品、電器零件、一般機械用零件等

資料來源：CNS 4336。

表 7-23　高拉力黃銅鑄件的種類、成分、機械性質與用途

種類		第 1 種	第 1 種 C	第 2 種	第 3 種	第 4 種
符號		HBsC1	HBsC1C	HBsC2	HBsC3	HBsC4
化學成分 (%)	Cu	55 以上		55 以上	60 以上	60 以上
	Zn	餘量		餘量	餘量	餘量
	Mn	1.5 以下		3.5 以下	2.5～5.0	2.5～5.0
	Fe	0.5～1.5		0.5～2.0	2.0～4.0	2.0～4.0
	Al	0.5～1.5		0.5～2.0	3.0～5.0	5.0～7.5
	Sn	1.0 以下		1.0 以下	0.5 以下	0.2 以下
	Ni	1.0 以下		1.0 以下	－	－
	Pb	0.4 以下		0.4 以下	0.2 以下	0.2 以下
	Si	0.1 以下		0.1 以下	0.1 以下	0.1 以下
抗拉強度	Kgf/mm²	>44	>48	>50	>65	>77
	N/mm²	>431	>470	>490	>637	>755
伸長率(%)		>20	>25	>18	>15	>12
鑄造方法		砂模鑄造	連續鑄造	砂模鑄造	砂模鑄造	砂模鑄造
用途		適用於高強度與耐蝕性之船用螺旋槳，或用於一般機械零件(第 1 種主要用於商船，第 2 種主要用於軍艦)如螺旋槳帽蓋、齒輪、軸承座			適用於需要特別高強度、硬度與耐磨性，如橋樑用支承板、軸承、水龍頭把手、螺帽、耐磨板、齒輪	

註：(1) 高拉力黃銅鑄件第 1 種若使用於船用螺旋槳，其抗拉強度須為 47 Kgf/mm² (461 N/mm²)以上。

　　(2) 第 1 種 C 之機械性質僅規定為外徑在 100mm 以下之管或棒。

資料來源：CNS 4386。

(1) 鉛黃銅：含鉛量大於 0.4%時，鉛成微粒散佈於晶體內，會使材料的強度及硬度降低，但少量的鉛(0.3%以下)可改善其切削性，提高銅液流動性，以利鑄造。

(2) 錫黃銅：錫能提高黃銅的強度及硬度，但也會形成銅錫化合物析出，使材質變脆，故其含量限制在 1%以下。另外，錫可阻止鋅的逸出，而增大黃銅的耐蝕性。例如海軍黃銅為六四黃銅中加 1%錫，用來製造齒輪、軸、螺栓、螺帽等。

(3) 鋁黃銅：黃銅中加入鋁時，晶粒會變得很細，其耐水性優良，所以成為七三黃銅或海軍黃銅中重要的凝汽器材料。

(4) 鉛紅黃銅：通常用來鑄造凡爾、閥體、管件、把手、五金、鎖等，例如成份為 85% 銅、5%錫、5%鉛及 5%鋅之合金，可說是此類中最常見的銅基鑄造合金，而且佔銅基鑄件的大部份。

3. 青銅

青銅依含錫量增加，硬度及抗拉強度隨之提高；顏色亦自銅紅轉黃而青；就成份關係而言，含錫量在 5%左右的青銅有很大的延性，含錫量再增加時，延性減少而強度提高，超過 12%時，延性降低很快，當含錫 18%左右時有很大的抗拉強度，錫量再增加時，銅質變硬，通常鑄鐘所用硬質青銅含錫量高達 20～25%。表 7-24 顯示青銅鑄件的種類、機械性質、成分與其適合用途。

表 7-24　青銅鑄件的種類、機械性質、成分與用途

種類		第 1 種		第 2 種		第 3 種		第 6 種		第 7 種	
符號		BC1	BC1C	BC2	BC2C	BC3	BC3C	BC6	BC6C	BC7	BC7C
鑄造方法		砂模鑄造	連續鑄造	砂模鑄造	連續鑄造	砂模鑄造	連續鑄造	砂模鑄造	連續鑄造	砂模鑄造	連續鑄造
抗拉強度	Kgf/mm^2	>17	>20	>25	>28	>25	>28	>20	>25	>22	>26
	N/mm^2	>167	>196	>245	>276	>245	>274	>196	>245	>216	>255
伸長率(%)		>15	>15	>20	>15	>15	>13	>15	>15	>18	>15
化學成分(%)	Cu	79.0～83.0		86.0～90.0		86.5～89.5		82.0～87.0		86.0～90.0	
	Sn	2.0～4.0		7.0～9.0		9.0～11.0		4.0～6.0		5.0～7.0	
	Zn	8.0～12.0		3.0～5.0		1.0～3.0		4.0～6.0		3.0～5.0	
	Pb	3.0～7.0		1.0 以下		1.0 以下		4.0～6.0		1.0～3.0	
	雜質	2.0 以下		1.0 以下		1.0 以下		2.0 以下		1.5 以下	
用途		鑄造時流動性良好、切削性良好。用於供水排水器具、閥、幫浦、軸承及一般機械零件。		耐壓、耐磨、耐蝕性良好、機械強度高。用於軸承、套筒、襯套本體、船舶零件、齒輪、電動機械零件、一般機械零件等。				耐壓、耐磨、切削、鑄造性良好。用於考克、閥類、軸承套筒、襯套及機械零件等。		機械性能較 BC6 高。用於軸承、小型幫浦、閥、燃油用幫浦及一般機械零件等。	

資料來源：CNS 4125。

4. 青銅鑄造合金

實際上，單純青銅在鑄造上很少應用，因為此類合金易生 SnO_2，流動性不佳，鑄造困難，通常添加還原性元素，鑄造特殊青銅來使用，常用者如下所示：

(1) 鋅青銅：鋅有去氧作用，可增加流動性，助長結晶緻密及較佳的機械性質。例如 88%銅－10%錫－2%鋅之合金，有良好的鑄造性，古代常用以鑄造砲身，因而稱為砲銅(gun metal)，是現在鑄造機械零件常用的材料。

(2) 磷青銅：磷與氧的親和力很強，能將銅液中 Cu_2O 及 SnO_2 轉換為磷酸後，再與氧化物合成為渣質；作為脫氧劑用的磷最多不可超過 0.1%，超過時會產生磷化銅(Cu_3P)硬粒，提高合金強度和耐磨性，此即為磷青銅的性質。磷青銅的成份為：磷 0.1～1%，錫 8～12%其餘為銅，若含錫量大於 10%，磷量 0.5～1%之間，此合金具有高彈性及高疲勞性且耐摩，可製造鐵路高速車輪軸承、活塞環、螺齒輪、耐磨襯套等。

(3) 鋁青銅：含鋁在 11%以內的銅合金稱之，其延性、硬度、抗拉強度、耐熱性及耐蝕性等，都比黃銅及錫性青銅為佳，且可以淬火提高其強度及硬度，用於製造化工機械、船舶、飛機、汽車、鐵路等零件，可發揮高度耐海水、耐酸、耐熱及耐磨等性質。但該合金熔化時會產生氧化鋁影響流動性，易生夾渣、縮孔等疵病，故其鑄造性、加工性、銲接性皆不佳。

7-6　鑄鎂的熔化及性質

由於鎂合金的質量輕，比重由 1.74 到 1.82 不等，是商業用鑄造合金中最輕的一種，因此，在航空器材方面非常受重視。另外，手提工具、打字機、X 光機械零件等需重量輕的零件都可採用鎂鑄件。

7-6.1　鎂合金的熔化與鑄造

由於鎂很容易氧化，不但會產生氧化渣，且熔化、澆鑄過程中，若操作不當，容易因氧化激烈而產生燃燒爆炸的危險。故從鑄砂調配、砂模製作，直到熔化、澆鑄作業的每一項細節工作都應特別謹慎小心，以鑄造性能優良的鎂鑄件。

1. 鑄砂調配

首先在鑄砂的調配時，必須添加 1%硫磺及 1%硼酸作爲抑制劑，以免澆鑄的鎂液與砂中的水份產生下列反應，而生成氧化鎂渣質及氫氣，夾雜在鑄件中。

$$Mg \quad + \quad H_2O \quad \rightarrow \quad MgO \quad + \quad 2H$$
(熔融狀態) 　　(水分) 　　　(渣質) 　　(融入熔液中)

抑制劑可以減少此類瑕疵，除了硫磺及硼酸外，氟化銨、氟硼化銨也可作爲抑制劑，或添加 1%的乙二醇－乙烯漿液在砂中，而減少鑄砂的水份,同時具有使鑄砂乾燥的作用。

2. 鎂合金之熔化

鎂合金的熔化，一般都是採用坩堝爐，且應用低碳鋼坩堝，鋼內不可含鎳，以免被鎂吸收而影響其耐蝕性；使用前，坩堝內應噴塗一層氧化鋁，以防止鐵份滲透。石墨及土質坩堝不可用來熔鎂，以免其中的矽化物被鎂還原爲矽，浸蝕坩堝且會降低鎂的耐蝕性。

3. 熔劑使用

加料時一份鎂錠可配加四份回爐料，小塊先加入以助熔化，且應在一層熔劑的覆蓋下開始進行熔化作業，以防止鎂燃燒。鎂合金熔劑主要有氯化鉀(KCl)、氯化鎂(MgCl$_2$)、氟化鈣(CaF$_2$)、氯化鋇(BaCl$_2$)、氧化鎂(MgO)等之混合物。

4. 細化處理

在坩堝爐內的鎂液，可通入乾燥的氮氣 15～20 分鐘，以淨化鎂液；添加熔劑或輕微的攪拌有助於氧化渣與金屬液之分離；通氯氣或四氯化碳，可幫助造渣及晶粒細化；添加碳粉或升溫到 910℃左右，在空氣中急冷到澆鑄溫度，亦可使晶粒細化。

5. 澆鑄作業

由於鎂具有燃燒性，因此，在可澆鑄過程中應盡量與空氣隔絕，出爐前，應將門窗緊閉，避免空氣流通而增強其氧化燃燒，且在坩堝內的鎂液上灑上一層硫黃與硼酸抑制劑，用特殊夾具夾出坩堝進行澆鑄作業，應在澆桶內扒渣，以免渣質混入，澆鑄時要盡量靠近澆口杯小心的澆鑄，以免產生亂流。

7-6.2　鑄鎂的種類及性質

根據美國 ASTM 所採用的標準鎂合金數據，最廣泛被應用的鎂合金有鎂－鋁－錳系合金(記號為 AM)、鎂－鋁－鋅系合金(記號為 AZ)、鎂－稀土元素－鋯系合金、鎂－鋅－鋯系合金及鎂－釷－鋯系合金等五種，添加合金元素於鎂中的作用和前述添加元素於鋁合金中作用相似。

其中鎂－鋁－鋅合金是第一種被廣泛應用的鎂合金，至今仍然是被採用的主要鎂合金之一，例如 AZ81 及 91 含鋁 7.5～8.7%，鋅 0.7%，應用於工作溫度達 175℃仍需具有良好延性及相當高的降伏強度的用途上，適用於飛機著陸輪圈、扶梯、機件外殼等。

而鎂－稀土元素－鋯系合金，應用於 175～260℃的工作溫度下，仍需有高強度的用途上，如噴射機引擎外殼或其他類似鑄件；鎂－釷－鋯系合金可應用於更高的工作溫度，少數這類鑄件甚至可應用於 370℃之高溫。

7-7　低熔點合金的熔化及性質

低熔點重金屬，又稱為白金屬(white metals)，如鋅、鉛、錫、銻等，其主要的物理性質如表 7-25 所示。係為機械製造的重要材料之一，由於其質軟、熔點低等特殊性質，適合於軸承、軟焊等合金，需與其它金屬相互配合，才能製造堅固耐用、運轉靈活的各類機件。低熔點合金種類很多，本節僅係就其中較常用的鋅、鉛、錫等合金作較詳盡的介紹。

表 7-25　低熔點金屬的比重與熔點

金屬種類	比重	熔點(℃)
鋅(Zn)	7.13	419.46
鉛(Pb)	11.34	327.4 ± 0.1
錫(Sn)	7.30	231.9 ± 0.1
銻(Sb)	6.62	630.5 ± 0.1

7-7.1　鋅基合金的熔化及性質

1.　鋅的用途

鋅為藍白色金屬，有銀光澤，呈六面體結晶，其主要用途為：

(1)　鍍鋼(coating steel)用，使用量約佔產量的 50%。

(2)　作為銅、鋁、鎂合金等的合金元素。

(3)　為鋅基壓鑄合金的主要金屬。

(4)　為製模與衝模合金的主要金屬。

(5)　製作鋅板、鋅片或油漆等用。

2.　鋅合金的熔化

熔化鋅基合金，通常採用鐵、鋼或石墨等坩堝爐，亦有採用電爐者。為增長坩堝壽命，在坩堝使用前，可加熱到 85～95℃，塗刷一層 Dycote 39 水溶性耐火材料，乾燥後使用。鋅合金的熔化常會遇到兩項問題：(1)撇出的渣含鋅量很高。(2)冒很濃的煙。為克服此等困難，可採用 Zincrex 系熔劑，用量視熔化情況與熔液面積而定，約為每一百公斤熔液使用 0.3～0.5kg 熔劑。添加時，用量之半可先行隨料加入，使熔化後覆蓋液面，待完全熔化後，將另一半用器具壓入液中，待完全作用後靜止數分鐘，除渣後即可澆鑄。

3.　鋅合金的性質

鋅合金中所含的金屬元素很多，其中較重要的元素有鋁、銅、鎂，其性質如下所述。另外尚含有鉛、錫、鎘、鐵等微量元素，對鋅合金的機械性質、耐蝕性或加工性等大都有不利的影響。鋅基壓鑄合金的種類、成份與特色如表 7-26 所示。

表 7-26　鋅合金壓鑄件之種類、成份與特色

種類	符號	ASTM編號	化學成分(%)					不純物(%)			合金特色
			Al	Cu	Mg	Fe	Zn	Pb	Cd	Sn	
第1種	ZDC1	AG41A	3.5～4.3	0.75～1.25	0.02～0.06	0.1以下	餘量	0.05以下	0.04以下	0.03以下	具優良機械及耐蝕性
第2種	ZDC2	AG40A	3.5～4.3	0.25以下	0.02～0.06	0.1以下	餘量	0.05以下	0.04以下	0.03以下	具優良鑄造及加工性

資料來源：CNS 3334。

(1) 鋁：鋅合金的衝擊值將因過量的鋁含量而受影響。當含鋁量超過 4.5%時，衝擊值將開始降低，超過 5%時，顯得很脆。但含量少於 3.5%時，合金的鑄造性及機械性能將相對減低。

(2) 銅：合金的強度及硬度將隨銅含量之增加而相對提高，含量超過 1.5%，在常溫下，即生時效效應，減少衝擊值與增加強度；在高溫(超過 100℃)時，含銅量雖僅有 0.4%，亦有時效效應。

(3) 鎂：含鎂量若小於 0.03%，雜質含量又達最高限額時，在 95℃經濕度試驗，表層內即顯現網狀侵蝕；若含量超過 0.08%，合金呈熱縮現象。

7-7.2　錫基合金的熔化及性質

1. 錫的用途

錫為具白色光澤的軟金屬，錫錠常帶微黃色，呈白、灰二種存在，13.2℃為變態點。白錫軟，加壓即能展延，無需軟燒；灰錫則脆。其主要用途為：

(1) 作為鍍劑使用，以製造食品罐頭或廚房用具。

(2) 作為銅、鈦、鋯、鉛等合金之合金元素。

(3) 作為軸承或焊接用的錫基合金。

2. 錫合金的熔化

錫合金的熔點低，熔化時，應防止鋁、鋅的混入，澆鑄溫度約在液相線上 50～100℃。熔化時，熔劑可用 Stannex101，用量約為 1%，在澆鑄前 5 分鐘，再加少量壓入液面下，可以清潔熔液，澆鑄前，需清除液面熔渣。

3. 錫合金的性質

錫合金的主要合金元素為銅、銻及鉛。錫基軸承合金，俗稱巴比特金屬(Babbitt metal)，其含量為錫 80～90%，銻 5～15%，銅 3～10%，因硬質組合結晶錫銻與錫銅分佈於較軟的錫基地組織中，故能獲致良好的耐磨面，其特性為：

(1) 耐磨。

(2) 有足夠的強度，能承受壓力。

(3) 有足夠的柔性，能承受衝擊與搖振。

(4) 軸在軸承內運轉時，能全面接觸軸面。

(5) 能承受硬粒，使不傷害機軸。

而錫基焊接合金通常由錫、鉛或錫、鉛、銻或錫、銻所組成。鉛與錫的共晶熔點為183℃，含鉛量約為 37%，在白金屬中，鉛－錫共晶將是造成收縮孔的原因。

7-7.3 鉛基合金的熔化及性質

1. 鉛的用途

鉛為藍灰色金屬，新的斷面具光澤，為一般使用最軟與最重的金屬，加壓即能延伸，可以加工至任何形狀，耐蝕、耐化學藥品。其主要用途為：

(1) 鍛製品：製成片、管、箔等。

(2) 加入銅基、鋁基合金與鋼材中，以增加機械加工性。

(3) 作為下列合金之主要元素：如低溫焊接合金、印刷用鉛字合金、軸承合金等。

(4) 作為油漆、鍍鋼之原料。

2. 鉛合金的熔化

鉛基合金熔化時，若錫含量超過 10%，可用 Stannex101 為熔劑，用量為熔化時加1kg/100kg 熔液，出爐前 5 分鐘再加 0.1%，並需壓入液面下。若含錫量不到 10%，可用Plumbrex2 為熔劑，用量為 0.1%，出爐前再加 0.1%，且壓入液面下，以防止氧化及鉛的熔損。

3. 鉛合金的性質

一般而言，在嚴格的運轉下，鉛基軸承合金沒有錫基合金好，但因價格便宜，在運轉速度不太高，承受力與衝擊不太嚴重的情況下，仍然被長期繼續採用。常被採用的鉛基軸承合金有兩類(其成份及強度如表 7-27 所示)：

(1) 以銻與錫增加硬度，有時添加少許銅、砷。

(2) 添加鈉、銅，再施以時效硬化。加鈉能使鉛的熔點降低，且能增加硬度與強度，但將降低延伸值。

表 7-27　鉛基軸承合金化學成份及強度

化學成份(%)							抗拉強度
Pb	Sb	Sn	Cu	As	Ca	Na	N/mm²
80.0	15.0	5.0	—	—	—	—	< 75
63.5	15.0	20.0	1.5	—	—	—	< 90
79.1	14.6	5.4	0.04	—	—	—	< 80
98.5	—	—	—	—	0.7	0.6	< 95
74.1	16.2	9.4	—	0.14	—	—	—

討論題

1. 試分別列舉銅、鋁、鐵、鎂、鋅、鉛、鎳等純金屬的熔點與比重。

2. 試述鑄鐵、鑄鋼、鋁合金及銅合金的熔點範圍、熔化溫度及澆鑄溫度。

3. 各種鑄件金屬所適用的熔化爐種類有那些？

4. 高溫金屬液測溫的方法有那些？

5. 熱電偶高溫計測溫的原理為何？

6. 光學高溫計測溫原理及測溫方法為何？

7. 紅外線測溫計的原理為何？

8. 澆鑄的方法有那些？

9. 影響澆鑄時間的因素有那些？

10. 熔鐵爐與高爐有何異同點？

11. 熔鐵爐的基本構造為何？

12. 何謂風口比、鐵焦比、有效高度及底焦高度？

13. 熔鐵爐的熔鐵原理為何？

14. 熔鐵爐的操作程序為何？

15. 熔鐵爐的加料順序為何？

16. 如何計算熔鐵爐的配料？

17. 假設熔鐵爐的熱效率為 40%，鐵焦比為 8：1，則熔化 2 噸的鐵料應加多少焦炭？

18. 如何計算熔鐵爐的鼓風量？

19. 熔鐵爐爐前成份控制的方法有那些？

20. 何謂碳當量(CE)及總碳量(TC)？

21. 如何利用碳量分析裝置測定鋼鐵中的含碳量？

22. 光譜儀成份分析的原理為何？其作業程序有那些主要步驟？

23. 試述冷硬試驗的目的及方法？

24. 鑄鐵的主要成份有那些？其主要影響為何？

25. 鑄鐵的主要性質為何？

26. 何謂可鍛鑄鐵？如何生產展性鑄鐵？

27. 球墨鑄鐵如何球化？其球化劑有那些？

28. 煉鋼的主要過程為何？

29. 煉鋼法的種類有那些？

30. 試述感應電爐煉鋼原理及其種類。

31. 如何操作 LD 轉爐？

32. 鑄鋼的種類有那些？其用途為何？

33. 坩堝爐的種類有那些？

34. 熔鋁時，如何進行除氣及除渣？

35. 坩堝爐的大小如何表示？150 號坩堝爐一次可熔鋁合金多重？

36. 熔銅時，爐內的氣氛有那幾種型態？試分別說明之。

37. 黃銅及青銅如何熔化？

38. 鑄造鎂合金鑄件時，從砂模製作到澆鑄作業的過程中，應注意那些事項？

39. 試述鋅合金及鉛合金的主要用途。

40. 錫合金及鋅合金熔化時應注意那些事項？

CHAPTER 8

特殊鑄造法

　　鑄造的種類很多，有以鑄件(castings)的材質分類者，如鑄鐵、鑄鋼、鋁合金……等的鑄造；有以鑄模(molds)材料的不同來分類的，如砂模、金屬模、石膏模……等的鑄造；若以鑄造方法來區分的話，一般分為普通鑄造法與特殊鑄造法兩大類。

　　普通鑄造法即一般所謂的砂模鑄造(sand mold casting)，又可分為普通砂模與特殊砂模兩部分，其產量佔鑄造業的絕大部份，故本章以前所介紹的係指普通鑄造法而言；特殊鑄造法係為了達到特殊的目的，如欲鑄造細小、精密、薄形或狹長的鑄件，甚至為了提高鑄件的機械性質，或使鑄件的金相組織更為細密，因此，在鑄模的製造或澆鑄的方法上，與砂模鑄造有相當的差異，但是鑄造的基本原理仍然不變，即將熔融金屬鑄入模穴而得成品。

　　特殊鑄造法的種類很多，一般常見者有：

1. 精密鑄造法(precision casting)：含包模、陶模、石膏模等三種。
2. 離心鑄造法(centrifugal casting)。
3. 壓鑄法(die casting)。
4. 低壓鑄造法(low-pressure casting)。
5. 永久模重力鑄造法(permanent-mold casting, gravity die casting)。
6. 連續鑄造法(continuous casting)。
7. 全模法(full-mold casting)：含磁性鑄模、浮模法等。
8. 其他特殊鑄造法：如瀝鑄法、真空鑄造法、矽膠模鑄造法等。

8-1　精密鑄造法(precision casting)

　　廣義的精密鑄造法，泛指所有能生產較普通濕砂模更為精密之鑄件的鑄造方法，因此，包括壓鑄法、離心鑄造法，甚至殼模法等都屬之。但是，就狹義而言，一般所謂的精密鑄造法係指下列三者而言：

1. 包模鑄造法(investment casting process)。
2. 陶模鑄造法(ceramic mold process)。
3. 石膏模鑄造法(plaster mold process)。

　　三種精密鑄造法各具特色，其個別適用的材質、精密度、鑄件重量及生產應用的情形詳見表 8-1 所示。

表 8-1　三種精密鑄造法之比較

項目	包模鑄造法	陶模鑄造法	石膏模鑄造法
適用材質	所有材質均適合，尤其合金鋼最適合	所有材質均適合	限熔點在銅合金以下之金屬，最適鋁合金
尺寸精度	公差：±0.5%以下	公差：±0.5〜0.2%	公差：±0.5〜0.2%
表面光度	2〜20μ	5〜30μ	3〜20μ
鑄件形狀	適於非常複雜之鑄件，含內螺紋、盲洞亦可	適於相當複雜之鑄件，可應用預製之陶心，澆鑄中空鑄件	適於相當複雜之鑄件
鑄件壁厚	最小壁厚約 0.5 mm	最小壁厚約 1.0 mm	最小壁厚約 1.0 mm
鑄件重量	可鑄 5g〜100kg 鑄件最佳範圍 0.05〜10kg	可鑄 10ton 大鑄件，最佳範圍 0.5〜300kg	可鑄 30〜40kg 鑄件，最佳範圍 0.1〜20kg
機械性能	結晶無方向性，可調整肉眼組織以求改進	性能較佳。因鑄件冷卻速度較快，結晶微細	性能較金屬模、砂模稍劣。因冷卻速度緩慢，結晶易變粗大
生產力	少量、大量生產均可。沾漿作業可採自動化，生產力高	少量、中量生產均可，生產力較低	少量、大量生產均可，生產力中等
經濟性	成本高，但可藉大量生產降低成本	成本稍高，但適於金屬模具或大型精密件	成本稍高，但適於非鐵合金之精密鑄件
應用範例	各行業零組件，包括噴射引擎(超合金)、氣動渦輪、原子爐、電腦、醫療器材、紡織機械、手工具等，亦適於真空熔解鑄造	金屬模具(鑄鐵、合金鋼、銅合金)、耐熱耐蝕零件、渦輪噴嘴、中大型精密鑄件、美術工藝品	金屬模具(鋁合金、銅合金)、葉輪、精密機件、電子器材用箱殼等(鋁合金)、其他美術品

8-1.1　包模鑄造法－脫蠟鑄造法

　　此法係以可消失性的材料(disposable materials)製作模型。然後於模型四周包覆一層相當厚度的耐火材料當作鑄模，鑄模完成後，不必分開鑄模取出模型，而係將鑄模與模型同時加熱升溫，則模型熔融流出或消失而形成模穴，完成鑄模製作，故通稱為包模法。

　　包模法可採用的消失模型材料有蠟、水銀(凍汞法)、保利龍(聚苯乙烯)及熱塑性膠(如PE、PS)等，其中採用最廣、最普遍的是蠟模，因此，包模法一般常稱為脫蠟鑄造法(lost wax process)。

1. 脫蠟鑄造流程

　　脫蠟鑄造法並非最新的鑄造方法，其歷史可遠溯至數千年前，在埃及便已盛行著古典的脫蠟鑄造法，用以鑄造形狀複雜的青銅工藝品。直到第二次世界大戰期間，歐美國家為了生產大量的武器零件，才開始使此法邁向工業化的途徑，現在此法已成為製造噴射引擎等高級精密鑄件不可或缺的技術。另外，脫蠟鑄造法主要用於生產航空器材、醫療器材、電子零件、光學器材、武器、紡織機、打字機等零件。圖 8-1 為脫蠟鑄造法的部份產品。

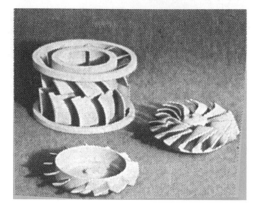

(a) 渦輪機零件－葉輪

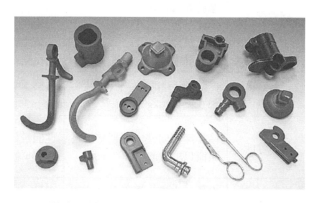

(b) 醫療器材零件 (圖片摘自奇鈺精密鑄造公司 網站 www.chips-casting.com)

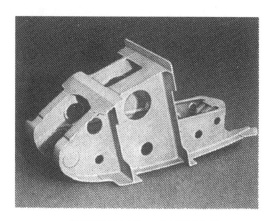

(c) 戰鬥機零組件－機翼固定鉸

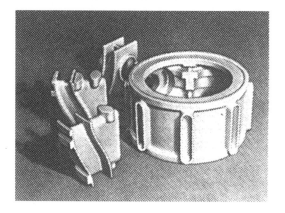

(d) 箱殼及其連接之附件

圖 8-1　脫蠟法之精密鑄件實例

　　脫蠟鑄造的生產方式主要分成兩種，一為陶質殼模法(ceramic shell mold)；另一種為實體鑄模法(solid mold process)。前者適合於熔點較高的合金鋼等材質，因此，常以鋯粉、鋯砂等作為主要的包模材料，如圖 8-2 所示。後者適合於較低溫的非鐵金屬，如鋁合金、銅合金等之精密鑄造，常以耐高溫的石膏作為包模材料，其製造程序如圖 8-3 所示。

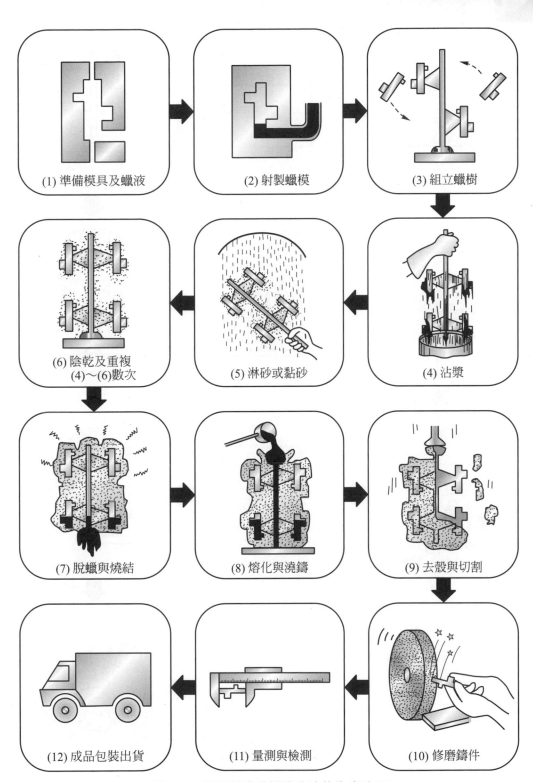

(1) 準備模具及蠟液

(2) 射製蠟模

(3) 組立蠟樹

(6) 陰乾及重複
(4)～(6)數次

(5) 淋砂或黏砂

(4) 沾漿

(7) 脫蠟與燒結

(8) 熔化與澆鑄

(9) 去殼與切割

(12) 成品包裝出貨

(11) 量測與檢測

(10) 修磨鑄件

圖 8-2　陶瓷殼模脫蠟鑄造法的生產流程

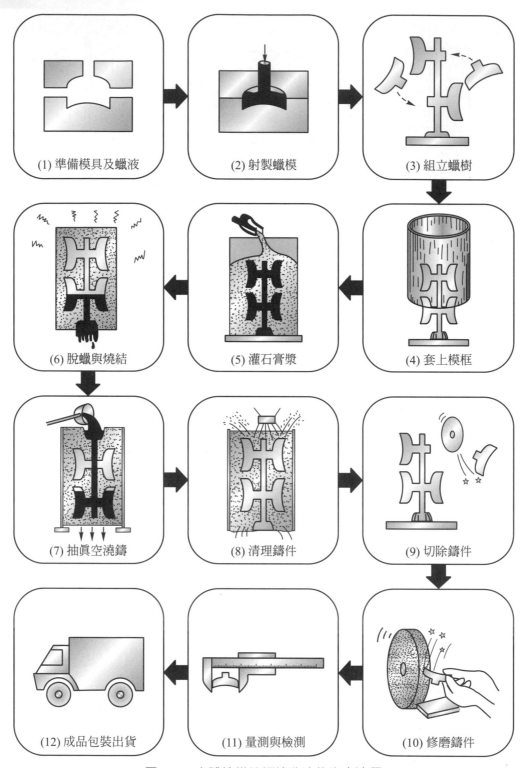

圖 8-3　實體鑄模脫蠟鑄造法的生產流程

　　圖 8-4 係為飛機發動機渦輪葉片(turbine blade)陶質殼模法脫蠟鑄造實例。我國中山科學院航空工業發展中心，已能以此法配合真空鑄造方式，應用方向性凝固技術，生產製造單晶(single crystal)渦輪葉片；這對我國飛機自製率的提升，以及航空國防工業的發展具有相當大的貢獻。

　　圖 8-5(a)係為實體鑄模法套合模框後，灌注石膏泥漿之情形，而圖 8-5(b)則為應用石膏模實體鑄模法所完成的各類精密鑄件。有關石膏之性質及調漿要領將於 8-1.3 節介紹，而本節除介紹脫蠟鑄造之各主要流程外，包模材料係以陶質殼模法為主。

(a) 飛機渦輪葉片之蠟樹

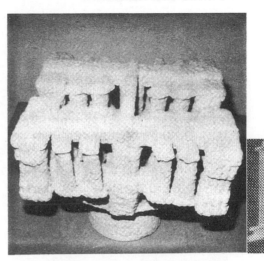

(b) 渦輪葉片之陶瓷殼模 (右下圖為鎳基
　　超合金渦輪葉片精密鑄件成品)

圖 8-4　陶瓷殼模法脫蠟鑄造實例—飛機渦輪葉片之鑄造

(a) 實體鑄模法灌注石膏漿作業

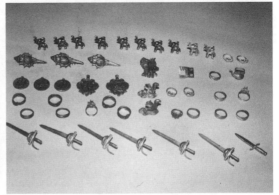

(b) 實體石膏模法完成之銅合金精密鑄件

圖 8-5　實體鑄模法脫蠟鑄造實例—應用石膏模鑄造精密鑄件

　　在生產應用上,脫蠟鑄造大都用於大量生產細小而複雜的精密鑄件,因此,蠟模的製作都需使用模具(die),且將蠟模組合在澆道上形成樹狀的蠟簇(wax cluster),一般通稱為蠟樹;然後製作鑄模(即所謂的包模),脫蠟後澆鑄成所需鑄件,故一次可鑄造 N 個鑄件。

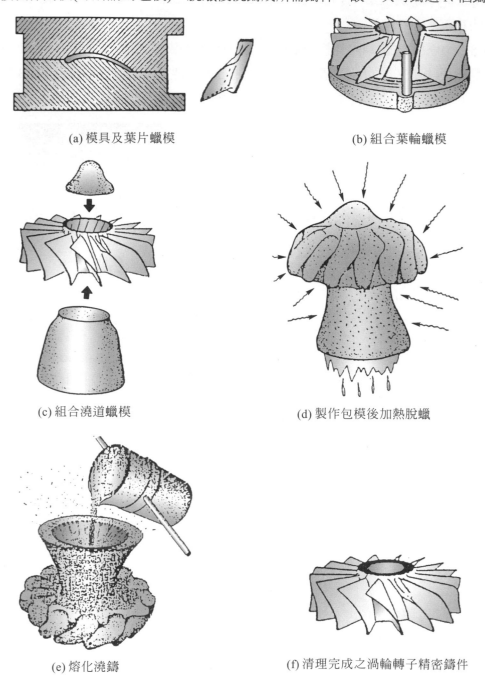

(a) 模具及葉片蠟模　　　　　　　　　　　　　　(b) 組合葉輪蠟模

(c) 組合澆道蠟模　　　　　　　　　　　(d) 製作包模後加熱脫蠟

(e) 熔化澆鑄　　　　　　　　　　　(f) 清理完成之渦輪轉子精密鑄件

圖 8-6　大型單模式精密鑄件生產模式－整體渦輪轉子之精密鑄造

　　大型精密鑄件不便或無法組合成蠟樹時，可以每一包模只鑄造一個鑄件，其生產過程如圖 8-6 所示。

　　蠟模之製作，除了可以模具來射製外，亦可以手工製作，因為模具費用較高，因此，藝術品或創作品等少量生產的精密鑄件，應以手工製作蠟模，以節省成本。其製作程序是先將蠟塑造成所需形狀粗坯，再精細雕刻成形，然後製作包模使用。大型佛像，如圖 8-7 所示，為節省蠟及金屬材料之使用及減輕佛像重量，可先用土坯塑造佛像粗坯，然後才在粗坯外塗上一層熔蠟，其厚度即為將來鑄件厚度，等蠟凝固後，再精細雕刻佛像外形，然後製作包模以便澆鑄。

(a) 先用耐火黏土製作佛像粗坯

(b) 塗蠟、雕刻佛像蠟模

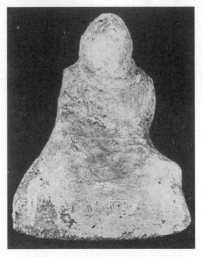

(c) 佛像之包模製作 (澆鑄口在底座)

圖 8-7　佛像脫蠟鑄造流程

(d) 脫蠟鑄造完成之佛像粗胚　　　　　　(e) 修磨完成之精美佛像

圖 8-7　佛像脫蠟鑄造流程(續)

2. 模具(die)製作

　　包模鑄件之精密度大都取決於所使用的模型(如蠟模等)，因此，用以製造模型的模具極為重要。長期或大量使用的模具通常採用鋁合金、銅合金或合金鋼等加工而成；少量使用時，可以用橡膠、環氧樹脂、石膏或低溫金屬(如錫－鉍等軟金屬)製作，以符合經濟原則。

(1) 鋁合金模具約可射蠟十萬次以上。

(2) 銅合金模具的壽命約為十五到二十萬次。

(3) 工具鋼製模具可高達二十五至五十萬次。

(4) 低熔點金屬，加工容易，製作模具方便又省時，但是硬度不足，外圍應覆以鋁合金，以增長壽命及維持應有的精度，其可用性約為一萬次左右。常用的低溫金屬有錫(Sn)42%，鉍(Bi)58%之合金，其熔點為 138.5℃；另一種合金為錫 40%，鉍 40%，鉛(Pb)20%，熔點約為 100℃。

3. 蠟模(wax pattern)製作

(1) 蠟的性質

到目前為止，蠟仍然是最令人滿意的包模鑄造用模型材料，常用的模型蠟，是經由特殊配方得來，使其各種性質能符合包模鑄造業者的需要。模型用蠟應具備的性質有：

A. 在室溫需有高強度及硬度。

B. 可完全燃燒，殘留灰分少，最多不得超過 0.05%。

C. 膨脹率及收縮率低。

D. 流動性好，擠壓射蠟容易，冷硬速度要快。

E. 室溫工作時，需不變形，也不隨室溫之升降而脹縮。

F. 與包模材料之親和性佳。

G. 能製出光滑的表面，且易於自模具中取出。

H. 有良好的焊接或熔接之組合性。

I. 回收再用時，應具有原來的機械、物理及化學性質。

J. 品質穩定，價廉且易獲得。

(2) 蠟的種類

蠟的種類很多，依其來源主要可區分為天然蠟與人工合成蠟兩類；而天然蠟又包括礦物蠟、動物蠟及植物蠟三種，其特性如表 8-2 所示。

表 8-2　人工合成蠟與天然蠟之特性比較

蠟的種類	熔點(℃)	收縮率(%)
動物蠟－蜂蠟	61～65	9～10
植物蠟－蠟棕櫚蠟	82～86	15
礦物蠟－石蠟	48～74	11～15
礦物蠟－微粒蠟	60～93	13
人工合成蠟－氨基酯蠟	35～200	3 以上

A. 礦物蠟：礦物蠟包括石化蠟(含石蠟及微粒結晶蠟)、泥煤蠟及得自褐煤的 montan 蠟等。

　① 石蠟(paraffin wax)：純石蠟不適用於製作蠟模，其特性為熔點及結晶構造非常明顯，因此，在低溫時容易脆斷，但與其他蠟混合使用時效果良好，故大多數模型蠟都含有石蠟。

　② 微粒蠟：具有寬廣的熔點及凝固範圍。微粒蠟的性質差異很大，熔點相似之微粒蠟，其他方面之性質未必相似，此種不吻合性，因其含油量及操作技巧之不同而改變，此種蠟的範圍可因混合其他樹脂材料及植物油而變廣。

B. 動物蠟：主要有蜂蠟(bee wax)，是白色乃至帶黃色的不定形固體，熔點約為 61～65℃，是自古即為包模鑄造法所常用之模型蠟。

C. 植物蠟：常用的植物蠟有蠟棕櫚蠟(carnauba wax)，此種蠟是從南美洲的灌木及樹葉提煉而得，其性質堅硬、熔點高、含灰分低，是一種實用的添加劑，加在如石蠟等較軟之蠟中混合使用。

D. 人工合成蠟：人工合成蠟又可分為氯化蠟與非氯化蠟兩類，碳氫化氯有害人體健康，但氯化蠟並不一定構成傷害，使用時應確保氯化蠟不過熱，且需有良好的通風設備。

　　人工合成蠟的變異性較天然蠟小，特定性質可經由適當的混合而得到，這些材料大部份為氨基酯或氨基蠟。

(3) 蠟模製作

　　由於脫蠟鑄造係生產精細複雜的零件，因此，大部份蠟模皆以適當的射蠟機來製作，如圖 8-8 所示。熔蠟在某種壓力下擠壓入模具，維持一段時間，使蠟模之收縮率降至最少。使用之壓力隨蠟模大小、複雜程度及蠟的溫度而定，從簡單設計的數磅至半固體狀蠟的幾千磅不等。

圖 8-8　蠟模製作—射蠟作業

蠟模生產時，必須特別注意三項因素的控制：

A. 熔蠟的溫度。

B. 射蠟機的壓力。

C. 射蠟維持時間的控制。

此三項要素隨蠟模大小、厚薄、蠟的種類等不同而改變，生產工廠大都於正式生產蠟模前，先行試作實驗以獲得可靠數據，然後據以生產蠟模。

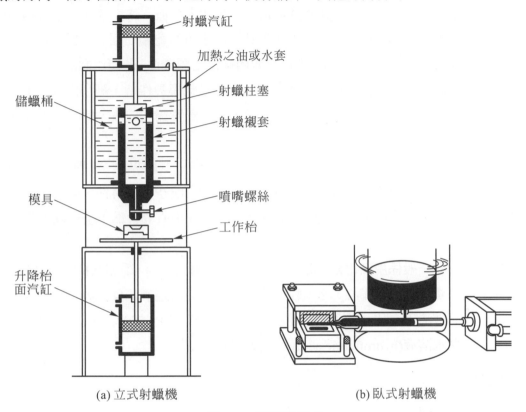

　　射蠟機的型式有很多種，原則上可分為立式與臥式射蠟機兩大類，如圖 8-9 所示，而射蠟的方向，除了由操作者向外之方向不便射蠟外，其他方向皆可。

射蠟汽缸

加熱之油或水套

儲蠟桶

射蠟柱塞

射蠟襯套

模具

噴嘴螺絲

工作枱

升降枱面汽缸

(a) 立式射蠟機　　　　　　　　(b) 臥式射蠟機

圖 8-9　射蠟機型式

(4) 蠟模用其他材料

脫蠟鑄造法用於製作蠟模的材料，除了上述主模型所使用的各種蠟原料之外，經常使用水溶性蠟(water soluble wax)製作蠟心(wax core)，或耐火材料預製心型(preform core)，後者通稱為陶心(ceramic core)，以便鑄造內形更複雜的精密鑄件。

A. 水溶性蠟：脫蠟法中所使用的蠟模，其形狀應與鑄件完全相同，當蠟模中空、凹陷或有深槽之外形，可於射蠟時利用活動的金屬心型製出。但是當內孔徑大小不一，金屬心型無法抽出時，如圖 8-1(d)所示，此時可應用水溶性蠟，先製成蠟心(製法與蠟模同)，然後將此蠟心安置在模具內，射蠟製成蠟模後，將蠟模與蠟心同時置於水中或弱酸水溶液內，此時，蠟心溶解而形成中空的蠟模。

水溶性蠟係聚乙二醇類(polyethylene glycal)材料，其熔點應比一般蠟模用蠟高出 15℃ 以上，以免在射蠟模時，蠟心因熱而變形。蠟心雖然可製出內形更複雜的鑄件，但溶解後無法回收，增加成本負擔。將來或許可用食鹽粉與有機黏結劑調製之水溶性心型來取代，鹽水可再乾餾而回收鹽粉再用。

    B. 陶心：當鑄件的內孔深而細小，如內螺紋之類機件，若使用蠟心其效果不彰，因蠟心溶出的速度慢，影響工作效率，且包模製作時，細小內孔不便沾漿、淋砂，內孔中包模材料強度不足等，都會影響鑄件成敗，此時，可改採用預製的陶心。

陶心材料的性質應相當或優於外覆包模材料，其耐火度、熱穩定性、通氣性、機械強度及優異的表面精度等，都是爲迎合航空引擎零件、氣渦輪機零件等的要求，圖 8-10 係各種預製的陶心，其中細小直立者爲中空渦輪葉片用之陶心。

陶心一般係用氧化鋁、氧化鋯或氧化矽等耐火材料，添加適當的黏結劑製成。自鑄件中清除陶心，必須較一般包模泥心更爲謹愼，有些陶心曾因機械振動而被清出，但大部份需用熔融苛性鹼溶液於 500～550℃，或不同濃度的氫氟酸水溶液(hydrofluoric acid)等溶劑將陶心溶出。

4. 包模製作

(1) 蠟樹之清潔

蠟模黏上澆道組合成蠟樹後，在製作包模前，應先作蠟樹清潔的工作，如圖 8-11 所示。因製蠟模時所用的離型劑，對於包模材料與蠟模的親和力有很大的妨礙；且蠟樹存放時，可能沾上灰塵，亦將影響包模的精密及耐火性。

蠟模清洗劑的選擇非常重要，選擇不當的清洗劑可能會溶蝕蠟模，影響蠟模形狀及精度。常用的清洗劑有丁酮、丙酮或清潔劑，前者效果較好，但容易揮發，對人體有害；後者效果較差，但亦可行。

(2) 包模材料

包模的製造是反覆數次沾漿及沾砂(或淋砂)作業而得，由於包模的厚度相當有限，約只有 10mm 左右，因此，不管漿液或砂料都含有相當的耐火材料，而其黏結成形，主要係靠漿液中的黏結劑。

圖 8-10　脫蠟鑄造用陶心實例

圖 8-11　蠟樹清潔

(3) 耐火材料

包模所用的耐火材料，主要分成粒狀及粉狀兩種，粉狀用於調合漿液用，以便鑄造表面光滑且精密的零件；而粒狀用於沾砂，以增加包模的強度及耐火度。

一般脫蠟鑄造常用的耐火材料為鋯砂、鋯粉(zircon)、熔融石英(fused silica)及燒成的耐火材料，如馬來砂(mullite)及 molochite 等。根據其使用的情況及粒度大小，可分為填充料(filler)及耐火砂兩大類：填充料為耐火粉末，與黏結劑混合成漿液，其粒度為 200 目(mesh)或更細之粉；而耐火砂為泥漿層外沾附之砂粒，其粒度為 20～80 目。原則上填充料與耐火砂應同一種材料或膨脹率相近的材料，以免脫蠟燒結過程中，因膨脹差而使包模破裂。

(4) 黏結劑

包模用黏結劑有水玻璃、矽酸乙脂(ethyl silicate)及矽酸膠等，不論採用何種，皆係利用其矽膠(silica gel)來作黏結工作。

水玻璃是各種黏結劑中最便宜的一種，其分子式為 $Na_2O \cdot xSiO_2$，x 為其分子比，使用時，應加鹽酸中和分解，使其產生矽酸，矽酸會分解為石英(SiO_2)及水，而這些水將按任意之含量存在於石英內，形成化合水，這種產物便稱為膠狀石英(colloidal silica)，以便發揮矽膠黏結功用。其反應式為：

$$Na_2Si_4O_9 + 2HCl + 7H_2O \rightarrow 4H_4SiO_4 + 2NaCl$$

(水玻璃)　　(鹽酸)　　　　　(矽酸)

$$\downarrow$$

$$4SiO_2 \cdot xH_2O \rightarrow 4SiO_2 + xH_2O \uparrow$$

(膠狀石英)

水玻璃加入鹽酸時，應特別小心，以免產生膠質物析出沉澱，而失去作用，其反應式為：

$$Na_2O \cdot xSiO_2 + 2HCl \rightarrow H2 \cdot xSiO_3 \downarrow + 2NaCl$$

膠質物

矽酸乙脂用於包模鑄造者為含 $SiO_2$40%者。因矽酸乙脂 40 有加水分解之作用，故在使用前，往往要先行處理，使其水解完成，而後調配耐火粉末及促進劑，以便沾漿作業。由於矽酸乙脂 40 與水之親和力較差，可添加些酒精，且為求達到催化作用，常配以各種酸，一般常用者為鹽酸(HCl)、硫酸(H_2SO_4)、硝酸(HNO_3)及醋酸、磷酸等。其硬化促進劑有 MgO, $MgCO_3$ 及 NH_3 類之化合物。

上述兩種黏結劑，都需作事前的處理，如果處理或管制不當，則結果很差。目前有一種經特殊處理過的鹼性矽酸膠，常被用於包模製造業，它是一種非常穩定的黏結劑，脫水乾燥後，不會吸水再恢復原來性質，但僅可用風乾處理，風乾速度慢為其缺點。因此，新的綜合性黏結劑不斷地研製改進中，其效果良好，同時擁有上述黏結劑的優點，生產工廠在材料的選用及儲存上將更為方便。

(5) 沾漿、沾砂作業

製造包模的方法是在蠟模或蠟樹上，沾上一層泥漿後隨即沾或淋上一層耐火砂粒，待其乾燥後，再一次進行沾漿沾砂作業，通常反覆六次以上，愈大型鑄件層數愈多，以增加包模厚度及強度，如圖 8-12 所示。

由於第一層泥漿及鋯粉將黏附在蠟模上，且將來直接與金屬液接觸，因此，在調配時，為求鑄件表面細緻，調合泥漿用的耐火粉末應選用較細者，通常為 325 目或更細，泥漿濃度應較高，用 5 號詹式杯(Zahn's cup 5#)試驗時間約為 50～80 秒。而第一層淋砂可用 60～80 目的耐火砂粒，以使第一層包模材料具有相當的耐火性、通氣性及強度。

第二層以後的泥漿，因係黏附在前一層耐火砂粒外圍，作為包模的加強層用，為求其通氣性良好及較高的耐火性，調漿用的耐火粉末可選用較粗一點的，一般約為 200 目左右，且泥漿濃度應較稀，用 4 號量杯測定約為 13～19 秒。而第二層沾砂可用 20～65 目的耐火砂，第三層以後可用更粗的耐火砂，一般為 20～40 目。包模製造的沾漿工程，係將已清潔的蠟模，慢慢的浸入調好的泥漿中，再慢慢的抽出，此時蠟模上已沾上一層泥漿，必要時迴轉蠟模，以免泥漿往下流動，造成厚薄不均的現象，待泥漿滴完後，檢查是否每處皆已裹上泥漿，務使蠟模表面黏附一層厚約 1m/m 的泥漿，然後再進行下一步的沾砂工作。

包模沾砂的工程一般分為兩種類型：一種是利用淋砂機，將耐火砂由上往下淋下，以便黏附在已沾漿的蠟樹上，故一般稱此項工作為淋砂作業；另一種係利用浮砂桶(fluid bed)，從盛裝耐火砂的桶底吹入空氣，則砂料懸浮，可便於將蠟樹浸入乾燥耐火砂中，利用剛沾好的泥漿當黏結劑，使蠟樹上均勻沾上一層耐火砂。

第一次沾漿沾砂工作完成後，應待蠟樹上的泥漿陰乾後，才能再做第二次沾漿工作，如此，一層層的將耐火材料包覆在蠟樹或蠟模外表，直到需要厚度為止。此項沾漿工程所需時間很長，且工作單調，目前較具規模的脫蠟鑄造廠已有由機器人(robot)取代此項工作的趨勢，紛紛建立自動化沾漿黏砂作業生產線。如圖 8-12 至圖 8-14 所示，效果非常理想。

圖 8-12　機器人從事沾漿沾砂作業

圖 8-13　陶瓷殼模懸吊系統

圖 8-14　陶瓷殼模製作完成

5. 脫蠟、鑄造作業

脫蠟工作將影響包模的成敗，因此，應特別小心控制，以免前功盡棄。

實體鑄模由於包模相當厚，且外圍有金屬型框，故脫蠟時，對蠟之熱膨脹並不十分敏感，因此，為了避免模壁受熱不均勻而使包模破裂，加熱溫度不得超過 150℃，故實體包模的脫蠟溫度應控制在 100～150℃ 之間。

陶質殼模的脫蠟方式有兩種：一種是熱衝擊法，即將包模放入 900～1100℃ 的爐中，利用高溫輻射熱，瞬間將蠟模表層熔化，以免蠟遇熱膨脹而脹裂包模，此種脫蠟爐的爐底設計為爐條或多孔的耐火板，以便讓熔蠟流入下方的水盆中，回收再用；並可讓空氣流入以幫助燃燒，避免碳粒析出附於模壁。

另一種脫蠟法是蒸汽脫蠟，係利用 150℃，80psi 的高壓蒸汽，穿透模殼與蠟模表面接觸，利用蒸汽的潛熱將蠟熔化流出，此法可使蠟的回收率高達 95%，非常經濟。脫蠟完成後，包模應再經過約 900℃ 的燒結過程，以使部份殘留在模內的蠟完全除去，並可增加包模的強度。

在澆鑄金屬液之前，包模應先預熱，以免澆鑄時，因溫差太大而使包模破裂，並可防止滯流的缺陷產生。鑄造薄形合金鋼鑄件，包模的預熱溫度約為 1000～1300℃，而鑄造精密鋁鑄件，包模預熱的溫度約為 200～400℃。

包模鑄造的澆鑄方式除了一般的重力鑄造法外，常用離心力鑄造法(見本章 8-2 節)及減壓鑄造法。減壓鑄造法是利用真空泵浦，將包模中的氣體由下方抽出，以增加鑄造時的吸引力,而幫助金屬液流至模穴的薄斷面,以鑄造所謂的精密鑄件,通常其眞空度在 5~10m/mHg 即可,如圖 8-15 所示。

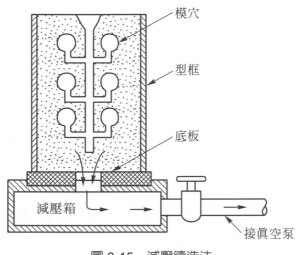

圖 8-15　減壓鑄造法

8-1.2　陶模鑄造法－蕭氏鑄造法

1. 陶模法種類

　　陶模法主要有蕭氏鑄造法(Shaw process)及優尼鑄造法(Unicast process)兩種。蕭氏法約在西元 1950 年,由於考古學上複製遺物之需要,爲英國的蕭氏兄弟(Shaw's brother)所創造,後經研究改良,已成爲今日工業化的鑄造法;優尼法約於 1960 年,由美國的葛林伍德氏(R.E. Green Wood)研究發展出來。

　　上列兩種陶模法都是利用矽酸乙酯四十之水解液爲"黏結劑",然後調配粒度適宜的"耐火砂",再加上適量的"膠化劑",將其攪拌成泥漿狀,注入模型四周,使其自行膠化成型後迅速脫模。此時,蕭氏法以強火烘烤,使膠狀模中的水份及酒精蒸發,亦即利用物理化學方法,使模面生成無數細小貫通的裂痕,形成略具透氣性的陶模;而優尼法係採用化學方法,將膠狀模浸漬於硬化浴中,使模面的揮發物在無從蒸散下趨於安定,以維持尺寸精度,然後再行烘烤,以獲得表面光滑不生裂痕,而模內形成多孔構造的陶模,其精密度比前者更高,可用於脫蠟法中所需的陶心之製造。

　　陶模法的鑄模都是多孔構造,透氣性佳,有利於澆鑄時砂粒的膨脹,崩散性佳,清砂作業容易,且由於陶模精密度高、尺寸穩定、表面光滑,因此,目前兩者都在專利權的保護下,成爲鑄造金屬模具、大型精密鑄件及美術工藝品的重要鑄造技術。

2. 陶模法製造原理及程序

陶模法主要的原理是使矽酸乙酯四十適當加水分解，變成矽酸膠及酒精，其反應如下式：

$$(C_2H_2)_2SiO_3 + 2H_2O \rightarrow SiO_2 + 2C_2H_2OH$$
矽酸乙酯　　　水　矽酸膠　酒精

其中的矽酸膠先成膠狀，逐漸膠化後變成純矽砂，故此種加水分解液兼具黏結劑及耐火物的雙重功能。

陶模製作時，當矽膠泥漿膠化成型而尚未硬化時，即應將模型起出，此時，鑄模尚具有相當的彈性，故模型不需起模斜度，亦可順利將模型起出。

陶模鑄造法的製造程序如圖 8-16 及圖 8-17 所示。今以蕭氏鑄造法為例，圖解說明蕭氏陶模的製造工程，如圖 8-18 所示：

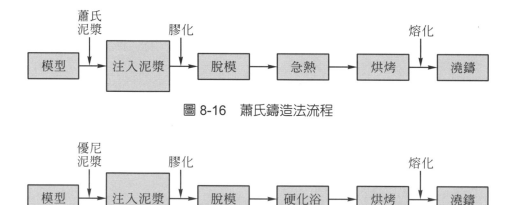

圖 8-16　蕭氏鑄造法流程

圖 8-17　優尼鑄造法流程

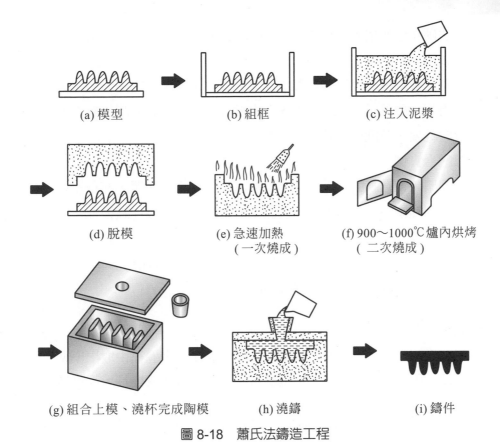

(a) 模型　　→　　(b) 組框　　→　　(c) 注入泥漿

(d) 脫模　　→　　(e) 急速加熱 (一次燒成)　　→　　(f) 900～1000℃爐內烘烤 (二次燒成)

(g) 組合上模、澆杯完成陶模　　→　　(h) 澆鑄　　→　　(i) 鑄件

圖 8-18　蕭氏法鑄造工程

3. 陶模泥漿材料

陶模法為了獲得非常平滑的鑄模面，及高尺寸精度的鑄模和成品，所採用的鑄模材料與普通造模法不同，不用固態的鑄模材料，而使用泥漿材料，此種泥漿材料是由膠狀體溶液(即黏結劑)、膠化促進劑及耐火材料等調配而成：

(1) 膠狀體溶液

即矽酸乙酯的加水分解液，其矽酸濃度為 28～32%。調配時，在含有適當水量及稀鹽酸液的變性酒精中，加注矽酸乙酯四十後攪拌而成。

矽酸乙酯本身很安定，沒有黏結力，需加酒精、水及酸，使矽酸乙酯適當加水分解，成為矽酸膠溶體的液體，而具有黏結及耐火的功能，作為陶模的主要材料。

(2) 膠化促進劑

矽酸膠溶體的膠化促進劑通常用鹼鹽類的水溶液、氨鹽、有機氨等，例如碳酸氨的 10%溶液，使膠化時間能維持在 3～10 分鐘內，以便脫模，並避免拖延太久而影響工作效率。

優尼法硬化浴使用的硬化劑有 Ethanol Acetone Benzene 等溶劑。

(3) 耐火砂

耐火砂影響陶模的高溫強度及成品之品質，因此，選購陶模用耐火砂之前，除了應考慮耐火砂品質，如膨脹性、耐火度及是否與金屬液起反應之外，也應試驗耐火砂的純度、粒度分佈及形狀。

(4) 泥漿配合實例

調配泥漿時，應將耐火砂與加水分解液定量混合成泥漿，充份攪拌，並控制在適當的黏度範圍內，以獲得所需的泥漿流動性，而達最佳造模性。泥漿調配實例二則如下：

A. 1 公升矽酸乙酯四十加水分解液調配 4 公斤鋯砂粉。

B. 1 加侖 Hybrid 黏結劑中配合 57 磅鋯砂粉。

4. 陶模法的特色

(1) 不需起模斜度，可鑄造複雜的鑄件：陶模係在膠化過程中取出模型，鑄模材料尚有彈性，因此，任何複雜曲面或具有深凹處的鑄件或模具，都可輕易而巧妙的完成。

(2) 可自由選擇鑄造金屬：陶模的耐火度約為 2000℃，不受金屬材質限制，任何金屬都可鑄造。

(3) 製作期間短：模型完成後，只要兩三天甚或數日即可完成鑄件，後加工只是素材加工與研磨加工，比起雕模作業，工期可大幅縮短，很適合目前機械設計經常更新的趨勢；且生產一個與五個的工時差不多，大量生產可降低金屬模具的成本。

(4) 鑄件大小及重量不受限制：包模鑄造法中，30～40kg 已屬大形，但蕭氏法已可鑄造 5～10 噸級的汽車車體壓造用金屬模具。

(5) 鑄件表面光滑：泥漿中的耐火物是採用超級微粉，故鑄件表面粗糙度約為 4S～18S，與脫蠟法及石膏模法相似，幾乎不必再加工，一般殼模鑄件表面粗糙度約為 35～50S，砂模鑄件約為 100S。

(6) 鑄件尺寸精度高：陶模法在脫模、燒成、澆鑄時都不會引起鑄模的尺寸變化，只有金屬液的收縮會造成尺寸不均勻現象，因此，依鑄件形狀、大小、肉厚及鑄件金屬材料，謹慎計算及選用收縮加放量，才是主要的課題。

8-1.3 石膏模鑄造法(plaster mold process)

　　以石膏當作鑄模材料，可生產尺寸精密、表面光滑的鑄件，但由於石膏所能承受的溫度有限，因此，一般多用於非鐵金屬鑄件之鑄造，尤其是鋁合金及銅合金等精密鑄件的生產。

　　石膏在承受高溫時，其性質會發生變化，在 750℃ 以上時會發生熱分解而產生氣體，降低鑄模(即石膏模)強度，其在各種溫度的變化情形如下：

$$CaSO_4 \cdot 2H_2O \xrightarrow{(60 \sim 150℃)} CaSO_4(1/2)H_2O \xrightarrow{(105 \sim 240℃)} III\ CaSO_4 \longrightarrow$$

(二水石膏)　　　　　　　　　　　(半水石膏)　　　　　　　(可溶性無水石膏)

$$\xrightarrow{(200 \sim 340℃)} II\ CaSO_4 \xrightarrow{(750 \sim 1300℃)} CaO + SO_2 + (1/2)O_2 (熱分解)$$

(難溶性無水石膏)

1. 鑄模材料－石膏

　　石膏原料主要成分為 $CaSO_4 \cdot 2H_2O$，依製法的不同(分乾式與濕式)而有 α、β 型之分，一般用在石膏模鑄造法者，以 α 型為主，其標準調水量為 35%，凝固時間約為 15～20 分鐘，一小時後的抗拉強度約為 35 kg/cm^2，壓縮強度約為 280 kg/cm^2，乾燥後的強度可加倍。

　　石膏的主要性質如下：

(1) 耐火性與熱傳導率：石膏的耐水性較差，乾燥後的熱傳導率亦低，澆鑄後凝固時間的約為普通砂模的 3～6 倍，因此，常使鑄件的結晶組織粗大，產生收縮及變形的缺陷。

　　為了增加石膏模的耐火性及熱傳導率，可添加結晶微細化元素，如矽砂、鋯砂、金屬粉末及石墨粉等添加劑。

(2) 強度：純石膏硬化後的壓縮強度為 70～150 kg/cm^2，在室溫放置數日後更可高達 150～800 kg/cm^2，但是鑄模用石膏強度太高，則通氣性差。發泡石膏賦予通氣性，其強度會降低，硬化後為 0.7～6.5 kg/cm^2 以上，乾燥後為 1.0～6.0 kg/cm^2，此種強度已足夠承受澆鑄時金屬液的壓力。

(3) 通氣性：石膏鑄模與一般砂模相同，需要具有良好的透氣性，增加石膏模透氣性的方法有數種：

　　A. 加入石膏量 20～25% 的長纖維狀滑石，加水攪拌後，放在 800℃ 爐中加熱數小時；或是加入木粉等可燃性物質，調水硬化後加熱乾燥，可燃性物質燃燒逸散,而使石膏模具有約 5～10 的通氣度。

B. 石膏調水硬化後,放入蒸氣爐中加壓蒸氣處理(其壓力爲 1～2 kg/cm²,溫度 110～140℃,時間 6～8 小時);或以飽和蒸氣處理(5 小時),然後在室溫中讓其晶粒成長,結晶粒間具有空隙,再放入 240℃ 溫度下加熱乾燥,如此可獲得 5～30 的通氣度。

C. 在石膏中加入界面活性劑,用高速攪拌機做發泡攪拌,凝固後加熱乾燥。此法所得的通氣度爲 5～30。

D. 以化學方法發泡,在石膏內加入酒石酸、金屬鎂粉末及碳酸鈣等添加劑,由化學反應生成氫及二氧化碳,此時體積可增加 50～100%,而使石膏模具有通氣性。

2. 石膏模鑄造程序

雖然包模法中的實體鑄模亦可用石膏製成,但是其模型是以可消失性材料製成,石膏模硬化後不必將模型起出,其製程如上節所述。本節所述的石膏模法,其製程與普通砂模類似,只是以石膏代替鑄砂,因此,石膏硬化後,仍需起出模型,故可鑄造較大型的精密鑄件,此法的鑄造流程如圖 8-19 所示。

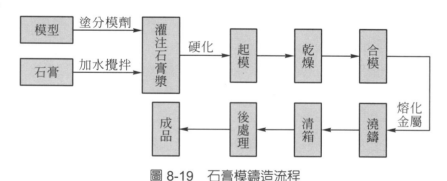

圖 8-19　石膏模鑄造流程

(1) 模型準備

模型材料以木材、金屬、塑膠爲佳,但木模應塗上防水漆,以防吸水腐爛。

(2) 分模劑

將模型表面及套箱四周塗上分模劑,可以使起模容易及避免石膏模乾燥時發生裂痕。分模劑可用煤油 40g 加硬脂酸(stearin acid)100g 混合使用。

(3) 調製石膏漿

石膏在調水前應先決定所需的發泡量,然後根據套箱的容積,秤取所需的石膏重量。

石膏重量＝鑄模容積×0.8

式中 0.8 為石膏成型後之視密度(apparent density)。調水量為發泡石膏重的 80%，調水量的多寡影響鑄模的強度、發泡量、膨脹量等，發泡量大的石膏模通氣性增大，但強度卻降低。

將桶中的水保持在約 38℃的溫度，以維持鑄模尺寸精確，然後將石膏在 15 秒鐘內倒入，靜置 30 秒，接著攪拌 15～30 秒(轉速 1500～2000rpm)，調水後的石膏漿，繼續 60 秒的發泡攪拌(將石膏漿提高打入空氣)，攪拌漿再放低。均勻打散氣泡。

從石膏倒入漿桶直到石膏漿注入模內，時間以 3 分～3 分 15 秒為佳。

(4) 灌注石膏漿及硬化

在注漿前，最好先用毛筆在其模型表面塗刷一層石膏漿，以防止鑄模表面附有氣泡，然後才將石膏漿倒入，注入時，首先速度應慢，使空氣逸出，當石膏漿覆蓋模型後，可加快速度傾倒，灌滿石膏後可輕輕振動數秒，使模穴表面不致停留氣泡。

石膏硬化時間隨調水量及水溫不同而異，用手輕輕按鑄模表面而石膏不會沾手時，即可起出模型。

(5) 起模

通常從注漿到起模時間約為 5～20 分鐘，起模時可藉助壓縮空氣，但應事先在鑄模邊緣預留空氣吹孔，通入高壓空氣，以利起出模型。

(6) 乾燥

在製作程序中最重要且最費時的是乾燥過程。乾燥溫度為 120～260℃(250～500℉)，加熱乾燥前應先將石膏模放置於室溫中自然乾燥 24 小時。且爐溫應慢慢提昇，以免石膏模發生裂痕。石膏模厚度 25～40cm 時，所需乾燥時間為 12～16 小時，60～100cm 的厚度，約需 24～48 小時乾燥時間。完全乾燥後，鑄模重量約減少 40～60%。

(7) 澆鑄

石膏模乾燥完成後，不必等到鑄模冷卻至室溫，即可將其合模，進行澆鑄工作。而石膏模的冷卻能力很小，需用較大的冒口，但是大冒口應考慮切除方便與否。且其凝固時間很長，例如厚度 40～60m/m 之鋅合金鑄件，凝固時間約需 50 分鐘，故澆鑄後鑄模的搬運需特別注意。

(8) 清箱與後處理

石膏模清箱時，可用木鎚敲打石膏，使其脫落；或在溫水中搓洗亦可，利用高壓水沖洗既方便又不會損傷鑄件。

清理非鐵金屬鑄件表面時，因其硬度低，不能用鋼珠，可改用玻璃砂(即矽砂等)來噴洗，如此才不會損傷鑄件表面。

8-2 離心鑄造法(centrifugal casting)

8-2.1 離心鑄造的原理

離心鑄造(centrifugal casting)主要是應用物體(此法即指鑄模)轉動時所產生的離心力，將金屬熔液鑄入於鑄模的周圍或細小的鑄模內，使其形成所需的鑄件。

此法適用於圓形鑄件(例如各式水管、油管、車輪等)或精密鑄件，尤其是需要大量生產或一般的重力鑄造方法無法達到要求時，才具有經濟價值。

最早將離心力的原理應用於鑄造方法的是英國的一位工程師 Anthony Exhardt，他於西元 1809 年根據牛頓的運動定律及反作用定律，發明離心鑄造法，但是直到西元 1850 年代，此法才開始被採用於生產鑄件。

8-2.2 離心鑄造法的種類

離心鑄造法一般有兩種分類方式，依離心機轉軸方向可分為兩類：(一)臥式(horizontal type)離心機：即以水平軸為迴轉軸之離心鑄造法，如圖 8-20 所示。(二)立式(vertical type)離心機：即以垂直軸為迴轉軸之離心鑄造法，如圖 8-21(b)及圖 8-21(c)所示。另依離心鑄造方法的不同可分為三類：

(1) 真離心鑄造法(true centrifugal casting)。

(2) 半離心鑄造法(semi-centrifugal casting)。

(3) 離心力加壓鑄造法(centrifuging)。

其中，第(1)類可採臥式或立式離心機，而第(2)、(3)類一般採用立式離心機。

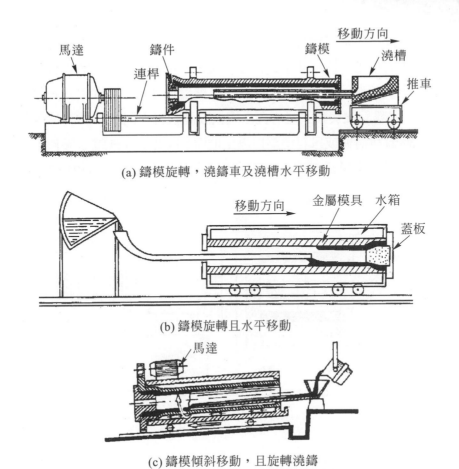

(a) 鑄模旋轉，澆鑄車及澆槽水平移動

(b) 鑄模旋轉且水平移動

(c) 鑄模傾斜移動，且旋轉澆鑄

圖 8-20　臥式離心鑄造機鑄造長形管件之方法

1. 真離心鑄造法

　　此法主要目的是生產中空鑄件，如圓管、引擎汽缸等。由於係應用離心力之原理，將金屬熔液貼附在鑄模的模穴周圍，因此，不必使用砂心或其他心型，即可鑄造具有圓形孔的中空鑄件。

　　長形中空管件一般係採用臥式離心機鑄造，如圖 8-20 所示，馬達帶動連桿，而連桿上附兩組驅動輪，驅動輪上放置鋼鐵製的管狀模具(即鑄模)，鋼製模具內應預先塗刷耐火塗料或製作一層砂模，烘乾後，才可將預先計算妥當的定量金屬熔液，利用澆鑄車及澆槽進行澆鑄工作。

　　澆鑄工作前應先將鑄模加速旋轉至所需的轉速；而澆鑄進行中，應緩緩移動澆槽或移動鑄模，以便獲得厚度均勻的中空鑄件，當然亦可將鑄模傾斜，在傾斜狀態澆鑄可獲得更佳的效果；澆鑄完成後，需繼續旋轉約 15 秒鐘，以待金屬凝固。當離心機停止後，將蓋板及管接頭處之砂心取出，待冷卻至適當溫度後，才可用火鉗，將管鑄件從鑄模中取出。

　　至於較短的中空鑄件，除了可以用臥式離心機鑄造外，亦可採用立式離心機生產，如圖 8-21 所示。立式離心機與臥式離心機之機械設備略有不同，其馬達及傳動部份均設置在地坑內，僅旋轉盤與鑄模或只有澆鑄口露出地面，因此，立式離心機較不佔空間，但由於澆鑄時金屬液本身的重量及迴轉數的限制等因素，此法僅能鑄造較短的中空管件。

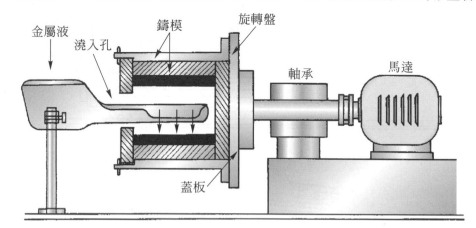

(a) 臥式離心機鑄造短鑄件

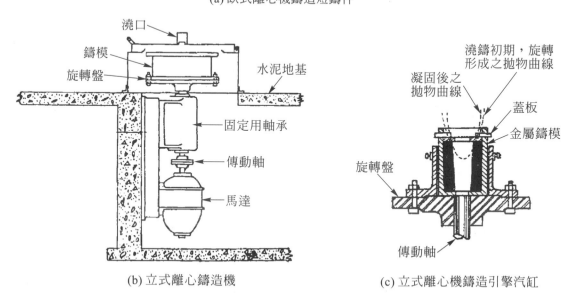

(b) 立式離心鑄造機　　　　(c) 立式離心機鑄造引擎汽缸

圖 8-21　中空短鑄件離心鑄造法

　　立式離心機可採用金屬模具或普通砂模從事鑄造工作，此法特別適用於鑄造不規則形狀之鑄件。如圖 8-21(c)所示，係採用金屬鑄模進行所謂真離心鑄造法，以生產中空的引擎汽缸，當金屬液開始澆鑄進入旋轉中的模穴時，由於溫度高，形成較大的拋物曲線狀，等熔液漸漸冷卻，其拋物曲線亦慢慢減少，直至定形後會形成相當的斜度，因此，只適合於生產短小管件，以免內徑相差太大。

　　立式離心機採用砂模鑄造，大都是進行半離心鑄造法，如下節所述。

2. 半離心鑄造法

　　此法主要是應用立式離心鑄造機，生產與離心機同一中心軸的任何對稱形鑄件，其目的是為了生產具有緻密金相組織的鑄件外緣，如車輪、飛輪等，或生產較細小複雜的鑄件，如葉輪等，若欲鑄造具有中心孔的鑄件，則需於離心機上鑄模的中心軸線上安置砂心，如圖 8-22 所示。

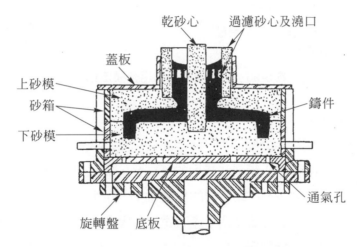

圖 8-22　立式離心機利用砂模鑄造飛輪

　　半離心鑄造法大都採用砂模鑄造，砂模的製作程序如前所述，但砂模必須採用乾砂模法，以增加砂模強度及通氣性，有時需視鑄件的形狀大小之要求，分成上下兩節砂模或上、中、下三節砂模組合而成。簡單形狀的鑄件亦可採用疊模法(stack mold)的方式，同時鑄造數個鑄件，可以大大增加生產效率，如圖 8-23。

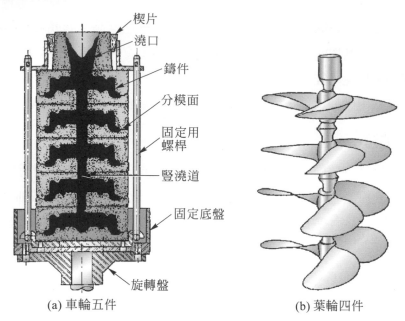

楔片

澆口

鑄件

分模面

固定用
螺桿

豎澆道

固定底盤

旋轉盤

(a) 車輪五件　　　　(b) 葉輪四件

圖 8-23　立式離心機利用疊模法鑄造

3. 離心力加壓鑄造法

　　此法主要是藉旋轉所產生的離心力，將金屬液加壓鑄入鑄模內，以便鑄造任何精密複雜等細小的零件，與前兩種離心鑄造法最大的不同是，此法之鑄件不一定對稱，且不一定為圓形，當然鑄件的中心軸亦不在離心機的旋轉軸上。採用此法的先決條件是由於鑄件太細小、複雜，無法採用一般重力鑄造法生產時選用，因此，此法一般應用於精密鑄造法中的脫蠟鑄造或低熔點金屬的鑄造等。

　　離心力加壓鑄造法係採用立式離心機，其生產的方式主要分成三種(如圖 8-24)：(一)單模式離心鑄造：旋轉軸左右各有一支旋臂，一端放置鑄模及附澆槽之坩堝，他端裝置平衡錘，旋轉動力可利用馬達或強力彈簧旋緊獲得，當然一個鑄模內亦可同時製作數個鑄件；(二)多模式離心鑄造：即在旋轉軸中央安置附澆槽之坩堝，旋轉軸四周放置數個鑄模，旋轉時可一次同時完成所有鑄模的鑄造工作。必要時，可直接於坩堝內熔化金屬液，以爭取時效，而同時完成所謂的精密鑄造；(三)疊模式離心鑄造：此法與半離心鑄造相似，但鑄件係圍繞在豎澆道的兩旁，而非以轉軸為其中心軸。

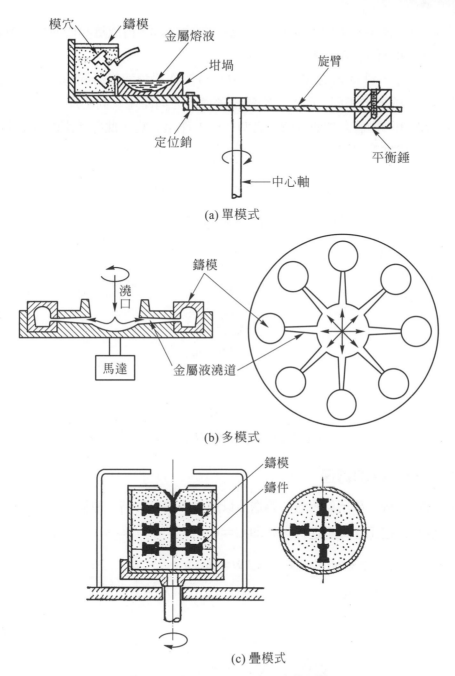

(a) 單模式

(b) 多模式

(c) 疊模式

圖 8-24　離心力加壓鑄造法的種類

8-2.3　離心機轉速的計算法

　　離心鑄造的成功與否，主要依賴離心機旋轉速度的設定是否恰當，而旋轉速度的快慢與鑄件的大小(尤其是直徑)、離心機的種類、鑄造的方法、鑄模的材料，甚至金屬熔液的溫度等都有密切的關係，以下先由離心力的基本概念談起，再依離心機的類別及鑄造方法的不同簡述旋轉速度的設定方法。

如圖 8-25 所示，質量 m 之物體對轉動中心 O 點作等角速度 ω 旋轉時，由於任兩點之瞬時切線速度 V 的方向不同，因此，物體沿著直徑方向產生一向心加速度 a_n，根據牛頓第二運動定律得知，物體有加速度時，必有一外力作用於它，此即所謂的向心力 F，但又由牛頓反作用定律推理可得一離心力 C。

$$C＝F＝m \cdot a_n＝m \cdot (r \cdot \omega^2)＝m \cdot r \cdot (N \cdot 2\pi/60)^2$$

式中，N 為物體的旋轉頻率，亦即每分鐘旋轉數(rpm)

   r 為旋轉半徑

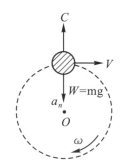

圖 8-25　轉動體之離心力(C)

1. 臥式離心鑄造機的轉速

利用臥式離心機從事所謂真離心鑄造，以鑄造中空管件時，理論上，當離心力等於物體重量時，離心鑄造工作即可進行，亦即 C＝W

$\because C＝m \cdot r \cdot (N \cdot 2\pi/60)^2$，　　又 $\because W＝m \cdot g$

故 $r \cdot (N \cdot 2\pi/60)^2＝g$

$N^2＝(60)^2 \cdot g/(2\pi)^2 \cdot r$

$\therefore N＝(60/2\pi) \cdot \sqrt{g/r}＝(30/\pi) \cdot \sqrt{2g/D}$

$＝(30/3.14) \cdot \sqrt{2 \times 980/D} \doteqdot 423/\sqrt{D}$ (rpm)

故理論上，離心機的轉速 N 為 $423/\sqrt{D}$ (rpm)，亦即轉速 N 可由鑄管的直徑 D 求得，上式中，D 的單位為公分(cm)。

但實際上，由於金屬液鑄入模穴時，首先係依賴其與鑄模間之摩擦力而使表面加速，再者，由於高溫的金屬液流動性良好，在轉動初期，金屬液與鑄模間會產生滑動現象，故實際上，鑄模的旋轉速度應較理論轉速爲高，並且應高出好幾倍，以免金屬液無法附著在鑄模表面而往下滴落，形成「下雨」(raining)現象，如圖 8-26 所示。

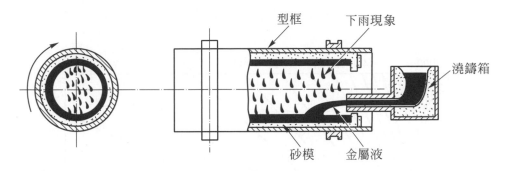

型框　下雨現象

澆鑄箱

砂模　金屬液

圖 8-26　臥式離心鑄造時之下雨現象

通常在應用時，採用較高的轉速，亦即加大離心力，使離心力等於數倍的重量(即重力)，如此方能獲得健全的鑄件。

離心力與重力的比值，稱爲重力倍數(number of times gravity)，簡寫爲 G，選定 G 值後，即可根據直徑，求轉速 N。

$$\because G = C/W = ma_n/mg = r\omega^2/g = [D \cdot (N \cdot 2\pi/60)^2]/2g$$

$$= (4\pi^2 DN^2)/(2 \times 980 \times 3600) = DN^2/178700$$

$$\therefore N = 423\sqrt{(G/D)} \text{ (rpm)}$$

表 8-3　離心鑄造法所採用之 G 值參考例

鑄件種類	G 值
中空冷硬滾輪	175～200
耕耘機用汽缸套	80～110
大型汽缸套	50～80
青銅套筒或滾輪	50～70
工具機用大厚度之套筒	60～65
鑄鋼管	50～65
鑄鐵管(砂模)	65～75
鑄鐵管(金屬模)	30～50
二層離心鑄造管	10～80

在實用上，重力倍數 G 值的選定，依鑄模種類、鑄件材質、鑄件用途等不同而有異，通常採用砂模鑄造時，G 值選用 60～75，而金屬模只要 40～50 即可。表 8-3 係為一般採用的 G 值參考例，圖 8-27 則為實用上，鑄件直徑與轉速間之關係圖，由此圖可迅速查得離心機之轉速。

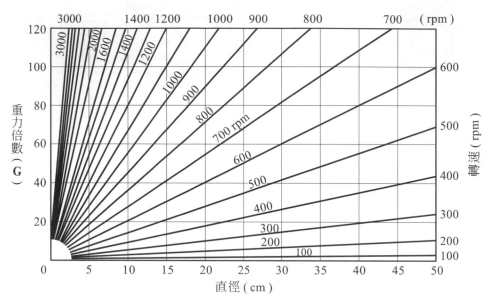

圖 8-27　鑄件直徑與離心機轉速之關係

2. 立式離心鑄造機的轉速

(1) 真離心鑄造之轉速

利用立式離心機從事真離心鑄造，以鑄造中空管件時，由於鑄模繞垂直軸旋轉，因此，澆鑄時，金屬液因重力作用，趨向模底而形成拋物線曲面，如圖 8-28 所示，且轉速愈慢時，鑄管內徑面的拋物線弧度愈大，鑄件上下端內徑的差距亦愈懸殊；轉速愈高，內徑面才能形成趨近於平行的圓筒面，故此法只適於鑄造一些短小的管件，如汽缸、套筒、軸套等。

此法之轉速除了與管內徑之大小有關外，若鑄件長度愈長(亦即鑄模愈高)，則鑄模所需的轉速亦要加快，理論上，其轉速的最小值為

$$N = 423 \sqrt{H/(ra^2 - rb^2)}$$

式中，ra 為上端內徑

　　　rb 為下端內徑

　　　H 為鑄件之高度(長度)

若使旋轉軸傾斜一角度 α，如圖 8-29 所示，則可得如臥式離心鑄造平均厚度的優點，儘量減少上下兩端內徑尺寸的差異，且在相同的條件下，可較垂直旋轉時，採取較小的旋轉速度，此時，理論上的最小轉速則為

$$N = 423 \sqrt{[H \cdot \sin\alpha / (ra - rb)]}$$

立式離心機從事真離心鑄造時，一般採用約 75G 的旋轉速度，詳細可參考表 8-3 的 G 值，以便轉換求得轉速。

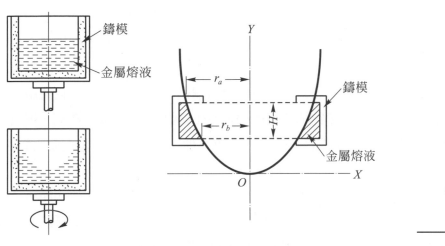
圖 8-28　立式離心鑄造形成的拋物線曲面

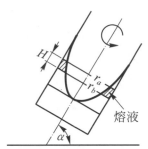
圖 8-29 傾斜離心鑄造

(2) 半離心鑄造及離心加壓鑄造之轉速

立式離心機用於此兩種鑄造方法時，由於金屬液充滿模穴，因此無所謂下雨現象，且不致於形成拋物曲線的內徑面，因此，離心機的轉速決定於鑄模的種類及鑄件的大小、複雜程度等。一般而言，以鑄件外周的切線速度為基準，採用砂模時的速度為 140～180m/min，採用金屬模時為 300m/min，然後根據選定的切線速度，轉換求得離心機之轉速。切線速度(V)與轉速(N)之關係如下：

$\because V = r\omega = r \times N \times 2\pi$

$\therefore N = V / 2\pi r$

式中，N 為離心機轉速(rpm)

V 為鑄件外周所需之切線速度(m/min)

r 為鑄件的旋轉半徑(m)

8-3 壓鑄法(die casting)

8-3.1 壓鑄法的定義及特色

壓鑄法(die casting)是利用「高壓力」將熔融金屬液鑄入「金屬模具(die)」的模穴內，以便形成所需鑄件。由於模穴表面光滑、尺寸穩定，且在高壓力下鑄造，鑄件不易變形，精密度極高，可鑄造細薄複雜鑄件，故可謂是廣義的精密鑄造法之一。

壓鑄法與其他鑄造法最大的不同在於鑄模材料及鑄造壓力。其他鑄造方法大都採用只能澆鑄一次的砂模、陶質殼模、石膏模或半永久性的石墨模等，且絕大多數採用自然界的地心引力、大氣壓力之下的所謂重力鑄造法(gravity casting)；而壓鑄法係採可使用數萬次的所謂永久模具－金屬模(視鑄件的材質及生產量、選用銅模、鐵模或鋼模)，且使用數十甚至千百倍於大氣壓力的極高外力將金屬熔液擠入模具內，因此，生產成本較高，但所獲的鑄件亦較為精美。目前，壓鑄產品廣泛應用於汽機車零件、航空器具、電子通訊產品、電腦磁碟機等，是極具發展潛力的一種精密鑄造法。

當然採用金屬模具，以鑄造較為精美產品的鑄造方法並非只有壓鑄法，如前節所述的離心鑄造法也可採用，甚至以下各節即將討論的永久模重力鑄造法、低壓鑄造法(low pressure die casting)等亦常使用金屬模具。因此，此種發軔於西元 1838 年，由 Bruce 所創的簡單活字鑄造機，發展改良出來的特殊鑄造方法－中文稱為「壓鑄法」，實際意思係為「高壓鑄造法」，定義偏重於壓力方面。在美國稱為 die casting，強調係採用金屬模具(die)，而非一般的鑄模(mold)；在英國則稱此法為 pressure die casting，不但涵蓋壓力，亦強調模具，語意較明確。日文亦由 die casting 音譯而成的外來語表示，可見模具在此法中扮演著非常重要的角色。

8-3.2 壓鑄法的種類

壓鑄法是以柱塞(plunger)在套筒(sleeve)內產生 1,000～10,000 psi (約 68～680 kg/cm^2)或更高的壓力，將金屬熔液壓入由機械鎖緊的鋼模內，在高壓力下凝固成形。一般依其機械構造的不同，主要分成熱室式壓鑄法(hot chamber type die casting)與冷室式壓鑄法(cold chamber type die casting)兩種。

1. 熱室式壓鑄法

如圖 8-30 所示，壓鑄機附設熔化爐，且鵝頸式澆道、柱塞及套筒等附件經常浸入在高溫的金屬液中，故稱為熱室式壓鑄法。此法適用於鋅、錫、鉛等低熔點的金屬及其合金；熔點較高的金屬，對鐵的親和力較大，且可能減短機器壽命，不適合採用此法鑄造。此法所生產的鑄件，小者只有數公克，大者可達四十公斤，小件生產時，一個模具內可設置數個模穴，以便大量生產。

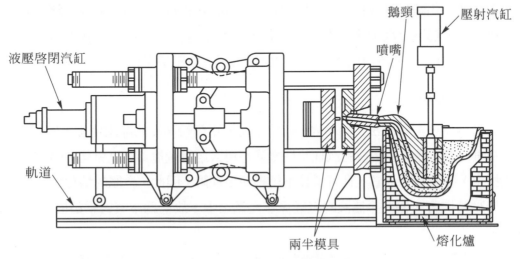

圖 8-30　熱室式壓鑄機

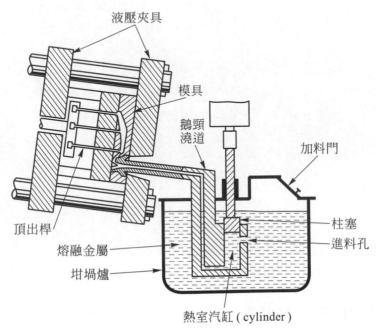

圖 8-31　熱室法壓鑄系統詳圖

　　熱室法壓鑄操作如圖 8-31 所示，利用液壓封閉汽缸控制兩半模具的啓閉動作，壓鑄金屬用的柱塞仍由液壓系統操作，壓鑄前，先在機器附屬的坩堝熔化爐中將金屬熔化。金屬熔化後，將鵝頸澆道等浸入熔融金屬液中，當柱塞上升至頂端時，金屬液由汽缸周圍的進料孔(intake port)進入並充滿汽缸，柱塞下降時，進料孔被封閉，壓力使汽缸內的金屬液流經鵝頸澆道，由噴嘴進入模穴；其壓力約爲 1000～2000psi，壓力愈高，鑄件的結晶組織愈密實，且可鑄造更爲細薄的鑄件。金屬凝固後，放鬆壓力，模具亦被開啓，利用頂出桿(ejector rods)將鑄件及澆口流路等自模穴中頂出，完成壓鑄工作。

2. 冷室式壓鑄法

　　此法壓鑄原理與熱室法大同小異，但爲了便於壓鑄較高溫的非鐵金屬，如鋁、鎂、銅等金屬及其合金，盛裝金屬液的汽缸及柱塞等不浸入熔融金屬中，以免其中的鐵金屬等元素高溫析出，影響鑄件品質，且可延長壓鑄機使用期限，因此，金屬的熔化爐及保溫爐單獨設立於壓鑄機旁，盛裝金屬液的汽缸係在大氣之中，故稱爲冷室式壓鑄機，如圖 8-32 所示。

圖 8-32　利用機器人自動澆鑄作業的冷室壓鑄機(右下角爲壓鑄完成之汽缸體)

　　冷室法壓鑄操作如圖 8-33 所示，利用澆桶由保溫爐內取出定量的金屬液，然後儘快由澆鑄口傾入汽缸中，此時壓射汽缸(shot cylinder)傳來動力，透過柱塞將金屬液壓入已封閉的模具內，冷室法使用的壓力可高達 30,000 psi，壓力大小視鑄件材質、大小、厚薄及

複雜程度等而定，當鑄件凝固後，開啓模具，並利用頂出桿將鑄件頂出，完成一次壓鑄工
作。

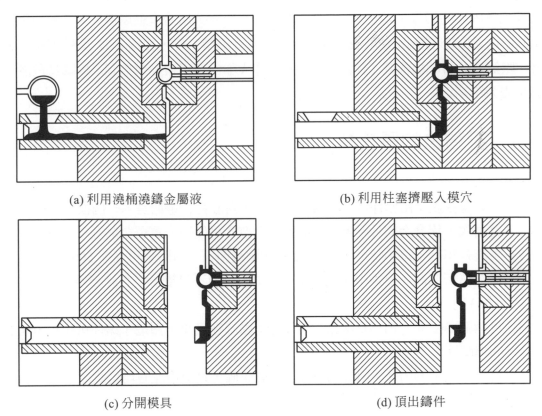

<table>
</table>

(a) 利用澆桶澆鑄金屬液　　　　　　　　(b) 利用柱塞擠壓入模穴

(c) 分開模具　　　　　　　　　　　　　(d) 頂出鑄件

圖 8-33　冷室法壓鑄四個主要步驟

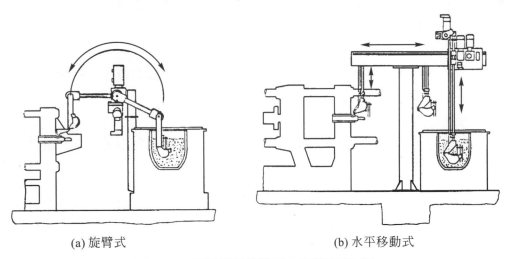

(a) 旋臂式　　　　　　　　　　　　　(b) 水平移動式

圖 8-34　兩種常用的機器人自動澆鑄系統

　　由於壓鑄工作係一種高壓,且是一種高精密的鑄造工作,不容許有些微的誤差,因此,澆鑄金屬液的「量」,必須控制得非常精確,以免澆鑄失敗,甚至產生意外,而定量的控制常受人為因素的影響,因此,目前絕大部份的生產方式用冷室壓鑄機,大多數利用機器人(robots),由電腦控制定量取液,且自動移轉進行澆鑄工作,如圖 8-32 及圖 8-34 所示。另外,壓鑄機的啓閉機構及工作流程的進行,亦大部份改用自動化控制,以降低危險性並提高生產效率。

8-3.3　壓鑄法的優缺點

1. 優點

(1) 可大量生產:由於採用永久的金屬模具,對於鋅合金而言,一個模具可使用約一百萬次,鋁合金約廿五萬次,而銅基合金亦可使用一萬至七萬五千次左右。

(2) 生產效率高:每小時可作 150～250 次壓鑄循環,有時更可高達 500 次/時。

(3) 鑄件精密度高、公差小、配合度高:由於鋼模不易變形,容許公差可達 0.001～0.003 吋。

(4) 可鑄造薄斷面、細小及複雜的鑄件等:由於在高壓下鑄造,鑄件可小至 0.015 吋的薄斷面。

(5) 可鑄造正確的內孔:由於鋼模心型位置正確,且前後左右均可設置心型,因此鑄件內部形狀可同時鑄出。

(6) 鑄件表面光滑,不需加工、材料消耗少,可節省成本。

(7) 可節省人力:由於大量及高效率的生產,可節省勞力需求。

2. 限制

(1) 經濟上而言,只有非鐵金屬可採用壓鑄法,鑄件材質的選用受限制。

(2) 鑄件最大尺寸受模具容量及壓鑄機動力等限制。

(3) 少量生產時不經濟。

(4) 由於熔融金屬液高速衝擊模具,及模穴內的氣體或潤滑劑所產生的氣體等,易使鑄件產生氣孔。

8-4 Acurad 壓鑄法

8-4.1 Acurad 壓鑄法的原理及特色

此法是美國通用汽車公司從西元 1959 年開始發展的，係一種針對改良鋁合金壓鑄件的革新壓鑄法，由於此法能更準確(accurate)、更快速(rapid)且更緻密的(dense)壓鑄出鑄件，故稱為 Acurad 壓鑄法。與傳統壓鑄法(die casting)相比較，Acurad 壓鑄法具有下列四項主要特色：(如圖 8-35 至圖 8-37 所示)

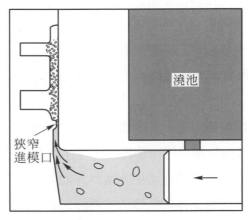

圖 8-35　傳統壓鑄法單一柱塞桿進料情形

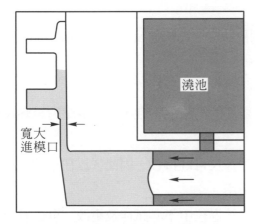

圖 8-36　Acurad 壓鑄法第一段進料情形
　　　　　(內外柱塞桿同時前進)

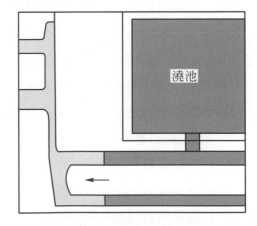

圖 8-37　Acurad 壓鑄法第二段進料情形
　　　　　(外塞桿到達終點後，內塞桿繼續前進)

1. 使用兩段進料柱塞桿(injection plunger)，將一段進料改為兩段進料。
2. 將狹窄的進模口改為較寬大的模口(large gate)。

3. 將高速進料改爲較緩慢的進料射速。

4. 採用模溫冷卻控制。

由圖 8-36 及圖 8-37 顯示，Acurad 壓鑄法採用較寬大的進模口及較緩慢的進料射速，其目的乃在減少鋁液進入模穴時的沖激作用，避免鑄件捲入氣體，可使鑄件內的氣孔發生率減至最少的程度；且較慢的進料可使前方鋁液先凝固，而獲得方向性凝固的特點；爲考慮重力的影響，此法的進模口通常都開設在鑄件底部，避免破壞鋁液平穩地充滿模穴的原則。

此法進料桿前進速度通常比傳統壓鑄法慢 10%或更小，一般鋁合金鑄件，鋁液充滿模穴所需時間大約爲 0.03 秒，而此法壓鑄時，則需要 0.3 秒到 1 秒；進料桿緩慢的前進再加上比正常寬 10 倍的進模口，因此，鋁液的進模射速大約爲平常值的百分之一。平緩的進料射速，可避免高速進料桿所產生的慣性力，可減少因模具漲模所產生的飛邊及尺寸變形的瑕疵。

另外由於模具的水冷卻控制得當，使得鑄件冷卻時間縮短，因而此法並不會因爲緩慢的進料而減少生產能力；且由於模具的冷卻控制，可保護金屬液的方向性凝固，並可使內塞桿的第二次進料對於收縮補充的特性產生非常良好的效果，內塞桿等於是一根加強桿，故此法壓鑄出來的鑄件，一般都比傳統壓鑄法的鑄件密實 3～5%。

8-4.2　Acurad 壓鑄法的優點

由於此法的四項改進特色，使得此法能得到更精密、更快速及更密實的壓鑄品，一般而言，Acurad 壓鑄法具有下列優點：

(1) 可避免鑄件縮孔及氣孔的發生。

(2) 可獲得均勻細晶的金相組織結構，由於鑄件的高壓氣密性，可減少壓力試驗及封閉(sealing)處理等費用。

(3) 由於沒有氣孔等瑕疵，鑄件具有可熱處理性及可焊接性，因此，以往不能生產的鑄件，可分別壓鑄後再行焊接或熱處理使用。

(4) 可確定能獲得高的物理特性，因此模具設計過程中不必試作及更改，可更有效率地設計模具，減低成本，並可設計更薄的壁厚。

(5) 由於壓鑄循環時間縮短(模具冷卻)，可減低生產成本。

(6) 由於緩慢的進料及第二塞桿的應用，鑄件飛邊減少，尺寸精度提高，可降低整邊及清理費用。

(7) 由於較慢的進料及衝擊壓力，可減少機器及模具的維護費用，且可使用更大的模具。

　　但是 Acurad 壓鑄法想要獲得預期的效果，前列四項改進特色缺一不可。此法產品的應用範圍包括車輪、化油器、汽缸頭等汽、機車零件，如圖 8-38 所示，壓縮機的外殼及飛行、航海、建築、電子等器材亦可使用。另外，除了鋁合金的壓鑄外，其它具有較小凝固範圍的合金、鋅合金、鎂合金等亦有發展的前途。

圖 8-38　採用 Acurad 壓鑄法所生產的汽車鋁製輪圈(左上角留有已切除的寬大進模口痕跡)

8-5　低壓鑄造法(low pressure casting)

　　低壓鑄造(low pressure casting)自從西元 1910 年由 A.L.J. Queneau 發表並取得專利以來，在工業界並未被普遍應用於生產，但由於此法具有不少優點，尤其在鋁合金鑄件的品質方面。近年來，日本汽車零件鑄造界、我國福特六和、三陽工業等已採用此法，以產生小汽缸、進氣管、車輪圈等，在汽車工業逐漸發達的現代，此法實具有相當大的發展潛力。

8-5.1　低壓及真空上吸鑄造法原理

　　低壓鑄造法是在稍加壓力的情形下鑄造，因此，以壓力而言，可謂介於一般重力鑄造及(高)壓鑄法之間。然而重力鑄造法，金屬液流動方向係由上往下，必要時轉水平方向前進；壓鑄法大都係由水平方向射入模穴，少數由上往下垂直射入；低壓鑄造法則係採用由下往上垂直鑄入的方式，與地心引力(即重力)的方向剛好相反，是一種非常特殊的鑄造方法。由於此法的鑄模大都採用金屬模等永久模具，因此，在美國稱此法為 low pressure die casting，而在歐洲，一般稱為 low pressure permanent mold casting。

圖 8-39 顯示，低壓鑄造法是在完全封閉的機構內進行澆鑄工作，透過耐高溫的給液管(feed tube)，連接密閉的耐壓容器(內附坩堝熔化爐)及模具。鑄造時，將經過濾的空氣或惰性氣體，以 5～15psi(0.35～1 kg/cm²) 的低壓力及 0.37～0.88psi/sec(0.025～0.060 kg/cm²/sec) 的低速流量，輸入密閉的坩堝內，金屬液受壓後沿給液管(外附加熱器，以保持金屬液溫度)鑄入模穴內，模具應預熱(澆鑄鋁合金時，預熱溫度為 350℃)，等待 2～5 分鐘後，金屬液凝固，再經 1～2 分鐘的冷卻時間，即可打開模具，頂出鑄件，完成鑄造工作。

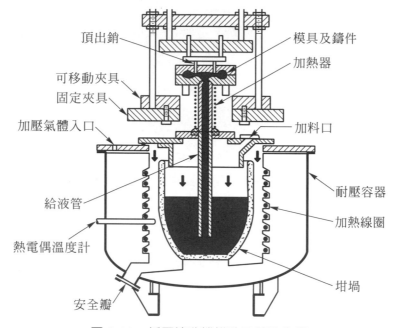

圖 8-39　低壓鑄造機構造及鑄造作業

與低壓法相類似，採用由下往上鑄入金屬液的另一種特殊鑄造法，稱為真空上吸鑄造法(vacuum suction casting process)，此法發明已十餘年，因受專利權限制，迄今應用者仍不多，然此法能鑄造輕薄強韌的精密鑄鋼件，如曲軸、連桿等，且有較佳之疲勞限度，甚具發展潛力。此法原理是將具透氣性及強度的鑄模倒置在真空室內，而熔爐之熔液在大氣中抽真空時，因壓力差而以逆重力方向，將熔液上吸鑄入模穴，形成所需鑄件。

8-5.2　低壓鑄造法的優點

低壓鑄造法由於其鑄造方法的特色，因此，具有很多其他鑄造法所不及的優點，茲分別敘述如下：

(1) 材料有效利用率(即成品率)非常高。根據統計，由於重力鑄造法需要大量的澆口，冒口等，其成品率約為 50～60%，壓鑄法約 75～80%，而低壓鑄法可達 90～98%，如此，可節省熔化量，降低生產成本。

(2) 具有良好的方向性凝固，鑄件不易有多孔性，收縮孔少，密度高，機械強度的可靠性高。

(3) 熔液氧化少，不易捲入氧化物，鑄件品質良好。

(4) 鑄件的尺寸精度及鑄肌良好，此點與金屬模重力鑄造可獲相同效果。

(5) 大都不需要冒口，可節省切斷冒口等加工費用。

(6) 裝置及操作易改自動化控制，不受人為因素影響。

(7) 鑄模除了金屬模外，亦可採用石墨模、呋喃樹脂砂模、砂模等，壓鑄法則受限制。

(8) 可鑄造大型或小件鑄品。

8-6 永久模重力鑄造法(gravity casting)

8-6.1 永久模重力鑄造法的定義及特色

顧名思義，永久模重力鑄造法是以能連續使用多次的永久模(permanent molds)，採用重力鑄造法(gravity casting)，從事鑄件生產的工作。澆鑄時，凡是不另加正或負的外力於金屬熔液，而僅依賴金屬液本身重力(地心引力)，將其充滿模穴者，均可稱為重力鑄造法。由於此法不需任何附加設備，最為經濟，因此，絕大多數的鑄造方式都是採用重力法，但是砂模、石膏模等的重力鑄造法，每個鑄模只能使用一次，生產效率受到限制，且需大量勞力。而採用永久模，且以重力法鑄造者，即省錢又可量產，且鑄件尺寸精密，表面光滑。

如圖 8-40 所示；採用永久模重力鑄造法的最大特色是：永久模的分模面大都在垂直面，金屬液流動方向亦在垂直方向；且為避免金屬液降溫太快，金屬模應預熱，再則，鑄件不可太薄、太細長，以免產生滯流(misrun)而失敗。

8-6.2 永久模的材料及壽命

製作永久模的材料最普遍的是金屬，尤其是灰口鑄鐵或工具鋼，亦可用非鐵合金、矽膠等模具，以鑄造低熔點的金屬。圖 8-41 顯示，利用 25 公噸灰鑄鐵製造的永久模可供鑄造 300 公斤的鋁鑄件。以金屬當作永久模的材料時，通常先將模穴的輪廓鑄出，然後再從事精密的機械加工，以獲得所需的尺寸及澆冒口系統。雖然以高熔點金屬當作鑄模材料，但若澆鑄溫度太高，亦容易損壞模具，降低其使用次數，因此，大部份的鑄鋼件仍然不能採用此法鑄造。表 8-4 顯示金屬模具的壽命與鑄件材質的關係。

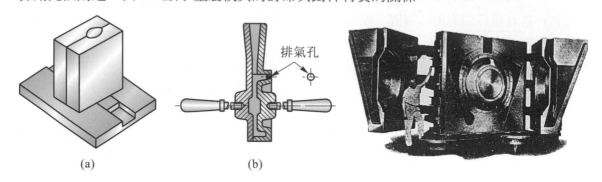

<table>
<tr><td>(a)</td><td>(b)</td></tr>
</table>

圖 8-40　永久模具組合圖(a)及剖面圖(b)　　　　圖 8-41　灰鑄鐵製永久模具

表 8-4　永久模(金屬模)的壽命與鑄件材質關係參考表

鑄件材質	澆鑄溫度		模具預熱溫度		模具大約壽命 (澆鑄次數)
	(°F)	(°C)	(°F)	(°C)	
灰口鑄鐵	2300～2700	1260～1482	600～800	316～427	2～5 萬次
銅基合金	1900～2100	1038～1150	250～500	121～260	2～5 萬次
鋁基合金	1300～1400	705～760	350～500	177～260	約 10 萬次
鎂基合金	1200～1300	650～705	300～600	150～316	2～10 萬次
鋅基合金	730～800	390～427	400～500	204～260	10 萬次以上

註：°C＝(°F－32)×5/9

　　由於金屬模澆鑄後，熱量不易散失，因此，等待凝固、開模、取出鑄件、清理模具、塗模、安裝砂心、合模、直到進行下一次澆鑄，需要較長一段時間，故大量生產時應採用一套連續循環的預備模。如圖 8-42 所示，是代表性的鑄鐵用金屬模自動循環鑄造機，鑄造機可作順時針方向的轉動，在 A 處燒鑄，B 處取出鑄件，C 處以壓縮空氣清潔模穴，D 處施行塗模作業，E 處為安裝砂心的場所，然後合模準備再澆鑄。其中 AB 間必要時，應於模具周圍設置水套，以水冷卻促進金屬液凝固，並可保護模具；而 CD 間應有強力排風除塵設備；澆鑄前應有瓦斯火焰預熱裝置，以增進鑄造效果。

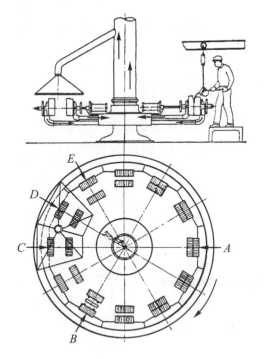

說明：
A：澆鑄
B：開模取鑄件
C：清潔模穴
D：塗模作業
E：安置砂心
AB 間：模具水冷
CD 間：抽氣除塵
EA 間：模具預熱

圖 8-42　Eaton 式金屬模循環鑄造機(可鑄造鑄鐵件)

　　永久模的材料除了金屬外，亦可採用石墨模(graphite molds)，以鑄造活性較大的金屬，如鈦合金等；另外，亦可以矽膠模鑄造低熔點金屬，如錫、鉛、鋅等金屬及其合金。以石墨當作永久模材料時，係在固態的石墨磚上加工，將模穴的形狀刻出，如此，石墨即可當作永久模使用，但是，石墨在 750°F 以上會開始氧化，且模具開始呈現損耗，故當石墨模不堪使用時，可在模穴面塗上一層矽酸乙脂，矽酸乙脂受熱分解出矽砂，可增加澆鑄次數。

8-7　連續鑄造法(continuous casting)

8-7.1　連續鑄造法的定義及特色

　　連續鑄造法(continuous casting)是將熔融的金屬液體，連續澆鑄於具有水冷式的鑄模(water-cooled mold)內，而經迅速冷卻凝固的長形同斷面鑄件，從鑄模的另一方向連續被抽出的一種特殊鑄造法。

　　此法最大的特色是：鑄件橫斷面形狀相同，而長度很長或不限，其他的鑄造方法，鑄件形狀不定而長度等有固定的尺寸，且澆鑄時，只需鑄滿模穴即可；而此法的鑄模只有鑄

件的一小段長度，鑄入及抽出兩端均透空，因此，澆鑄及鑄件的產出是連續不斷的，鑄件
的長度視實際需要而截取，可大量生產及節省成本。

8-7.2　連續鑄造法的型式及生產流程

　　連續鑄造法依生產設備的不同，主要可以分成垂直式及水平式兩種型式；另外，為了
節省及充份利用廠房空間，亦有將此兩種生產方式綜合改良成垂直彎曲式及全彎曲式(S
形)的連續鑄造機，如圖 8-43 所示。

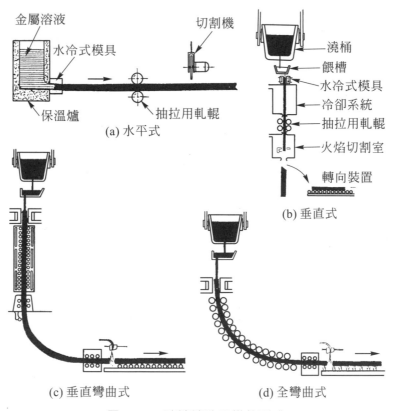

(a) 水平式

(b) 垂直式

(c) 垂直彎曲式　　　　　　(d) 全彎曲式

圖 8-43　連續鑄造設備的型式

　　不管採用何種型式的設備，連續鑄造的過程都是大同小異，首先利用澆桶(ladle)，將
金屬熔液鑄入所謂餵槽(tundish)的金屬液分配器(亦可以保溫爐代替)內，從此處金屬液以
固定的速率及流量鑄入水冷式的模具，此模具可作快速的往復運動，以幫助鑄件的前進，
因激冷而凝固的鑄件不斷地從鑄模連續伸出，經前方的軋輥協助抽拉而前進，適當長度
時，以火焰切割機(touch cutter)或油壓剪切斷，然後轉為水平方向(或先轉向後才切割)，再
由滾輪台(roller table)送到軋鋼工場，壓延成各種棒材、板材、型鋼等。

連續鑄造法用於生產斷面形狀相同且長度很長的鑄件，主要有：小鋼胚(billets)、大鋼胚(blooms)、扁鋼胚(slabs)及各種管類製品。鑄造中空管材時，應於模具中央安置耐高溫的石墨型心(graphite core)，以便金屬液穿過模具時冷卻凝固成形。

8-7.3　連續鑄造法與傳統輥軋法的比較

雖然自從西元 1846 年 H. Bessemer 獲得連續鑄造法的專利，至今已有一百餘年的歷史，但是由於早期只限於生產較低溫的金屬，如銅、鋁等鑄件，因此，此法並未受到重視，直到近數十年來，由於模具等設備的改良，採用連續鑄造法可以生產鋼鐵合金的鑄件，才使得此法廣受鑄造業的注意。

在鋼的連續鑄造機尚未問世以前，典型的煉鋼廠，都是利用造塊法，先將鋼液澆鑄在鋼錠模內鑄成鑄錠(ingot)，鑄鋼錠重且斷面大，需經均熱爐加熱至輥軋溫度後，再經分塊壓延機(primary mill)軋製成各種不同尺寸的小鋼胚、大鋼胚及扁鋼胚等。因此，設備的增加(加熱爐及大量的鋼錠模等)、能源的浪費(高溫→降溫→再加熱)等，無形中增加很多的生產成本。根據研究比較，年產二百萬噸板條的工廠，單是廠房面積，舊法(傳統的造塊、分塊法)為新法(連續鑄造法)的兩倍，而設備資金較新法多出 40%，其餘能源、人力等亦增加大量支出，圖 8-44 係傳統法與新法所耗生產工時的比較，很顯然地，採用連續鑄造法可節省一半以上的時間。

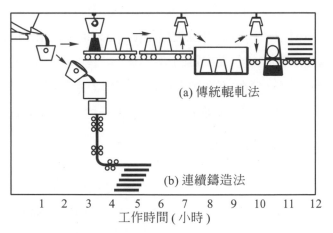

圖 8-44　連續鑄造法與傳統造塊分塊法所耗工時之比較

8-8 全模法(full mold process)－消失模鑄造法

8-8.1 全模法的定義及特色

全模法(full mold process 簡稱為 FM 法)是以發泡聚苯乙烯(polystyrene，俗稱保利龍)材料製作模型，而將鑄模材料填覆在模型四周，製造鑄模，不必取出模型，亦即在模型仍存在的狀態下，將高溫金屬液澆鑄入鑄模內，由於熔液的熱量使模型材料消失，金屬熔液逐漸充填取代消失部份的模穴，形成鑄件，如圖 8-45 所示，故又稱為消失模鑄造法。由於此法的鑄模內沒有模穴，且模型亦為一整體，故稱為全模法。

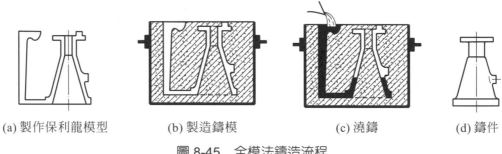

(a) 製作保利龍模型　　　(b) 製造鑄模　　　(c) 澆鑄　　　(d) 鑄件

圖 8-45　全模法鑄造流程

此法的最大特色是：模型採用熔點很低的保利龍材料，而不使用傳統的木模或金屬模，因此，製造鑄模時模型不必取出，澆鑄時模型材料因金屬液熱量而燒失掉，模型位置由金屬液取代，故此種模型一般稱為可燒失模型(disposable pattern)，或稱為消失模；且由於不必起出模型，因此，對於中空或複雜的鑄件等，可製作與鑄件內外形狀一致的模型，不必製作砂心頭、砂心盒等，當然不必製造砂心，不用考慮起模斜度等裕量；必要時，亦可利用保利龍材料製作澆冒口系統，並與模型黏附為一體，省時又省力。

8-8.2 消失模型的材料及製作

由於全模法所採用消失模型(以下稱為保利龍模)氣化性的難易、發泡倍率及模型表面的粗細等，對於鑄件的品質影響至鉅，因此，在製造前，對於保利龍材料的認識及製作模型的方法，確有進一步認識的必要。

1. 消失模型材料－保利龍及其發泡成型法

保利龍學名聚苯乙烯(polystyrene 或 polystyrol)，是一多孔性樹脂，係由 92%碳及 8%氫(重量比)化合而成的碳化氫，通常是由苯乙烯單體(styrene-monomer)之聚合而成。苯乙烯的「沸點」爲 146℃，是乙烯(ethylene)和苯(benzene)的合成物。

固體苯乙烯一個分子的重量爲 104 克，在 1000℃下完全燃燒會產生 $1m^3$ 的氣體，如下式所示：

$$C_8H_8 + 10O_2 \rightarrow 8CO_2 + 4H_2O$$

因此，使用未經發泡的保利龍樹脂製造模型，澆鑄後，鑄件必會產生很多氣孔。

模型用的保利龍材料是配加聚苯乙烯發泡劑、添加劑作成苯乙烯粒，使之發泡成型。使用小顆粒製造發泡體，通常有一段發泡成型法及二段發泡成型法兩種，鑄造界所用的發泡倍率在 30 倍以上，應該採用後者，亦即二段發泡成型法。發泡倍率愈高，澆鑄時氣體產生量愈少，但是模型材料的硬度愈低，愈有變形的疑慮；發泡倍率低者，模型硬度高，但氣體發生量反而增加，消失模型的發泡倍率以 40～50 倍爲宜。

二段發泡成型法是先將小顆粒放入預備發泡容器中，加熱至 90～110℃，使其先發泡一次，倍率約爲 5 倍；然後再將已經預備發泡後的適量顆粒，經過 5～20 小時的自然乾燥，使其顆粒安定後，才放入成型用的金屬模內做第二次發泡，一般第二次發泡成型係在高壓蒸汽鍋內進行，其加熱溫度爲 110～120℃，較第一次發泡溫度稍高，但處理時間較短，經第二次發泡後，其發泡倍率應控制在 40～50 倍的需用範圍內，此時，空氣所佔的體積爲 97～98.5%。

2. 消失模型的製作

製作保利龍模型的方法一般有兩種：

(1) 直接發泡成型法：此法如上段所述，第二次發泡成型係在特製的金屬模具內進行，此模具是預先按鑄件工作圖製成，因此，發泡成型後的保利龍模，其形狀及尺寸即爲所需的鑄件形狀及尺寸。此法適合於大量生產，且模型表面光滑、尺寸精密，亦適合於精密鑄造中的包模鑄造法。

(2) 利用保利龍素材切削加工成型法：此法適於多種少量的生產方式，尤其正在研究開發的試製品。保利龍材料可用電熱線(鎳鉻絲)切割，亦可用木模加工機器切削加工，切削加工的模型表面可用砂磨機、砂紙磨平，但表面若因發泡部份被切削而發生凹陷不平現象，可以蠟加以整修；材料的黏合可用 PVC 的甲醇溶液、保利龍膠、膠紙或與鑄件同材質的釘、螺栓等。

一般鑄造法的塗模劑是塗佈在鑄模的模穴表面，但是，全模法不必起模，沒有模穴，因此，塗模劑應在製造鑄模前，預先塗佈在模型外表，塗模劑的選用應考慮鑄件的材質、與保利龍材料的親和性等因素。

8-8.3　全模法的種類－認識磁性鑄模法

　　全模法鑄造由於不必起出模型，因此，鑄模的製作不必考慮分模的問題，可用一個砂箱或數個砂箱固定在一起製作鑄模；另外，由於不必起模的特性，鑄模材料的選用及鑄模的製造方法有較大彈性，因此發展出多種全模鑄造法，如濕砂模、水玻璃砂模、浮動模鑄造法、磁性鑄模法等，其中前三種都是採用鑄砂為鑄模材料，因此可將其歸納為砂模法，茲分別略述如下：

1.　砂模法(sand molding process)

　　全模法鑄造鑒於經濟、方便的因素，絕大多數採用砂模鑄造法中所使用的矽砂為耐火材料，其中主要又可分為不加黏結劑的乾矽砂浮動模鑄造法；及添加少量黏結劑的濕砂模和水玻璃砂模鑄造法兩類。

(1) 濕砂模及水玻璃砂模鑄造法

　　由於全模法的特性，濕砂模中的水份添加量可較普通砂模鑄造為少，以減少澆鑄時氣體的發生量，而造模時，只要將鑄砂均勻貼覆在保利龍模型四周，並稍加壓填實即可，用力過猛，模型將有變形的疑慮；另外，亦可以配加 2%矽酸鈉的水玻璃砂製造鑄模，但是可不吹 CO_2 氣體即進行澆鑄作業。

(2) 浮動模鑄造法

　　此法是由 Kryzanowski 先生所發表的一種特殊鑄造法，採用沒有黏結劑的乾矽砂作為鑄模材料，在減壓的狀態下，進行全模法鑄造作業，如圖 8-46 所示，其作業程序如下所述：

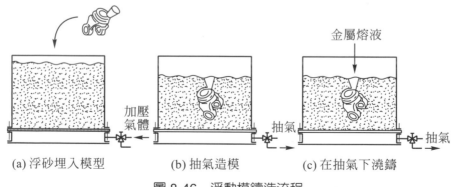

(a) 浮砂埋入模型　　　　(b) 抽氣造模　　　　(c) 在抽氣下澆鑄

圖 8-46　浮動模鑄造流程

A. 將乾燥的矽砂填入可從底部將空氣抽出或灌入的砂箱中。

B. 灌氣時，乾矽砂如流體般浮動，此時將可燒失性的保利龍模型埋入砂中適當位置，毫無砂的抵抗，故稱為浮動模鑄造法。

C. 氣閥轉向，改為抽氣，則矽砂沉下而把模型緊緊的固定住，必要時可同時稍加振動，使乾矽砂流入所有內外死角。

D. 一面抽氣一面澆鑄，金屬將取代已燒失的模型空間。

E. 凝固冷卻後，再次灌氣的話，將可輕易取出鑄件。

2. 磁性鑄模法(magnetic molding process)

此鑄法是西德人 A. Wittmoser 於 1968 年在杜塞多夫(Duesseldorf)舉行的鑄造專業展覽會(GIFA)，首先公開展示其原理及特徵的一種構想新穎的特殊鑄造法。

所謂磁性鑄模法，係利用小鋼珠代替傳統的矽砂作為耐火材料；以可燒失性的保利龍模代替傳統的木模；利用磁力感應小鋼珠，使其彼此緊密吸住，亦即以磁力當作黏結劑的一種最具革命性構想的造模法，其造模機的構造原理如圖 8-47 所示。此法雖然問世已數十年，由於受到專利權的限制，許多細節技術不為外界所知，因此，鑄造界無法廣泛採行，但由於其頗具經濟性及可行性，將來發展的潛力很大。

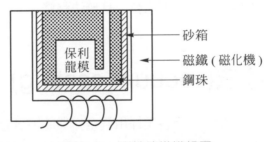

保利龍模

砂箱
磁鐵（磁化機）
鋼珠

圖 8-47　磁性鑄模構想圖

磁性鑄模法的製造程序如下：

(1) 先把發泡保利龍模安置於砂箱內，再把砂箱推入 U 型磁鐵(亦即磁化機)裏。

(2) 選用粒度為 0.2～0.5mm 直徑的小鋼珠倒入模型四周。

(3) 磁化機通電，使 U 型磁鐵產生約 1000～1200 高斯(Gauss)的磁場強度，使小鋼珠結合成堅固的鑄模。

(4) 澆鑄時，鐵水溫度以 1400～1450℃為宜，且澆鑄速度以先慢後快為原則。

(5) 澆鑄後，待金屬液開始凝固時，將電流切斷，小鋼珠失去結合力而恢復原有流動性，使鑄模自動分解。因此，可順利分離鑄件及冷卻後可再使用的小鋼珠。

8-8.4 全模法的優缺點

1. 優點

(1) 造模簡單。

(2) 不需砂心盒也不需要製造砂心，省力又省時。

(3) 模型不需鬆件部份，可製成一整體模型。

(4) 模型不需起模斜度等裕度，製作簡單，節省經費。

(5) 對於多種少量或非機械造模的鑄件之生產，只需較短的工時。

(6) 利用直接發泡成型的保利龍模之鑄件，精密度高且表面光滑。

2. 缺點

(1) 模型於澆鑄時燒失掉，每一模型只能鑄造一個鑄件。

(2) 澆鑄時會產生大量的二氧化碳及具毒性的戴奧辛(dioxin)等氣體，應設置吸塵防毒配備，以維護安全的工作環境。

(3) 模型需更細心的處理，否則鑄件表面較粗糙，且易變形。

(4) 不能使用造模機械從事大量生產工作，欲大量生產只能採用包模法。

(5) 造模後，無法檢查模穴表面是否完整，且無法整修。

8-9　真空鑄造法(vacuum casting)

近年來由於真空技術的進步，各行各業採用真空作業的方式已不勝枚舉，鑄造業也逐漸盛行真空技術，以提高鑄件的品質及生產效率，如前面已敘述過的真空造模法、真空殼模法等，甚至本節所謂的真空鑄造法皆是。

1. 真空鑄造法的種類

真空鑄造法，狹義而言，是指在大氣壓下熔化金屬液(與一般熔化法相同)，而在真空狀態下將金屬液鑄入模穴中，以鑄造成品的方法；廣義而言，泛指熔化、澆鑄過程中，應用真空技術作業者，其中包括真空熔化(vacuum melting)、真空處理(vacuum treatment)及真空澆鑄，其中真空處理又包含真空除氣(vacuum degassing)及真空精煉(vacuum refining)兩者。

真空熔化法係在真空下熔化金屬，然後在真空下澆鑄或回到大氣中澆鑄的方法。真空處理法是以澆桶(ladle)或細化爐承受在大氣下熔化的金屬液，然後在眞空狀態下從事除氣或精煉的工作，最後再回到大氣中澆鑄或在眞空下澆鑄的方法。

因此，廣義而言，眞空鑄造的方法有下列幾種方式：

(1) 眞空熔化──→眞空澆鑄

(2) 眞空熔化──→大氣澆鑄

(3) 大氣熔化──→眞空澆鑄

(4) 大氣熔化──→眞空處理──→眞空澆鑄

(5) 大氣熔化──→眞空處理──→大氣澆鑄

由於眞空作業密閉機構的限制，因此，第(1)、(2)種方式只適用於重量在 1000 公斤以下的小規模生產使用，且主要用於熔化以鎳、鉻、鈷等爲主的超合金、各種電磁材料、特殊高合金鋼、原子能用材料等；而第(3)～(5)種方式則可大規模採行，尤其常用於鋼鐵方面。

2. 真空鑄造法的優點

眞空熔化鑄造具有下列多項優點：

(1) 在熔化鑄造過程中，可防止爐氣的污染。

(2) 可除去氫、氧、氮等有害氣體成份。

(3) 可除去有害的不純元素。

(4) 眞空處理可促進精煉反應。

(5) 可熔化活性金屬合金。

8-10　矽膠模(silicon rubber mold)鑄造法

此法係以矽橡膠作爲鑄模材料，用以鑄造低熔點金屬，如錫、鉛或鋅合金之鑄件。由於矽橡膠具有抗老化、耐高溫、良好的彈性及不平常的光滑表面等優越性質，且能在很廣的溫度(700℉或 370℃)範圍內，仍可保持其優良的物理性質。因此，可以作爲永久模使用，且可用以鑄造複雜、表面光滑的精密鑄件，如圖 8-48 所示。

(a) 以重力鑄造法所完成的精密鑄件 (①為模型，②為矽膠膜，③為鑄件)

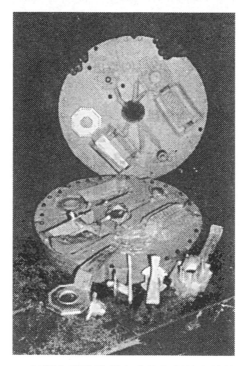

(b) 以離心鑄造法所完成的各類精密鑄件

圖 8-48　矽膠模精密鑄造應用實例

8-11　瀝鑄法(slush casting)

　　瀝鑄法是將金屬熔液鑄入模穴中，當其外殼冷卻凝固而內部尚未凝固之前，傾斜鑄模使尚未凝固的金屬熔液流出，而形成中空鑄件的一種鑄造方法，如圖 8-49 所示。

　　此法的特色是鑄造中空鑄件，但不需使用砂心。不過此法只適合於鑄造沒有強度要求，且內部無特殊構造的鑄件，尤其是只需具有美觀的表面花紋之藝術品，如雕像、裝飾品、玩具等，因無工程上的需求，鑄件材料金相組織是否均勻、厚薄是否一致，材料強度及機械性質等都不重要，此時，採用瀝鑄法可節省材料，並可縮短冷卻凝固時間。

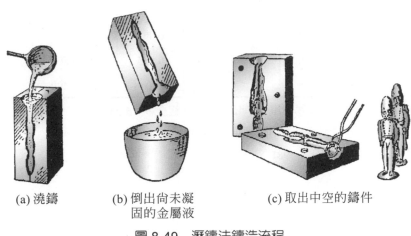

(a) 澆鑄　　　(b) 倒出尚未凝　　　(c) 取出中空的鑄件
　　　　　　　　　　固的金屬液

圖 8-49　瀝鑄法鑄造流程

　　瀝鑄法所採用的鑄件材質最好為純金屬，因為大多數合金不能形成堅固的表層，不太適合採用此法；再者傾倒尚未完全凝固的金屬液時，其斜度不可太大，以免空氣進入上升時，堵住鑄件內部形成氣泡，或造成部份真空而引起表層碎裂。

8-12　各種鑄造方法的特色比較

　　如上所述，鑄造方法可分為普通鑄造法(又可分為普通砂模與各種特殊砂模鑄造法)及各種特殊鑄造法等多種。每一種鑄造方法各具特色、亦各有其優缺點，及適用的生產範圍，選用時應考慮鑄件的材質、重量、大小、精密度要求等，據以選擇一最經濟、最有效的鑄造方法，才能獲得理想的成果。

　　表 8-5 係就各種常用的鑄造法之特色加以比較，可供讀者選用鑄造生產方式時之參考。

表 8-5　常用鑄造法生產範圍比較參考表

鑄造方法	適用鑄件材質	最小重量 (g)	最小孔徑 (mm)	最小厚度 (mm)	公差 (mm/mm)	表面精度 (rms)	每件人工成本	設備成本
砂模鑄造	1～8	30	5	3	0.010	250～1000	中	低
高壓造模	2	30	3	2	0.001	100～200	低	高
無箱造模	2, 3, 5	30	1	2	0.004	50～100	低	高
殼模鑄造	1, 2, 5	30	3	1.5	0.003	50～100	低	中
包模鑄造	1, 4, 5, 8	30	0.5	0.5	<0.003	20～100	高	中
重力鑄造	1, 2, 4～7	100	5	2.5	0.015	100～500	低	中
壓鑄法	4～7	100	1	0.5	0.002	40～100	極低	極高
離心鑄造	1, 2, 4, 5, 8	1000	5	0.75	0.015	100～500	低	中
連續鑄造	1, 4, 5 8	―	15	8	0.0048	100～200	低	高

說明：鑄件材質：1.鋼。2.灰口與球墨鑄鐵。3.可鍛鐵鑄。4.鋁合金。5.銅合金。

　　　　6.鎂合金。7.鋅合金。8.耐熱與耐腐蝕合金。

資料來源：The British Foundryman. 6. 1981.

討論題

1. 特殊鑄造法的種類有那些？

2. 狹義的精密鑄造法包括那三類？試依其適用的材質、重量、生產力及經濟性等因素加以比較？

3. 包模鑄造法可採用的模型材料有那幾種？

4. 脫蠟鑄造法的程序為何？

5. 模型用蠟應具備那些性質？

6. 蠟的種類及其熔點與收縮率為何？

7. 射製蠟模時，應特別注意那三項要素?

8. 何謂蠟心與陶心？

9. 包模材料包含那些材料？

10. 陶質殼模的脫蠟、燒結要領為何？

11. 試比較陶模法、陶質殼模法及殼模法的異同點。

12. 陶模法的製造原理為何？

13. 試述蕭氏鑄造法及優尼鑄造法的生產流程，並比較其主要的差異。

14. 陶模鑄造法的特色為何？

15. 石膏模於加溫作業時之反應變化為何？

16. 石膏的主要性質為何？

17. 石膏模的製造流程為何？

18. 離心鑄造法的種類有那些？

19. 欲以離心鑄造法鑄造外徑 20cm、壁厚 10mm、長度 3m 之鑄鐵管，若鑄鐵的比重為 7.2，重力倍數為 60G，則離心機之轉速應為若干 RPM？

20. 壓鑄法的種類及其適用的鑄件材質為何？

21. 試述壓鑄法的優缺點。

22. Acurad 壓鑄法有何特色？

23. Acurad 壓鑄法的優點為何？

24. 何謂低壓鑄造法？

25. 低壓鑄造法的優缺點為何？

26. 永久模的壽命與鑄件材質的關係為何？

27. 何謂連續鑄造法？其設備型式有那幾種？

28. 何謂全模法？其鑄造流程為何？

29. 如何製作保利龍模型？

30. 浮動模鑄造法的作業程序為何？

31. 何謂磁性鑄模法？其鑄造程序為何？

32. 磁性鑄模法有何優缺點？

33. 真空鑄造法的種類有那些？

34. 試舉例說明真空在鑄造工業上的應用情形。

35. 何謂瀝鑄法？其特色為何？

36. 試比較分析殼模法、真空殼模法與陶質殼模法之異同點。

37. 真空鑄造法與真空造模法有何不同？

9

鑄件的清理與檢測

鑄件澆鑄完成後，鑄造工作並未完成，實際上，鑄件的後處理工作還相當繁雜，諸如：清箱、清砂，澆冒口系統、毛邊及其他不屬於鑄件部份的切除工作；另外，還有鑄件的噴光、修磨，瑕疵的銲補、矯正及熱處理和檢測等都包括在內，其步驟大約可概分如下：

(1) 卸除砂箱－開箱及初步清砂。

(2) 切除澆冒口。

(3) 鑄件內外表面的清砂－噴光處理。

(4) 打鑿整邊－修磨處理。

(5) 加工、熱處理、表面噴光等。

(6) 檢測、銲補與矯正。

9-1 鑄件清理

通常當鑄件完全凝固且溫度降至所要求的溫度以下時，即可作開箱清理鑄件的工作。此段凝固所需的時間，受鑄件的材質、重量及厚薄等因素的影響，短則數分鐘到數十分鐘，長則數小時甚至數十小時不等。圖 9-1 為開箱初步清砂後鑄件之粗胚，此時尚附有澆冒口等。

9-1.1 開箱清砂作業

普通砂模鑄造業，開箱、清砂及清理鑄件的工作，在少量生產時，可用人力手工方式處理；但多量或大件時，則應使用機械協助作業。開箱清砂所使用的設備大都為振動清砂機(shake-out machine)，如圖 9-2 所示，一般安裝於生產線上，與澆鑄區相隔一段距離處(以凝固所需時間為準)，砂模震毀後，砂箱吊離輸送帶，而背砂與鑄件分離，鑄件與部份面砂在生產線上繼續前進，以便進一步噴光或做其它處理；而大型砂模可單獨安置振動清砂機從事開箱作業。新型清砂設備為避免砂箱分開時，鑄件因溫差太大而產生熱裂或變形等鑄疵，先讓鑄件與砂模同時經過一緩慢左右搖震旋轉的冷卻清砂筒，如圖 9-3 所示，如此則鑄件悶在相當高溫的鑄砂中前進，慢慢會與鑄砂分離，且有相當良好的熱處理效果，對於汽車等需高品質的鑄件特別適用。

圖 9-1　開箱、清砂後鑄件之粗胚

圖 9-2　清箱用振動清砂機

圖 9-3　搖震清砂筒及清砂作業情形

9-1.2　澆冒口的去除

　　澆冒口的去除方法主要有兩種：即敲擊法及切割法。

1. 敲擊法

由於鑄鐵質脆，且金相組織與表面垂直，因此簡單的鑄鐵件，可用鐵鎚順著進模口的方向敲除澆口，但為了避免澆口斷裂時影響到鑄件本體，可先在進模口上鋸切一缺口後，再行敲擊以確保鑄件的完整。

2. 切割法

由於鑄件的冒口斷面積大，不易敲除，且易傷及鑄件；而非鐵金屬材質較軟；鑄鋼強度較大，皆不易或無法敲除澆冒口，此時必須使用切割的方式來去除澆冒口。切割法可用手弓鋸、電動帶鋸、砂輪高速切斷機或澆冒口切斷機等；但對於大型鋼鑄件則大都以氧乙炔火焰切割為主。圖 9-4 是去除澆冒口用之快速切割機。

圖 9-4　用快速切割機切除鑄件澆冒口

9-1.3　噴光處理(blast cleaning)

鑄件的內外表面常會黏附砂粒、砂心或塗模材料等，為了使鑄件表面光潔，可利用鋼刷或噴光設備加以處理。

鑄鐵或鋼鑄件可用鋼珠噴光，或利用星形鐵與鑄件彼此之滾動及摩擦，以去除黏砂或氧化銹，此種噴光設備型式很多，有平台式、懸掛式、滾輪輸送式、連續式、分批式及滾筒式等多種，如圖 9-5 至 9-9 所示。

非鐵鑄件，材質較軟不可用鋼珠噴擊，以免表面光度受損，此等鑄件可用矽砂(俗稱玻璃砂)噴洗，即所謂的噴砂作業，係以約 $2 \sim 5$ kgf/cm^2 的壓縮空氣，利用噴嘴投射砂粒以清除鑄件表面；亦可以高壓沖水方式清除石膏模或陶質殼模。

　　有時，利用脫蠟鑄造法或其他方法所生產的精密鑄件之內孔、陶心等無法作噴光處理時，可用酸洗浸漬法，以化學腐蝕的方式來去除內外表面污物，但應避免鑄件受到化學藥液的侵蝕，故應慎選適合鑄件材質的酸洗液。

圖 9-5　懸掛式噴光設備

圖 9-6　連續式噴光設備

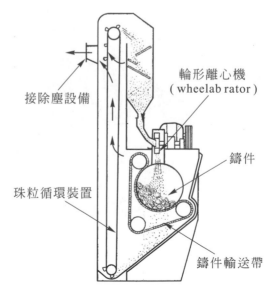

圖 9-7　離心噴光機(abrator)，右為其內部構造情形

(a) 滾筒式噴砂機　　　　　　　　　　(b) 腳踏式噴砂機

圖 9-8　滾筒式與腳踏式噴砂機

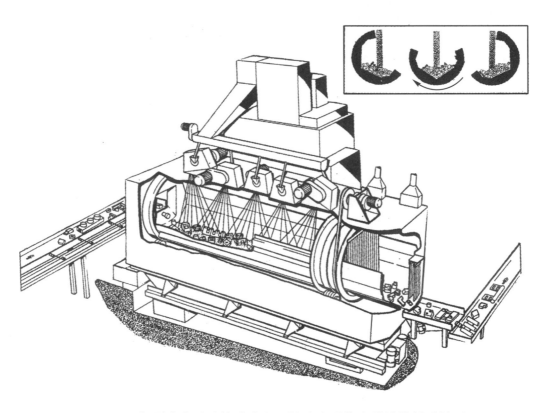

圖 9-9　最新型全自動連續式噴光設備(右上角為主體滾筒轉動情形)

9-1.4　打鑿修磨處理

鑄件噴光前後，附屬於鑄件的毛邊、澆口及冒口墊襯等凸出於鑄件表面的部份應設法去除，其工作主要可分爲兩種：

1.　鑿削

利用鑿子以手工方式鑿平，或利用氣動鑿鎚以節省體力，鋼鑄件可用電弧或火焰進行鑿削作業。

2.　輪磨

少量或小鑄件於鑿削後，可用銼刀手工修整；而大量生產時，應用手提砂輪機、擺動式砂輪機、檯式砂輪機或自動砂輪機等加以修磨，如圖 9-10 所示。

圖 9-10　鑄件的修磨作業

9-2　鑄件熱處理

由於鑄造時在固體收縮之際，鑄件通常會發生殘留應力，且鑄件常會有偏析(diffraction)現象，鑄造組織亦不平衡，因此，大多數鑄件都需加以熱處理(heat treatment)，以利用加熱溫度、加熱時間及冷卻速率等之變化來改變其組織結構，進一步改善其機械性質，以免鑄件在加工或使用時，發生變形、破裂甚或破斷等意外。

由於各種不同材質的鑄件，所需的熱處理方式不盡相同，且不同的熱處理，其目的亦不一樣，因此，詳細的鑄件熱處理工作可參閱熱處理專業書籍或雜誌，本書限於篇幅，僅對產量最多的鑄鐵及鑄鋼件提出扼要的介紹：

9-2.1 鑄鐵的熱處理

　　鑄鐵的熱處理大體可分為三種：灰口鑄鐵、可鍛鑄鐵及球墨鑄鐵，其中可鍛鑄鐵的熱處理詳見本書 7-2.13 節。雖然鑄鐵的熱處理和鋼很相似，但是因為鑄鐵有片狀石墨存在、加熱和冷卻時會發生雪明碳體石墨化的現象，且加熱期間石墨會再溶入基地等的特殊因素，故鑄鐵的熱處理亦較為特殊。

1. 灰鑄鐵的熱處理

　　對灰鑄鐵而言，最普通的熱處理是退火(annealing)。退火的目的在於除去鑄造所產生的內部應力，改善機械切削性和削除冷硬部份等。其方法是將鑄件加熱在 500～550℃，保持此溫度 3～6 小時(通常依斷面厚度，每时約需 1 小時)，然後在爐中慢慢冷卻，以除去其內應力。基地內含有波來體組織的鑄鐵，加熱於 750～800℃數小時，可以使其中的碳化鐵分解為石墨，變為軟質的鑄鐵以改善其切削性。

　　普通灰鑄鐵很少施行淬火(quenching)與回火(tempering)熱處理，但當形狀較簡單而碳或矽含量較低時，有時也實施淬火和回火，這時鑄鐵中通常另加一些特殊的元素，如鉻、鉬、鎳、釩、銅等。此種合金鑄鐵可加熱在 800～850℃，利用油淬火以增加它的硬度、強度及耐磨性。經淬火的鑄件，必要時可回火到180～400℃間的適當溫度，以增加韌性。經過淬火、回火的鑄件，其片狀石墨變化很少，但基地會變為糙斑體、粒狀或層狀波來體或麻田散體。

　　又在鑄件的某一部份需要特別高的耐磨性時，假如它的基地組織為波來體，便可以施行火焰硬化法，施行局部淬火，以增加它的硬度。

2. 球墨鑄鐵的熱處理

　　球墨鑄鐵中基地為波來體者，其硬度較高而延性較低，此時施行適當的熱處理，就可以使它得到適當的硬度及延性。例如把它加熱到 A_1 變態點附近時，可以使它的波來體內之雪明碳體石墨化，而得到軟質的肥粒體基地。

　　又為了要得到高硬度、高強度之鑄件，可以施行下列之處理：

(1) 加熱在 870～900℃後，在空氣中冷卻。

(2) 加熱在 870～900℃後，在爐中冷卻到 790～800℃，然後在空氣中冷卻。

(3) 加熱在 870～900℃後，淬火在油中，然後回火到 400～450℃。

9-2.2　鑄鋼的熱處理

　　鑄鋼件在修磨完成後，為了要適應各種不同的用途或達到某種性能，則需予適當的熱處理，如果僅就以熱處理來改變機械性質的目的而言，則鑄鋼與鍛鋼的熱處理原理與方法相似，但是有一些特別的現象，僅摘要分述如下：

1.　均質化處理(homogenization)

　　將鑄鋼件在高溫下作長時間的加熱，使偏析的碳及合金元素擴散，以改善偏析現象的處理，稱為均質化處理。較厚的鑄件，偏析情形較為嚴重，因此，需要採用較高的溫度作較長時間的處理才能消除。

　　對於合金鋼而言，均質化處理需考慮偏析合金及碳的擴散，因此，其功效很難確定。由於合金元素的擴散速度比碳慢很多，可以確定的少數擴散也需在 1100℃以上的高溫，經過極長時間才能達成。但在某些情況下，均質化處理可能可以獲得一些改善，尤其是一些成份特殊及使用的條件要求極為嚴格的情形，例如航空用發動機零件、渦輪葉片等之超合金鑄件(superalloy castings)等，均需做適當的均質化處理。

2.　退火處理

　　鑄鋼件的退火處理與鍛鋼一樣，將鑄件加熱到奧斯田體狀態的溫度，然後在爐中慢慢冷卻，以便達到下列的目的：

(1) 使奧斯田體組織的晶粒細化。
(2) 使材質軟化以利加工。
(3) 消除應力。
(4) 改善韌性。

3.　正常化處理(normalizing)

　　加熱在 A－c3 或 A－cm(臨界溫度)以上 10～40℃的溫度，維持約 10～20 分鐘之後，放置在空氣中冷卻的操作法稱為正常化。其目的在使結晶粒微細化、結構均勻，並消除內應力及偏析，效果與完全退火相同，不同的是冷卻速度較快，使用溫度較高。

　　正常化處理的鑄件，其強度及硬度都較退火者高，是作為強度要求不超過 100,000psi 之鑄件的最後熱處理。合金鑄鋼在更高的溫度施行擴散退火，結晶因而粗大，為了微細化需實施正常化處理。

9-3 鑄件檢測

9-3.1 鑄件檢測的種類

鑄造完成後的鑄件，必須確實做好檢測(test)工作，以確保其品質及裝配成機械後運轉操作之安全。

檢測工作大體可分為缺陷檢查、冶金性能檢測及機械性質試驗等三類：

1. 冶金性能檢測

冶金性能檢測又可分為金相組織檢測及成份分析等兩種。

2. 缺陷檢測

(1) 目視檢測(visual test)：亦即外觀檢查，檢查鑄件表面之瑕疵。

(2) 尺寸檢測：按工作圖檢查各重要部位的尺寸，以檢查鑄錯與否。

(3) 敲擊檢測：有經驗的鑄造品管工程人員，可以利用敲擊鑄件所發出之特殊聲響，以判斷鑄件是否有裂痕、縮孔、夾渣等較嚴重之瑕疵，或鑄件材質適當與否。

(4) 破斷面檢查(sectioning)：檢查鑄件的白口深度、結晶組織之粗細等。

(5) 耐壓洩漏檢測：利用加壓的空氣導入中空的鑄件內(如進、排氣管等)，然後將鑄件浸入水箱中，則由氣泡產生與否，可查知鑄件是否有裂痕或氣孔等瑕疵。此法亦可用加壓的水、油或蒸汽代替空氣，如此，則鑄件不必浸入水中亦可檢漏。

(6) 各種非破壞性探傷檢測：如液體滲透、磁粉、超音波、輻射線、渦電流等探傷法。詳見以下各節。

3. 機械性質試驗

鑄件的機械性質試驗與其他金屬材料的試驗方法一樣，所不同的是應於鑄模內同時澆鑄出試桿，以便測得與鑄件相同的性質，其詳細的試驗方法可參閱金屬材料或專業書籍，本文不擬贅述。一般機械性質試驗包括下列多種：

(1) 拉伸試驗(tensile test)：測定鑄件的抗拉強度、伸長率及斷面收縮率等。

(2) 硬度試驗(hardness test)：利用各種不同的壓痕器及荷重，可測得鑄件的硬度值，依鑄件軟硬的程度，又可分勃氏(HB)、蕭氏(HS)、洛氏(HRC、HRB)及威氏(HV)等四種不同的硬度值。

(3) 衝擊試驗(impact test)：測定鑄件的耐衝擊值，以瞭解其韌性。

(4) 疲勞試驗(fatigue test)：測定鑄件的疲勞限，以免發生疲勞破壞。

(5) 磨耗試驗(abrasion test)。

(6) 腐蝕試驗(corrosion test)。

如上所述，鑄件檢測的種類很多，一般又將其概分為破壞性試驗(destructive test)與非破壞性檢測(non-destructive test)兩大類。大體而言，在檢測前後會破壞鑄件或試片者，如機械性質試驗、破斷面檢查等屬於前者；反之，屬於後者。但如金相檢查、成份分析、硬度測試或洩漏檢測等，由於不一定會破壞鑄件之重要部份，亦即研磨測試後不致於影響鑄件之機械性能，因此，有人將其歸納為前者，亦有人認為可屬於後者。

對於不同材質、不同等級或不同用途的鑄件，應根據其規範或需要，選擇適當的檢測方法，以免浪費時間及金錢。以下係就較常應用於鑄造廠的一些非破壞性檢測法，提出作較詳細的介紹。

9-3.2 超音波檢測法(ultrasonic test)

如圖 9-11 所示，超音波檢測的原理係利用發射器振盪所產生的高頻率音波，在直線前進過程中，遇到任何空間與物體之界面(interface)時，則音波幾乎完全被反射，因此，由音波接收器螢幕上的顯示，可測得鑄件瑕疵的所在位置及鑄瑕的嚴重性等，以便進一步利用 X 光照相探傷或作為鑄件合格與否的判斷依據。

金屬材料檢測用超音波頻率範圍在 0.5～15MHz(百萬赫茲)之間，其操作方法是將超音脈波經由媒質射入被測物，以測定此脈波在抵達反射面或瑕疵界面所需的時間，進一步可以轉換獲知瑕疵所在位置。此法主要是用以檢測鑄件或其他物體內部的缺陷及其位置，如縮孔、氣孔、疊層、裂縫、夾渣等鑄疵，甚或可檢查鑄件材料品質的優劣。超音波探傷儀器操作情形如圖 9-12 所示。此法亦常用以測量中空鑄件的厚度，作為尺寸檢測用的輔助儀器，可免除剖面檢測而破壞鑄件之浪費。

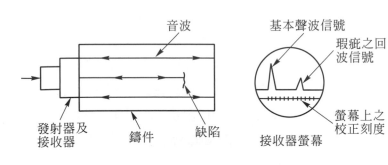

圖 9-11　超音波檢測原理　　　　　　圖 9-12　超音波探傷儀作業情形

9-3.3　液體滲透檢測法(liquid penetration test)

液體滲透檢測法係利用毛細現象，以檢查鑄件表面缺陷的一種非破壞性檢測法，一般又可分為螢光液檢測與著色液檢測兩類，故又可稱為染色探傷法。

此法只限於檢查鑄件的表面缺陷，如各種裂痕、砂疵等，適用於各種材質之物體，但檢測耗時較長，一般只限於其他方法無法檢測，或需進一步檢查微細瑕疵時才使用。

此法一般有五項主要步驟(如圖 9-13 所示)：

(1) 利用清潔劑清除物體表面污物，並烘乾之。

(2) 施加滲透液在物體表面，可使用噴灑、塗刷或浸漬等方式。

(3) 清除物體表面之滲透液。

(4) 加顯影劑於物體表面，使已滲入瑕疵之滲透液顯像，以易於辨認及檢查。

(5) 利用白光燈或黑光燈檢視物體表面，並加標示。

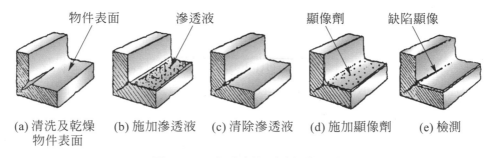

(a) 清洗及乾燥　(b) 施加滲透液　(c) 清除滲透液　(d) 施加顯像劑　(e) 檢測
　物件表面

圖 9-13　滲透液檢測法操作程序

9-3.4　輻射線照相檢測法(radiography test)

輻射照相由於射源之型式不同，一般又可分為 X 射線(X-ray)照相與 γ 射線照相兩種，均為電磁輻射能量的一種。X 射線(通稱為 X 光)係由於高速運動電子在撞擊電子靶時所放出之高頻能量；而 γ 射線則是由放射性同位素於自然蛻變時所放出之高能射束，其穿透力較 X 射線為強。由於兩種射線均具有游離作用，使用時必須做好輻射之度量及防護措施。

如圖 9-14 所示，X 光探傷原理係利用射線之穿透能力，當其穿透被測物體後，由於被測物之厚薄、密度及化學成份不一，而使放置於物體後面之底片受到不同程度的感光，底片經沖洗後，檢查底片明暗之對比，即可查知缺陷存在的位置及大小，並可作成永久之記錄。最新型 X 光探傷儀器如圖 9-15 所示，被測物可利用電腦控制在安全防護箱內任意移動與轉動，經 X 光透視之畫面(如上述之底片)，可由顯像器螢幕上很迅速的查出缺陷所在，此法尤其適合於大量生產之鋁合金汽車零件的檢測使用。

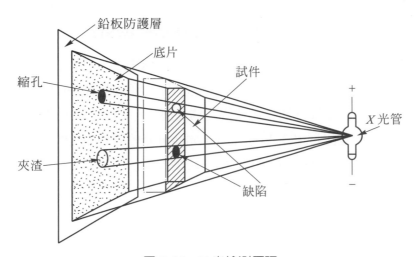

圖 9-14　X 光檢測原理

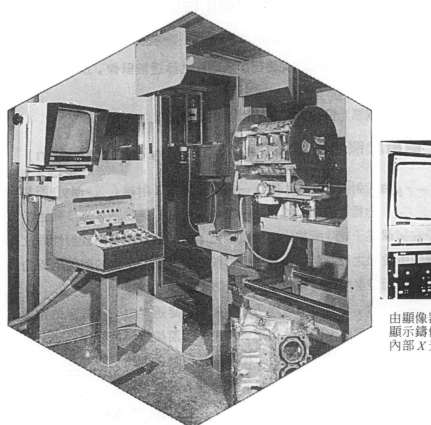 

由顯像器上可立即
顯示鑄件各部位之
內部 X 光圖像

圖 9-15　附顯像器螢幕的 X 光探傷儀

9-3.5　磁粒檢測法(magnetic particle test)

　　磁粒檢測係磁性鋼鐵材料中最常用的非破壞性檢測法之一，可用以檢查鋼鐵物體表面及表面近層的缺陷。其檢測原理係當磁力線通過鑄件瑕疵位置時，磁化阻力增大，磁力線有擠向旁邊材料之傾向，因此，將磁粒噴灑在鑄件面時，有磁力線通過的地方就將磁粒吸去，而有瑕疵的部位，表面的磁粒留於原處，如此可便於檢查瑕疵的所在，如圖 9-16 所示。但對於銅、鋁等非磁性材料，則無法用此法來探傷。

　　磁化用電流可以使用直流電或交流電，交流電因有表面效應(skin effect)，所以對表面皮層缺陷，如熱裂、疲勞裂痕等龜裂現象之檢測特別適用；而直流電因無表面效應，故檢查深度可以增加。

9-3.6　渦電流檢測法(eddy current test)

　　渦電流檢測法是利用電磁感應原理來檢測鋼鐵製品在製造過程中所產生的裂痕、疊痕、孔洞及介在物的一種快速檢測法。此法在激發線圈接近檢測物表面時，會在試件表面及次表面產生無數小的漩渦狀電流，這種渦電流所產生的磁場再轉換成電流，於接收線圈接收，然後與激發線圈之電磁波比較，而達檢測的目的，如圖 9-17 所示。但是此法之被檢測物體必須具有導電能力，且能產生渦電流之材料。

　　又因鋼鐵材料有時對於電流有阻抗的特性，而這些特性因材料的溫度、成份、金相組織、晶粒大小、硬度、殘留應力、熱處理條件等之不同而有所區別，因此，此法亦可用以鑑別材料之特性。

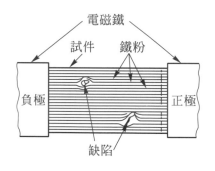

圖 9-16　磁粒探傷原理

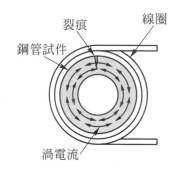

圖 9-17　渦電流檢測法之一例

9-3.7　金相組織檢測法(metallographic test)

　　將試片切斷且經粗磨、細磨、拋光，再經化學藥液腐蝕處理後，利用放大鏡或顯微鏡的觀察，可以瞭解鑄件材料的金相組織構造情形，並可進一步拍攝金相照片，以便作為分析參考及比較存檔使用。

　　金相組織檢測通常可分為兩種：

1. 目視檢測(visual test 或 macroscopic test)

　　又稱為巨視檢測，係以肉眼或 10 倍以下的放大鏡檢查範圍較大的表面狀態，適用於材質的缺陷檢測、結晶的生成及結晶粒度大小的測定、鑄件偏析等的檢測使用。

2. 顯微鏡檢測(microscopic test)

　　又稱為微視檢測，係以光學顯微鏡、電子顯微鏡(SEM)或 X 光繞射裝置等，檢查更微細的裂痕、收縮孔、金相結構、結晶粒大小、偏析、非金屬介在物及內部的組織等。新型金相顯微鏡並附有顯像器(monitor)，可將金相組織由螢幕放大後直接觀察，便於教學、訓練及小組人員同時觀察研討使用，且可裝置印表機(printer)，直接拷貝印出金相照片，既方便迅速又確實，其組合如圖 9-18。

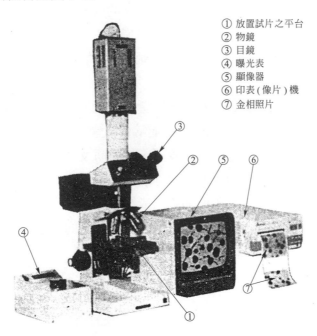

① 放置試片之平台
② 物鏡
③ 目鏡
④ 曝光表
⑤ 顯像器
⑥ 印表(像片)機
⑦ 金相照片

圖 9-18　新型金相顯微鏡組合(附顯像器及印表機)

9-3.8　成分分析

　　鑄件中的合成元素及其成份之多寡，會影響鑄件的性質，因此，除了熔化前應確實計算、配加所需成份外，由於熔化、澆鑄過程中，金屬內的合金成份多少都會有增減變化，故鑄件應作成份分析，以確保品質。

　　成份分析的方法有利用化學藥液加以反應的所謂濕式分析法，此法，每次可測定一種元素之含量，如鎳、鉻、矽、錳等之含量；最新式的成份分析法是採用光譜儀(spectrometer)，利用激發試片所生之火花的光譜波長來分析成份含量，由於各種元素的不同光譜多寡，可以轉換成各種元素的含量，且其計算分析之工作，可由電腦輔助處理，因此，可在短短的數秒種內，迅速且同時分析出鑄件的各種成份含量，其原理及操作程序詳見本書第七章，第 7-2.8 節－光譜分析。

9-4　鑄件的瑕疵及預防方法

9-4.1　造成鑄疵的主要因素

　　由於鑄件的生產程序複雜，每一道程序所牽涉的因素很多，稍一不慎，鑄件即會產生瑕疵，即一般通稱的鑄疵(defect)。因此，在鑄造過程中，鑄疵的發生幾乎無法完全避免，亦即無法達到百分之百成功的鑄件，對生產工廠而言，能儘量降低鑄件的失敗率，即能降低其成本，提高其利潤。

　　對砂模鑄造而言，以灰口鑄鐵件為例，影響鑄疵發生的相關因素就有十餘項，而可能產生的鑄疵更達三十多種，詳如表 9-1 所示，通常會影響鑄疵發生的主要因素有下列十項：

(1) 設計：鑄件設計不當，如圖角、厚薄、加強筋及其位置、大小等因素。

(2) 模型：如起模斜度、表面光度、尺寸誤差等因素。

(3) 砂箱設備：如合模銷釘、砂模加強用橫條等因素。

(4) 澆冒口：澆冒口設計不當，如其位置、大小、方向等因素。

(5) 鑄砂：鑄砂的成份及調配不當都會造成鑄疵。

(6) 砂心：砂心的材料、通氣及強度等因素。

表 9-1　造成灰口鑄鐵件瑕疵的相關因素

鑄疵種類＼影響因素	設計	模型	砂箱設備	澆冒口	鑄砂	砂心	砂模	金屬成份	熔化	澆鑄	其他	合計	主因●	副因○
氣泡	○		●	○	●	●	●	○	●	●	○	10	6	4
氣疤隔片與線縫	○	○	○	○	○	○	○	○	○	○	○	11		11
鐵水珠		○		●	●	○	○			○		6	2	4
縮孔與縮凹	○	○	○	○				○	○	○		7		7
熱裂與冷裂	○	○	○	○	○	○	○	●	○	○	●	11	2	9
材質硬化					○	○	○	●	○	○		6	1	5
硬點	○	○	○	○	○	○	○	○	○	○	○	11		11
鑄件歪曲	○	○	○	○	○	○	○	○	○	○		10		10
結晶粗鬆	○	○	○				○	●	○	○	○	8	1	7
鐵水滯流與隔層	○	○	○	○	○	○	○	○	○	○	○	11		11
夾渣	○			●		○	○	○	○	○	○	8	1	7
沖砂	○			●	●	○	○			○		6	2	4
剝蝕結砂			○	○	●	●	●			○		6	3	3
膨脹結砂	○		○	○	○	○	●			○	○	8	1	7
砂模壓破		○	●	○		○	●			○	●	7	3	4
落砂	○	○	●		●	○	●			○	●	8	4	4
黏模	○	●	○	○	●	○	○					7	2	5
表面粗糙	○	○	○	○	○	○	○	○		○		9		9
金屬滲透	○	○	○	○	●	●	●	○		●		9	4	5
夾砂				○	●	●	○			○		5	2	3
帳模、飛邊	○	○		○	●	○	●	○		○		8	2	6
錯模	○	●	○			○	○			○		6	1	5
砂心浮起	○	○		●	○	○	○			○	●	8	2	6
搗模走樣		○	○	○	●		●					5	2	3
砂心錯誤		○	○			○	○					4		4
鐵水漏出與滲出	○	○	○	○	○	○	○			○		8		8
鑄件破損	○									○		2		2
逆冷凍								○	○	○		3		3
澆鑄不足										○		1		1
析碳								○	○			2		2
試棒不良											○	1		1
有關鑄疵數目　合計	19	19	19	22	22	22	24	13	12	25	15	212		
有關鑄疵數目　主因●		2	3	4	11	4	7	3	1	2	4		41	
有關鑄疵數目　副因○	19	17	16	18	11	18	17	10	11	23	11			171

(7) 砂模：砂模的強度、通氣性、塗模材料等不當所造成。

(8) 金屬的成份：鑄件材料選用不當、比例不佳等都會造成瑕疵。

(9) 熔化：熔化溫度太高或太低、接種劑處理不當等所造成。

(10)澆鑄：澆鑄速度、時間及溫度等都會影響鑄件成功與否。

由於上列各主要因素之控制不當，所造成的鑄疵種類有數十種，限於篇幅，僅按目前台灣地區鑄造廠鑄疵的多寡順序，提出前五順位加以說明其發生原因及預防對策，以供參考。第六位以後依次為裂痕(包括熱裂 hot tear 與冷裂 crack)、沖砂(cut or wash)、翹曲變形(warpage)、脹模(swell)、結疤(scab)及其他。

9-4.2　氣孔(blow holes)

氣孔(blow holes)是一般鑄件最常見的鑄疵，氣孔瑕疵又可分成氣孔(gas hole)、氣孔巢(porosity)及針孔(pin hole)等三種。

1.　氣孔(gas hole)

係金屬冷卻凝固時，模穴內各種氣體未能及時逸出，而形成一種不規則形狀的孔隙，呈現在鑄件表面或厚層內，嚴重者使鑄件形成中空，氣孔面呈灰色或其他光澤，如圖 9-19 所示。其形成原因主要有下列八點：

(1) 砂模或砂心水份太多。

(2) 砂模或砂心透氣不良。

(3) 砂模硬度太高。

(4) 砂模或砂心未完全烘乾。

(5) 通氣孔開設不夠或阻塞。

(6) 由砂心黏結劑產生氣體。

(7) 冷激鐵或砂心撐生銹潮濕。

(8) 澆桶潮濕或未完全烘乾。

其預防的方法針對上述原因，應降低砂模、砂心及澆桶等的水份，且烘乾應確實，並應有適當的通氣性，激冷鐵可加適當塗料，烘乾後使用。

2.　氣孔巢(porosity)

起因於水蒸汽或其他氣體穿越鐵水層，一般在厚斷面產生，常含有雜質或夾渣，因似縮孔或樹枝狀巢，常被誤為縮孔。於水壓試驗時，可發現在鑄件表面產生汗珠現象，加工後表面呈一連串細孔，如圖 9-20 所示，其原因有：

(1) 鐵水成份與鑄件厚度配合不當。

(2) 澆道和補給系統不良。

(3) 砂模通氣不良

(4) 鐵水氧化

(5) 鐵水中有殘留元素，如鋁等。

預防氣孔巢的方法是：

(1) 改正配料、減低矽或磷的含量。

(2) 改善砂模通氣。

(3) 維持熔鐵爐正確的底焦高度，澆鑄前實施去氧處理。

(4) 開設適當的澆冒口系統。

圖 9-19　鑄件中之氣孔瑕疵(注意光滑氣孔面)　　　圖 9-20　氣孔巢鑄疵

3. 針孔(pin hole)

於加工面可以看到的均勻分佈之針狀或多角狀小孔穴，常發生於銅、鋁合金等非鐵材料，其原因為：

(1) 熔劑、耐火材料或熔爐用工具帶有水份、或廢料有油漬等。

(2) 熔液過度加熱，亦即熔化溫度太高。

(3) 熔化太慢，導致熔液從大氣中吸收氣體。

預防的方法是：

(1) 應於澆鑄前確實實施除氣處理。

(2) 熔劑應貯放於乾燥處所，熔爐工具及熔劑使用前應預熱。

(3) 應快速熔化並避免過熱，且勿攪動金屬液。

9-4.3　縮孔及縮凹(shrinkage cavities)

　　如圖 9-21，縮孔(shrinkage cavities)係由於金屬液自液態凝固到固態期間之收縮率不同造成，常發生於厚斷面或不同斷面交接處，形成不規則或海棉狀粗糙孔穴；而鑄件表面因收縮所產生的陷落現象，稱為縮凹或外縮孔(depression)。其主要原因有三：

(1) 澆冒口設計不當。

(2) 鐵水成份與鑄件斷面厚度配合不當。

(3) 鑄件設計不良。

其預防方法是：

(1) 厚斷面處需以冒口補充鐵水，並使冒口保有最熱的鐵水，因此，明冒口應加保溫發熱劑，暗冒口應有通氣砂心，以利用大氣壓力加壓。

(2) 調整矽、碳含量。

(3) 改良鑄件設計。

9-4.4　落砂(drops)

　　落砂(drops)是上砂模或砂心之砂塊崩落於模穴內，而形成鑄件夾砂現象所引起的鑄件損壞。如圖 9-22 所示，其發生原因有：

(1) 砂模或砂心強度太低(含濕模及乾模狀態)。

(2) 砂模硬度不平均，搗砂鬆緊不當。

(3) 黏結劑太少或黏結性不佳。

圖 9-21　縮孔瑕疵　　　　　　　　　圖 9-22　落砂所造成的鑄疵

(4) 水份太少或太多，導致強度不足。

(5) 搬運過程不小心。

預防要點在於增加砂模、砂心材料的黏結性，強度、硬度之平均，及小心搬運、合模等。

9-4.5　滯流與流界(misrun or cold shuts)

滯流(misrun)俗稱澆不到，係鐵水無法澆滿模穴，薄層鑄件形成缺孔，外緣呈圓角，鑄件壁呈光滑殘缺，如圖 9-23 所示；而流界(cold shuts)係兩股鐵水匯合但不熔合，形成不接縫現象，顯示出金屬液流動的紋路，亦稱為冷界或水紋，係鑄件內最脆弱的介面。其發生原因為：

(1) 澆鑄溫度太低。

(2) 金屬液流動性不佳。

(3) 砂模通氣性不良。

(4) 澆鑄操作不當。

(5) 砂心偏位，造成鑄件厚薄不均。

預防的方法有：

(1) 提高鐵水溫度，採用保溫劑，使鐵水在澆桶中熱量散失減少。

(2) 許可範圍內增加碳、磷含量。

(3) 搗砂不可太緊，且增開通氣孔。

(4) 澆鑄時保持澆口、流路充滿鐵水。

(5) 小心安置砂心。

9-4.6　夾渣(inclusions)

夾渣(inclusions)係鑄件中包夾有熔渣等雜質，如夾渣發生於鑄件表面，在清砂前可看出熔渣之存在，清砂後呈現孔隙，如圖 9-24 所示。其形成原因有下列四點：

(1) 鐵水及澆桶太髒。

(2) 澆口設計不良，導致激動亂流。

(3) 澆鑄溫度太低，硫、錳含量太高。

(4) 錳、矽含量太接近。

因此，預防夾渣產生的方法有：

(1) 澆鑄前使用除渣劑確實將渣撇除，並保持澆桶之清潔。

(2) 流路系統應有擋渣、除渣設計或採用過濾砂心片，澆鑄時需維持澆道充滿鐵水，且使用澆口塞子或馬口鐵皮。

(3) 減少硫分吸收，並提高澆鑄溫度。

(4) 避免錳含量太高。

圖 9-23　滯流瑕疵

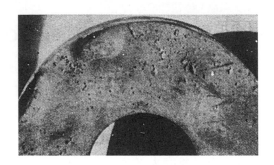

圖 9-24　夾渣鑄疵

9-5　鑄件的修補

鑄件若檢驗不合格時，並不一定要當廢品處理，若鑄疵不太嚴重或不影響其功能時，可用銲補或其他方法來加以修補。

鑄件修補是否可行、是否經濟，依其材質、大小、形狀及重新鑄造之成本等因素而定。修補的成本、修補的難易、修補的設備與方法的可行性、品質的要求，必須工廠與客戶相互同意後才作決定。

鑄件的修補方法有很多種，如銲補法(welding)、含浸處理(sealing)、金屬熔射法、電漿噴塗法(plasma coating)、埋栓法、鑄補法或用塑鋼(plastic steel)加以修補等都是可行的方法，茲分別介紹如下述各節：

9-5.1　銲補法(welding)

鑄疵部位以銲接方式來修補時，通常依下列原則來處理：

(1) 鐵合金鑄件的鑄疵區應先經鏨平、修磨、熔刮或噴洗等處理後再行銲接，如圖 9-25 所示。

(2) 非鐵合金鑄件則採用機械方法，利用銼、磨或其他工具先行除去鑄疵，有裂痕時，需把裂痕完全除去後再行銲補。如圖 9-26 所示。

(3) 依照各種銲接要領從事銲補工作。如電弧銲、氧乙炔等，其原理及要領請參閱銲接專業書籍。

(4) 銲補後，應按前述方法清理鑄件，然後重新檢驗是否合格。

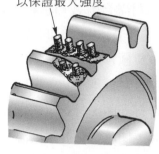

將螺桿埋入各種深度
以保證最大強度

圖 9-25　鑄鐵齒輪用螺桿焊接修補

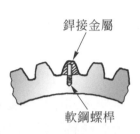

銲接金屬

軟鋼螺桿

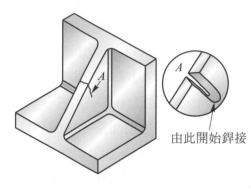

由此開始銲接

圖 9-26　裂痕之銲補

9-5.2　封閉處理－含浸處理(sealing)

含浸處理分成兩類，對於非鐵鑄件局部漏孔的處理方法比較簡單，只需要以輕敲、鎚平(penning)的方式將孔封住即可；而對於分散性漏孔，則應以真空含浸(vacuum sealing)方式，讓含浸液體滲入各細小孔洞後，使液體變成固體而達到封漏的目的。通常使用的含浸處理液有下列三種：

(1) 矽酸鈉(Na_2SiO_3)，即俗稱的水玻璃。

(2) 乾性油：如桐油、亞麻仁油等。

(3) 各種不同的人工樹脂。

含浸處理係將鑄件浸入約 65～95℃的矽酸鈉溶液中 2～4 小時，然後清洗、吹乾或於約 100～160℃的溫度下烘烤，若鑄件需作時效處理，可趁烘乾機會同時進行。在加壓下作含浸處理效果更好，使用壓力約為 2 kgf/cm²(30psi)，以便矽酸鈉溶液滲入孔中。其方法：大型中空鑄件可將鑄件封閉，留一小孔將矽酸鈉溶液倒入後加壓；而小鑄件則浸入密閉真空的含浸液桶中，然後施加壓力，含浸完成後應將鑄件吹乾或烘乾，再經水壓洩漏試驗合格後才算完成。

此法是在其他方法無法解決氣密性鑄件所要求達到的鑄件氣密度時的一種補救方法。

9-5.3　金屬熔射法與電漿噴塗法(plasma coating)

此法係將半熔融狀態的金屬微粉粒噴向母材(待修補的鑄件)，以噴著的金屬包覆母材表面謂之金屬熔射。熔射的金屬形狀有線狀、棒狀或粉末狀。

適用於金屬熔射法修補的鑄疵有粗晶組織、肉厚不足、夾砂、夾渣等。待修補的表面應先用珠粒噴擊或用砂輪機研磨成較粗表面，熔射的金屬並不與母材融合附著，而係以機械性結合包覆母材，故前處理特別重要，若於熔射前先將母材預熱，可得到更良好的結果。

最新型的熔射法是電漿噴塗法(plasma coating)，係利用鎢極頭(負極)與水冷銅嘴(正極)之間所形成的電弧(arc)，使流經過的氬氣或氦氣、氮氣及氫氣等惰性氣體離子化，形成電漿(plasma)，而放出高達 20,000°C 以上的高熱，不但可用以清洗母材表面，且可以熔化高熔點的非金屬材料，如氧化鋯(ZrO_2)等。將其噴塗到母材金屬表面，使鑄件更能耐高溫、耐腐蝕及磨耗等功能。此法尤其適合於航空發動機渦輪葉片之塗層補強，或舊葉片之修補。

9-5.4　埋栓法與熔填法

埋栓法是在鑄疵部份鑽孔攻螺絲，嵌埋材質相當的螺絲材料後加以研磨修整，較適合於小氣孔、砂孔等較輕微的瑕疵修補使用，而不利於佔據較大面積的缺陷或裂痕的修補。且當修補位置需承受壓力時，螺絲孔的直徑應以鑄件厚度為限。

對於小針孔、小砂孔的修補亦可採用熔填法，其工作程序如圖 9-27 所示，先將缺陷處鑽孔清潔擴大，填入小鋼球作為填充料後，利用熔填機的高密度急速震動而使填充料完全熔融填補缺陷，熔填完畢後用砂輪加以磨平即可。

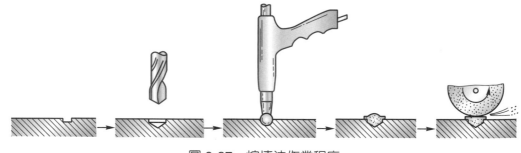

圖 9-27　熔填法作業程序

此法能在短短幾秒鐘內，將鋼鐵鑄件、不銹鋼等材料的表面瑕疵或損傷缺陷處迅速加以填補，改善美觀與品質，其填充料依材質可分別使用 $\phi 1.6\sim10mm$ 的鉻鋼球、炭鋼球或不銹鋼球。且熔填機係在高密度急速震動下作業，不會引起其他位置的損傷，避免引起不良後果，是一種即簡單又方便的修補方法。

9-5.5　鑄補法

此法係將鑄模立於鑄件瑕疵上方，直接澆入熔液，凝固後研磨修補即可。鑄疵部份應先處理乾淨，且鑄補熔液應與母材同材質，鑄補前最好先將母材預熱，以利於鑄補熔液與母材融合在一起，而不影響母材的功能。

鑄鼎的足及耳經常採用此法，使其與鼎身熔合在一起，如圖 9-28 所示。

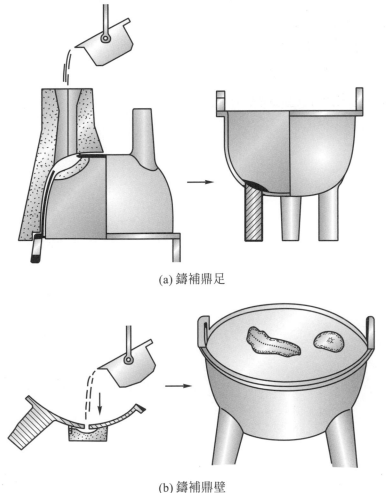

(a) 鑄補鼎足

(b) 鑄補鼎壁

圖 9-28　鑄補法實例

9-5.6　塑鋼(plastic steel)填補法

此法係將硬化劑加入金屬粉質的原材料中，均勻調和後，即可用以填補鑄疵，約在一兩小時內可完全硬化，使用快速硬化劑或硬化劑添加量增加時，硬化時間可縮短為數十分鐘，係一種迅速又方便的鑄件修補材料。

塑鋼(plastic steel)的主要性能為：黏著力強、硬化後不變形、不收縮，且具有金屬的強度，可任意塑造，極適合複雜形狀鑄件的修補；修補完成後，可從事機械加工、耐磨、耐熱，且可防水、防油及耐化學藥品的腐蝕等，適用於模具、鑄件等的修補造形使用。

採用塑鋼法修補鑄疵應注意下列各點：

(1) 鑄疵位置應清理乾淨，尤其油污、渣質或水份應確實清除。

(2) 硬化劑添加量應按規定比例，過多時將影響其硬化後的強度。

(3) 調和應均勻，以求硬化後的塑鋼性能一致。

(4) 將鑄件稍許加熱，可縮短硬化時間。

(5) 避免用手接觸，且應維持空氣流通。

討論題

1. 鑄件後處理的工作包括那些？

2. 鑄件噴光處理的方式有那些？

3. 試述灰口鑄鐵的退火處理。

4. 球狀石墨鑄鐵的熱處理作業為何？

5. 何謂均質化熱處理？

6. 鑄件檢測的種類有那些？

7. 超音波檢測的原理為何？

8. 何謂液體滲透檢測法？試繪簡圖說明其作業程序。

9. X 射線探傷檢測的原理為何？

10. 何謂磁粒檢測法？此法有何限制？

11. 試述渦電流檢測法的原理。

12. 金相組織檢查的程序及種類為何？

13. 鑄疵發生的主要因素有那些？

14. 氣孔(blow hole)的種類有那些？如何分辨？

15. 鑄件產生氣孔巢的原因為何？

16. 如何預防縮孔或縮凹的鑄疵？

17. 造成落砂的主要原因為何？

18. 如何預防滯流瑕疵？

19. 預防夾渣的方法有那些？

20. 鑄件修補的方法有那幾種？

21. 何謂封漏處理？

22. 何謂鑄補法及熔填法？

23. 銲補鑄件的原則為何？

24. 何謂電漿噴塗法？

鑄造工廠管理與現代化

10-1 模型管理

模型(pattern)是鑄造的根基，模型製作及存放良好，才有可能鑄造理想的鑄件，故模型管理確實疏忽不得，其要點有下列幾項：

1. 模型檢查

模型在製作過程中和製造完工以後，除模型工自行檢查外，還要求技術水準較高的專職檢查人員，按照設計圖樣和標準規程等技術要求，進行嚴格周密的檢查，直到完全符合時方可簽章入庫。對一些不合要求的模型，必須及時進行修正，以免由於模型的不合要求，而使鑄件成為廢品。

2. 模型的分類與編號

一台完整的機器，是由許多零件組合而成的，必須從設計開始就將零件加以分類及編號，以資識別。所以製成模型以後，也要按照順序編號，以便取用造模。鑄件完成後，模型仍須按編號入庫歸檔。

3. 木模的油漆塗裝

木模的油漆不僅是對木模的一種修飾，且對木模有保護作用。木模表面經油漆之後，在鑄砂中不會因受到少量水份而脹大，也不會因乾燥而產生裂縫；另外，造模時可使起模更順暢。可見油漆工作對延長木模的使用壽命、提高造模的質和量都有相當的幫助，所以鑄件產量較多的木模，一定要加以油漆。

4. 模型的收發和保管

模型經過油漆、統一編號後，即可按計劃發給鑄造部門加入生產行列，如果暫時還沒有列入生產計劃，則應先送模型倉庫妥善保管。

保管模型的倉庫，其地基應高一些，地面平坦，四面通風，室內需保持乾燥，同時庫內應有一定的防火設備。模型必須平放，不可傾斜，需要堆疊時也一定要保證平放，小型模型可用特別訂製的木架放置，便於分類和節約倉庫面積，倉庫裡的通道必須考慮到搬運的順暢。

5. 模型的正當使用

(1) 在造模前，應確實檢查模型，必要時應妥為修理。

(2) 造模時，應妥善使用模型，避免無意的搗毀或踩壞。

(3) 使用前及使用後，應確實將模型清潔拭淨。

(4) 避免使用金屬製品直接敲擊模型，必要時用木片襯墊，以保護模型之完整。

(5) 鬆件模型或分型模等，應特別留心，不可散失及配錯，且結合槽孔應隨時保持清潔，避免鑄砂堵塞。

(6) 用畢之模型(含砂心盒)，應繳回模型倉庫保管，不可隨意散置工廠，以免損壞或遺失。

6. 模型的整修

　　模型在造模過程中，難免受到鎚擊與起模的敲擊，某些部分容易損壞，為了延長模型的使用壽命，必須經常加以整修，將損壞部分調換或修補，使整個模型能經常保持可正常使用，以滿足生產需要及降低生產成本，這對企業管理來說，是一項應該重視的工作。

10-2　製程管理

　　雖然鑄造的原理很簡單，但由於鑄造流程複雜(詳見本書 1-4.1 節)，因此，要製作鑄件並不困難，但要鑄造一件理想的鑄件，則沒有良好的製程管理，實在很難達到目的。在品質要求日益嚴格的今天，嚴密的製程控制與管理益形重要。

　　然而鑄造方法很多，每一種鑄造方法的製程皆不甚相同，必須針對製程中的每一項細節工作，及其所牽涉的材料與用具等，確實做好製程管理，才能獲得理想的鑄件。茲分別列舉普通鑄造法中的砂模鑄造，及特殊鑄造法中的陶瓷殼模脫蠟鑄造為例，扼要說明其製程的控制與管理，如下所述：

10-2.1　普通鑄造－砂模鑄造的製程控制與管理

1. 模型方面

　　確實按模型製作原則與程序，製作精確的模型，並按模型使用與管理原則，妥善應用與保管，以發揮模型的最大功用，鑄造理想的鑄件。

2. 鑄砂方面

　　除了調配適當的成分外，每天應定時取樣作實驗，並確實記錄存檔，以便作為鑄件分析參考，以及追蹤改善的依據。

3. 造模方面

應注意砂模與砂心的強度、通氣性等，並注意流路系統的大小與位置，冷激鐵、保溫或發熱材料等之應用，以便將砂模控制在最佳的情況。

4. 熔鑄方面

應確實掌握金屬原料的成分，選用適當的熔化爐具，仔細操爐；確實做好爐前檢驗，包括溫度、成分等之控制；並應做好除渣、除氣等爐前處理，必要時，應仔細加以接種或作球化處理；澆鑄時應依鑄件的大小、厚薄等，注意速度的控制，以獲得高品質的鑄件。

5. 鑄件後處理方面

確實做好鑄件後處理，以免前功盡棄。必要時，應按鑄件品質要求，實施各種鑄件檢測工作，以確保其使用運轉中之安全，並維護工廠之信譽。

6. 製程與生產管理方面

鑄件失敗率應控制在一定比率之下，如小於 5%或 10%，亦即儘可能提高成功率，以減輕生產成本，增加經營利潤。且應建立每一鑄件生產流程中之變數，並妥為記錄與分析比較，以作為日後的生產依據，避免在摸索中生產，以增加鑄造成功率及生產之穩定性。

10-2.2　特殊鑄造－陶瓷殼模脫蠟鑄造的製程控制與管理

1. 蠟模方面

注意蠟原料的成分與性質，模具的結構與精確度，射蠟的溫度、壓力與時間變數，並按鑄造法之特色及流路系統原則，確實將蠟模組立成所需的蠟樹。

2. 陶瓷殼模方面

選用適當的黏結劑、充填劑及耐火材料，並將泥漿的黏性控制在理想的範圍內，且須等待前一層泥漿與黏附的耐火粉末或砂粒完全乾燥後，才可進行下一層的沾漿黏砂工作。

3. 脫蠟與燒結作業

為避免陶瓷殼模破裂，脫蠟時應快速加熱熔化蠟模，以消除蠟模作用於殼模的熱膨脹力。而在燒結時，應注意溫度與時間之控制，對於不同的陶瓷殼模應採用不同的加熱程序，以避免造成殼模破裂。

4. 熔化澆鑄方面

　　應確實計算每一爐次所需的材料成分，並按其熔點的高低，分批加入熔爐中，仔細做好爐前取樣與檢驗後，小心澆鑄，以免殼模漲裂。

10-3　安全管理

　　工廠的生產作業是動態的，因此，經常存有一些潛在的危險，平常如果不做好安全管理工作，稍一疏忽則災害立即產生，其後果是很難想像的。尤其是鑄造工廠，在整個生產程序中，包括造模、搬運、熔化、澆鑄、後處理等部門，都是很容易造成災害的場所，故安全管理工作疏忽不得。

　　工廠安全管理的最主要目的是在預防工業災害的發生，以確保人員及機器設備的安全，而使得流程順暢，間接的提高工作生產效率。

　　鑄造工廠的安全管理與其他工廠安全管理相似，應注意安全通道的劃設、危險標誌及安全標語、急救藥箱擺設等，當然應有安全管理的專業人員專司其責。屬於鑄造廠專業之安全事項如：安全服飾的穿戴、除塵抽風系統的設置等。其中安全服飾包括：安全頭盔、面罩、安全眼鏡、爐邊護目鏡、口罩、耳塞、耐火圍裙、耐火手套及綁腿、安全皮鞋等，如圖 10-1 至圖 10-7 所示。

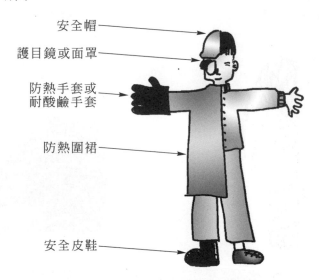

安全帽

護目鏡或面罩

防熱手套或
耐酸鹼手套

防熱圍裙

安全皮鞋

圖 10-1　鑄造工廠用安全服飾

圖 10-2　安全帽及防熱面罩

圖 10-3　半眼式綠色爐邊護目鏡

圖 10-4　耳罩

圖 10-5　防熱手套

圖 10-6　防熱圍裙

圖 10-7　安全皮鞋

以下係針對鑄造工廠應注意的各種安全注意事項，提出較詳細的說明：

1. 一般安全守則

(1) 實習前應確實檢查自己的服裝儀容及安全裝備(如圖 10-8 及圖 10-9)。

(2) 實習時應注意安全，不可有危害自己或他人之行為，如圖 10-10 及圖 10-11 所示。

(3) 實習中不可喧嘩亂跑，以策安全。

(4) 應隨時保持工作區及通道的整潔，以防他人跌倒(如圖 10-12 及圖 10-13 所示)。

(5) 廢棄物品應置放於固定場所，以保持良好的工作環境。

(6) 實習時光線需充足，通風設備與功能應正常。

圖 10-8　穿著安全服飾以確保工作安全

圖 10-9　安全鞋可保護你的腳掌及腳趾

圖 10-10　攀登梯架應注意牢固以防傾倒

圖 10-11　砂磨木材或保利龍應裝置除塵設備及配帶防塵口罩

圖 10-12　地面濕滑及油漬易造成滑倒　　圖 10-13　不可在通道工作或放置物品

(7) 消防器材應定期檢查及調換。

(8) 急救箱應置放於明顯位置，且應定期檢查並補充藥品，如圖 10-14 所示。

(9) 工作中若有不安全之情況，應立即報告安全領班或老師。

(10)不管多麼輕微的受傷，應立刻報告安全領班，並使用急救箱或到保健室處理，以
　　免傷口惡化(如圖 10-15 所示)。

圖 10-14　手指遭割傷或燙傷，急救箱可發揮功能　　圖 10-15　安全規則－小傷仍應立即治療

2. 造模時之安全規則

(1) 不可在搬運車道、吊車下方工作或聊天，以免發生意外事件，如圖 10-16。

(2) 造模手工具應整齊放置適當位置，避免插放口袋內，以策安全，如圖 10-17 所示。

(3) 應按正確操作方法，使用適當手工具及機器。

(4) 使用鏝刀及起模針時不可嬉戲，以防傷及他人。

(5) 砂鏟應豎立在砂堆中，以免發生意外。

(6) 工具使用完畢應歸還原處。

(7) 混砂機不可擅自啓動，以免發生危險。

(8) 操作混砂機等設備時，不可穿寬鬆衣服，以策安全。

(9) 混砂機應等轉動正常後才可填料，混砂過程中應避免衣服、手臂、砂桶等被滾軸捲入。

(10)搬運砂模或物品時應注意正確姿勢，保持上身平直，以免腰背部受傷(如圖 10-18 及圖 10-19 所示)。

圖 10-16　在吊車下方或搬運車道工作或聊天容易發生危險

圖 10-17　造模手工具不可插放口袋內，以策安全

圖 10-18　錯誤的搬運姿勢，腰背易受傷

圖 10-19　搬運重物，上身應保持直立

(11)使用噴燈或瓦斯烘烤砂模時，不可正對人員或易燃物品點火，以免發生意外，如圖 10-20 所示。

(12)噴燈或瓦斯燈不用時應熄火，以策安全。

圖 10-20　使用噴燈或瓦斯燈時不可正對人員點火，以免傷及他人

3. 熔化及澆鑄時之安全守則

(1) 沒有專業人員指導，不可擅自啟動各種熔化爐。

(2) 操作熔化爐或使用機器設備時，不可爭先恐後。

(3) 沒有穿戴安全服飾，不得靠近正熔化中的熔爐。

(4) 加料時，應用火鉗夾料填加，切忌丟擲，以防噴濺及燙傷，如圖 10-21。

(5) 澆桶應確實烘乾後才可使用，以免金屬液噴濺傷人，如圖 10-22 所示。

(6) 澆鑄時需穿安全服飾，其他人員不可接近，以防碰撞。

(7) 抬取高溫金屬液時，不可跑步前進，以防濺潑傷人，尤其靠近潮濕或有水的地方，更應小心(如圖 10-23 所示)。

(8) 澆鑄時，不可向後倒退，以防跌倒而發生意外。

圖 10-21 熔解爐作業時應穿戴安全服飾且應用火鉗夾持加料以防噴濺及燙傷

圖 10-22 澆桶必須烘乾後才可使用，以免噴濺傷人

圖 10-23 抬取高溫金屬熔液應穩步慢行，以防濺潑傷人

4. 清理鑄件時之安全規則

(1) 拆箱清砂，應用火鉗或鐵鉤夾取仍為高溫的鑄件，以防燙傷，如圖 10-24 所示。

(2) 去除鑄件澆冒口或毛邊時應戴手套，以免手掌被割傷。

(3) 所有工具應確實牢固，以免使用時脫落或折斷而發生意外(如圖 10-25)。

(4) 敲除澆冒口或毛邊時，不可正對人員方向，以免傷及他人。

圖 10-24　清砂時，應採用火鉗夾取高溫鑄
　　　　　件，以防燙傷

圖 10-25　不牢固的工具可能傷己傷人

(5) 研磨鑄件時，應配帶安全眼鏡，以防火花傷及眼睛(如圖 10-26 所示)。

(6) 堆放鑄件或砂箱等物品應整齊，且不可堆得太高，以防倒塌傷人(如圖 10-27 所示)。

(7) 堆積場所預留的走道應較為寬敞，以策安全。

圖 10-26　研磨鑄件時，安全眼鏡可保護你的
　　　　　眼睛

圖 10-27　鑄件或砂箱等物品不可堆積過高，
　　　　　以防倒塌傷人

10-4 鑄造工廠現代化

　　為了提高生產效率與鑄件的品質，鑄造工廠與其他行業一樣，由早期的手工生產型態改為半自動機械生產，甚至逐漸步入全自動機械化時代。近年來，由於電腦資訊科技的進展，帶給了鑄造生產技術相當大的突破，電腦輔助設計與製造(CAD/CAM)在鑄造界亦已迅速地受重視與應用，並已獲致相當大的成果，這對鑄造工業水準的提高具有相當大的助益。

　　為了合乎科技時代潮流，為了走在時代的前端，為了避免被新時代所淘汰，鑄造工廠現代化已是時勢所趨，這可從下列幾點獲得印證：

1. 機械化時代的來臨

　　雖然傳統的手工造模，仍有其技藝性及不可取代之特性，如刮板造模法等，但由於人力費用之增加，為了提高工作效率，減低生產成本，大多數的鑄造廠，都已改為半自動機械或全自動機械來從事生產，包括造模、砂心、熔化、澆鑄及鑄件後處理等工作。

2. 專業化時代的來臨

　　由於鑄造過程中，每一鑄程的變數多而且不易控制，因此，為了避免人為疏忽而鑄造失敗，許多專業化的工廠應運而生，例如「專業砂心廠」，專門製造殼模砂心供應鑄造廠所需，以其專業的人員與知識，專門生產品質保證的砂心供客戶使用，如此，可以兩蒙其利，對鑄造界而言，確是一大福音。另外，目前亦有「專業鑄後加工廠」，尤其是代客加工精密鑄件，真是方便；在歐美國家，目前更有「專業熔化工廠」，專門熔化各種金屬液，然後以保溫車運往數十公里外的鑄造廠(未設置熔化設備)，以便澆鑄使用，如圖 10-28 所示。

圖 10-28　運送金屬液(鋁液)之保溫車

3. 電腦化時代的來臨

　　電腦帶給人類生活上甚大的方便，在鑄造生產上，可利用電腦輔助設計鑄件、造模、熔化、澆鑄，如本書前已述及的全自動造模機、壓鑄的機器人澆鑄系統，脫蠟鑄造的自動沾漿、黏砂系統等，甚至可利用電腦模擬金屬液的凝固與收縮，使得鑄件的成功率大大地提高，鑄件的品質更易於控制，圖 10-29 係電腦工程人員正利用電腦輔助設計鑄件之情形。

圖 10-29　利用電腦輔助設計汽車零件

4. 自動化時代的來臨

　　不管是利用液氣壓自動控制系統、邏輯可程式控制器(PLC)或是電腦程式控制自動啟閉作業，目前最新型鑄造設備，幾乎已可達到全自動的功能了，其中包括製程中的每一項主要或細節工作，都已不需人力的協助，如圖 10-30 所示。因此，在訂單、產量及資本足夠的條件下，鑄造工廠也可達到無人化工廠的境界，這對整體工業及國家經濟的升級，將有莫大的助益。

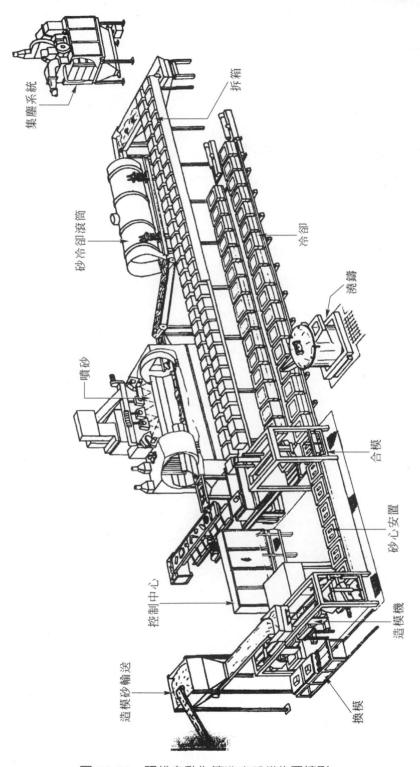

集塵系統

拆箱

砂冷卻滾筒

冷卻

澆鑄

噴砂

合模

砂心安置

控制中心

造模機

造模砂輸送

換模

圖 10-30　現代自動化鑄造廠設備佈置情形

 討論題

1. 模型管理的要點有那幾項？

2. 砂模鑄造的製程管理要點為何？

3. 鑄造工廠用的安全服飾包括那些？

4. 鑄造工廠的一般安全守則有那幾點？

5. 造模時應注意的安全事項有那些？

6. 熔化、澆鑄時的安全規則為何？

7. 鑄件清理時應注意的安全事項有那些？

8. 試述鑄造工廠的現代化趨勢。

主要參考資料

1. 王松森譯。精密鑄造。鑄造技術資料，No.91。

2. 王良泉譯。Acurad 壓鑄法。鑄工季刊，第十四期。

3. 中國鋼鐵股份有限公司(1974)。一貫作業煉鋼廠簡介。高雄：同作者。

4. 呂璞石、黃振賢(1983)。金屬材料。台北：文京圖書。

5. 卓照明譯。金屬鑄造之溫度測量及熱分析法。鑄造技術資料，No.131。

6. 林良清(1990)。近代造模法，中華民國鑄造學會。

7. 林振泰。我國的鑄造工業。鑄工季刊，第四十二期。

8. 林振泰。鑄鐵件澆冒口設計。鑄造技術資料，No.14。

9. 教育部(1981)。鑄造學名詞。台北：國立編譯館。

10. 傅兆章。非破壞性檢驗法在鋼鐵工廠之應用。鑄工季刊，第十八期。

11. 張晉昌。鑄造之基本原理。中學工藝教育月刊，第 11 卷第九期。

12. 張晉昌(1999)，新型機械造模法，台灣省鑄造科教師研習教材專輯。

13. 張晉昌(2006)。鑄造學。台北：科友圖書。

14. 張晉昌(2007 年)，鑄造學，台北：全華圖書。

15. 張晉昌、吳伯良等(2000)。能力本位訓練教材：砂模鑄造、精密鑄造職類。勞委會職業訓練局。

16. 張楷、張育賢、林振泰。鑄造損壞原因分析。鑄造技術資料，No.23。

17. 經濟部標準檢驗局。中華民國國家標準(CNS)。

18. 廖謙齡。爐前檢驗。鑄工季刊，第四十一期。

19. 日刊工業新聞社(昭和五十年)。特殊鑄造法、耐火材料、模型等共十五冊。

20. Meehanite Metal Co.米漢納鑄鐵分類。網址 URL :http://www.meehanite.com.tw

21. A.F.S: The Cupola and Its Operation.

22. A.F.S: Modern Casting, Dec. 1997～Dec. 2007.

23. Beeley P. R.: Foundry Technology, London Butter Worths.

24. Clyde A. Sanders: Foundry Sand Practice, sixth edition.

25. Edwin W. Doe: Foundry Work, John Wiley & Sons, Inc.

26. Gray Iron Founder's Society, Inc: How You Can Word Safely-A manual of safe working practices for gray iron foundrymen.

27. Heine, Loper, and Rosenthal: Principles of Metal Casting second edition.

28. Masamoto Naito Sintokogio Ltd, Green Sand Molding for the 21st Century, Tight Flask & Flaskless, Metal Asia, 5(5), August 1998。

29. Caspers K.H., Das Luftstrom-PressFormverfahren im Spiegel der Produktionsuberwachung. Giesserei 87 (2000) Nr.5, PP.52-57。

30. Chrosciel K., Greiner P., Richter R. and Schuemmer L. (1993) Grund und Fachkenntnisse Giessereitechnischer Berufe. Hamburg: Handwerk und Technik. 3, Verbesserte Auflage.

31. Stoelzel: Giessereiprozesstechnik. VEB Deutscher Verlag fuer Grundstoffindustrie, 3, Auflage.

32. Verein Deutscher Giessereifachleute(VDG): GIESSEREI zeitschrift 1981.6～2008.10.

33. Wuebbenhorst H.: 5000 Jahre Giessen von Metallen, VDG.

國家圖書館出版品預行編目資料

鑄造學 / 張晉昌編著. ‑‑ 三版. ‑‑ 新北市土
　城區：全華圖書，民 99.02
　　面　；　公分
　參考書目：面
　ISBN 978-957-21-7489-0(平裝)
　1. 鑄工
472.2　　　　　　　　　　　　　99001107

鑄造學

作者 / 張晉昌

發行人 / 陳本源

執行編輯 / 黃立良

出版者 / 全華圖書股份有限公司

郵政帳號 / 0100836-1 號

印刷者 / 宏懋打字印刷股份有限公司

圖書編號 / 05945

三版七刷 / 2018 年 04 月

定價 / 新台幣 450 元

ISBN / 978-957-21-7489-0 (平裝)

全華圖書 / www.chwa.com.tw

全華網路書店 Open Tech / www.opentech.com.tw

若您對書籍內容、排版印刷有任何問題，歡迎來信指導 book@chwa.com.tw

臺北總公司(北區營業處)
地址：23671 新北市土城區忠義路 21 號
電話：(02) 2262-5666
傳真：(02) 6637-3695、6637-3696

中區營業處
地址：40256 臺中市南區樹義一巷 26 號
電話：(04) 2261-8485
傳真：(04) 3600-9806

南區營業處
地址：80769 高雄市三民區應安街 12 號
電話：(07) 381-1377
傳真：(07) 862-5562

（請由此線剪下）

歡迎加入

全華會員

● 會員獨享

會員享購書折扣、紅利積點、生日禮金、不定期優惠活動⋯⋯等。

● 如何加入會員

填妥讀者回函卡直接傳真 (02) 2262-0900 或寄回，將由專人協助登入會員資料，待收到 E-MAIL 通知後即可成為會員。

如何購買 全華書籍

1. 網路購書

全華網路書店「http://www.opentech.com.tw」，加入會員購書更便利，並享有紅利積點回饋等各式優惠。

2. 全華門市、全省書局

歡迎至全華門市（新北市土城區忠義路 21 號）或全省各大書局、連鎖書店選購。

3. 來電訂購

(1) 訂購專線：(02) 2262-5666 轉 321-324
(2) 傳真專線：(02) 6637-3696
(3) 郵局劃撥（帳號：0100836-1 戶名：全華圖書股份有限公司）
※ 購書未滿一千元者，酌收運費 70 元。

OpenTech 全華網路書店 .com.tw

全華網路書店 www.opentech.com.tw
E-mail: service@chwa.com.tw
全華圖書 www.chwa.com.tw

※ 本會員制如有變更則以最新修訂制度為準，造成不便請見諒。

讀者回函卡

（請由此線撕下）

填寫日期：＿＿＿＿／＿＿＿／＿＿＿

姓名：＿＿＿＿＿＿＿＿　生日：西元　＿＿＿年　＿＿月　＿＿日　性別：□男　□女

電話：（　　）＿＿＿＿＿＿＿　傳真：（　　）＿＿＿＿＿＿＿　手機：＿＿＿＿＿＿＿

e-mail：（必填）＿＿＿＿＿＿＿＿＿＿＿＿

註：數字零，請用 Φ 表示，數字 1 與英文 L 請另註明並書寫端正，謝謝。

通訊處：□□□□□

學歷：□博士　□碩士　□大學　□專科　□高中・職

職業：□工程師　□教師　□學生　□軍・公　□其他

學校／公司：＿＿＿＿＿＿＿　科系／部門：＿＿＿＿＿＿＿

・需求書類：

□ A. 電子　□ B. 電機　□ C. 計算機工程　□ D. 資訊　□ E. 機械　□ F. 汽車　□ I. 工管　□ J. 土木

□ K. 化工　□ L. 設計　□ M. 商管　□ N. 日文　□ O. 美容　□ P. 休閒　□ Q. 餐飲　□ B. 其他

・本次購買圖書為：＿＿＿＿＿＿＿　書號：＿＿＿＿＿＿＿

・您對本書的評價：

封面設計：□非常滿意　□滿意　□尚可　□需改善，請說明＿＿＿＿＿＿＿

內容表達：□非常滿意　□滿意　□尚可　□需改善，請說明＿＿＿＿＿＿＿

版面編排：□非常滿意　□滿意　□尚可　□需改善，請說明＿＿＿＿＿＿＿

印刷品質：□非常滿意　□滿意　□尚可　□需改善，請說明＿＿＿＿＿＿＿

書籍定價：□非常滿意　□滿意　□尚可　□需改善，請說明＿＿＿＿＿＿＿

整體評價：請說明＿＿＿＿＿＿＿

・您在何處購買本書？

□書局　□網路書店　□書展　□團購　□其他

・您購買本書的原因？（可複選）

□個人需要　□幫公司採購　□親友推薦　□老師指定之課本　□其他

・您希望全華以何種方式提供出版訊息及特惠活動？

□電子報　□DM　□廣告 (媒體名稱＿＿＿＿＿＿＿)

・您是否上過全華網路書店？ (www.opentech.com.tw)

□是　□否　您的建議＿＿＿＿＿＿＿

・您希望全華出版那些方面書籍？

＿＿＿＿＿＿＿

・您希望全華加強那些服務？

＿＿＿＿＿＿＿

～感謝您提供寶貴意見，全華將秉持服務的熱忱，出版更多好書，以饗讀者。

全華網路書店 http://www.opentech.com.tw　客服信箱 service@chwa.com.tw

親愛的讀者：

感謝您對全華圖書的支持與愛護，雖然我們很慎重的處理每一本書，但恐有疏漏之處，若您發現本書有任何錯誤，請填寫於勘誤表內寄回，我們將於再版時修正，您的批評與指教是我們進步的原動力，謝謝！

全華圖書　敬上

勘　誤　表

頁　數	行　數	書　名	作　者
		錯誤或不當之詞句	建議修改之詞句

我有話要說：　(其它之批評與建議，如封面、編排、內容、印刷品質等・・・・)